建筑工程专业教材

建筑装饰材料安装操作实训

JIANZHU ZHUANGSHI CAILIAO
ANZHUANG CAOZUO SHIXUN

陈宝璠　编著

中国建材工业出版社

图书在版编目(CIP)数据

建筑装饰材料安装操作实训/陈宝瑶编著. —北京：
中国建材工业出版社,2011.8
建筑工程专业教材
ISBN 978-7-80227-931-5

Ⅰ.①建… Ⅱ.①陈… Ⅲ.①建筑材料:装饰材料—
建筑安装—高等学校—教材 Ⅳ.①TU56

中国版本图书馆 CIP 数据核字(2011)第 087215 号

内 容 简 介

本书是在考虑目前装饰装修行业的工程现状以及社会需求，根据国家已颁布的最新现行各项标准、规范和操作规程，结合近几年建筑装饰装修工程中的"四新"技术、工程应用的实际案例和典型情景而编写的，其主要内容包括 7 大模块、20 个项目，旨在提高高等院校建筑工程技术、环境艺术设计和建筑装饰技术等专业学生和从事装饰装修行业的工程技术人员解决工程实际问题的能力。

本书内容翔实，具有很强的可操作性，可作为高等院校建筑工程技术、环境艺术设计和建筑装饰技术等专业的教材和参考书，也可作为质检部门、建设部门、监理部门、从事装饰装修行业工程技术人员、设计人员、管理人员和安装操作人员的自学读本和工具书，以及相关资格考试的参考书。

建筑装饰材料安装操作实训

陈宝瑶　编著

出版发行	中国建材工业出版社
地　　址	北京市西城区车公庄大街 6 号
邮　　编	100044
经　　销	全国各地新华书店
印　　刷	北京雁林吉兆印刷有限公司
开　　本	787mm×1092mm　1/16
印　　张	21.5
字　　数	520 千字
版　　次	2011 年 8 月第 1 版
印　　次	2011 年 8 月第 1 次
书　　号	ISBN 978-7-80227-931-5
定　　价	39.00 元

本社网址：www.jccbs.com.cn
本书如出现印装质量问题，由我社发行部负责调换。联系电话：(010)88386906

前　言

近年来,随着我国经济建设事业的不断发展,城市化规模的不断扩大,建筑业的各项技术也有了飞速的发展。同时,随着人们物质文化生活水平的不断提高,对居住建筑的装饰和使用功能要求也越来越高,这在很大程度上带动了建筑装饰装修行业的蓬勃兴旺,尤其是"四新"技术(新材料、新技术、新设备、新工艺)的推广和应用,人们对建筑装饰行业的安装操作质量要求也随之不断提高。虽然行业的发展已逐渐步入了良性的发展轨道,但从事建筑装饰装修的工程技术人员仍然相对较少,安装操作队伍中的从业人员专业技术水平较低,难以应对行业的发展和社会需要,同时,由于构思空间环境艺术的设计师们也经常脱离实际盲目设计,造成工程的浪费。因此,如何为社会奉献技术先进、功能适宜、生态环保且符合现代审美趣味的各种建筑空间环境,是高等院校建筑工程、环境艺术设计和建筑装饰等专业学生以及建筑装饰装修从业人员的共同目标。

于是,编者考虑目前装饰装修行业的工程现状以及社会需求,根据国家已颁布的现行各项标准、规范和操作规程,结合近几年建筑装饰装修工程中的"四新"技术、工程应用的实际案例和典型情景,编写了《建筑装饰材料》、《建筑装饰材料安装操作实训》和《建筑装饰材料学习指导·典型题解·习题·习题解答》系列教材,旨在提高高等院校建筑工程、环境艺术设计和建筑装饰等专业学生和从事装饰装修行业的广大工程技术人员解决工程实际问题的能力。

本书《建筑装饰材料安装操作实训》主要内容包括7大模块、20个项目:模块一是建筑装饰基本知识,包括建筑装饰工程基本规定和建筑装饰安装操作机具等项目;模块二是吊顶装饰工程,包括吊顶装饰工程安装操作,吊顶装饰案例分析、防范及治理,吊顶装饰安装操作典型情景等项目;模块三是地面装饰工程,包括地面装饰工程安装操作,地面装饰案例分析、防范及治理,地面装饰安装操作典型情景等项目;模块四是饰面工程,包括饰面工程安装操作,饰面工程案例分析、防范及治理,饰面工程安装操作典型情景等项目;模块五是隔墙隔断、装饰工程,包括隔墙隔断、装饰工程安装操作,隔墙隔断、装饰工程案例分析、防范及治理,隔墙隔断、装饰工程安装操作典型情景等项目;模块六是门窗装饰工程,包括门窗装饰工程安装操作,门窗装饰工程案例分析、防范及治理,门窗装饰工程安装操作典型情景等项目;模块七是涂饰、裱糊装饰工程,包括涂饰、裱糊装饰工程安装操作,涂饰、裱糊装饰工程案例分析、防范及治理,涂饰、裱糊装饰工程安装操作典型情景等项目。

本书由黎明职业大学陈宝璠编著。在编写过程中,承蒙黎明职业大学教授、博士林松柏校长,副教授陈卫华副校长等领导的大力支持和指导,也承蒙蔡小娟、蔡振元、陈璇祺、郭华良、朱海平、连顺金、李志彬、蔡益兴、陈金聪、戴汉良、陈乙江、杨白菡、庄碧蓉、庄占龙、吴良友、李云龙和欧阳娜等同志的大力帮助,在此深表谢忱!

由于建筑装饰装修行业新材料、新技术、新设备、新工艺的不断涌现,各行各业的技术标准不统一,加之笔者水平有限,不妥与疏漏之处在所难免,敬请读者批评指正。

编　者
2011年5月

目 录

模块一 建筑装饰基本知识

项目一 建筑装饰工程基本规定 ················ 1

1.1 建筑装饰装修工程的一般规定 ············ 1
1.1.1 建筑装饰装修工程的一般规定 ············ 1
1.1.2 住宅装饰装修工程的基本规定 ············ 3
1.1.3 建筑装饰装修工程质量验收 ············ 6

1.2 建筑装饰装修工程室内环境污染控制规定 ············ 10
1.2.1 装饰装修材料控制 ············ 10
1.2.2 装饰装修施工控制 ············ 16
1.2.3 工程验收控制 ············ 17

1.3 建筑装饰工程防火规定 ············ 18
1.3.1 室内装修材料燃烧性能 ············ 18
1.3.2 室内装饰材料防火选材要求 ············ 19
1.3.3 室内其他方面的防火要求 ············ 21

项目实训一:建筑装饰工程基本规定实训 ············ 23

项目二 建筑装饰安装操作机具 ············ 24

2.1 木工操作工具、机具 ············ 24
2.1.1 木工手工工具 ············ 24
2.1.2 木装饰机具 ············ 24

项目实训二:木工操作工、机具的使用实训 ············ 31

2.2 金属工具、机具 ············ 32
2.2.1 手枪钻 ············ 32
2.2.2 充电钻(充电螺钉钻) ············ 32
2.2.3 冲击钻、电锤钻 ············ 33
2.2.4 往复锯 ············ 34

2.3 型材切割机 ············ 35
2.3.1 型材切割机构造与原理 ············ 35
2.3.2 型材切割机操作与使用 ············ 35
2.3.3 型材切割机规格与选用 ············ 36
2.3.4 安全操作规程 ············ 36

2.4 气压驱动源 ………………………………………………………………………… 37
　　2.4.1 空气压缩机工作原理 ………………………………………………………… 37
　　2.4.2 空气压缩机的外形 …………………………………………………………… 37
　　2.4.3 空气压缩机的操作和使用 …………………………………………………… 37
　　2.4.4 气压驱动机具的应用范围 …………………………………………………… 38
项目实训三：建筑装饰机具的操作和使用实训 …………………………………………… 38

模块二　吊顶装饰工程

项目三　吊顶装饰工程安装操作 …………………………………………… 40

3.1 木骨架顶棚的安装操作 ……………………………………………………………… 40
　　3.1.1 木龙骨构造 …………………………………………………………………… 40
　　3.1.2 木骨架顶棚安装操作要点 …………………………………………………… 41
3.2 轻钢龙骨吊顶的安装操作 …………………………………………………………… 42
　　3.2.1 轻钢龙骨吊顶的组成 ………………………………………………………… 42
　　3.2.2 轻钢龙骨吊顶安装操作要点 ………………………………………………… 44
　　3.2.3 轻钢龙骨石膏板吊顶安装操作 ……………………………………………… 45
3.3 铝合金龙骨吊顶的安装 ……………………………………………………………… 49
　　3.3.1 铝合金龙骨吊顶常用规格 …………………………………………………… 50
　　3.3.2 铝合金龙骨吊顶安装操作要点 ……………………………………………… 50
3.4 金属型板吊顶的安装 ………………………………………………………………… 50
　　3.4.1 金属吊顶产品规格 …………………………………………………………… 50
　　3.4.2 铝合金条板构造 ……………………………………………………………… 50
　　3.4.3 铝合金条板的安装操作 ……………………………………………………… 51
　　3.4.4 铝合金方板的安装 …………………………………………………………… 52
　　3.4.5 金属板条（龙骨）天花 ……………………………………………………… 52
项目实训四：吊顶装饰安装操作实训 ……………………………………………………… 55

项目四　吊顶装饰案例分析、防范及治理 ………………………………… 56

4.1 龙骨安装案例 ………………………………………………………………………… 56
　　案例一：吊顶造型不对称，罩面板布局不合理 ………………………………… 56
　　案例二：木吊顶龙骨拱度不匀 …………………………………………………… 56
　　案例三：轻钢龙骨、铝合金龙骨纵横方向线条不平直 ………………………… 58
4.2 轻质板吊顶案例 ……………………………………………………………………… 59
　　案例一：拼缝装钉不直，分格不均匀、不方正 ………………………………… 59
　　案例二：轻质板块吊顶面层变形 ………………………………………………… 60
　　案例三：吊顶与设备衔接不妥 …………………………………………………… 61
4.3 石膏板吊顶案例 ……………………………………………………………………… 62
　　案例一：罩面板大面积不平整，挠度明显 ……………………………………… 62

案例二：拼板处不平整 …………………………………………………… 62
　　案例三：吸声板吊顶的孔距排列不均 …………………………………… 63
4.4　金属板吊顶案例 …………………………………………………………… 63
　　案例一：吊顶不平 ………………………………………………………… 63
　　案例二：接缝明显 ………………………………………………………… 64
项目实训五：吊顶装饰案例分析、防范及治理实训 ………………………………… 64

项目五　吊顶装饰安装操作典型情景 …………………………………… 66

情景一："地面放线法"吊顶安装操作方法 …………………………………… 66
　5.1.1　通常吊顶安装操作工艺 …………………………………………… 66
　5.1.2　采用"地面放线法"安装操作工艺 ………………………………… 66
　5.1.3　安装操作要点 ……………………………………………………… 66
　5.1.4　安装操作中应注意的事项 ………………………………………… 67
情景二：某工程大面积轻钢龙骨石膏板吊顶 ………………………………… 67
　5.2.1　吊杆、主次龙骨安装 ……………………………………………… 67
　5.2.2　石膏板的固定与嵌缝处理 ………………………………………… 67
项目实训六：实地观察吊顶装饰安装操作典型情景实训 ………………………… 68

模块三　地面装饰工程

项目六　地面装饰工程安装操作 ………………………………………… 69

6.1　聚氨酯耐磨地面涂料涂装 ………………………………………………… 69
　6.1.1　聚氨酯耐磨地面涂料主要特点 …………………………………… 69
　6.1.2　聚氨酯耐磨地面涂料用途 ………………………………………… 69
　6.1.3　聚氨酯耐磨地面涂料主要性能 …………………………………… 69
　6.1.4　聚氨酯耐磨地面涂料涂装方法及注意事项 ……………………… 69
　6.1.5　聚氨酯耐磨地面涂料储存、运输和包装 …………………………… 70
6.2　板块地面铺装与操作 ……………………………………………………… 70
　6.2.1　板块地面砂浆的铺贴与操作 ……………………………………… 70
　6.2.2　预制框架铺贴板块工艺 …………………………………………… 73
　6.2.3　粘浆铺贴法 ………………………………………………………… 74
　6.2.4　常见石材的污染与保养 …………………………………………… 75
6.3　木地板的铺装与操作 ……………………………………………………… 75
　6.3.1　木地板铺装材料及常用机具 ……………………………………… 75
　6.3.2　木地板的构造（普通企口实木地板） ……………………………… 76
　6.3.3　木地板铺装操作工艺 ……………………………………………… 77
　6.3.4　保证安装质量应注意的问题 ……………………………………… 80
6.4　铝合金活动地板铺装与操作 ……………………………………………… 82
　6.4.1　铝合金活动地板基本构造 ………………………………………… 82

6.4.2　技术性能(复合铝合金活动地板) ·· 83
　　　6.4.3　铝合金活动地板铺装操作工序及要点 ·· 83
　6.5　塑料地板铺设与操作 ··· 88
　　　6.5.1　塑料地板种类 ··· 88
　　　6.5.2　常用胶粘剂 ··· 88
　　　6.5.3　安装要点 ··· 88
　6.6　地毯的铺设与操作 ··· 90
　　　6.6.1　地毯的选择 ··· 90
　　　6.6.2　地毯的铺设工艺 ··· 91
　项目实训七：楼地面装饰安装操作实训 ··· 93

项目七　地面装饰案例分析、防范及治理 ··· 94

　7.1　陶瓷地砖面层案例 ··· 94
　　　案例一：铺贴房间出现楔形 ··· 94
　　　案例二：空鼓、起拱 ··· 94
　　　案例三：面砖污染 ··· 94
　　　案例四：泛水过小或局部倒坡 ··· 95
　7.2　实木地板面层案例 ··· 95
　　　案例一：拼缝不严 ··· 95
　　　案例二：木地板声响 ··· 95
　　　案例三：表面不平 ··· 96
　　　案例四：木踢脚板与地面不垂直、表面不平、接槎有高低 ······························ 96
　　　案例五：木板面层局部翘鼓、变黑 ··· 96
　　　案例六：席纹地板不方正 ··· 97
　　　案例七：地板戗槎 ··· 97
　7.3　中密度(强化)复合地板面层案例 ··· 97
　　　案例一：表面不平 ··· 97
　　　案例二：行走时松软、有响声 ··· 98
　7.4　地毯面层案例 ··· 98
　　　案例一：拼缝明显、收口不顺直 ··· 98
　　　案例二：拼缝处露衬底、露缝线 ··· 99
　　　案例三：卷边、翻边 ··· 99
　　　案例四：表面不平、打皱、鼓包 ··· 99
　　　案例五：发霉 ··· 99
　项目实训八：地面装饰案例分析、防范及治理实训 ······································· 100

项目八　地面装饰安装操作典型情景 ··· 101

　情景一：地面和墙面装饰层大面积脱层隆起的原因及预防 ································ 101
　　　8.1.1　隆起实例 ··· 101

  8.1.2 大面积脱层隆起的原因和特征 ········· 101
  8.1.3 传统安装操作方法的讨论 ············· 102
  8.1.4 防治措施 ···························· 104
 情景二：板块地面铺贴工艺和注意事项 ············ 104
  8.2.1 铺贴工艺 ···························· 104
  8.2.2 注意事项 ···························· 106
 情景三：建筑地面和屋面的修补处理 ·············· 107
  8.3.1 板块地面个别松脱 ···················· 107
  8.3.2 地面局部空鼓 ························ 107
  8.3.3 泥砂浆地面大面积空鼓开裂 ············ 108
  8.3.4 大面积起砂起粉 ······················ 108
  8.3.5 地下室停车场 ························ 108
  8.3.6 屋面水泥砂浆保护层 ·················· 108
 项目实训九：现场观察地面装饰安装操作典型情景实训 ········ 108

模块四 饰面工程

项目九 饰面工程安装操作 ························ 110
 9.1 石材贴面安装与操作 ························ 110
  9.1.1 天然石板安装操作方法一——干挂法 ···· 110
  9.1.2 天然石板安装操作方法二——湿挂法 ···· 113
  9.1.3 天然石板安装操作方法三——湿贴法 ···· 115
 9.2 陶瓷类贴面安装与操作 ······················ 116
  9.2.1 外墙面砖的镶贴工艺 ·················· 117
  9.2.2 内墙瓷砖（文化石）的镶贴工艺 ·········· 118
  9.2.3 陶瓷锦砖的镶贴工艺 ·················· 119
 9.3 墙柱面饰面板（砖）工程质量验收 ·············· 120
  9.3.1 一般规定 ···························· 120
  9.3.2 饰面板（砖）安装工程质量验收标准 ······ 121
  9.3.3 饰面板（砖）粘贴工程质量验收标准 ······ 121
 项目实训十：饰面工程安装操作实训 ·············· 122

项目十 饰面工程案例分析、防范及治理 ·············· 124
 10.1 花岗石墙面案例 ···························· 124
  案例一：饰面不平整，接缝不顺直 ············ 124
  案例二：板块长年水斑 ······················ 126
  案例三：板缝析白流挂 ······················ 130
  案例四：板块开裂，边角缺损 ················ 131
  案例五：空鼓脱落 ·························· 132

10.2 室内大理石墙面案例 ····· 134
案例一:饰面纹理不顺,色泽不匀 ····· 135
案例二:饰面不平整,接缝不顺直 ····· 135
案例三:空鼓脱落 ····· 135
案例四:板面腐蚀污染 ····· 138

10.3 室外面砖(外墙砖)墙面案例 ····· 139
案例一:板缝析白流挂(白华) ····· 140
案例二:墙面渗漏 ····· 141
案例三:门窗框周边渗漏 ····· 144
案例四:饰面出现"破活",细部不细致 ····· 146
案例五:饰面色泽不匀 ····· 150
案例六:饰面不平整,缝格不均匀、不顺直 ····· 150
案例七:空鼓脱落(找平层剥离破坏) ····· 154
案例八:空鼓脱落(冻融破坏) ····· 157
案例九:空鼓脱落(粘结层剥离破坏) ····· 159

10.4 室内瓷砖(内墙砖)墙面案例 ····· 162
案例一:板块开裂、变色,墙面污染 ····· 163
案例二:饰面不平整,缝格不顺直 ····· 164
案例三:用水房间墙壁泛潮 ····· 165
案例四:墙面出现"破活",细部不细致 ····· 166
案例五:空鼓脱落 ····· 169

项目实训十一:饰面工程案例分析、防范及治理实训 ····· 170

项目十一 饰面工程安装操作典型情景 ····· 172

情景一:工艺柱廊饰面干挂花岗石安装操作 ····· 172
11.1.1 花岗石饰面板材的下料设计 ····· 172
11.1.2 石材加工措施 ····· 173
11.1.3 工艺柱廊饰面干挂花岗石安装操作准备 ····· 173
11.1.4 工艺柱廊饰面干挂花岗石安装操作要点 ····· 173
11.1.5 质量验收要点 ····· 174

情景二:外墙石材干式固定安装方法 ····· 174
11.2.1 外墙石材干式固定工艺简介 ····· 174
11.2.2 外墙石材干式固定工艺原理 ····· 174
11.2.3 外墙石材干式固定适用范围 ····· 175
11.2.4 外墙石材干式固定主要材料 ····· 175
11.2.5 外墙石材干式固定主要机具 ····· 175
11.2.6 外墙石材干式固定安装操作工艺 ····· 175
11.2.7 质量验收要点 ····· 176

情景三：异形花岗石干挂饰面安装操作 ……………………………………………… 177
  11.3.1 异型花岗岩干挂安装操作准备 ……………………………………………… 177
  11.3.2 石雕壁画石材钢框焊接干挂安装 …………………………………………… 178
  11.3.3 异形板材舌板螺栓干挂法安装操作 ………………………………………… 178
  11.3.4 安装操作技术措施 …………………………………………………………… 179

情景四：干挂石材的安装操作技术措施 ……………………………………………… 179
  11.4.1 干挂石材铺贴材料 …………………………………………………………… 179
  11.4.2 干挂石材铺贴机具 …………………………………………………………… 179
  11.4.3 干挂石材铺贴准备工作 ……………………………………………………… 180
  11.4.4 干挂石材 ……………………………………………………………………… 180
  11.4.5 安装操作技术措施 …………………………………………………………… 181
  11.4.6 安装操作应注意的问题 ……………………………………………………… 181
  11.4.7 质量验收要点 ………………………………………………………………… 181

情景五：外墙石材LT形插片式干挂和粘挂结合新工艺 …………………………… 182
  11.5.1 构造简介 ……………………………………………………………………… 182
  11.5.2 LT形插片式挂件的石材安装操作工艺 …………………………………… 182
  11.5.3 粘挂结合的安装操作工艺 …………………………………………………… 183

情景六：纸版面砖胶粘剂镶贴安装技术 ……………………………………………… 184
  11.6.1 主要材料 ……………………………………………………………………… 184
  11.6.2 工艺流程 ……………………………………………………………………… 185
  11.6.3 操作要点 ……………………………………………………………………… 185
  11.6.4 安装操作效果 ………………………………………………………………… 186

情景七：釉面砖外墙翻新技术 ………………………………………………………… 186
  11.7.1 采用涂料翻新工艺 …………………………………………………………… 186
  11.7.2 重新镶贴釉面砖技术 ………………………………………………………… 187
  11.7.3 安装操作注意事项 …………………………………………………………… 188

项目实训十二：现场观察饰面工程安装操作典型情景实训 ……………………… 189

模块五 隔墙、隔断装饰工程

项目十二 隔墙、隔断装饰工程安装操作 …………………………………… 190

  12.1 木质隔断的安装操作 ………………………………………………………… 190
    12.1.1 木隔断的基本构造 ………………………………………………………… 190
    12.1.2 隔墙木骨架的安装 ………………………………………………………… 190
    12.1.3 异型隔墙骨架的制作 ……………………………………………………… 192
    12.1.4 饰面板的安装工艺 ………………………………………………………… 193

  12.2 轻金属龙骨隔墙的安装操作 ………………………………………………… 195
    12.2.1 轻钢龙骨石膏板隔墙安装工艺 …………………………………………… 195
    12.2.2 轻金属龙骨FC(纤维水泥加压)板墙 …………………………………… 197

12.2.3　CJ板墙 …… 199
12.2.4　分体式轻型隔断 …… 200
项目实训十三：隔墙、隔断装饰工程安装操作实训 …… 204

项目十三　隔墙、隔断装饰工程案例分析、防范及治理 …… 205

13.1　木龙骨木板材隔墙案例 …… 205
　　案例一：隔墙与结构或骨架固定不牢 …… 205
　　案例二：细部做法不规矩 …… 206
　　案例三：墙面粗糙，接头不平、不严 …… 207

13.2　石膏龙骨石膏板隔墙案例 …… 207
　　案例一：板缝开裂 …… 207
　　案例二：门口上角墙面裂缝 …… 208
　　案例三：板面接缝有痕迹 …… 209
　　案例四：隔墙板与结构连接不牢 …… 209

13.3　轻钢龙骨石膏板隔墙案例——隔墙板与墙体、顶板、地面连接处有裂缝 …… 209
项目实训十四：隔墙、隔断装饰工程案例分析、防范实训 …… 210

项目十四　隔墙、隔断装饰工程安装操作典型情景 …… 212

情景一：钢弦石膏板隔墙安装操作 …… 212
　　14.1.1　钢弦石膏板隔墙构造 …… 212
　　14.1.2　工艺流程和操作要点 …… 213

情景二：金属面聚苯乙烯夹芯板作网架内封隔墙的安装操作技术 …… 214
　　14.2.1　墙体构造 …… 214
　　14.2.2　安装操作 …… 214

情景三：铝塑板墙面安装操作技术 …… 215
　　14.3.1　胶粘剂选择 …… 216
　　14.3.2　墙面材料 …… 216
　　14.3.3　安装操作程序 …… 216
　　14.3.4　石膏板基层安装操作 …… 216
　　14.3.5　铝塑板墙面粘贴工艺 …… 217
　　14.3.6　安装操作注意事项 …… 217

情景四：SRC板安装裂缝控制技术措施 …… 217
　　14.4.1　节点、接缝和洞口上方开裂的机理分析 …… 218
　　14.4.2　SRC板存放与安装 …… 218
　　14.4.3　安装注意事项 …… 220
　　14.4.4　技术效益 …… 220

情景五：GRC轻质内墙板板缝开裂及装饰层空鼓防治技术 …… 221
　　14.5.1　改进GRC板安装工艺，防止板缝开裂 …… 221
　　14.5.2　克服板面不平和装饰层空鼓 …… 222

情景六：GZ 轻质墙板安装操作技术 223
 14.6.1 GZ 轻质墙板的主要性能 223
 14.6.2 GZ 轻质墙板安装操作 223
 14.6.3 安装质量标准 224
 14.6.4 安装操作应注意的事项 225
 14.6.5 安装操作存在的问题 225
情景七：ALC 板内隔非承重墙安装技术 225
 14.7.1 ALC 板的特点 225
 14.7.2 ALC 板墙的构成 226
 14.7.3 ALC 板墙体安装 226
 14.7.4 安装注意事项 228
 14.7.5 应用效果 228
项目实训十五：实地观察隔墙装饰工程安装典型情景实训 228

模块六 门窗装饰工程

项目十五 门窗装饰工程安装操作 230

15.1 木门窗的制作与安装操作 230
 15.1.1 木门窗的制作 230
 15.1.2 门窗扇的安装 232
15.2 铝合金门窗装配工艺 232
 15.2.1 铝合金门窗 232
 15.2.2 铝合金门窗的安装操作准备 234
 15.2.3 铝合金门窗的安装操作工艺 234
15.3 U-PVC 改性塑料窗体装配工艺 240
 15.3.1 塑料窗体的主要性能 240
 15.3.2 塑钢门窗的生产加工 242
 15.3.3 铝合金窗和塑钢门窗性能特点综合比较 242
项目实训十六：门窗装饰工程安装操作实训 243

项目十六 门窗装饰工程案例分析、防范及治理 245

16.1 木门窗制作、安装案例 245
 案例一：木门窗开启不灵 245
 案例二：木门窗框扇变形扭曲 245
16.2 铝合金门窗制作、安装案例 246
 案例一：铝合金门窗渗水 246
 案例二：门窗表面不干净，有铝屑、毛刺、油斑等，产品保护留有划痕等 246
16.3 塑料门窗制作、安装案例 247
 案例一：型材的切割、门窗的装配误差，配套附件质量差 247

案例二:塑料门窗渗水 ··· 247
　　案例三:门窗表面被污染,有划痕,配件遗失等 ································· 247
　　案例四:门窗框安装不到位,松动、变形 ·· 247
　项目实训十七:门窗装饰工程案例分析、防范实训 ································ 248

项目十七　门窗装饰工程安装操作典型情景 ···································· 249

　情景一:某超高层建筑平开铝合金窗固定窗扇反向安装操作技术 ·········· 249
　　17.1.1　铝合金窗安装工艺 ·· 249
　　17.1.2　安装要点 ··· 249
　情景二:聚氨酯PU发泡填缝材料在铝、塑门窗安装中的应用 ················ 250
　　17.2.1　铝、塑门窗安装中填缝方法的比较 ·· 250
　　17.2.2　PU填料的安装方法 ·· 251
　　17.2.3　安装操作常见质量问题防治 ··· 252
　项目实训十八:实地观察门窗装饰工程安装典型情景实训 ····················· 252

模块七　涂饰、裱糊装饰工程

项目十八　涂饰、裱糊装饰工程安装操作 ·· 253

　18.1　涂料类饰面制作 ·· 255
　　18.1.1　内墙涂料饰面制作工艺 ·· 255
　　18.1.2　外墙涂料饰面制作工艺 ·· 256
　18.2　油漆饰面制作 ·· 257
　　18.2.1　木材面涂刷清漆磨退制作工艺 ·· 257
　　18.2.2　木材面涂刷色漆(混油漆)制作工艺 ······································ 261
　　18.2.3　墙面涂刷调和漆制作工艺 ··· 262
　　18.2.4　金属面涂刷油漆制作工艺 ··· 263
　18.3　裱糊、软包类装饰制作 ··· 263
　　18.3.1　裱糊类制作工艺 ·· 263
　　18.3.2　软包类制作工艺 ·· 264
　18.4　涂料、裱糊类工程质量验收 ·· 267
　　18.4.1　涂料、裱糊类工程质量一般规定 ··· 267
　　18.4.2　水性涂料涂饰工程质量验收 ·· 267
　　18.4.3　溶剂型涂料涂饰工程质量验收 ·· 268
　　18.4.4　裱糊与软包工程质量验收 ··· 269
　项目实训十九:涂饰、裱糊装饰工程安装操作实训 ································ 271

项目十九　涂饰、裱糊装饰工程案例分析、防范及治理 ······················ 272

　19.1　溶剂型涂料涂饰案例 ··· 272
　　案例一:底色花斑 ·· 272

案例二：色泽不匀 ………………………………………………… 273
　　案例三：漆膜粗糙、表面起粒 …………………………………… 274
　　案例四：漆膜皱纹 ………………………………………………… 275
　　案例五：油漆流坠 ………………………………………………… 276
　　案例六：腻子不干硬、卷皮、开裂、塌陷 ……………………… 279
　　案例七：慢干和回黏 ……………………………………………… 280
　　案例八：橘皮 ……………………………………………………… 283
　　案例九：针孔 ……………………………………………………… 283
　　案例十：漆膜起泡 ………………………………………………… 285
　　案例十一：发笑（笑纹、收缩）………………………………… 289
　　案例十二：漏刷、透底 …………………………………………… 290
　　案例十三：刷纹 …………………………………………………… 291
　　案例十四：木纹混浊 ……………………………………………… 292
　　案例十五：胶状物析出 …………………………………………… 293
　　案例十六：发汗 …………………………………………………… 294
　　案例十七：漆膜浮色发花 ………………………………………… 294
　　案例十八：咬底 …………………………………………………… 295
　　案例十九：渗色 …………………………………………………… 296
　　案例二十：漆膜粉化 ……………………………………………… 297
　19.2　水性涂料涂饰案例 ……………………………………………… 297
　　案例一：涂料流坠 ………………………………………………… 298
　　案例二：刷纹 ……………………………………………………… 301
　　案例三：涂层颜色不均匀 ………………………………………… 301
　　案例四：饰面不均匀 ……………………………………………… 302
　　案例五：色点异常 ………………………………………………… 303
　　案例六：变色、褪色 ……………………………………………… 305
　　案例七：涂膜发花 ………………………………………………… 306
　　案例八：粉化 ……………………………………………………… 307
　　案例九：涂膜鼓泡、剥落 ………………………………………… 308
　　案例十：开裂 ……………………………………………………… 309
　19.3　裱糊案例 ………………………………………………………… 312
　　案例一：花饰、接缝、包角不垂直 ……………………………… 312
　　案例二：壁纸脱落 ………………………………………………… 313
　　案例三：连接不严密，显露基底 ………………………………… 313
　　案例四：花饰不对称 ……………………………………………… 314
　　案例五：搭缝 ……………………………………………………… 315
　　案例六：翘边 ……………………………………………………… 315
　　案例七：皱褶、波纹 ……………………………………………… 316
　　案例八：空鼓（气泡）…………………………………………… 316

案例九:墙纸表面起光,质感不一致 ……………………………………………… 317
　　案例十:墙纸颜色不一致 …………………………………………………………… 317
　项目实训二十:涂饰、裱糊装饰工程案例分析、防范实训 ………………………… 318

项目二十　涂饰、裱糊装饰工程安装操作典型情景 ……………………………… 319

　情景一:旧基层喷涂真石漆制作技术 ………………………………………………… 319
　　20.1.1　基层处理 …………………………………………………………………… 319
　　20.1.2　真石漆喷涂 ………………………………………………………………… 319
　　20.1.3　质量验收要点 ……………………………………………………………… 321
　情景二:外墙金属漆制作技术 ………………………………………………………… 321
　　20.2.1　制作工艺 …………………………………………………………………… 321
　　20.2.2　质量验收要点 ……………………………………………………………… 322
　　20.2.3　应注意的问题 ……………………………………………………………… 322
　情景三:裱糊壁纸制作技术 …………………………………………………………… 322
　　20.3.1　裱贴壁纸对基层的要求 …………………………………………………… 323
　　20.3.2　制作准备 …………………………………………………………………… 323
　　20.3.3　主要工具 …………………………………………………………………… 323
　　20.3.4　操作工艺 …………………………………………………………………… 324
　项目实训二十一:实地观察涂饰、裱糊装饰工程安装典型情景实训 ……………… 324
　参考文献 …………………………………………………………………………………… 325

模块一 建筑装饰基本知识

项目一 建筑装饰工程基本规定

为保护建筑物的主体结构,完善建筑物的使用功能,美化建筑物,采用装饰装修材料或饰物,对建筑物的内外表面及空间进行的各种处理过程,称为建筑装饰装修[《建筑装饰装修工程质量验收规范》(GB 50210—2001)中的阐述]。采用一定的施工工具、装修材料和施工工艺,进行建筑装饰装修的过程,即是建筑装饰装修工程施工。

建筑装饰装修工程(包括家庭装饰装修工程)是一个完整建筑工程的组成部分之一,建筑室内外环境艺术设计是建筑设计的组成、深入和延续,建筑装饰装修工程作为建筑环境艺术设计的具体施工实施过程,也是现代建筑工程的延伸和完善。它是现代空间设计理念、人性化的环境艺术、绿色环保材料、先进装饰施工技术的综合体。

当前,我国经济建设的持续高速发展,城市建设的日新月异,人们生活水平的不断提高,体现在建筑工程和装饰装修工程的发展变化。有目共睹,新型装饰装修材料和装饰施工工艺更新换代的速度空前迅速,人们对建筑空间环境的绿色环保要求不断提高。因此,对建筑装饰装修行业的企业,要求从人才、技术、管理、施工设备等方面都要同时代发展同步,建筑装饰装修行业也应该为国家建设、城市空间环境和人民生活水平的提高作出应有的贡献。

1.1 建筑装饰装修工程的一般规定

1.1.1 建筑装饰装修工程的一般规定

根据国家标准《建筑装饰装修工程质量验收规范》(GB 50210—2001)的要求,建筑装饰装修工程应遵循以下基本规定。

1. 设计

(1)建筑装饰装修工程必须进行设计,并出具完整的施工图设计文件。

(2)承担建筑装饰装修工程设计的单位应具备相应的资质,并应建立质量管理体系。由于设计原因造成的质量问题应由设计单位负责。

(3)建筑装饰装修工程设计应符合城市规划、消防、环保、节能等有关规定。

(4)承担建筑装饰装修工程设计的单位应对建筑物进行必要的了解和实地勘察,设计深度应满足施工要求。

(5)建筑装饰装修工程设计必须保证建筑物的结构安全和主要使用功能。当涉及主体和承重结构改动或增加荷载时,必须由原结构设计单位或具备相应资质的设计单位核查有关原始资料,对建筑结构的安全性进行核验确认。

(6)建筑装饰装修工程的防火、防雷和抗震设计,应符合现行国家标准的规定。

(7)当墙体或吊顶内的管线可能产生冰冻或结露时,应进行防冻或防结露设计。

2. 材料

(1)建筑装饰装修工程所用材料的品种、规格和质量,应符合设计要求和国家现行标准的规定。当设计无要求时,应符合国家现行标准的规定。严禁使用国家明令淘汰的材料。

(2)建筑装饰装修工程所用材料的燃烧性能,应符合现行国家标准《建筑内部装修设计防火规范》(GB 50222)、《建筑设计防火规范》(GB 50016)和《高层民用建筑设计防火规范》(GB 50045)的规定。

(3)建筑装饰装修工程所用材料应符合国家标准《民用建筑工程室内环境污染控制规范》(GB 50325)有关建筑装饰装修材料有害物质限量标准的规定。

(4)所有材料进场时,应对品种、规格、外观和尺寸进行验收。材料包装要完好,应有产品合格证书、中文说明书及相关性能的检测报告。进口产品应按规定进行商品检验。

(5)进场后需要进行复验的材料种类及项目,应符合国家标准的规定。同一厂家生产的同一品种、同一类型的进场材料应至少抽取一组样品进行复验,当合同另有约定时,应按照合同执行。

(6)当国家规定或合同约定应对材料进行鉴定检测,或对材料的质量发生争议时,应进行鉴定检测。

(7)承担建筑装饰装修材料检测的单位应具备相应的资质,并应建立质量管理体系。

(8)建筑装饰装修工程所使用的材料在运输、储存和施工过程中,必须采取有效措施防止损坏、变质和污染环境。

(9)建筑装饰装修工程所使用的材料应按设计要求进行防火、防腐和防虫处理。

(10)现场配制的材料如砂浆、胶粘剂等,应按设计要求或产品说明书配制。

3. 安装操作

(1)承担建筑装饰装修工程施工的单位应具备相应的资质,并应建立质量管理体系。施工单位应编制施工组织设计,并应经过审查批准。施工单位应按有关的施工工艺标准或经审定的施工技术方案施工,并应对施工全过程实行质量控制。

(2)承担建筑装饰装修工程施工的人员应有相应岗位的资格证书。

(3)建筑装饰装修工程的施工质量应符合设计要求和规范规定,由于违反设计文件和规范的规定施工造成的质量问题应由施工单位负责。

(4)建筑装饰装修工程施工中,严禁违反设计文件擅自改动建筑主体、承重结构或主要使用功能,严禁未经设计确认和有关部门批准擅自拆改水、暖、电、燃气、通信等配套设施。

(5)施工单位应遵守有关环境保护的法律法规,并应采取有效措施控制施工现场的各种粉尘、废气、废弃物、噪声、振动等对周围环境造成的污染和危害。

(6)施工单位应遵守有关施工安全、劳动保护、防火和防毒的法律和法规,应建立相应的管理制度,并应配备必要的设备、器具和标识。

(7)建筑装饰装修工程应在主体或基层的质量验收合格后施工。对既有建筑进行装饰装修前,应对基层进行处理并达到规范的要求。

(8)建筑装饰装修工程施工前应有主要材料的样板或样板间(件),并应经有关各方确认。

(9)墙面采用保温材料的建筑装饰装修工程,所用保温材料的类型、品种、规格及施工工艺应符合设计要求。

(10)管道、设备等的安装及调试应在建筑装饰装修工程施工前完成,当必须同步进行时,应在饰面装修前完成。建筑装饰装修工程不得影响管道、设备等的使用和维修,涉及燃气管道的建筑装饰装修工程必须符合有关安全管理的规定。

(11)建筑装饰装修工程的电器安装应符合设计要求和国家现行标准的规定。严禁不经穿管直接埋设电线。

(12)室内外建筑装饰装修工程施工的环境条件应满足施工工艺的要求。施工环境温度不应低于5℃。当必须在低于5℃气温下施工时,应采取保证工程质量的有效措施。

(13)建筑装饰装修工程施工过程中应做好半成品、成品的保护,防止污染和损坏。

(14)建筑装饰装修工程验收前,应将施工现场清理干净。

1.1.2 住宅装饰装修工程的基本规定

国家标准《住宅装饰装修工程施工规范》(GB 50327—2001)对于住宅装饰装修工程的施工基本要求、材料和设备基本要求、成品保护以及防火安全、防水工程等,均作了明确规定。特别是原建设部通过第110号令颁布的《住宅装饰装修管理办法》已于2002年5月1日起正式实施,对于加强住宅室内装饰装修管理,保证住宅装饰装修工程质量和安全,维护公共安全和公共利益,规范住宅装饰装修行业,实施对住宅室内装饰装修行业的管理,有着非常重要的意义。

1. 住宅装饰装修施工基本要求

(1)施工前应进行设计交底工作,并应对施工现场进行核查,了解物业管理的有关规定。

(2)各工序、各分项工程应自检、互检及交接检。

(3)施工中,严禁损坏房屋原有绝热设施,严禁损坏受力钢筋,严禁超荷载集中堆放物品,严禁在预制混凝土空心板上打孔安装预埋件。

(4)施工中,严禁擅自改动建筑主体、承重结构或改变房间主要使用功能,严禁擅自拆改燃气、暖气、通信等配套设施。

(5)管道、设备工程的安装调试应在建筑装饰装修工程施工前完成,必须同步进行时,应在饰面层施工前完成。装饰装修工程不得影响管道、设备的使用和维修。涉及燃气管道的装饰装修工程必须符合有关安全管理的规定。

(6)施工人员应遵守有关施工安全、劳动保护、防火、防毒的法律法规。

(7)施工现场用电应符合下列规定:

① 施工现场用电应从户表以后设立临时施工用电系统。

② 安装、维修或拆除临时施工用电系统。

③ 临时施工供电开关箱中应装设漏电保护器。进入开关箱的电源线不得用插销连接。

④ 临时用电线路应避开易燃、易爆物品堆放地。

⑤ 暂停施工时应切断电源。

(8)施工现场用水应符合下列规定:

① 不得在未做防水的地面蓄水。

② 临时用水管不得有破损、滴漏。

③ 暂停施工时应切断水源。

(9) 文明施工和现场环境应符合下列要求：
① 施工人员应衣着整齐。
② 施工人员应服从物业管理或治安保卫人员的监督、管理。
③ 应控制粉尘、污染物、噪声、震动等对相邻居民、居民区和城市环境的污染及危害。
④ 施工堆料不得占用楼道内的公共空间，不得封堵紧急出口。
⑤ 室外堆料应遵守物业管理规定，避开公共通道、绿化地、化粪池等市政公用设施。
⑥ 工程垃圾宜密封包装，并放在指定垃圾堆放地。
⑦ 不得堵塞、破坏上下水管道、垃圾道等公共设施，不得损坏楼内各种公共标志。
⑧ 工程验收前应将施工现场清理干净。

2. 材料、设备基本要求

(1) 住宅装饰装修工程所用材料的品种、规格、性能应符合设计的要求及国家现行有关标准的规定。
(2) 严禁使用国家明令淘汰的材料。
(3) 住宅装饰装修所用的材料应按设计要求进行防火、防腐和防蛀处理。
(4) 施工单位对进场主要材料的品种、规格、性能进行验收。主要材料应有产品合格证书，有特殊要求的应有相应的性能检测报告和中文说明书。
(5) 现场配制的材料应按设计要求或产品说明书制作。
(6) 应配备满足施工要求的配套机具设备及检测仪器。
(7) 住宅装饰装修工程应积极使用新材料、新技术、新工艺、新设备。

3. 成品保护

(1) 施工过程中材料运输应符合下列规定
① 材料运输使用电梯时，应对电梯采用保护措施。
② 材料搬运时要避免损坏楼道内顶、墙、扶手、楼道窗户及楼道门。
(2) 施工过程中应采取下列保护措施
① 各工种在施工中不得污染、损坏其他工种的半成品、成品。
② 材料表面保护膜应在工程竣工时拆除。
③ 对邮箱、消防、供电、报警、网络等公共设施采取保护措施。

4. 防火安全

(1) 一般规定：施工单位必须制定施工防火安全制度，施工人员必须严格遵守。住宅装饰装修材料的燃烧性能等级要求，应符合现行国家标准《建筑内部装修设计防火规范》(GB 50222) 的规定。
(2) 材料的防火处理：对装饰织物进行阻燃处理时，应使其被阻燃剂浸透，阻燃剂的干含量应符合产品说明书的要求。对木质装饰装修材料进行防火涂料涂布前，应对其表面进行清洁。涂布至少分两次进行，且第二次涂布应在第一次涂布的涂层表面干后进行，涂布量应不小于 $500g/m^2$。
(3) 施工现场防火应遵守以下规定：
① 易燃物品应相对集中放置在安全区域并应有明显标志。施工现场不得大量积存可燃材料。
② 易燃、易爆材料的施工应避免敲打、碰撞、摩擦等可能出现火花的操作。配套使用的照明灯、电动机、电气开关应有安全防火装置。

③使用油漆等挥发性材料时,应随时封闭其容器。擦拭后的棉纱等物品应集中存放且远离热源。

④施工现场动用电气焊等明火时,必须清除周围及焊渣滴落区的可燃物质,并设专人监督。

⑤施工现场必须配备灭火器、砂箱或其他灭火工具。

⑥严禁在施工现场吸烟。

⑦严禁在运行中的管道、装有易燃、易爆的容器和受力构件上进行焊接和切割。

(4)电气防火,应遵守以下规定:

①照明、电热器等设备的高温部位靠近A级材料或导线穿越B2级以下装修材料时,应采用岩棉、瓷管或玻璃棉等A级材料隔热。当照明灯具或镇流器嵌入可燃装饰装修材料中时,应采取隔热措施予以分隔。

②配电箱的壳体和底板宜采用A级材料制作。配电箱不得安装在B2级以下(含B2级)的装修材料上。开关、插座应安装在B1级及以上的材料上。

③卤钨灯灯管附近的导线应采用耐热绝缘材料制成的护套,不得直接使用具有延燃性绝缘的导线。

④明敷塑料导线应穿管或加线槽板保护,吊顶内的导线应穿金属管或B1级PVC管保护,导线不得裸露。

(5)消防设施的保护应遵守下列规定:

①住宅装饰装修不得遮挡消防设施、疏散指示标志及安全出口,并且不应妨碍消防设施和疏散通道的正常使用,不得擅自改动防火门。

②消火栓门四周的装饰装修材料颜色应与消火栓门的颜色有明显区别。

③住宅内部火灾报警系统的穿线管、自动喷淋灭火系统的水管线应用独立的吊管架固定。不得借用装饰装修用的吊杆和放置在吊顶上固定。

④当装饰装修重新分割了住宅房间的平面布局时,应根据有关设计规范针对新的平面调整火灾自动报警探测器与自动灭火喷头的布置。

⑤喷淋管线、报警器线路、接线箱及相关器件宜暗装处理。

5. 室内环境污染控制

(1)《住宅装饰装修工程施工规范》(GB 50327—2001)规定控制的室内环境污染物为氡($Rn-222$)、甲醛、氨、苯和总挥发性有机物(TVOC)。

(2)住宅装饰装修室内环境污染控制除应符合《住宅装饰装修工程施工规范》(GB 50327)外,还应符合《民用建筑工程室内环境污染控制规范》(GB 50325)等现行国家标准的规定。设计、施工应选用低毒性、低污染的装饰装修材料。

(3)对室内环境污染控制有要求的,可按有关规定对以上两条内容全部或部分进行检测,其污染物浓度限值应符合表1-1的要求。

表1-1 住宅装饰装修后室内环境污染物浓度限值

室内环境污染物	氡(Bq/m^3)	甲醛(mg/m^3)	苯(mg/m^3)	氨(mg/m^3)	总挥发性有机物(Bq/m^3)
浓度限值	≤200	≤0.08	≤0.09	≤0.20	≤0.50

6. 防水工程

(1)住宅卫生间、厨房、阳台的防水工程的一般规定

①防水施工宜采用涂膜防水。

② 防水施工人员应具备相应的岗位证书。

③ 防水工程应在地面、墙面隐蔽工程完毕并经检查验收后进行。其施工方法应符合国家现行标准、规范的有关规定。

④ 施工时应设置安全照明,并保持通风。

⑤ 施工环境温度应符合防水材料的技术要求,并宜在5℃以上。

⑥ 防水工程应做两次蓄水试验。

(2) 主要材料质量要求

防水材料性能应符合国家现行有关标准的规定,并应有产品合格证书。

(3) 施工要点

① 基层表面应平整,不得有松动、空鼓、起砂、开裂等缺陷,含水率应符合防水材料的施工要求。

② 地漏、套管、卫生洁具根部、阴阳角等部位,应先做防水附加层。

③ 防水层应从地面延伸到墙面,高出地面100mm。浴室墙面的防水层不得低于1800mm。

④ 防水砂浆施工应符合下列规定:防水砂浆的配合比应符合设计或产品的要求,防水层应与基层结合牢固,表面应平整,不得有空鼓、裂缝和麻面起砂,阴阳角应做成圆弧形。保护层水泥砂浆的厚度、强度应符合设计要求。

⑤ 涂膜防水施工应符合下列规定:涂膜涂刷应均匀一致,不得漏刷。总厚度应符合产品技术性能要求。玻璃纤维布的接茬应顺流水方向搭接,搭接宽度应不小于100mm。两层以上玻璃纤维布的防水施工,上、下搭接应错开幅宽的1/2。

1.1.3 建筑装饰装修工程质量验收

1. 验收程序和组织

建筑装饰装修分部工程质量验收的程序和组织应符合《建筑工程施工质量验收统一标准》(GB 50300)的规定,子分部工程及其分项工程应按《建筑装饰装修工程质量验收规范》(GB 50210—2001)的规定划分,见表1-2所示。当建筑工程只有建筑装饰装修分部工程时,该工程应作为单位工程验收。

表1-2 建筑装饰装修工程的子分部及其分项工程划分

项次	子分部工程	分项工程
1	抹灰工程	一般抹灰,装饰抹灰,清水砌体勾缝
2	门窗工程	木门窗制作与安装,金属门窗安装,塑料门窗安装,特种门安装,门窗玻璃安装
3	吊顶工程	暗龙骨吊顶,明龙骨吊顶
4	轻质隔墙工程	板材隔墙,骨架隔墙,活动隔墙,玻璃隔墙
5	饰面板(砖)工程	饰面板安装,饰面板粘贴
6	幕墙工程	玻璃幕墙,金属幕墙,石材幕墙
7	涂饰工程	水性涂料涂饰,溶剂型涂料涂饰,美术涂饰
8	裱糊与软包工程	裱糊,软包
9	细部工程	柜橱制作与安装,窗帘盒、窗台板和暖气罩制作与安装,门窗套制作与安装,护栏和扶手制作与安装,花饰制作与安装
10	建筑地面工程	基层,整体面层,板块面层,竹木面层

(1)检验批及分项工程应由监理工程师(建设单位项目技术负责人)组织施工单位项目专业质量(技术)负责人等进行验收。

(2)分部工程应由总监理工程师(建设单位项目技术负责人)组织施工单位项目负责人和技术、质量负责人等进行验收,地基与基础、主体结构分部工程的勘察、设计单位工程项目负责人和施工单位技术、质量部门负责人也应参加相关分部工程验收。

(3)单位工程完工后,施工单位应自行组织有关人员进行检查评定,并向建设单位提交工程验收报告。

(4)建设单位收到工程验收报告后,应由建设单位(项目)负责人组织施工(含分包单位)、设计、监理等单位(项目)负责人进行单位(子单位)工程验收。

(5)单位工程有分包单位施工时,分包单位对所承包的工程项目应按标准规定的程序检查评定,总包单位应派人参加。分包工程完成后,应将工程有关资料交总承包单位。

(6)当参加验收各方对工程质量验收意见不一时,可请当地建设行政主管部门或工程质量监督机构协调处理。

(7)单位工程质量验收合格后,建设单位应在规定时间内将工程竣工验收报告和有关文件报建设行政管理部门备案。

2. 分部工程质量验收

(1)建筑装饰在施工过程中,应按《建筑装饰装修工程质量验收规范》(GB 50210—2001)有关各子分部中"一般规定"的要求对隐蔽工程进行验收,并按表1-3的格式进行记录。

表1-3 隐蔽工程验收记录

装饰装修工程名称		项目经理	
分项工程名称		专业工长	
隐蔽工程项目			
施工单位			
施工标准名称及代号			
施工图名称及编号			
隐蔽工程部位	质量要求	施工单位自查记录	监理(建设)单位验收记录
施工单位自查结论	施工单位项目技术负责人: 年 月 日		
监理(建设)单位验收结论	监理工程师(建设单位项目负责人): 年 月 日		

(2)检验批的质量验收应按《建筑工程施工质量验收统一标准》(GB 50300—2001)规定的格式(见表1-4)记录。检验批的合格判定应符合下列规定:

① 抽查样本均应符合《建筑装饰装修工程质量验收规范》(GB 50210)"主控项目"的规定。

② 抽查样本的80%以上应符合《建筑装饰装修工程质量验收规范》(GB 50210)"一般项目"的规定。其余样本不得有影响使用功能或明显影响装饰效果的缺陷,其中有"允许偏差"的检验项目,其最大偏差不得超过规范规定允许偏差的1.5倍。

表1-4 检验批的质量验收记录

工程名称			分项工程名称		验收部门	
施工单位					项目经理	
施工执行标准名称及编号					专业工长	
分包单位			分包项目经理		施工班组长	
		质量验收规范规定	施工单位检查评定记录		监理(建设)单位验收记录	
主控项目	1					
	2					
	3					
	4					
	5					
	6					
	7					
	8					
	9					
一般项目	1					
	2					
	3					
	4					
施工单位检查评定结果	项目专业质量检查员: 年　月　日					
监理(建设)单位验收结论	监理工程师(建设单位项目专业技术负责人): 年　月　日					

(3)分项工程的质量验收应按《建筑工程施工质量验收统一标准》(GB 50300—2001)规定的格式(见表1-5)记录,各检验批的质量均应达到《建筑装饰装修工程质量验收规范》(GB 50210)的规定。

(4)子分部工程的质量验收规范应按《建筑工程施工质量验收统一标准》(GB 50300—2001)规定的格式(见表1-6)记录。子分部工程中各分项工程的质量均应验收合格,并应符合下列规定:

表1-5 分项工程质量验收记录

工程名称			结构类型		层数	
施工单位			项目经理		项目技术负责人	
分包单位			分包单位负责人		分包项目经理	
序号	检验批部位		施工单位检查评定结果		监理(建设)单位验收结论	
1						
2						
3						
4						
5						
6						
7						
8						
9						
10						
检查结论	项目专业技术负责人： 年 月 日		验收结论	监理工程师(建设单位项目专业负责人)： 年 月 日		

表1-6 分部(子分部)工程质量验收记录

工程名称			结构类型		层数	
施工单位			技术部门负责人		质量部门负责人	
分包单位			分包单位负责人		分包技术负责人	
序号	分项工程名称		检验批数	施工单位检查评定	验收意见	
1						
2						
3						
4						
5						
6						
质量控制资料						
安全和功能检验(检测)报告						
观感质量验收						
验收单位	分包单位	项目经理				年 月 日
	施工单位	项目经理				年 月 日
	勘察单位	项目负责人				年 月 日
	设计单位	项目负责人				年 月 日
	监理(建设)单位	总监理工程师(建设单位项目专业负责人)：				年 月 日

① 应具备《建筑装饰装修工程质量验收规范》(GB 50210)各子分部工程规定检查的文件和记录。

② 应具备表 1-7 所规定的有关安全和功能检测项目的合格报告。

表 1-7 分部工程安全和功能的检测项目

项次	分部工程	检 测 项 目
1	门窗工程	建筑外墙金属窗的抗风压性能、空气渗透性能和雨水渗透性能； 建筑外墙塑料窗的抗风压性能、空气渗透性能和雨水渗透性能
2	饰面板(砖)工程	饰面板后置埋件的现场拉拔强度； 饰面砖样板件的粘结强度
3	幕墙工程	硅酮结构胶的相容性试验； 幕墙后置埋件的现场拉拔强度； 幕墙的抗风压性能、空气渗透性能、雨水渗透性能及平面变形性能

③ 观感质量应符合《建筑装饰装修工程质量验收规范》(GB 50210)规范各分项工程中一般项目的要求。

(5) 分部工程的质量验收按《建筑工程施工质量验收统一标准》(GB 50300—2001)规定的格式(表 1-7)记录。分部工程中各子分部工程的质量均应验收合格，并按上述第(4)条"子分部工程的质量验收"①~③款《建筑装饰装修工程质量验收规范》(GB 50210—2001)规范的规定进行核查。

(6) 有特殊要求的建筑装饰装修工程，竣工验收时应按合同约定加测相关技术指标。

(7) 建筑装饰装修工程的室内环境质量应符合国家现行标准《民用建筑工程室内环境污染控制规范》(GB 50325)的规定。

(8) 未经竣工验收合格的建筑装饰装修工程不得投入使用。

1.2 建筑装饰装修工程室内环境污染控制规定

国家标准《民用建筑工程室内环境污染控制规范》(GB 50325—2010)于 2011 年 6 月 1 日开始实施，为控制建筑材料和装修材料产生的室内环境污染，对建筑材料和装修材料选择以及工程勘察、设计、施工、验收等工作任务及工程检测提出了具体的技术要求。同时，国家质量监督检验检疫总局发布的《装饰材料有害物质限量 10 项标准》明确规定，自 2002 年 7 月 1 日起，市场上停止销售不符合该国家标准的产品。

1.2.1 装饰装修材料控制

1. 溶剂型木器涂料中有害物质限量

溶剂型木器涂料中有害物质限量见表 1-8 所示。表 1-8 内容适用于室内装饰装修用溶剂型木器涂料，其他树脂类型和其他用途的室内装饰装修用溶剂型涂料可参照使用，但不适用于水性木器涂料。

表1-8 溶剂型木器涂料中有害物质限量要求

项目		限量值		
		硝基漆类	聚氨酯漆类	醇酸漆类
挥发性有机化合物[a/(g/L)]		≤750	光泽(60°)≥80,600	≤550
			光泽(60°)<80,700	
苯(b/%)			≤0.5	
甲苯和二甲苯总和(b/%)		≤45	≤40	≤10
游离甲苯二异氰酸酯(c/%)			≤0.7	
重金属(限色漆)(mg/kg)	可溶性铅		≤90	
	可溶性镉		≤75	
	可溶性铬		≤60	
	可溶性汞		≤60	

注:1. 表中项目栏中 a/、b/、c/ 为标准规定的测定方法。
    2. 产品包装标志除应符合《涂料产品包装标志》(GB/T 9750)的规定外,经检验合格的产品可在包装标志上明示。
    3. 涂料涂装时应保证室内通风良好,并远离火源;涂装方式尽量采用刷涂;涂装时施工人员应配备必要的防护用品。涂装完成后继续保持室内空气流通,涂装现场房间应空置一段时间后再使用。

2. 内墙涂料中有害物质限量

内墙涂料中有害物质限量的规定见表1-9。表1-9内容规定了室内装饰装修用墙面涂料中对人体有害物质允许限值的技术要求、试验方法、检验规则、包装标志、涂装安全及防护等内容。该标准适用于室内装饰装修用水性墙面涂料,但不适用于以有机物为溶剂的内墙涂料。

表1-9 内墙涂料中有害物质限量要求

项目		限量值
挥发性有机化合物[a/(g/L)]		≤200
游离甲醛(g/kg)		≤0.1
重金属(mg/kg)	可溶性铅	≤90
	可溶性镉	≤75
	可溶性铬	≤60
	可溶性汞	≤60

注:表中项目栏中 a/ 为标准规定的测定方法。

3. 胶粘剂中有害物质限量

表1-10和表1-11内容规定了室内装饰装修用胶粘剂中有害物质限量及其试验方法。其中,溶剂型胶粘剂中有害物质限量要求见表1-10中的规定;水基型胶粘剂中有害物质限量要求见表1-11中的规定。用于室内装饰装修用胶粘剂产品,必须在包装上注明符合规定的有害物质名称及其含量。

表1-10 溶剂型胶粘剂中有害物质限量要求

项 目	指 标		
	橡胶类胶粘剂	聚氨酯漆类胶粘剂	其他胶粘剂
游离甲醛(g/kg)	≤0.5		
苯(g/kg)	≤5		
甲苯和二甲苯总和(g/kg)	≤200		
游离甲苯二异氰酸酯(g/kg)	≤10		
总挥发性有机物(g/L)	≤50		

注:苯不能作为溶剂使用,作为杂质,其最高含量不得大于本表的规定。

表1-11 水基型胶粘剂中有害物质限量要求

项 目	指 标				
	缩甲醛类胶粘剂	聚乙酸乙烯酯胶粘剂	橡胶类胶粘剂	聚氨酯类胶粘剂	其他胶粘剂
游离甲醛(g/kg)	≤1	≤1	≤1		≤1
苯(g/kg)	≤0.2				
甲苯和二甲苯总和(g/kg)	≤10				
总挥发性有机物(g/L)	≤50				

4. 人造板及其制品中甲醛释放限量

表1-12内容规定了室内装饰装修材料人造板及其制品(包括地板、墙板)中甲醛释放量的限制值、试验方法和检验规则。

表1-12 人造板及其制品中甲醛释放量试验方法及限量值

产品名称	试验方法	限量值	使用范围	限量标志(b)
中密度纤维板、高密度纤维板、刨花板、定向刨花板等	穿孔萃取法	≤9mg/100g	可直接用于室内	E1
		≤30mg/100g	必须饰面处理后,方可允许用于室内	E2
胶合板、贴面胶合板、细木工板等	干燥器法	≤1.5mg/L	可直接用于室内	E1
		≤5.0mg/L	必须饰面处理后,方可允许用于室内	E2
饰面人造板(强化复合地板、实木复合地板、竹地板、胶膜纸饰面人造板)	气候箱法(a)	≤0.12mg/m³	可直接用于室内	E2
	干燥器法	≤1.5mg/L		

注:1. 仲裁时采用气候箱法;
2. E1为可直接用于室内的人造板;E2为必须饰面处理后才允许用于室内的人造板。

5. 木家具中有害物质限量

木家具中有害物质限量的规定见表1-13。表1-13内容适用于室内使用的各类木家具产品。

表1-13 木家具中有害物质限量要求

项　目		限　量　值
甲醛释放量(mg/kg)		≤1.5
重金属(限色漆)含量(mg/kg)	可溶性铅	≤90
	可溶性镉	≤75
	可溶性铬	≤60
	可溶性汞	≤60

注：1. 甲醛释放量：家具的人造板试件通过《人造板及饰面人造板理化性能试验方法》(GB/T 17657—1999)规定的24h干燥器法测得；
2. 可溶性重金属(限色漆)含量：家具表面色漆涂层中通过《色漆和清漆　可溶性金属含量的测定　第一部分：铅含量的测定　火焰原子吸收光谱法和双硫腙分光光度法》(GB 9758.1—1988)规定的试验方法测得的可溶性铅、镉、铬、汞重金属的含量。

6. 聚氯乙烯卷材地板中有害物质限量

聚氯乙烯卷材地板中有害物质限量的规定见表1-14。表1-14内容适用于以聚氯乙烯树脂为主要原料，并加以适当助剂，采用涂敷、压延、复合工艺生产的发泡或不发泡的、有基材或无基材的聚氯乙烯卷材地板，也适用于聚氯乙烯复合铺炕革、聚氯乙烯车用地板。要求聚氯乙烯卷材地板的聚氯乙烯层中氯乙烯单体含量不应大于5mg/kg。聚氯乙烯卷材地板中不得使用铅盐助剂。作为杂质，卷材地板中可溶性铅含量应不大于20mg/m²。卷材地板中可溶性镉含量应不大于20mg/m²。

表1-14 聚氯乙烯卷材地板中挥发物的限量要求

发泡类卷材地板中挥发物的限量(g/kg)		非发泡类卷材地板中挥发物的限量(g/kg)	
玻璃纤维基材	其他基材	玻璃纤维基材	其他基材
≤75	≤35	≤40	≤10

7. 混凝土外加剂中释放氨的限量

混凝土外加剂中释放氨的限量要求适用于各类具有室内使用功能的建筑用的能释放氨的混凝土外加剂，不适用于桥梁、公路及其他室外工程用的混凝土外加剂。要求混凝土外加剂中释放氨的量不大于0.10(质量分数)。

8. 壁纸中有害物质释放限量

表1-15内容规定了壁纸中的重金属(或其他)元素、氯乙烯单体及甲醛三种有害物质的限量、试验方法和检验规则，见表1-15。主要适用于以纸为基材，通过胶粘剂贴于墙面或天花板上的装饰材料，不包括墙毡及其他类似的墙挂。

表1-15 壁纸中有害物质限量值

有害物质名称		限量值(mg/kg)
重金属(或其他)元素	钡	≤1000
	镉	≤25
	铬	≤60
	铅	≤90
	砷	≤8

续表

有害物质名称		限量值(mg/kg)
重金属(或其他)元素	汞	≤20
	硒	≤165
	锑	≤20
氯乙烯单体		≤1
甲醛		≤120

9. 地毯中有害物质释放限量

地毯中有害物质释放限量见表1-16。地毯衬垫的有害物质释放限量见表1-17。地毯胶粘剂的有害物质释放限量见表1-18所示。

表1-16 地毯中有害物质释放限量值

序 号	有害物测试项目	限量[mg/(m³·h)]	
		A级	B级
1	总挥发性有机化合物(TVOC)	≤0.50	≤0.60
2	甲醛(Formaldehyde)	≤0.05	≤0.05
3	苯乙烯(Styrene)	≤0.40	≤0.50
4	4-苯基环己烯(4-Phenylcyclohexene)	≤0.05	≤0.05

注：1. A级为环保型产品，B级为有害物质释放限量合格产品；
　　2. 在产品标签上应标识产品有害物质释放量的级别。

表1-17 地毯衬垫中有害物质释放限量值

序 号	有害物测试项目	限量[mg/(m³·h)]	
		A级	B级
1	总挥发性有机化合物(TVOC)	≤1.00	≤1.20
2	甲醛(Formaldehyde)	≤0.05	≤0.05
3	丁基羟基甲苯(BHT-butylated hydroxytoluene)	≤0.03	≤0.03
4	4-苯基环己烯(4-Phenylcyclohexene)	≤0.03	≤0.05

表1-18 地毯胶粘剂中有害物质释放限量值

序 号	有害物测试项目	限量[mg/(m³·h)]	
		A级	B级
1	总挥发性有机化合物(TVOC)	≤10.00	≤12.00
2	甲醛(Formaldehyde)	≤0.05	≤0.05
3	2-乙基己醇(2-ethyl-l-hexanol)	≤3.00	≤3.50

10. 建筑材料放射性核元素限量

建筑材料放射性核元素限量要求规定了建筑材料中天然放射性核元素镭(226)、钍(232)、钾(40)放射性比活度的限量和试验方法。该项新的国家标准取代了原来的有关建筑材料放射性物质防护与控制的三项标准(建筑材料放射性卫生防护标准、建筑材料产品及建材用工业废渣放射性物质控制要求、天然石材产品放射防护分类控制标准)，将建筑材料分为主体材料和装修材料,规定装修材料要进行分类管理。A类装修材料(其天然放射性核元素释放出的游离放射性气体——氡气较少)的产销与使用范围不受限制;B类装修材料不可用于Ⅰ类民用建筑的内饰面,但可用于民用建筑的外饰面及其他一切建筑物的内外饰面;C类装修材料(其天然放射性核元素释放出的游离放射性气体——氡气超标)只可用于建筑物的外饰面及室外其他用途。装修材料生产企业应在其产品包装或说明书中注明其放射性水平类别。进行产品销售时,须持具有资质的监测机构出具的符合标准规定的天然放射性核元素检验报告。

该标准定义的建筑装修材料系指用于建筑物内、外饰面的花岗石、建筑陶瓷、石膏制品、吊顶材料、粉刷材料及其他新型饰面材料。

(1) A类装修材料:装修材料中天然放射性核元素镭(226)、钍(232)、钾(40)的放射性比活度,应同时满足 I_{Ra}(内照射指数)≤1.0 和 I_γ(外照射指数)≤1.3。

(2) B类装修材料:不能满足A类装修材料要求,但满足 I_{Ra}≤1.3 和 I_γ≤1.9 的要求。

(3) C类装修材料:不能满足B类装修材料要求,但满足 I_γ≤2.8 的要求(I_γ>2.8 的花岗石只可用于碑石、海堤、桥墩等)。

11. 民用建筑根据室内空气中甲醛含量限量值的分类

室内空气中甲醛含量的限量及适用民用建筑空间的类型见表1-19。根据控制室内环境污染的不同要求,主要是根据甲醛指标形成的自然分类,将民用建筑工程划分为两类:Ⅰ类民用建筑工程系指住宅、老年建筑、幼儿园、学校教室等民用建筑工程;Ⅱ类民用建筑工程系指办公楼、商店、旅馆、文化娱乐场所、书店、图书馆、展览馆、体育馆、公共交通等候厅、餐厅、理发店等民用建筑工程。

表1-19 民用建筑根据室内空气中甲醛含量指标形成的自然分类

标准名称	标准号	甲醛指标(mg/m³)	适用的民用建筑	类别
旅店业卫生标准	GB 9663—1996	≤0.12	各类旅店客房	Ⅱ
文化娱乐场所卫生标准	GB 9664—1996	≤0.12	影剧院(俱乐部)、音乐厅、录像厅、游艺厅、舞厅(包括卡拉OK歌厅)、酒吧、茶座、咖啡厅及多功能文化娱乐场所等	Ⅱ
理发店、美容店卫生标准	GB 9666—1996	≤0.12	理发店、美容店	Ⅱ
体育馆卫生标准	GB 9668—1996	≤0.12	观众座位在1000个以上的体育馆	Ⅱ
图书馆、博物馆、美术馆和展览馆卫生标准	GB 9669—1996	≤0.12	图书馆、博物馆、美术馆和展览馆	Ⅱ
商场、书店卫生标准	GB 9670—1996	≤0.12	城市营业面积在300m²以上和县、乡、镇营业面积在200m²以上的室内场所、书店	Ⅱ
医院候诊室卫生标准	GB 9671—1996	≤0.12	区、县级以上的候诊室(包括挂号、取药等候室)	Ⅱ
公共交通等候室卫生标准	GB 9672—1996	≤0.12	特等和一、二等站的火车候车室,二等以上的候船室,机场候机室和二等以上的长途汽车站候车室	Ⅱ
饭馆(餐厅)卫生标准	GB 16153—1996	≤0.12	有空调装置的饭店(餐厅)	Ⅱ
居室空气中甲醛的卫生标准	GB/T 16127—1996	≤0.08	各类城乡住宅	Ⅱ

注:1. 游离甲醛气体的释放特点:释放时间约为3~15年,释放环境温度≥19℃;
2. 浓度40%的甲醛水溶液为防腐剂福尔马林。

1.2.2 装饰装修施工控制

1. 一般规定

(1) 施工单位应按设计要求及《民用建筑工程室内环境污染控制规范》(GB 50325—2010)等标准的有关规定,对所用建筑材料和装饰装修材料进行进场检检。

(2) 当工程材料进场检验发现不符合设计要求及国家标准有关规定时,严禁使用。

(3) 施工单位应按设计要求及国家标准、规范的有关规定进行施工,不得擅自更改设计文件要求。当需要更改时,应经原设计单位同意。

(4) 当民用建筑工程室内装修多次重复使用同一设计时,宜先做样板间,并对其室内环境污染物浓度进行检测。

(5) 样板间室内环境污染物浓度的检测方法,应符合《民用建筑工程室内环境污染控制规范》(GB 50325—2010)的有关规定。当检测结果不符合规定时,应查找原因,并采取相应措施进行处理。

2. 材料进场检验

(1) 民用建筑工程中所采用的无机非金属建筑材料和装修材料必须有放射性指标检测报告,并应符合设计要求和《民用建筑工程室内环境污染控制规范》(GB 50325—2010)的规定。

(2) 民用建筑工程室内饰面采用的天然花岗岩石材,当总面积大于200m²时,应对不同产品分别进行放射性指标的复验。

(3) 民用建筑工程室内装修中所采用的人造木板或饰面人造木板,必须有游离甲醛含量或游离甲醛释放量检测报告,并应符合设计要求和《民用建筑工程室内环境污染控制规范》(GB 50325—2010)的规定。

(4) 民用建筑工程室内装修中所采用的某一种人造木板或饰面人造木板面积大于500m²时,应对不同产品分别进行游离甲醛含量或游离甲醛释放量的复验。

(5) 民用建筑工程室内装修中所采用的水性涂料、水性胶粘剂、水性处理剂必须有总挥发性有机化合物(TVOC)和游离甲醛含量检测报告;溶剂型涂料、溶剂型胶粘剂必须有总挥发性有机化合物(TVOC)、苯、游离甲苯二异氰酸酯(TDI,聚氨酯类)含量检测报告,并符合设计要求和《民用建筑工程室内环境污染控制规范》(GB 50325—2010)的规定。

(6) 建筑材料和装修材料的检测项目不全或对检测结果有疑问时,必须将材料送有资格的检测机构进行检验,检验合格后方可使用。

3. 安装操作要求

(1) 采取防氡设计措施的民用建筑工程,其地下工程的变形缝、施工缝、穿墙管(盒)、埋设件、预留孔洞等特殊部位的施工工艺,应符合现行国家标准《地下工程防水技术规范》(GB 50108—2008)的有关规定。

(2) 当Ⅰ类民用建筑工程采用异地土作为回填土时,该回填土应进行镭(226)、钍(232)、钾(40)的放射性比活度测定。当I_{Ra}(内照射指数)≤1.0 和 I_{γ}(外照射指数)≤1.3时,方可使用。

(3) 民用建筑工程室内装修中所采用的稀释剂和溶剂,严禁使用苯、工业苯、石油苯、重质苯及混苯。

(4)民用建筑工程室内装修施工时,不应使用苯、二甲苯和汽油进行除油和清除旧油漆作业。

(5)涂料、胶粘剂、水性处理剂、稀释剂和溶剂等使用后,应及时封闭存放,废料应及时清理出室内。

(6)严禁在民用建筑工程室内用有机溶剂清洗施工用具。

① 采暖地区的民用建筑工程,室内装修工程不宜在采暖期内进行。

② 民用建筑工程室内装修中进行饰面人造木板拼接施工时,除芯板为 E1 类外,应对其断面及无饰面部位进行密封处理。

1.2.3 工程验收控制

民用建筑工程及室内装修工程的室内环境质量验收,应在工程完工至少 7d 以后、工程交付使用前进行。

1. 资料检查

民用建筑工程及室内装修工程验收时,应检查下列资料:

(1)工程地质勘察报告、工程地点土壤中氡浓度检测报告、工程地点土壤天然放射性核元素镭(226)、钍(232)、钾(40)含量检测报告。

(2)涉及室内环境污染控制的施工图设计文件及工程设计变更文件。

(3)建筑材料和装修材料的污染物含量检测报告、材料进场检验记录、复验报告。

(4)与室内环境污染控制有关的隐蔽工程验收记录、施工记录。

(5)样板间室内环境污染物浓度检测记录(不做样板间的除外)。

2. 材料及工艺要求

民用建筑工程所用的建筑材料和装修材料的类别、数量和施工工艺等,应符合设计要求和《民用建筑工程室内环境污染控制规范》(GB 50325—2010)的有关规定。

3. 室内环境质量检测

民用建筑工程验收时,必须进行室内环境污染物浓度检测。检测结果应符合表 1-20 的规定。

表 1-20 民用建筑工程室内环境污染浓度限量

污染物	Ⅰ类民用建筑	Ⅱ类民用建筑
氡(Bq/m^3)	≤200	≤400
游离甲醛(mg/m^3)	≤0.08	≤0.12
苯(mg/m^3)	≤0.09	≤0.09
氨(mg/m^3)	≤0.20	≤0.50
总挥发性有机化合物(mg/m^3)	≤0.50	≤0.60

(1)民用建筑工程室内空气中氡的检测,所选用方法的测量结果不确定度不应大于 25%(置信度 95%),方法的检测下限不应大于 $10Bq/m^3$。

(2)民用建筑工程室内空气中甲醛的检测方法,应符合国家标准《公共场所空气中甲醛测定方法》(GB/T 18204.26)的规定。

(3)民用建筑工程室内空气中甲醛的检测也可采用现场检测的方法,所使用的仪器在 0 ~

$0.6mg/m^3$ 测定范围内的不确定度应小于 5%。

(4) 民用建筑工程室内空气中苯的检测方法,应符合国家标准《居住区大气中苯、甲苯和二甲苯卫生检验标准方法　气相色谱法》(GB/T 11737)的规定。

(5) 民用建筑工程室内空气中氨的检测,可采用国家标准《公共场所空气中氨测定方法》(GB/T 18204.25)或国家标准《空气质量　氨的测定　离子选择电极法》(GB/T 14669)进行测定。当发生争议时,应以国家标准《公共场所空气中氨测定方法》(GB/T 18204.25)的测定结果为准。

(6) 民用建筑工程室内空气中总挥发性有机化学物(TVOC)的测定方法,应符合国家标准《民用建筑工程室内环境污染控制规范》(GB 50325)的规定。

(7) 民用建筑工程验收时,应抽检有代表性的房间室内环境污染浓度,抽检数量不得少于5%,并不得少于3间;房间总数少于3间时,应全数检测。

(8) 民用建筑工程验收时,凡进行了样板间室内环境污染物浓度检测且检测结果合格的,抽检数量减半,但不得少于3间。

(9) 民用建筑工程验收时,室内环境污染物检测点应按房间面积设置:
① 房间使用面积小于 $50m^2$ 时,设 1 个检测点。
② 房间使用面积为 $50\sim100m^2$ 时,设 2 个检测点。
③ 房间使用面积大于 $100m^2$ 时,设 3~5 个检测点。

(10) 当房间内有两个以上检测点时,应取各点检测结果的平均值作为该房间的检测值。

(11) 民用建筑工程验收时,环境污染物浓度现场检测点应距内墙面不小于 0.5m,距楼地面高度 0.8~1.5m。检测点应均匀分布,避开通风道和通风口。

(12) 民用建筑工程室内环境中游离甲醛、苯、氨、总挥发性有机物(TVOC)浓度检测时,对采用集中空调的民用建筑工程,应在空调正常运转的条件下进行;对于采用自然通风的民用建筑工程,检测应在对外门窗关闭 1h 后进行。

(13) 民用建筑工程室内环境中氡浓度测定时,对采用集中空调的民用建筑工程,应在空调正常运转的条件下进行,对于采用自然通风的民用建筑工程,检测应在对外门窗关闭 24h 后进行。

(14) 当室内环境污染浓度的全部检测结果符合《民用建筑工程室内环境污染控制规范》(GB 50325)的规定时,可判定该工程室内环境质量合格。

(15) 当室内环境污染物浓度检测结果不符合《民用建筑工程室内环境污染控制规范》(GB 50325)的规定时,应查找原因,采取措施进行处理,并可进行再次检测。再次检测时,抽查数量应增加 1 倍。室内环境污染物浓度再次检测结果全部符合《民用建筑工程室内环境污染控制规范》(GB 50325)规定时,可判定为室内环境质量合格。

(16) 室内环境质量验收不合格的民用建筑工程,严禁投入使用。

1.3　建筑装饰工程防火规定

1.3.1　室内装修材料燃烧性能

从近几年发生的火灾情况分析来看,大多数房屋火灾是由室内装修引起的,在室内装修中采用可燃装修材料加大了火灾发生的概率,也加快了火势蔓延速度,同时产生大量的有害气体。所以在室内装饰工程中采用的装修材料,应该具有一定的耐燃性能,以确保人们安全逃离火灾现场。

室内装修材料按其燃烧性能划分为四级,即不燃性材料(A级)、难燃性材料(B1级)、可燃性材料(B2级)、易燃性材料(B3级),见表1-21所示。

目前常用的室内装修材料的燃烧性能等级见表1-22所示。

表1-21 装修材料的燃烧性能等级

装修材料燃烧性能	等级	燃烧特征
不燃性	A	指在空气中受到火烧或高温作用时不起火、不微燃、不碳化的装修材料。如金属材料、陶瓷材料、石材等
难燃性	B1	指在空气中受到火烧或高温作用时难起火、难微燃、难碳化的装修材料,当火源移走后微燃立即停止
可燃性	B2	指在空气中受到火烧或高温作用时立即起火或微燃的装修材料,当火源移走后仍继续燃烧或微燃。如木材等
易燃性	B3	如油漆、稀料等

注:装修材料的燃烧性能分级A、B1、B2是按照《建筑材料燃烧性试验方法》进行检验评定;B3级不检验。

表1-22 常用室内装修材料的燃烧性能等级

材料类别	燃烧等级	材料名称
顶棚材料	B1	纸面石膏板、矿棉装饰板、矿棉装饰吸音板、硅钙装饰板、经阻燃处理的胶合板、中密度板、玻璃纤维印花装饰布、防火漆涂层建筑装饰板、铝箔复合材料、岩棉装饰吸声板
墙面材料	B1	防火装饰板、难燃双面刨花板、防火板、PVC板、纸面石膏板、阻燃人造板、经阻燃处理的胶合板和中密度纤维板、经阻燃处理的墙纸和墙布、仿花岗岩装饰板、轻质复合墙板、防火刨花板、玻璃钢层压板、防火塑料装饰板材
	B2	各种天然木材、人造板材、竹制板材、细木工板、墙布、人造革、天然织物墙纸等
地面材料	B1	PVC塑料地板、复合木地板、橡胶地毯等
	B2	实木地板、竹地板、化纤地毯等
各部位材料	A	花岗石、大理石、水泥制品、混凝土制品、石膏板、玻璃、面砖、瓷砖、陶瓷棉砖、钢铁、铜、不锈钢制品、铝合金、铝制品、铝塑板、矿棉制品、石棉制品、塑钢装饰板
装饰织物	B1	经阻燃处理的各种织物
	B2	装饰布、纯毛地毯、经阻燃处理的其他织物
其他材料	B1	聚氯乙烯塑料制品、聚碳酸酯塑料制品、塑料装饰型材等
	B2	经阻燃处理的聚乙烯、聚丙烯、聚氨酯、聚苯乙烯、玻璃钢、化纤织物,木制品等

1.3.2 室内装饰材料防火选材要求

不同类型建筑内部装饰装修材料的燃烧性能等级要求,分别见表1-23~表1-25所示。

表 1-23　各种不同建筑内部装修材料燃烧性能等级要求

建筑场所	建筑规模和使用性质	装修材料燃烧性能等级							其他
		顶棚	墙面	地面	隔断	固定家具	装饰织物		
							窗帘	帷幕	
商场营业厅	每层建筑面积>3000mm² 或总建筑面积>9000mm² 的营业厅	A	B1	A	A	B1	B1		B1
	每层建筑面积 1000~3000mm² 或总建筑面积 3000~9000mm² 的营业厅	A	B1	B1	B1	B2	B1		
	每层建筑面积<1000mm² 或总建筑面积<3000mm² 的营业厅	B1	B1	B1	B2	B2	B2		
歌舞厅、餐厅等	营业面积>100m²	A	B1	B1	B1	B2	B1		B2
	营业面积≤100m²	B1	B1	B1	B2	B2	B1		B2
幼儿园、病房楼、疗养院、养老院等		A	B1	B1	B1	B2	B1		B2
候机大厅、售票厅	建筑面积>10000m² 的候机楼	A	A	B1	B1	B1	B1		B1
	建筑面积≤10000m² 的候机楼	A	B1	B1	B1	B2	B2		B2
火车站、汽车站、餐厅、商场等	建筑面积>10000m² 的车站、码头	A	B1	B1	B1	B1	B1		B2
	建筑面积≤10000m² 的车站、码头	B1	B1	B1	B2	B2	B2		B2
影院、会堂、礼堂、剧院、音乐厅等	>800 座位	A	A	B1	B1	B1	B1	B1	B1
	≤800 座位	A	B1	B1	B1	B2	B1	B1	B1
体育馆	>3000 座位	A	A	B1	B1	B1	B1		B2
	≤3000 座位	A	B1	B1	B1	B2	B1		B2
饭店、宾馆客房及公共活动用房	设有中央空调系统的饭店、宾馆	A	B1	B1	B1	B2	B1		B2
	其他饭店、宾馆	B1	B2	B2	B2	B2	B1		B2
纪念馆、展览馆、博物馆、图书馆等	国家级、省级	A	B1	B1	B1	B2	B1		B2
	省级以下	B1	B1	B1	B2	B2	B1		B2
办公楼、综合楼	设有中央空调系统的办公楼、综合楼	A	B1	B1	B1	B2	B1		B2
	其他办公楼、综合楼	B1	B2	B2	B2	B2	B1		B2
住宅	高级住宅	B1	B1	B1	B1	B2	B1		B2
	普通住宅	B1	B2	B2	B2	B2			

注：1. 单层和多层民用建筑内面积小于 100m² 的房间，当采用防火墙和耐火极限不低于 1.2h 的防火门窗与其他部分分隔时，其装修材料的燃烧性能等级可在本表的基础上降低一级；
2. 当单层和多层民用建筑内装有自动灭火系统时，除顶棚外，其内部装修材料的燃烧性能等级可在本表的基础上降低一级；当同时装有火灾自动报警装置和自动灭火系统时，其顶棚装修材料的燃烧性能等级可在本表的基础上降低一级，其他装修材料的燃烧性能等级可不限制。

表 1-24　高层建筑内各部位装修材料的燃烧性能等级

建筑物及场所	建筑规模及性质	装修材料燃烧性能等级									其他
		顶棚	墙面	地面	隔断	固定家具	装饰织物				
							窗帘	帷幕	床罩	软包	
高级宾馆	>800 座位的观众厅、会议厅、顶层餐厅	A	B1	B1	B1	B1	B1	B1	B1	B1	B1
	≤800 座位的观众厅、会议厅	A	B1	B1	B1	B2	B1	B1	B1	B2	B1
	其他部位	A	B1	B1	B2	B2	B1	B1	B1	B2	B1

续表

建筑物及场所	建筑规模及性质	顶棚	墙面	地面	隔断	固定家具	窗帘	帷幕	床罩	软包	其他
写字楼、综合楼、病房楼	一类建筑	A	B1	B1	B1	B2	B1	B1		B2	B1
	二类建筑	B1	B1	B2	B2	B2	B2	B2		B2	B2
电信楼、邮政楼、金融楼、广电楼、调度楼	一类建筑	A	A	B1	B1	B1	B1	B1			B1
	二类建筑	B1	B1	B2	B2	B2	B2	B2			B2
教学楼、办公楼、科研楼、档案楼、图书馆	一类建筑	A	B1	B1	B1	B2	B1	B1			B1
	二类建筑	B1	B1	B2	B2	B2	B2	B2			B2
影院、会堂、礼堂、剧院、音乐厅等	高级住宅、一类普通旅馆	A	B1	B1	B2	B2	B1			B1	B1
	高级住宅、二类普通旅馆	B1	B1	B2	B2	B2	B2			B2	B2

注：1."顶层餐厅"包括设在高空的餐厅、观光厅等；
2. 建筑物的类别、规模、性质应符合国家现行标准《高层民用建筑设计防火规范》(GB 50045—1995)(2005版)的有关规定；
3. 除100m以上的高层民用建筑及大于800个座位的观众厅、会议厅、顶层餐厅外，当设有火灾自动报警装置和自动灭火系统时，除顶棚外，其内部装修材料的燃烧性能等级可在本表规定的基础上降低一级；
4. 电视塔等特殊高层建筑的内部装修，均应采用A级装修材料。

表1-25　地下民用建筑内部各部位装修材料的燃烧性能等级

建筑物及场所	顶棚	墙面	地面	隔断	固定家具	装饰织物	其他装饰
休息室、办公室、客房及公共活动用房等	A	B1	B1	B1	B1	B1	B2
娱乐场所、舞厅、展览厅、医院病房、医疗用房等	A	A	B1	B1	B1	B1	B2
观众厅、商场营业厅等	A	A	A	B1	B1	B1	B2
停车库、图书资料库、档案库、人行通道	A	A	A	A	A		

注：1. 地下民用建筑系指单层、多层、高层民用建筑的地下部分，单独建造在地下的民用建筑以及平战结合的地下人防工程；
2. 地下民用建筑的疏散走道和安全出口的门厅，其顶棚、墙面和地面的装修材料应采用A级装修材料；
3. 单独建造的地下民用建筑的地上部分，其门厅、休息室、办公室等内部装修材料的燃烧性能等级可在本表的基础上降低一级要求；
4. 地下商场、地下展览厅的售货柜台、固定货架、展览台等，应采用A级装修材料。

1.3.3　室内其他方面的防火要求

1. 室内防火设施的装修

建筑室内的各种防火设施装修应采用A级防火装修材料。如消防控制中心、消防水泵房、排烟机房、配电室、变压器室、空调机房、消防电梯机房、固定灭火系统设备间等，不应受到火灾蔓延的威胁，故全部装修都应采用A级材料。

防火卷帘、防火门、防火墙应阻隔火势蔓延，形成防火分区，应采用A级装修材料。

挡烟垂壁具有构成防烟分区，减缓烟气蔓延的作用，应采用A级装修材料。

建筑装修不应对室内消火栓形成遮挡，消火栓门与四周墙面的颜色应有明显的区别，消火栓门应采用玻璃，以方便火灾发生时使用。

2. 用明火部位的装修

厨房操作间内的顶棚、墙面、地面均应采用 A 级装修材料。经常使用明火器具的实验室、餐厅等空间，装修材料的燃烧性能等级，除 A 级以外，均应在表 1-23～表 1-25 的规定基础上提高一级。

3. 疏散通道的装修

疏散通道和安全出口的前厅，其顶棚应采用 A 级装修材料，其他部位应采用不低于 B1 级的装修材料，并且发烟量要小。建筑物内上下连通的开敞楼梯、中庭、走廊、自动扶梯、共享大厅等空间，其连通部位的顶棚、墙面应采用 A 级装修材料，其他部位应采用不低于 B1 级的装修材料。室内装修不应遮挡消防设施和疏散指示标志和出口，并且不应妨碍消防设施和疏散通道的正常使用。

4. 建筑装修防火构造措施

（1）空腔类的装饰构造：空腔类的装修构造如吊顶、隔墙、地台等，若采用木龙骨、木饰面板，应采用防火处理措施，涂刷防火涂料（防火漆）或粘贴防火级饰面，使木龙骨、木饰面板达到 B1 级装修材料的标准。

（2）穿墙管道缝隙的防火处理：各种设备管道穿过墙体时，管道与墙体之间的缝隙应采用不燃烧材料密封，以防止火势通过缝隙蔓延。

（3）室内变形缝处的防火处理：建筑内部变形缝（温度缝、抗震缝、沉降缝）的两侧基层，应采用 A 级装修材料，饰面装修应采用不低于 B1 级的装修材料，木制盖缝板应涂刷防火涂料，以保证达到 B1 级装修材料的标准。

（4）采暖通风管道通过可燃构件时：当采暖通风管道通过可燃构件时，应与可燃构件保持一定距离；当管道温度不超过 100℃ 时，应与可燃构件保持不小于 50mm 的距离；当管道温度超过 100℃ 时，应与可燃构件保持不小于 100mm 的距离或采用不燃烧材料隔热；采暖通风管道的保温材料应采用不燃烧材料。

（5）高层建筑中的隔墙：高层建筑中起装饰和分隔作用的隔墙，应砌筑至结构梁板的底部，不留缝隙，以防止火势在吊顶内蔓延。

5. 灯具与电气防火

（1）开关、插座和照明器具：开关、插座和照明器具接近可燃物时，应采取隔热、散热等保护措施；灯饰采用材料的燃烧性能等级不应低于 B1 级。

（2）灯具的位置：白炽灯、荧光高压汞灯、镇流器等不应直接设置在可燃装修材料或可燃构件上。

（3）室内供电线管的敷设要求：供电线管敷设在吊顶内部空间中，当吊顶内有可燃物时，其配电线路应采用穿金属管保护，并应在吊顶外部设置电源开关，以便必要时切断吊顶内所有电气线路的电源。吊顶内部敷设供电线路，必须穿管保护（金属管、PVC 管），不允许走裸露明线。墙体内走供电线路，必须穿管保护，不允许在墙面上剔槽走线。

（4）消防指示灯具的设置：疏散应急照明灯宜设在墙面或顶棚上；安全出口标志宜设在出口的端部；疏散走道的指示标志宜设在疏散走道及转角处距地面 1m 以下的墙面上；疏散走道标志灯的间距不应大于 20m；应急照明灯和疏散标志灯，应设玻璃或其他不燃烧材料制作的保护罩。

项目实训一：建筑装饰工程基本规定实训

一、实训目的

1. 熟悉建筑装饰装修工程质量的验收。
2. 熟悉装饰装修材料中有害物质限量要求，保证室内环境质量。
3. 熟悉不同类型建筑内部装饰装修材料的燃烧性能等级要求。

二、实训内容

1. 结合建筑装饰装修实例，进行分部工程质量验收实训。
2. 室内环境质量检测实训。
3. 结合不同类型建筑场所，进行室内装饰装修防火选材实训。

三、实训时间

每人操作90min。

四、实训报告

1. 编写分部工程质量验收实训报告。
2. 编写室内环境质量检测实训报告。
3. 写出防火选材实训报告。

项目二　建筑装饰安装操作机具

2.1　木工操作工具、机具

2.1.1　木工手工工具

1. 量具

量具有钢卷尺、木折尺、角尺(三角尺)、水平尺、直尺和线锤等。其中水平尺的中部及端部各装有水准管用来校验物面的水平或垂直:将水平尺平置于物面的平面或立面上,水平尺中部或端部的水平管内的气泡居中,则表示物面水平或垂直;线锤是用金属制成的倒圆锥形体,在其上端中心的带孔螺盖上系有挂线绳,可挂在刻度直尺上,用来检查较长的物料安装垂直度。

2. 画线工具

画线工具有画线笔、木工笔、墨斗。墨斗由圆筒、摇把、线轮和定针等组成。为了避免在木料加工中发生差错,在画线时要有统一的符号,以便识别。

3. 锯割工具

木工用锯根据其构造不同,分为框锯、板锯、狭手锯、钢丝锯等。框锯、板锯适用于锯割较宽的木板;狭手锯又名鸡尾锯,适用于锯割狭小的孔槽;钢丝锯又名烙弓锯,适用于锯割复杂的曲线或开孔。

锯在锯割过程中感到进度慢而费力时,表明锯齿不利,需要锉伐。锯齿修理应先进行拨料,然后锉伐锯齿。平直推拉感到夹锯,则是由于木料受摩擦发热而紧缩;总是向一方偏弯,表明料度不匀,应进行拨料修理。

锉锯锯齿要求如下:每个锯齿齿尖要高低平齐,在同一直线上,各齿锯要均匀相等,大小一致,锯齿的斜皮要正确,齿尖要锉得有棱有角,非常锋利,呈乌青色。

4. 刨削工具

(1)平刨:平刨是用来刨削木料的平面。

(2)槽刨:槽刨是专供刨削凹槽用的。

(3)线刨:专为成品棱角处开美术线条加工用。

(4)边刨:又名裁口刨,专供在木料边缘开出裁口用。

(5)轴刨:又名滚刨、蝙蝠刨,有木制和铜制两种,适用于刨削各种较小木料弯曲部分。

5. 凿

凿是打眼、剔槽及在狭窄部分作切削工具。凿按其形式不同,分为平凿、斜凿、圆苗等。

2.1.2　木装饰机具

1. 电钻

电钻是装饰作业中最常用的电动工具之一,如图 2-1 所示。它可以对木材、金属、塑料等进行钻孔作业,根据使用电源种类的不同,手电钻有单项串激电钻、直流电钻、三相交流电钻等,近年来还广泛使用可变速、可逆转式充电钻。

电钻应在标准规定的环境条件下使用。使用前,检查各部零件完好情况,特别是绝缘情况,电线插头是否完好,钻头直径要与电钻钻孔能力相符。操作时,平稳推进,不得用力过猛过大。如遇钻孔机难以钻进或较大震动时,应立即停钻,退出钻孔检查。按使用说明书定期保养,保持完好。

2. 冲击电钻

冲击电钻是电动工具,如图2-2所示,具有两种功能:一种可作为普通电钻使用,同时应把调节开关调到标记为"钻"的位置;另一种可用来冲打砌块和砖墙等建筑材料上的木楔孔和导线穿墙孔,这时应把调节开关调到标记为"锤"的位置,通常可冲打直径为6~16mm的圆孔。有的冲击电钻可调节转速,分为双速和三速。在调速或调挡("冲"和"锤")时,均应停转,使用方法同电钻。

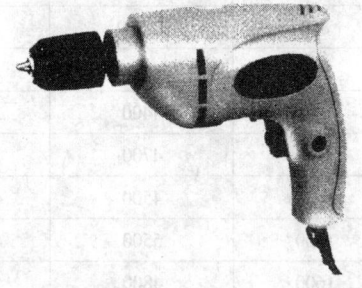

图2-1 电钻

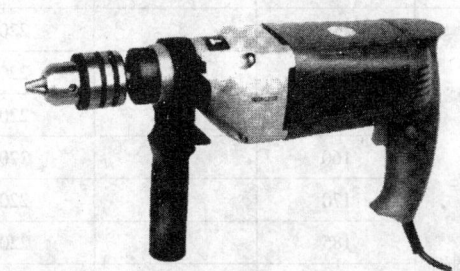

图2-2 冲击电钻

使用前应检查电钻完好情况,包括机体、绝缘、电线、钻头等有无损坏。操作者应戴绝缘手套。根据冲击、旋转要求,把调节开关调节到相应的冲击挡、旋转挡上,钻头垂直于工作面冲转。使用中发现声音和旋转不正常时,要立即停机检查。使用后及时进行保养。电锯旋转正常后方可作业,钻孔时不能用力过猛。使用双速电机,一般钻小孔时用高速,钻大孔时用低速,特别是装备开孔器作业时,更需要避免高速。

3. 电圆锯

(1)构造与原理。电圆锯由电机、锯片、锯片保护罩、调节底板等构成,如图2-3所示。圆锯片的锯割运动是由电机经过罩壳内的齿轮变速获得的。静锯齿保护罩和动锯齿保护罩用来保护锯片的操作。当电圆锯不工作时,动保护罩处于下落位置,而锯割时则自动收起。调节底板起支撑机体的作用,用来调节割锯的深度和角度。有的圆锯带撑开刀片,在锯割深度超过一定范围或锯割湿材时,处口锯内起抑制反冲和导向作用。电圆锯是对木材、纤维板、塑料和软电缆切割的工具。便携式木工电圆锯自身质量轻,效率高。手提式圆锯由电机、锯片、锯片高度定位装置组成。选用不同锯片切割相应材料,可以大大提高工作效率。

图2-3 电圆锯

(2)使用和维护。使用电圆锯时,工件要夹紧,锯割时不得滑动。在锯片吃入被切割材料前,要先启动电锯,电锯转动正常后,按画线位置下锯。锯割过程中,改变锯割方向,可能会造成卡锯、阻塞、损坏锯片。切割不同材料最好选用不同锯片。换纵横组合锯片可以适应多种切割。细齿锯片能较快地切割软、硬木的横纹,无齿锯片还可以锯割砖及石材等。锯割时要保持右手紧握电锯,左手离开,同时电缆应避开锯片,以免妨碍作业与锯伤。锯割即将结束时,要用力紧握电锯,以免发生倾斜和翻倒。锯片没有完全停止时,人手不能靠近锯片;更换锯片时,要将锯转至正确方向(锯片上下箭头表示),要使用锋利完整的锯片,这样既可以提高工作效率,也可避免钝锯片长时间摩擦而引起危险。

(3)规格与选用。电圆锯的选用要根据所锯割材料的厚度。使用符合最大锯深允许范围内的圆锯进行作业。表2-1为几种规格圆锯的技术性能,供选择时参考。

表2-1 电圆锯规格与技术性能表

系列	锯片直径(mm)	锯割深度(mm)	额定电压(V)	输入功率(W)	空载转速(r/min)	质量(kg)
国内电圆锯	200	65	380	810	2700	11.0
	250	65	220	1120	4000	18.0
	350	140	220	1670	2500	25.0
进口电圆锯	110	32	220	860	11000	2.8
	125	33	220	650	4600	3.3
	150	45	220	710	4400	2.9
	160	55	220	670	4700	3.1
	170	55	220	1050	4500	4.0
	185	63	220	1100	5500	4.0
	190	65	220	1600	4800	5.7
	210	75	220	1600	4500	6.1
	235	84	220	1750	4200	8.0
	335	128	220	1800	2800	10.5
	382	143	220	1800	2300	12.5
	415	157	220	1750	2200	14.0

注:如锯片直径为170mm的电圆锯,可锯割的最大深度为55mm,使用电源的电压应为220V,输入的功率为1050W,在不锯割的情况下,锯片空转为4500r/min,整机质量为4kg,根据此表就可以选出适用的机具。要注意不要让圆锯长时间在满负荷情况下运转,应适当加大机具选型,否则容易烧坏电机。

当锯割潮湿的木材时,应选用带有撑开刀片的圆锯,以防止反冲、回弹和夹锯。当锯割三合板、纤维板、石膏板等薄型材料时,宜选用较小型的圆锯,可使操作既省力又自如。而加工较厚材料时,则应以深度尺放到最大锯入深度来定,以能锯透材料为准。

如果在环境潮湿的条件下作业或交叉作业,最好选用带有"回"标志的双重绝缘机型,它可以使操作者即使在基本绝缘损坏时,还有一层独立的副绝缘保护,确保人身安全。

锯片要根据所选圆锯的规格以及所锯割工件的材质、尺寸及要求加以选用。

① 两用锯片:又叫通用锯片,其齿形大小、角度、齿距适中,锯割速度较快,可用于横断与纵解木料,只是横断面不很光滑。

② 横断锯片:锯齿角度、锯片大小、齿形、齿距与两用锯片相近,专用于横断木料。用它加工出的断面较为光滑。

③ 纵解锯片:锯齿角度与两用锯片相似,但齿形、齿距较大,专用于顺木纹块锯木料。

④ 凿齿两用锯片:这种锯片齿距大,角度与两用锯相近。齿根部呈圆弧形,以便于排出木屑,专用于粗厚工件或圆木的粗加工。

⑤ 波浪形锯片:齿形较小,不如其他锯片那样锋利,专用于薄形材料,特别是塑料胶合板的加工。用这种锯片锯出的锯口比较平滑。

⑥尖端形锯片：齿形与两用锯片相似，但齿部及外圆经热处理硬度较高，适用于加工石膏板、水泥板、塑胶板等易磨损锯片的材料。

（4）用途。电圆锯安装固定在台架上，可做小台锯使用。注意安装一定要牢固，要做到多点固定。台架要有相当重量，并配上防护板，以防反冲、回弹和被锯物滚动造成人身伤害。如自行设计组合锯片，该圆锯还可以加工沟槽。对于有的机型，换上适当的锯片就可以加工金属和石材。

（5）安全操作规程。工作前，检查所有安全装置务必完好有效，固定防护罩要安装牢固，活动防护罩要转动灵活，并且应能将锯片全部护住。防护罩如有问题，应修复后再使用。不能随意将防护罩拆下或绑住不用。

锯片要保持清洁、锐利，无断齿、裂纹。安装要牢固，做到这一点可减少回弹、反冲及因此而产生的故障和事故。所用锯片必须与圆锯配套，不能使用锯片固定孔不合规格的产品。严禁使用不配套的套环和螺栓。

操作时手及身体必须离开锯割区。在锯片转动时，不能用手拿取切断的加工件。在断开开关而锯片尚在转动时，不能用手或其他物体接触锯片，更不能在作业时随意将其他物件插入锯割区。

加工大块工件必须加以支撑稳固，以工件平稳、不晃动为标准。在锯断区附近应有支撑，以减少颤动、回弹和夹锯。

当发生夹锯时，应马上断开电源开关，使转动停止，不可强行工作，以防严重回弹或损坏锯片。更不要把手放在机具的后部，以免圆锯回弹到手上造成伤害事故。

圆锯底板较宽的部分应放在有坚固支撑的工件部位，以免锯断后机具重心倾斜。当加工短小工件时，应设法将工件夹住，绝不能用手拿着工件进行加工。不能用台钳反夹圆锯锯割木料。

作业完毕断开电源开关后，锯片由于惯性，要慢慢减速停止。所以在放下电锯时，必须确认下方的活动防护罩完全复位，锯片停转。

作业中禁止戴手套，不要穿着过于宽松的衣服。当发生异响、电动机过热或电机转速低时，应立即停机检查。注意防止超负荷运转。

4. 转台式斜断锯

转台式斜断锯如图 2-4 所示。

（1）构造与原理。锯片的锯割运动是由电机经过罩壳内的齿轮变速获得的。携带柄起携带作用，当机具需要转移时，放下开关把柄，按下制动栓，将用来紧把手的旋转基座扣紧，钩上防护链，握住携带柄，就可以把机具拿走。刀片盖和安全罩起到保护锯片和操作者安全的作用。放下手柄，安全罩自动回收。锯割完毕后，抬起手柄，安全罩就会恢复到原来的位置。集尘袋起收集灰尘作用，它连接在通过插入刀片盖上的锯屑喷口里的弯头上。随着锯片的旋转，切割下来的碎屑都会被集尘袋收集起来。

夹紧螺杆、虎钳夹和螺杆是用来夹紧工件的。根据要锯割工件的厚度与形状，调整虎钳的位置，拧紧夹紧螺杆，固定虎钳，把工件固定住。

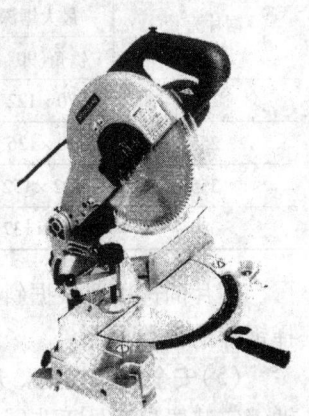

图 2-4 转台式斜断锯
（未装集尘袋）

把手起调整转台作用,拧松把手可以使转动台在0°~45°的角度内旋转,选定所需角度拧紧把手。工件托是用来支撑工件的。

(2)检查与准备。对于新购置的斜断锯,如果切口铺上没有切下槽口的话,应该慢慢降下锯片,在切口铺上切下一条槽口。用四个地脚螺栓把斜断锯固定在水平稳定的台面上。

检查锯片是否符合要求,有无裂纹、变形现象;检查锯片锁紧螺栓是否紧固;检查刀片盖是否紧固无松动,安全罩是否转动灵活;检查电源是否与机具铭牌相符;接通电源,扣动开关,然后松开,开关应自动断开弹回原位;检查电机运转是否正常,有无漏电、异响。

(3)操作与使用。按所需角度调整好转动台,固定好所要锯割的工件,锯割线对在锯片的左或右。一切检查、调整工作完成且确认无误后,即可接通电源开始工作。右手握住手柄,按动开关,使锯片旋转,待锯片达到最高转速时,再慢慢放下手柄。当锯片与加工件接触时,要逐渐向下施加压力进行锯割。截断工件后,关上开关,等其完全停止转动,将手柄放回原来最高位置。如果过早抬起,锯片还在转动,就有可能碰到被锯下来的小块材料,若把它打飞就有可能伤人,操作时务必注意。

锯片经过多次的锯割,直径会逐渐变小,这就需要经常调整。可用套筒扳手旋转螺栓进行调节:逆时针方向转动螺栓,锯片降低;顺时针方向转动,则锯片升高。调节的标准为将手柄完全放入时导板前面的锯片进入切缝一部分的距离为最大锯宽,拔下电源插头,用手转动锯片,当把手柄完全放下时,锯片应不触到底座的任何部位。

工作完毕需要拆卸锯片时,首先要松开处于最低位置的手柄,按动轴的锁定位置,使锯片不能转动。再用套筒扳手松开六角螺栓,取下六角螺栓、外法兰盘及锯片。取出新锯片,将锯片安装在中轴上,确认刀片表面上的箭头方向与刀片盖上的箭头一致。装上外法兰盘,拧上六角螺栓。按住轴锁,用套筒扳手逆时针方向完全拧紧六角螺栓。然后按顺时针方向调整螺栓,以便扣紧中心盖。

(4)规格与选用。选择机具应本着满足工作需要的原则,一般是根据锯割材料的宽度来选择斜断锯,有时也要根据锯割材料的厚度。表2-2介绍几种规格斜断锯的技术性能,以供选择时参考。

表2-2 转台式斜断锯的规格与技术性能

锯片直径 (mm)	最大锯深(高×宽)(mm)		转速 (r/min)	输入功率 (kW)	尺寸(长×宽×高) (mm)
	锯角(90°)	锯角(45°)			
255	70×122	70×90	4100	1.38	496×470×475
255	70×126	70×89	4600	1.38	470×485×510
355	122×152	122×115	3200	1.38	530×596×435
380	122×137	122×137	3200	1.34	678×590×720

锯片的选用要根据斜断锯的规格确定锯片的直径,并根据所要锯割材料的材质及要求选择锯片的种类。

(5)安全操作规程。开机前要检查锯片有无断裂、破损或变形,开关安全罩是否固定,主轴锁定装置是否处于非锁状态。各部位确认无误后方可开机。检查工件锯割部位有无铁钉等锐利物,以免引起回弹和损坏锯片;检查工件是否被夹紧。

作业时,右手要牢牢握住手柄,左手可以起辅助作用,最好不要单手作业,并且操作时左手绝不能放在切割线或接近锯片的部位。锯片转动前,一定要远离工件,待到启动机具、锯片达到全速旋转后,方可接触工件开始工作。如有异常现象,应立即停机,拔下电源插头后检查维修。绝不可带电维修,也不能把高速旋转的锯片抬起,这样做会很危险。电源线应挂好盛放在安全的地方,不要随地拖拉、乱放或接触油及锋利之物。如放在地上,最好穿入胶皮管内加以保护。

5. 曲线锯

曲线锯如图 2-5 所示。

(1) 构造与原理。曲线锯由电机、变速箱、曲柄滑块机构、平衡机构、锯条及装夹装置等组成。曲柄经滚针轴承在滑块内前后自由滑动,滑块与导杆连成一体。导杆的下端装置有装夹锯条的导套。锯条的锯齿向上,故向上运动时锯割工件,向下运动时为空行程。平衡机构的作用是减少曲柄、滑块机构产生的振动。其运动方向与曲柄滑块机构的运动方向相反。

图 2-5 曲线锯

(2) 操作与使用。做好工作前的检查工作。检查电源是否符合铭牌上的要求,开关是否灵活可靠。检查锯条是否完好无损,然后接通电源。

将曲线锯底板贴在工件表面。按下开关,待锯条全速运动后靠近工件,然后平稳匀速向前推进。若锯割材料中间的曲线,可先用电钻钻一个能插进曲线锯条的洞,然后进行锯割。锯割薄板时,若发现工件有反跳现象,则是由于锯条齿距过大,应更换细齿锯条。若板料太薄锯割困难,可考虑多层锯割或用废料加上厚工件进行锯割,但废料务必要与工件夹牢。使用导尺可以保证精确的直线锯割。使用圆形导件可以锯割圆和圆弧。如需要锯割斜面,应在操作前先拧松底板调节螺丝,使底部旋转。当底板转到所需角度时,拧紧调节螺丝、紧固底板即可作业。

锯割过程中,切不可将曲线锯任意提起。如遇异常情况,一定要先切断电源再进行处理。为了保证所锯割曲线的平滑,最好不要把曲线锯从所锯割的锯缝中拿开。使用迟钝或损坏的锯条会降低效率,造成电机过载。所以发现锯条磨损过大应及时更换。

(3) 锯条的拆装。拔下电源插头后,用内六角扳手拧松定位环上的锯条固定螺丝,将原有锯条拆下,将所需新锯条插入锯条装夹装置,然后把前面和侧面的固定螺丝拧紧。

(4) 规格与选用。一般根据所锯割材料的厚度来选择曲线锯。表 2-3 列出几种规格的曲线锯的技术性能,供选用时参考。

表 2-3 曲线锯的规格与技术性能

最大锯割厚度(mm)		额定电压(V)	输入功率(W)	锯割次数(次/mm)	锯条行程(mm)	整机质量(kg)
钢材	木材					
3	40	220	250	1600	25	1.7
6	50	220	280	3700	16	1.8
6	55	220	390	3100	26	3.6
6	60	220	350	3400	20	1.9

应根据曲线锯的规格选择锯条的型号。根据所需锯割材料的材质及要求选择锯条的种类。表2-4为几种型号的锯条,供选择时参考。

表2-4 曲线锯锯片规格与用途

种 类	零件号码	每25mm/齿数	总长(mm)	用　　　途
1号	792145-5	24	82	超细齿锯片,适于对厚度3mm(1/8英寸)以下的木材薄片、轻铁合金和有色金属使用
	792144-7			
2号	792136-6	14		能够迅速地切断木材薄片、绝缘纤维板、塑料和胶木等
	792135-8			
3号	792139-0	9		锯切木材的理想工具,粗齿,适用厚度达50mm(2英寸)
	792138-2			
4号	792142-1			对厚度3mm(1/8英寸)至6mm(1/4英寸)的木材或金属进行粗切最为合适
	792141-3			
5号	792133-2	24	58	另一种超细齿锯片,适于对厚度3mm(1/8英寸)的木材或有色金属板进行净切
	792132-4			
6号	792152-8	9		极适于对木材进行曲线切割
	792151-0			
7号	792272-8	14		适于对木材薄片、层积材和碎料板进行曲线切割
	792268-9			
8号	792273-6	8	82	木材的理想切割工具,适于进行车间的研磨净切
	792269-7			
9号	792327-9			木材的理想切割工具,适于进行车间的研磨净切,特别是净切断
	792288-3			
10号	792328-7	9		极适于对木材进行切割,锯切面特别细致平滑,不必锉平
	792320-3			

注:每一乙烯袋中装有10片锯片;每一包罩型包装中装有5片锯片。

(5)安全操作规程。工作前,检查所有安全装置,务必完好有效;检查开关是否灵活,能否复位;检查电源是否符合铭牌上的要求,螺钉是否紧固。

锯割之前,检查工件平面是否留有适当的空隙,以防锯条碰到其他物品,造成物品和锯条的损坏。锯割小的工件时,应将其固定住,不要锯割超过规定的工件;锯割墙壁、地板、顶棚等上面的材料时,事先检查所要锯割的部位是否有通电电线。锯割时,手一定要抓在机具的绝缘把手上。锯割过程中,不能将曲线锯任意提起,以防锯条受到撞击而折断。锯割金属材料时须使用冷却液。工作完毕后务必关上开关,待锯条完全停止运动后方可将锯条移离加工件。操作完毕后,不要立刻用手去触摸锯条,以免烫伤。

6. 电刨

手提式电刨是用于刨削木质材料的主要机具。它体积小、效率高,比手工刨削提高工效10倍以上,同时工件也较标准,携带方便,如图2-6所示。

图2-6 电刨

使用电刨前,检查电刨各部件的完好情况,确认没有问题后,方可使用。根据电刨性能调节刨削深度,提高效率和质量。双手握刨前后推刨时,应平稳均匀地向前移动;刨到端头时,应将刨身提起,以免损伤刨好的工作面。刨刀片用钝后,应及时卸下重磨或更换。

7. 打钉机

打钉机用于往木龙骨上钉各种木夹板、纤维板、石膏板、刨花板及线条的作业。所用的钉子有直形和U形(钉书钉式)等。打钉机有电动和气动两种。打钉机使用安全可靠,工作效率高,劳动强度低,是建筑装饰的常用机具。

普通标准直钉的常用规格有F20mm、F25mm、F30mm等,常用汽钢钉的规格有ST38、ST57等,使用气压0.5~0.7MPa,冲击次数60次/min。U形钉(如博地PT14型)宽度10mm、长度6~14mm,冲击频率30次/min,机重1.1kg。

8. 砂光机

如图2-7所示,砂光机是以电动或压缩气体作动力,适用于木器等制品表面腻子、涂料的磨光作业,也可用于水磨光作业,或将绒布替代纱布进行抛光、打蜡作业。

木装饰机具的种类较多,除以上介绍的几种外,还有电动线锯、电工木工雕刻机及木工修边机等。木工雕刻机如图2-8所示。

图2-7 砂光机

图2-8 木工雕刻机

项目实训二:木工操作工、机具的使用实训

一、实训目的

1. 了解常用木工操作工具类型。
2. 熟悉常用木工操作机具的安全操作规范。

二、实训内容

1. 正确掌握常用木工操作工、机具的安全操作规程,养成安全操作习惯。
2. 掌握常用木工操作工、机具的具体操作过程。

三、实训时间

每人操作45min。

四、实训报告

1. 写出常用木工操作工、机具的日常保养方法。

2. 写出常用木工操作工、机具的适用范围。
3. 写出常用木工操作工、机具的具体操作过程和安全操作规范。

2.2 金属工具、机具

2.2.1 手枪钻

手枪钻是通过开关控制电机转动，带动变速装置使钻头旋转，根据不同的要求，选用不同的钻头完成各种作业。

1. 手枪钻操作与使用

（1）按工作内容选择合适的手电钻和钻头，应避免"大马拉小车"造成浪费或"小马拉大车"减少机具使用寿命。钻头使用前要确保锋利适用，确认开关灵活有效。

（2）确认钻头和夹头无杂物缠绕。装好钻头后，要用所配专用扳手紧固。将钻头顶部放在预钻孔的圆心，握牢手枪钻轻压，接通开关，完成作业。

（3）金属钻孔较深时需加少许机油，用以润滑和降温。当孔即将钻透时，要减少手的压力，以免造成人员、材料损伤。不能用手电钻进行铣削扩孔加工。

2. 钻头的选用

手枪钻所用钻头主要是外排屑式麻花钻头，空心钻或孔锯用得很少。麻花钻可分为两种：一种为通体合金钢制成，另一种是在钻头刃部镶有硬质合金。根据钻头顶角、前角的不同，又可分为通用钻头、毛坯钻头、青铜飞屑钻头等很多种。按钻头紧固的形状不同，可分为六角钻头和圆杆钻头。经常使用的主要是通用钻和薄板钻。通用钻的特点是顶部尖锐，排屑连续，钻孔位置准确，钻力（扭矩力）强，适于加工较硬、较厚的各种材料。薄板钻（又叫划窝钻）通常削刃部为复合硬质合金型，顶部除定位导向用中心尖点用于定位，两个削刃可先将所加工的孔径划出来，使得钻孔在完成前就能直观地检查孔的大小和位置。这种钻头工作平稳，钻孔底部平整，边缘光滑，适用于加工较薄和要求不钻透的材料。

麻花钻头常用规格有：0.3~50mm 多种规格；硬质合金钻头常用规格型号有：4mm、5mm、6mm、8mm、10mm、12mm、13mm 等。开孔钻钻头规格直径有 35mm、40mm、50mm、63mm、68mm、74mm、80mm、105mm。

2.2.2 充电钻（充电螺钉钻）

充电钻是由电池组提供电能使电机转动，通过传动装置带动钻头转动。

1. 充电钻用途与特点

充电钻无须带电（交流电）作业，避免了电源线的局限，更能机动灵活的处理各个部位的操作。用低电压电池组做动力源，避免人身触电伤害，安全性高。因此，充电钻更适应在野外和狭窄、潮湿的环境或经常更换、不易接电源或没有电源的地方作业。不过，充电钻还不能适应大量的加工工作，特别是电池组的消耗成本还较高。

充电钻使用直流低压电池组，可调节电压、扭矩力、速度，钻孔直径一般在 10mm 以下，用于薄软材料钻贯穿小孔或在装饰安装中松紧螺钉。

2. 充电钻操作与使用

根据工作内容选择适用的电钻和钻头，并检查确认机具灵活、好用，钻头锋利。把电池充足电,确认钻头和夹头无杂物缠绕,装好钻头。用充电钻所配专用扳手(钥匙)紧固,将钻头顶部放在预钻孔的圆心,轻压、握牢、站稳,接通开关,完成作业。操作中应熟练的根据工料状况调节档位。

2.2.3 冲击钻、电锤钻

冲击钻是由电机、变速系统、冲击结构(齿盘式离合器)、传动轴、齿轮、夹头、钻头、控制开关及把手等组成。其工作原理:由电机经过齿轮变速带动传动轴,再与齿轮啮合,在这里与齿轮配对的是一个静齿盘式离合器,而齿轮则是一个动齿盘式离合器。在钻的头部调节环上设有钻头和锤子标志,可根据要求调变"钻"与"锤"操作。

电锤钻由钻头、夹头、滚柱、调整套筒、传动系统(包括电转气装置、冲击活塞、锤体、机械式过载保护装置和各变速齿轮)、电机、壳体、控制开关和工作状态控制阀(挡把)构成。由电机提供转动能量,一部分能量经过变速齿轮、曲轮、连杆带动驱动活塞做往复运动,与冲击活塞配合产生周期变化的高压气垫,并带动冲击活塞做往复冲击锤体,通过锤体的运动带动钻头冲击;另一部分转动能量经过过载保护装置、换挡环等带动夹头和钻头转动。机具的工作形式由挡把控制,通过挡把的拨动来调整传动齿轮的离合和冲击活塞的动作,从而使机具完成单旋转、单冲击和旋转加冲击三种模式。

1. 电锤钻的操作与使用

电锤钻根据工作内容选择适用的钻机和钻头,并确保钻头完整、机具性能良好,电源与机具规格相符。确保润滑、冷却油质量达标。确认钻头、夹头无杂质灰尘,在钻头柄部涂少量油脂插入前罩孔内。具体型号依据机具的使用说明书所示,转动夹持器,使钻头紧固于钻机上。将挡把拨到选定的挡位。将钻头顶部放预钻孔或凿破位置,轻压、握牢、站稳,接通控制开关。锤钻只需稍加按压,切屑能自由排出即可,无需用力推压。特别是在凿平和破碎作业中,利用机具自重作业,无须重压。

2. 冲击钻和电锤钻的规格与选用

冲击钻的型号很多,其中进口设备性能相对较好,但价格高,国内产品比较便宜,选用时要根据实际工作量选用。其功率越大,加工能力大的质量比也越大,反之质量轻的则加工能力小。在选购机具时,最好让其加工能力比工作要求稍大些,也就是让机具经常在其最大加工能力的80%~90%的状态下工作,以免机具长时间满负荷运转,减少使用寿命。钻头主要采用直柄的硬质合金(碳化钨合金)钻头。常用规格有3mm、6mm、8mm、10mm、12mm、14mm、16mm、18mm、20mm等。

电锤钻的型号很多,选择时要根据工作量的大小和自身能力而定。一般情况下,电锤钻的技术性能是根据输入功率而变化的,也就是功率越大,钻孔、凿破能力就越强,而质量也相应增加,在选用时要综合考虑。再有,最好让机具的加工能力比工作要求稍大些,一般情况应让机具在加工极限的80%~90%的状态下工作,以免机具长期满负荷运转。

电锤钻可配的钻头、凿头种类很多,经常使用的有碳化钨水泥钻头、碳化钨十字钻头、尖凿、平凿、勾凿等。其中碳化钨水泥钻头主要用于各种强度等级混凝土的钻孔,使用最普遍的规格为钻孔直径5~38mm。碳化钨十字钻头主要用于各种砖材和稍低强度等级混凝土的钻孔,其加工孔径较大,机具的功率也较大,通常规格为钻孔直径30~80mm。尖凿通常用来破碎,平凿用于打毛作业,沟凿用于开槽作业。空心钻头用得较少,可以用来钻大孔,其规格有40~125mm。

表2-5是部分规格的冲击钻、电锤钻的技术性能,供选择时参考。

表2-5 进口冲击钻、电锤钻的规格与技术性能

系 列	钻孔直径(mm)		额定电压(V)	输出功率(W)	额定转速(r/min)	质量(kg)
	钢材	混凝土				
进口冲击钻	≤10	≤10	220	335	1600	2.1
	≤13	≤14	220	380	1250	4.0
	≤16	≤35	220	800	700/1400	8.0
进口电锤钻	≤16	≤10	220	420	63.3	2.5
	≤20	≤13	220	460	58.3	3.1
	≤25	≤13	220	520	52.5	4.4
	≤28	≤13	220	700	50.0	5.5
	≤38	≤13	220	1050	66.7	7.5
	≤50	≤13	220	1140	46.7	8.7

2.2.4 往复锯

往复锯是由电机、减速箱、截柱凸轮机构、滑杆、可调式摇座、锯条等组成,如图2-9所示。锯条往复切割运动的原理:由电机通过一级减速齿轮带动截柱凸轮旋转,在凸轮和摆杆的作用下形成滑杆的往复运动。锯条的往复行程决定于截柱凸轮的直径和凸轮斜面与其垂直面的夹角。往复锯采用的是高速的小行程锯割。

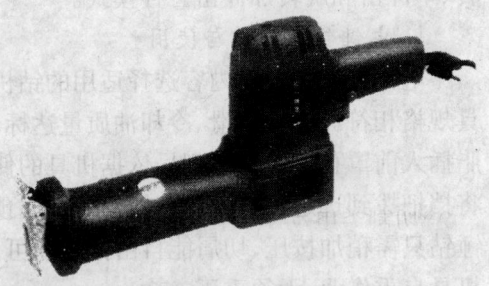

图2-9 往复锯(未装锯条)

1. 往复锯的操作与使用

根据所要锯割工件的厚度或工作空间调整滑杆的行程。操作时应注意,先拧松固定底座的两个螺栓,前后滑动滑杆,将其调整到所需位置,再拧紧两个螺栓。做好工作前,检查电源是否符合铭牌上的要求,开关是否灵活可靠,能否复位;检查锯条是否完好无损。确认无误后方可接通电源。锯割开始时,双手要紧握机具,把刀架紧靠在工件上,工作与刀架之间不要留有间隙,否则在锯割进程中容易折断锯条。待锯条达到全速运动时,方可靠近工件开始锯割,要慢慢向前推送,用力一定要均匀。切割金属时一定要使用冷却剂,以免锯条过热,影响其使用寿命。同时,使用迟钝或损坏的锯条也会降低工作效率,造成电机过载,因此发现锯条磨损过多时应及时更换。

2. 往复锯的规格与选用

目前往复锯的规格品种不多,现介绍两种产品供参考。日本牧田牌的大型往复锯,其规格为:冲程长度30mm,额定输入功率590W,额定输出功率300W,冲程速度为高速2500次/min、低速1900次/min,质量3.8kg;国内有一种JIFH型往复锯,其锯割能力为管材外径100mm、最大厚度10mm,输入功率为430W,标速1400次/min,质量为3.6kg。表2-6列出几种进口往复锯片,供选择时参考。

表 2-6 进口往复锯片的规格及用途

型 材	零件号码	每 2.5cm 内齿数（每英寸）	总 长	用 途
21 号	792146-3	24	120mm（4.75 英寸）	适用于厚度 3mm（1/8 英寸）以下的钢板及直径 50mm（2 英寸）以下的铁管
22 号	792147-1	18	160mm（6.31 英寸）	适用于厚度 3mm（1/8 英寸）以上的钢板、铝质框格及直径 90mm（3 英寸）以下的铁管
23 号	792148-9	9		适用于厚度 90mm（3 英寸）以下的板材
24 号	792149-7	24		适用于厚度 3mm（1/8 英寸）以下的钢板及直径 50mm（2 英寸）以下的铁管

注：往复锯片每一乙烯袋装有 5 片。

3. 往复锯安全操作规程

工作前检查所有安全装置务必完好有效。锯割前检查工件下面是否留有适当的空隙，以防锯刀碰到地板、工作台等。锯割小的工件时，应将工件固定住。不要锯割超过规定尺寸的工件。在锯割墙壁、地板、顶棚等上面的材料时，事先一定要检查好所要锯割部位是否有通电电线。锯割时，手一定要抓住机具的绝缘把手上，双脚站稳，不要用手触摸运动的部件，更不能让机具在不夹紧的情况下自行锯割，否则很危险。工作完毕后，务必关上开关，待锯刀完全停止运动后，方可将锯刀移离工件。锯割金属材料工件时，必须使用冷却剂。操作完毕后，不可触摸锯刀和加工件，以免烫伤。

2.3 型材切割机

切割类电动工具使用不同的切割片，可以切断不同的材料，并达到加工精度要求。切割类电动工具主要有型材切割机（图 2-10）、云石切割机（图 2-11）、角向切磨机（图 2-12）等。其中型材切割机的使用与操作规范是具有代表性的。

图 2-10 型材切割机

图 2-11 云石切割机
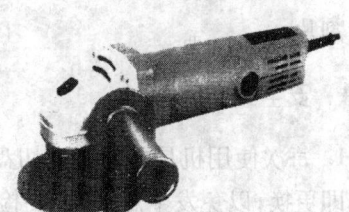
图 2-12 角向切磨机

2.3.1 型材切割机构造与原理

型材切割机由电机、底座、可转夹钳、切盘、安全罩、操作手柄等组成。切盘的切割运动由电机经过罩壳内的齿轮变速获得。旋转式虎钳能够靠准导板夹紧工件。

2.3.2 型材切割机操作与使用

首先检查切盘是否符合工作需要、是否有裂纹、变形现象；检查切盘的锁紧螺栓是否紧固；

检查电源是否符合铭牌上的要求,开关是否灵活有效,电机运转是否正常。检查完毕确定正常后方可开机。

加工前,一定要把工件用虎钳夹紧。右手握紧把手,打开开关,切盘不要立刻接触工件。待切盘转速达到全速后,方可按下把手进行切割。压力要均匀、适中。

若需要斜角锯割工件,应先进行调整:用套筒扳手旋松导板固定螺栓,把导板调整到所需角度,然后拧紧固定螺栓。若需要切断较厚的工件,可以把导板后移,先旋松导板固定螺栓;并把它们拆下来,然后把导板固定到后面的螺孔上;若需要切割较薄工件(或切盘有一定程度磨损),可以用木材垫块夹在导板与工件之间,夹紧夹钳,只用切盘的中点进行切割。

2.3.3 型材切割机规格与选用

1. 型材切割机的选用

目前型材切割机大多为三相的,切割片(即切盘)的直径以400mm为主。进口产品一般为单相的,切盘直径为300~400mm。表2-7介绍了几种规格的型材切割机的技术性能,供选用时参考。

表2-7 型材切割机的规格与技术性能

切割深度(mm)	额定电压(V)	输入功率(W)	空载转速(r/min)	整机质量(kg)
100	220	1450	3800	21.0
100	220	2000	4200	16.5
110	380	2200	2290	86.0
110	380	3700	2430	96.0
115	220	1430	2300	25.5
130	220	2000	3700	17.5
135	220	2000	3500	22.5

2. 切割片的选用

根据型材切割机的型号、轴径及切割能力选择配套的切割片。切割金属和石材要用不同的切割片。

2.3.4 安全操作规程

1. 每次使用机具前须检查切盘有无裂纹或其他损坏情形,有裂纹、损坏及磨损严重的应该立即更换,以免发生意外,还要检查所有安全装置是否完好有效。
2. 必须按说明书安装切盘,用套口扳手小心地固定切盘。装得太松可能会发生危险,装得太紧则会损坏切盘。
3. 切割机一定要放在地上使用,不要架高。
4. 注意切盘上注明的最高转速限制,必须按规定使用。
5. 工件必须夹紧,否则会因为工件扭动而发生危险。工件装夹应该保证水平,较长的工件可在另一端用垫块垫住。
6. 启动机具时会产生冲击牵引力,所以右手一定要按住手柄。启动后要等切盘全速转动后，才可开始切割工件。作业时操作者的手和身体不可太接近转动中的切盘，要站在机具的后部偏左侧，以防被飞溅的火花烫伤或切盘万一损坏导致伤人。工件刚切断部分温度很高，注意不要触摸，以免烫伤。电源线要挂好，不得随地拖拉，以免破损，发生触电事故。

7. 机具周围不得有易燃物，以免发生火灾。

8. 不可把型材切割机当做砂轮机去打磨物体。

2.4 气压驱动源

图2-13 空气压缩机

气压驱动源的产生是以空气作为能量传递介质，以电机作为原动力，以空气压缩机作为能量转换而产生的一种动力源。

空气压缩机如图2-13所示。

2.4.1 空气压缩机工作原理

气压源动力对于气动（风动）机具来讲，主要是从大气层中取之不尽、用之不完的空气作为介质，利用空气的体积可压缩变小储存能量、传递能量的性质来实现气压驱动。其能量的产生与储存依靠空气压缩机来实现。

2.4.2 空气压缩机的外形

由于各种规格要求不同，厂家设计不同，所以空气压缩机的外形也不尽相同。

2.4.3 空气压缩机的操作和使用

1. 运转前准备

空气压缩机应选择湿度小、环境清洁、通风良好、场地平整的场所放置，以防机组振动。为了便于保养检修，空气压缩机应离墙30cm以外放置，环境温度在40℃以下。

2. 开机前检查

开机前检查油位，油池内油位达不到油标上限时，应及时按本机要求标号加入空气压缩机油，以防因润滑不良造成故障。

3. 接通电源

接通电源前，要按说明书上的规定接线和接通电源。

4. 气压自动开关

气压自动开关（又称压力继电器或压力调节阀）可根据空气压缩机的储气罐内空气压力的变化情况，自动断开和闭合电路，使空气压缩机储气罐内的气体压力保持在一定范围内，达到连续自动供气。

5. 空压机的调整

各空压机因供压不同，所配的开关压力范围也不同，但最高不得高于额定工作的压力，一般以低于额定压力为好。气压自动开关调整好后，除管理人员或维修人员外其他人员不得随意调整。调整方法：取下外壳，用螺丝刀调节套于弹簧内的螺栓，顺时针拧动为调小，逆时针拧动为调大。

6. 安全阀

使用空气压缩机调节压力时，首先对安全阀进行检查。安全阀调节的压力一般要高于额定工作压力、低于设计压力。它的作用是,当气压自动开关出现故障时,或压力达到额定工作压力时仍不停机,继续增压到设计压力时,安全阀会自动开启放气,并伴有响声,操作者应及时切断电源停机。如当安全阀在储气罐压力超过设计压力时仍未自动放气,应立即停机,并将储气罐内的压缩空气全部排出,然后仔细检查安全阀,切不可在压缩机运转时进行检查。调节压力时,按顺时针方向拧动调节螺栓为调大压力,反时针拧动为调小压力,调整好后将下边的锁紧螺母紧固即可。

7. 压力表

压力表直观反映储气罐内气压的大小,因此要求准确、有效。

2.4.4 气压驱动机具的应用范围

气压驱动的风动机具种类很多,其特点是结构简单、体积小巧、轻便耐用,且不易损坏。以下简单介绍几种主要的机具类型。

图 2-14 油漆喷枪

1. 喷枪类

利用气压将各种液体或粘状物体喷到各种接受面上,为气直喷型,如油漆喷枪(图2-14)、清洗枪、吹尘枪、黏度料加压式喷枪。

2. 风动旋转型

利用气压源动力,通过机件(扇叶)转换或机械旋转运动,如风动改锥、手风钻、风动磨光机。风动旋转型机具连接如图2-15所示。

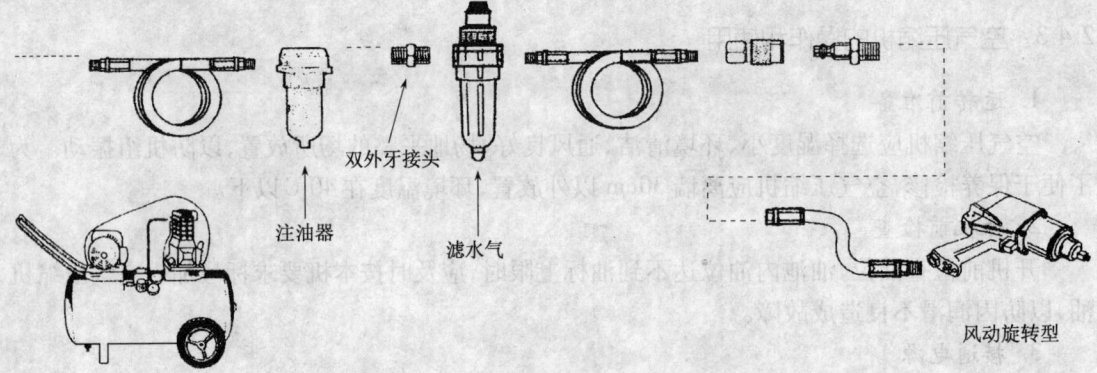

图 2-15 风动旋转型机具连接示意图

3. 风动冲击型

利用气压源动力,通过机件(活塞)转变为机械直线冲击或连续冲击的往复运动型(如风动锤等),常用于大中型基础建设和改造工程。

项目实训三:建筑装饰机具的操作和使用实训

一、实训目的

1. 熟悉型材切割机的操作和使用。
2. 掌握金属工具、机具(如手枪钻、充电钻、冲击钻和电锤钻、往复锯)的操作和使用。
3. 掌握空气压缩机的操作和使用。

二、实训内容

1. 结合所给的建筑装饰材料,正确使用型材切割机进行切割。
2. 结合不同建筑装饰材料,进行包括手枪钻、充电钻、冲击钻和电锤钻、往复锯等金属工、机具的实际操作训练。
3. 空气压缩机的具体操作和使用。

三、实训时间

每人操作45min。

四、实训报告

1. 写出型材切割机的具体操作过程和安全操作规范。
2. 写出手枪钻、充电钻、冲击钻和电锤钻、往复锯具体操作过程和安全操作规范。
3. 写出空气压缩机的安全操作规范。

模块二　吊顶装饰工程

项目三　吊顶装饰工程安装操作

3.1　木骨架顶棚的安装操作

木骨架顶棚,即木龙骨吊顶,是比较原始的一种吊顶方法。主要缺点是不利于防火。但在现代室内装饰工程中,有些吊顶造型比较复杂,轻钢龙骨、铝合金龙骨又无法满足以上要求,往往采用木龙骨(或混合龙骨)吊顶。

木龙骨吊顶必须采取防火措施,如:木龙骨表面涂防火涂料,在顶棚上配有烟感报警器、温感器、自动喷淋系统。采用木龙骨吊顶及所采取的防火措施,原则上应得到当地消防部门的许可。

3.1.1　木龙骨构造

现代建筑装饰木龙骨吊顶,已不再采用传统的方法,多采用由工厂加工生产的木合方拼成网格直接钉在主木龙骨上,如图3-1所示。主木龙骨要通过吊杆与顶棚基层面连接固定。

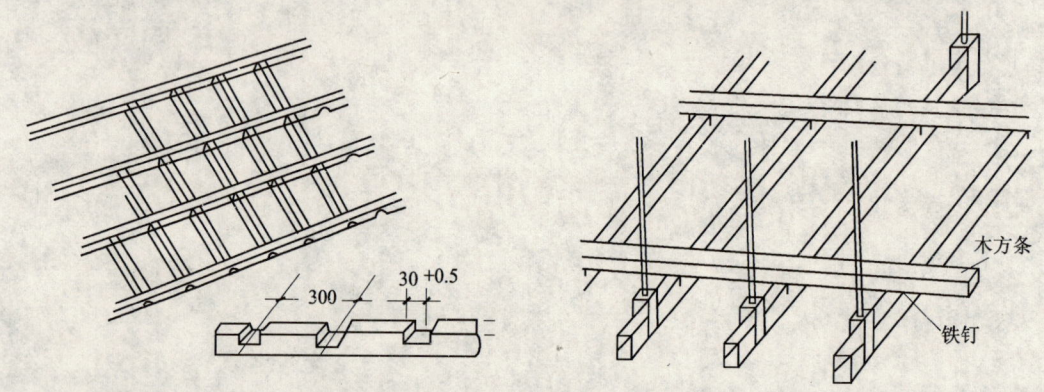

图3-1　木龙骨网格吊顶示意图

木骨架结构要注意以下几点:

1. 顶棚的主梁应悬吊在桁架下弦的节点上,顶棚格栅固定在主梁上。非保温顶棚可将顶棚格栅直接悬吊在桁架下弦上。

顶棚的吊杆宜采用圆钢,非保温顶棚也可采用木吊杆,但应采用不易劈裂的干燥木材,端头用两个钉子固定,劈裂的木吊杆应立即更换。

2. 吊杆经检验合格,方可钉装、吊顶面板。

3. 吊杆的固定必须牢固,吊点固定的方式要根据上人或不上人决定吊顶的载重要求。

4. 单层灰板条的间隙应取 7~10mm,板条接头应设在顶棚格栅或隔墙立筋上,其端头及中部每隔一根格栅(或立筋)应用两个钉子固定。板条端面间宜留 3~5mm 的空隙。板条接头应分段交错布置,每段长度不宜大于 50cm。

5. 隔墙骨架必须与地面、顶面和墙面固定,隔墙的倾斜度应在 3°以内。

6. 木骨架的互相对接要在同一平面上,两者之间要固定衔接。

7. 木骨架吊顶在固定完毕后,要进行一次全面检查和校平,并检查安装位置是否正确。

8. 木骨架所用木方规格应按设计要求,各木方之间应钉接固定,与罩面板接触的一面必须刨平。

9. 木骨架吊顶的允许偏差参照顶棚允许偏差,见表 3-1 所示。

表 3-1 顶棚允许偏差

序 号	项 目		允许偏差(mm)
1	顶棚主梁截面尺寸	方木	-3
		原木(直径)	-5
2	吊杆、格栅截面尺寸(立筋、横撑)		-2
3	顶棚起拱高度(短跨 1/200)		±10
4	顶棚四周水平线		±5

10. 木骨架可用 25mm×30mm 木方组合成 300mm×300mm 方框架或用 40mm×60mm 木方组合成 400mm×400mm 的方框架。

11. 木骨架用木方材料应用东北松或花旗松,木材应为烘干或风干的干燥料。

12. 顶棚木骨架结构必须按防火要求,涂刷三遍防火漆。

3.1.2 木骨架顶棚安装操作要点

1. 木龙骨

(1)放线找水平与安装轻钢龙骨相同。

(2)先安装主木龙骨,接口为企口或错口连接应附双侧加固板。

(3)合方网架四周必须有边框,与主木龙骨连接时,要保证两片合方网架两边框同时固定在主木龙骨上。没有主木龙骨的部位,靠两片合方网架的边框互相连接固定,以保证合方网架平整。

(4)木质吊顶节点结构的处理,如图 3-2 和图 3-3 所示。

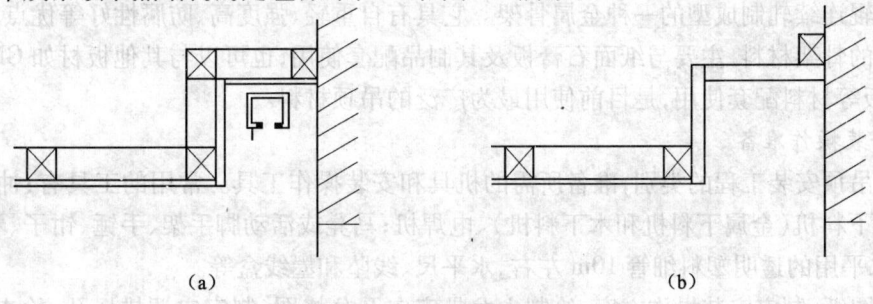

图 3-2 窗帘盒结构图
(a)木骨架造型顶安装吊轨;(b)板式造型窗帘盒

2. 木夹板罩面

(1) 罩面板安装前,应按分块尺寸弹线,安装顶棚应由中间向两边对称进行,墙面与顶棚的接缝应交圈一致。

(2) 木龙骨吊顶棚板多采用木夹板(必须用5夹板,厚度5mm以上)或石膏板。由于防火的要求,50m² 以下的顶棚才允许使用木质吊顶。胶合板如用钉子固定,钉距为80～150mm,钉长为25～35mm,钉帽应打扁并进入板面0.5～1mm,钉眼用油性腻子抹平。

(3) 胶合板面如涂刷清漆时,相邻板面的木纹和颜色应近似。

(4) 中密度纤维板如用钉子固定,钉距为80～120mm,钉长为20～30mm,钉帽应进入板面0.5mm,钉眼用油性腻子抹平。

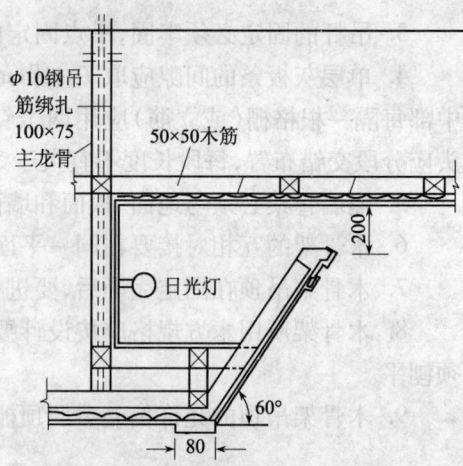

图3-3 灯位结合部的结构处理示意图

(5) 胶合板用木压条固定时,钉距不应大于200mm,冲入木压条表面0.5～1mm,钉眼用油性腻子抹平。

(6) 罩面板的接缝宽度,如设计无要求时,可采用V形缝或采用平缝,缝宽3～5mm,缝的宽度应一致,且应平直、光滑、通顺,十字缝处不得有错缝,如有不顺或毛刺等缺陷,应修平滑。

(7) 当木板钉完后,要检查一遍,有否凸凹处、翘边处,并将未沉入的钉头打进夹板中。

(8) 采用压条时,根据设计的间距位置,先弹墨线,按线钉压条。如采用木压条,必须用干燥、无节疤、无裂纹的木材,规格尺寸一致,表面平整光滑,不得有扭曲现象。木压条应宽窄一致、平直,接缝处两端用小齿锯断料;接头割角严整严密。

当夹板钉完之后,认真进行自检,发现质量缺陷,及时进行修整,确认合格,方可转到下道安装操作项目。

墙和柱的罩面板下端,如有木踢脚板覆盖,罩面板应离地面20～30mm。用大理石、水磨石踢脚板时,罩面板下端应与踢脚板上口齐平,接缝严密。

3.2 轻钢龙骨吊顶的安装操作

3.2.1 轻钢龙骨吊顶的组成

轻钢龙骨是以冷轧钢板(带)或彩色塑钢板(带)做原料,采用冷弯工艺生产的薄壁型钢,经多道轧辊连续轧制成型的一种金属骨架。它具有自重轻、强度高、防腐性好等优点。可作为各类吊顶的骨架材料,主要与纸面石膏板及其制品配套使用,也可以与其他板材如GRC板、FT板、埃特板等材料配套使用,是目前使用最为广泛的吊顶材料。

1. 安装操作准备

根据吊顶安装工程的类别,准备所需的机具和安装操作工具。常用的工具有:冲击钻(或射钉枪)、下料机(金属下料机和木下料机)、电焊机;马凳或活动脚手架、手锤、钳子、卷尺(3～5m)、找水平用的透明塑料细管10m左右、水平尺、线坠和墨线盒等。

审查图纸,制定安装操作方案;绘制主龙骨定向及分格图,制定空调排风孔、检查孔、照明(灯箱、灯槽)孔安装方案;制定安装操作顺序及节点样图,进行技术交底。吊顶基层必须有足够的强度。清除顶棚及周围的障碍物,对灯饰、舞台灯钢架等承重物固定支点,应按设计要求做好。检查已安装好的通风、消防、电器线路,并检查是否做完打压试验或外层保温、防腐等工作。这些工作完成后,方可进行吊顶安装工作。

吊顶安装前应做好放线工作,即找好规矩、顶棚四角规方,并且不能出现大小头现象。一发现有较大偏差,要采取相应补救措施。

按设计标高找出顶棚面水平基准点,并采用充有颜色水的塑料细管,根据水平面确定边缘四周其他若干个顶棚面标高基准点。用墨线打出顶棚与墙壁相交的封闭线。

为了确保龙骨分格的对称性(要和所安装的顶棚面尺寸相一致),要在顶棚基层面上打出对称十字线,并以此十字线,按吊顶龙骨的分格尺寸打出若干条横竖相交的线,作为固定龙骨挂件的固定点,即埋设膨胀螺栓或采用射钉枪射钉的位置。

无论哪一种吊顶,其空间距离均不小于150mm。

2. 轻钢龙骨吊顶的组成

轻钢龙骨由大龙骨、中龙骨、小龙骨、吊挂件(吊杆)、大龙骨挂件、中龙骨吊挂件、小龙骨吊挂件、插件、连接件组成,如图3-4所示。其技术性能、产品规格见表3-2所示。

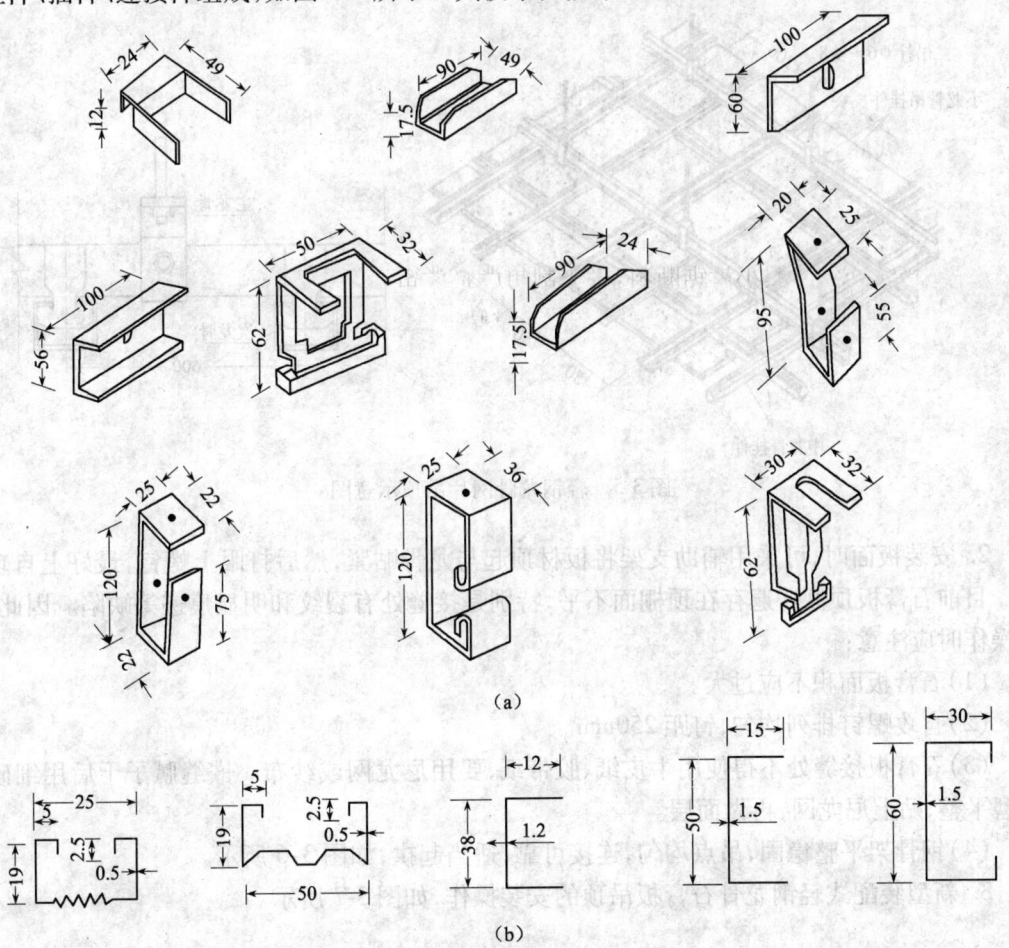

图 3-4 龙骨连接件组成示意图
(a)U形轻钢龙骨配件图;(b)U形轻钢龙骨主件图

表 3-2　轻钢龙骨技术性能、产品规格

项　　目	技术指标	项　　目	技术指标
双面镀锌量	120g/m²	长度误差	+10、-5mm(OB)
弯曲内角半径	1.25～2.25mm	角度偏差	±1°
平直度	底面1.0mm/m		

3.2.2　轻钢龙骨吊顶安装操作要点

1. 吊顶安装前在四周墙壁上按设计标高找出标高基准线，然后固定吊杆。先固定主龙骨，主龙骨安装完要整体找平和调整，再安中龙骨、小龙骨，如图3-5所示。

对于未镀锌的安装件（吊杆），安装前必须刷防锈漆两遍。现场焊接部分应补刷防锈漆。吊杆不允许用钢丝代用。轻钢龙骨安装完成后要进行整体找平，不允许龙骨面有下垂现象，允许起拱5‰，以保证顶棚板安装后顶棚面保持水平。

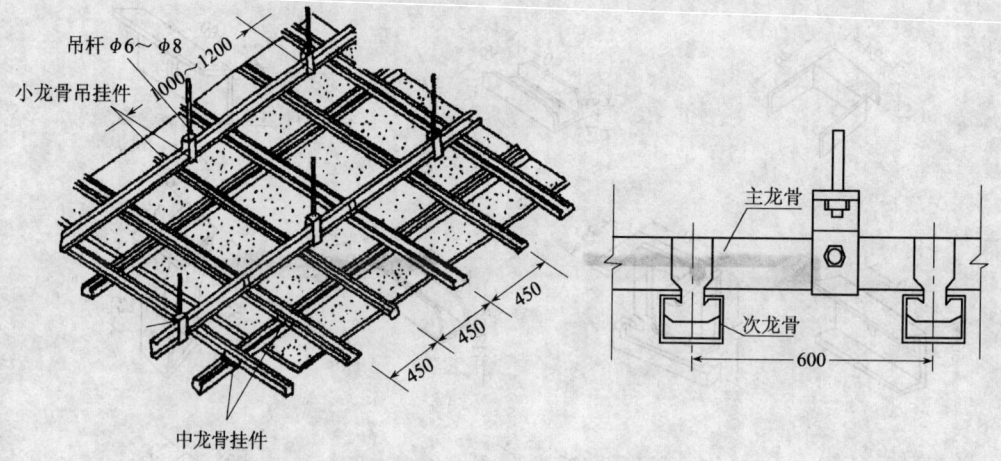

图 3-5　轻钢龙骨网片吊顶示意图

2. 安装板面时，可采用辅助支架将板材顶起与龙骨贴紧，然后打眼上螺钉，最好上自攻螺钉。目前石膏板顶棚普遍存在顶棚面不平，特别是接缝处有裂纹和明显痕迹等缺陷。因此，安装操作时应注意：

（1）石膏板面积不应过大。

（2）自攻螺钉排列均匀，钉距250mm。

（3）石膏板接缝处不得使用牛皮纸、胶带纸，要用尼龙网或纱布。嵌缝腻子干后用细砂纸打磨平整，贴上尼龙网，再做面层。

（4）钢骨架平整稳固，吊点均匀，连接可靠，适当起拱，如图3-6所示。

3. 新型装配式轻钢龙骨石膏板吊顶的安装操作，如图3-7所示。

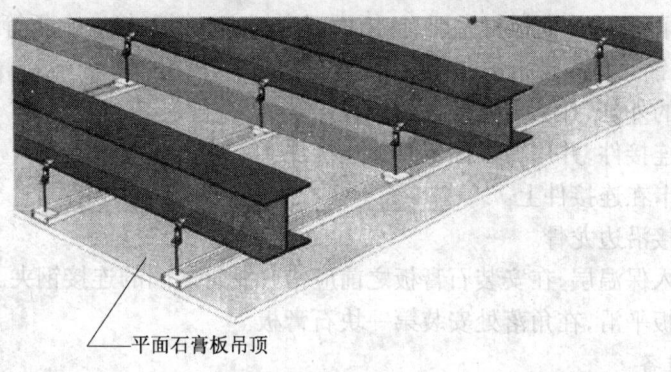

平面石膏板吊顶

图 3-6 轻钢龙骨石膏板吊挂示意图

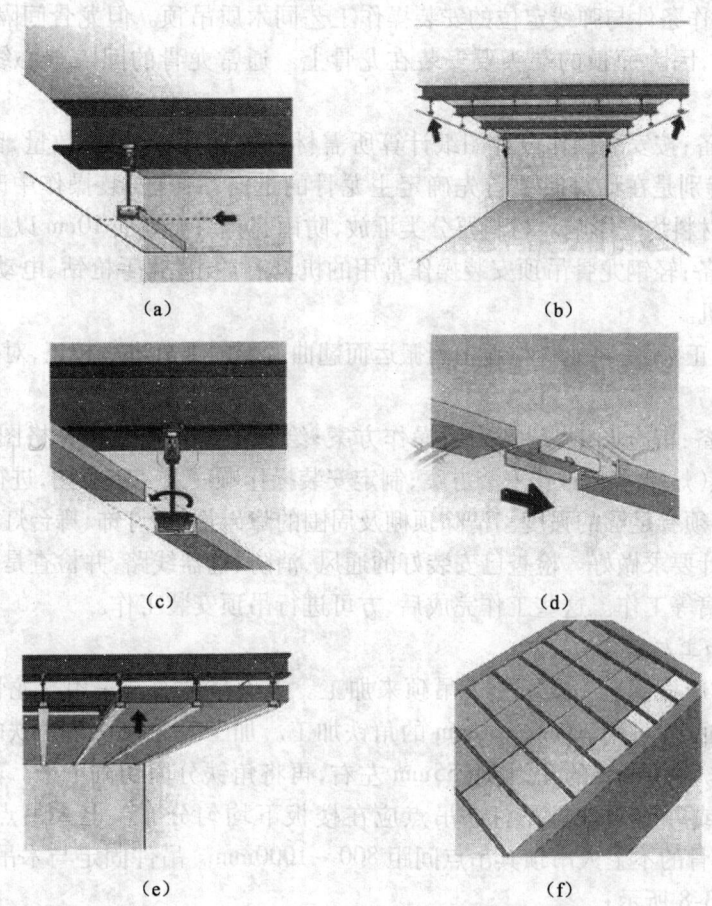

图 3-7 新型装配式轻钢龙骨石膏板吊顶的安装
(a)画线;(b)吊件;(c)轻钢龙骨;(d)连接沿边龙骨;(e)保温层;(f)固定石膏板

3.2.3 轻钢龙骨石膏板吊顶安装操作

轻钢龙骨一般采用薄钢板或镀锌铁皮卷压成型,分为主龙骨、次龙骨及连接件。龙骨的断面常用"⊥"和"["形状。在悬吊及连接方法上,又分为上人吊顶与不上人吊顶。上人吊顶一般需考虑龙骨应承受1000N左右的集中荷载,不上人吊顶一般只考虑龙骨与饰面材料本身的自重。与轻钢龙骨配套的饰面板材主要有:纸面石膏板、矿棉板、铝合金板等。

新型装配式轻钢龙骨石膏板吊顶的安装步骤如下:

(1)画出龙骨的外延,并标出连接件的位置。

(2)放上四角连接件,并用绳子固定其他连接件。

(3)把主龙骨卡在连接件上。

(4)用钢夹连接沿边龙骨。

(5)如果要放入保温层,在安装石膏板之前应错开龙骨之间的连接钢夹。

(6)如果天花板平滑,在角落处安装第一块石膏板。

1. 安装操作准备

安装操作准备包括:安装操作的基本条件、弹线定位、材料与机具进场、龙骨选材校正等工序。其中安装操作条件与弹线定位的安装操作工艺同木质吊顶。但龙骨间隔的尺寸,需要根据面板规格来定,因为面板的端头要安装在龙骨上。通常龙骨的间隔中心线尺寸为400mm或600mm。

(1)材料准备:按安装操作设计图纸计算所需材料的种类、规格和数量,留有的余量一般在5%~8%。特别是在计算时要首先确定主龙骨的走向,一旦安装操作中改变主龙骨的走向,则其他配套材料均受影响。材料要分类堆放,防雨、防潮,离地面10cm以上。

(2)工具准备:轻钢龙骨吊顶安装操作常用的机具有冲击钻、手枪钻、电动砂轮切割机、电焊机、电动螺钉机。

龙骨选材校正,就是将龙骨材料中因搬运而翘曲变形的部分进行校正,对一些严重变形的部分进行切除。

(3)技术准备:审查图纸,制定安装操作方案;绘制主龙骨走向及分格图,制定空调排风孔、检查孔、照明(灯箱、灯槽)孔安装方案;制定安装操作顺序及节点样图,进行技术交底。

吊顶基层必须有足够的强度。清除顶棚及周围的障碍物,对灯饰、舞台灯钢架等承重物固定支点,应按设计要求做好。检查已安装好的通风、消防、电器线路,并检查是否做完打压试验或外层保温、防腐等工作。这些工作完成后,方可进行吊顶安装工作。

2. 吊件的加工与固定

吊件的制作应根据上人或不上人吊顶来加工。上人吊件通常采用与龙骨配套的标准配件。如不用标准配件可用30mm×30mm的角铁加工。加工时先在一条角铁的两边的中心线上对应打出一排5~10mm的孔,孔距55mm左右,再将角铁分段切割下来。不上人吊顶的吊件,可用小角铁或万能角铁做吊件。吊点应在楼板下均匀分布。上人吊点间距为1000~1200mm,无主龙骨的不上人吊顶其吊点间距800~1000mm。吊件固定与木吊顶基本相同,有三种形式,如图3-8所示:

(1)楼板或梁上有预留或预埋件,吊件直接焊在预埋件上,或用螺栓固定在预埋件上,如图3-8(a)所示。

(2)在吊点的位置,也可以使用锚固法安装固定吊点铁件,通常使用化学锚固剂锚固10mm的钢筋或膨胀螺栓,如图3-8(b)所示。

(3)用射钉固定铁件,每个铁件应用两个射钉来固定,如图3-8(c)所示。

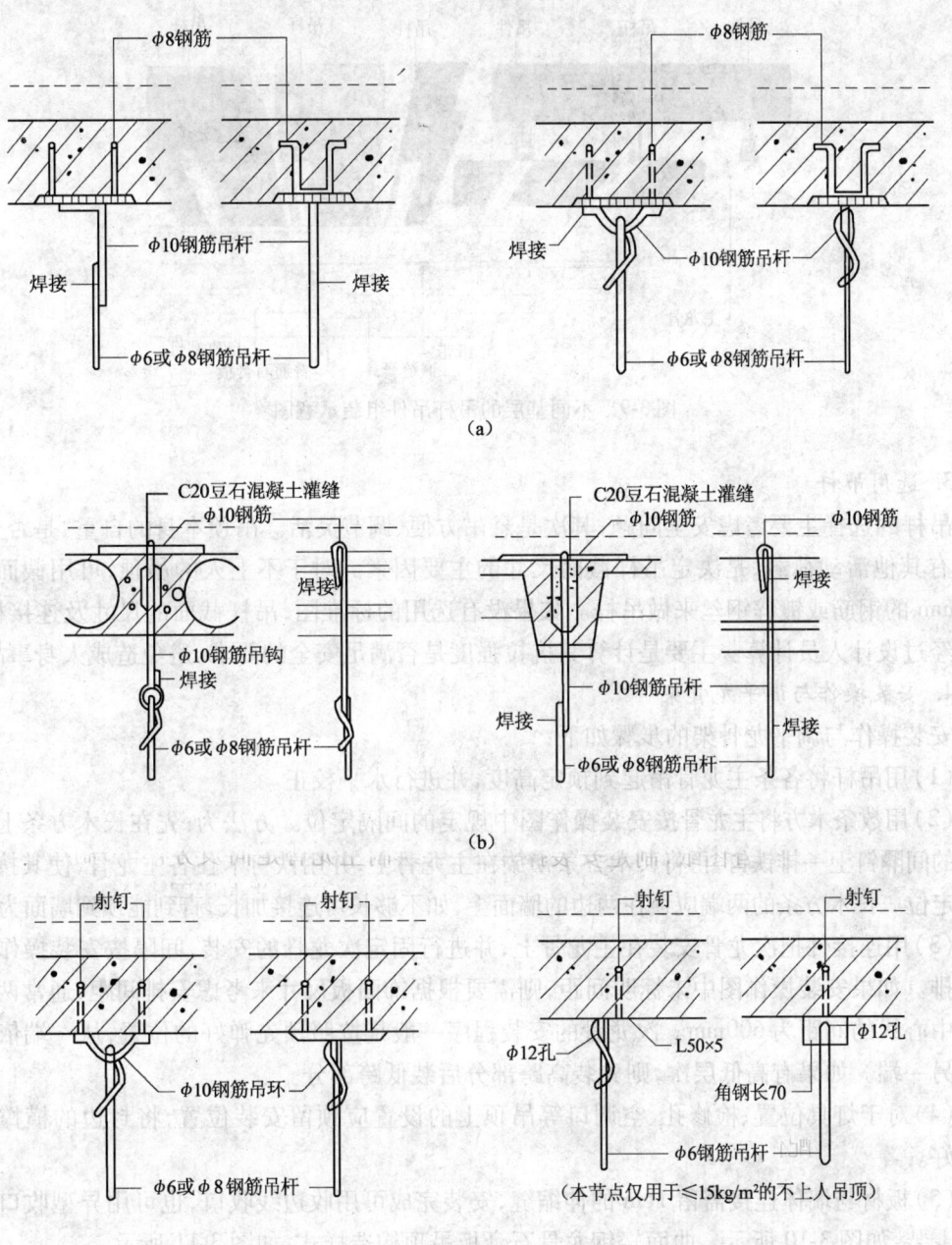

图 3-8 传统吊杆吊挂示意图
(a)预埋吊点连接件焊接示意图;(b)锚固吊点连接件示意图;(c)射钉固定吊点连接件示意图

新型吊杆吊件套装产品装配法如图 3-9 所示。在固定吊点时,要注意保护吊顶上部的设备与管道,防止损坏。用射钉器时一定要注意安全,打钉时要将枪口顶紧铁件后,再扣动扳机。

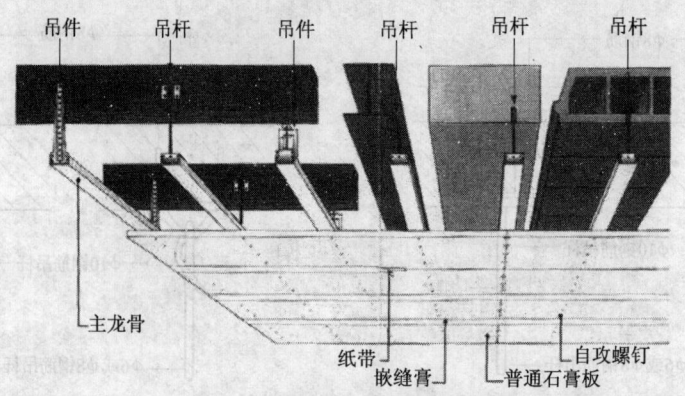

图3-9 不同基层的吊杆吊件组装示意图

3. 选用吊杆

吊杆的选择主要考虑安全问题,其次是悬吊方便、调节灵活。吊顶本身的自重、是否上人、是否有其他活动荷载,是决定吊杆截面尺寸的主要因素。对于不上人的吊顶,可用截面直径4~6mm的钢筋或镀锌钢丝来做吊杆。如果没有选用的标准图,吊杆截面的尺寸及连接构造,就应经过设计人员计算。主要是计算其抗拉强度是否满足安全的要求,避免造成人身事故。

4. 安装操作与调平龙骨架

安装操作与调平龙骨架的步骤如下:

(1)用吊杆将各条主龙骨吊起到预定高度,并进行水平校正。

(2)用数条木方将主龙骨按安装操作图中规定的间隔定位。方法为:先在长木方条上按主龙骨的间隔钉上一排铁钉,再将长木方条横放在主龙骨上,并用铁钉卡住各主龙骨,使其按规定间隔定位。长木方条的两端应顶在两边的墙面上,如不够长可连接加长,直到能顶到墙面为止。

(3)用连接件把次龙骨安装在主龙骨上,并进行固定次龙骨的安装,间隔按安装操作图规定安排。如果安装操作图中未标明间距,则需要根据饰面板尺寸来考虑安排间距,通常两条次龙骨中心线的间距为600mm。次龙骨的安装程序一般是按照预先弹好的位置,从一端依次安装到另一端。如果有高低层次,则先装高跨部分后装低跨部分。

(4)对于灯具位置、检修孔、空调口等吊顶上的设置应预留安装位置,将封边的横撑龙骨安装好。

(5)板材与墙体连接需留1cm的伸缩缝,安装完成可用收边线收口,也可用异型收口龙骨接板卡装,如图3-10所示。曲面轻钢龙骨石膏板吊顶构造样式,如图3-11所示。

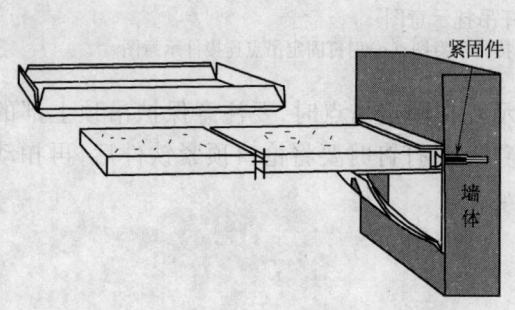

图3-10 异型收口龙骨接板卡装示意图

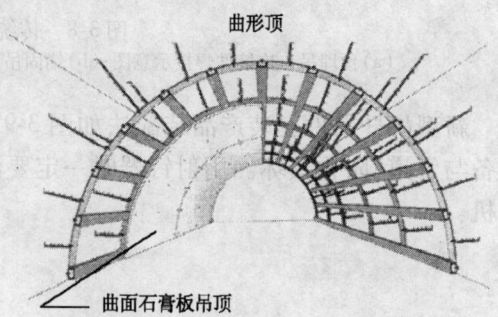

图3-11 曲面轻钢龙骨石膏板吊顶构造样式

5. 安装操作质量检查

次龙骨与横撑龙骨安装完毕后,进行安装操作质量检查。

(1)上人龙骨的荷载检查。主要是对吊顶上设备检修孔周围及检修人员在吊顶上部活动机会多的部位,进行加载检查,重点是吊顶的刚度和强度。通常以加载后无明显翘曲、颤动为准。

(2)连接质量的检查。主要检查有无漏装吊点,有无虚连接、漏连接的部位。

(3)龙骨形状的检查。检查龙骨有无翘曲现象和扭曲现象。对检查出的问题要及时进行补装或修整加固处理。

6. 石膏板板材的安装操作

(1)用自攻螺钉将饰面板固定在龙骨上。

(2)选择板材。对基层板来说,主要是把石膏板中有破损、裂缝、受潮的板拣出来,把合格的石膏板架托起来后水平放置,防止其沾水受潮。

对装饰板来说,不仅要拣出破损部分,而且还应该对板的花样、色彩进行检查,如有花纹不同或有明显色差的饰面板,应拣出来分别放置。同时对板的尺寸及厚度进行检查,将尺寸误差较大的板材分别放置。

(3)板材安装方法。基层板的安装及铺面固定时,应采取在吊顶面上交错布置的方法,以减少变形量和对接缝集中在一起的现象。固定板面的自攻螺钉,间距一般为 150~200mm,螺钉头必须沉入板面内 2~3mm,如图 3-12 所示。

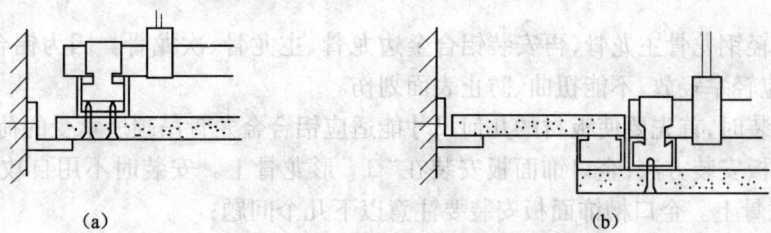

图 3-12 板面的固定形式图
(a)平铺石膏板与金属龙骨的连接固定节点;(b)叠级铺钉石膏板与金属龙骨连接固定节点

对于无企口槽的定形饰面板,也可用自攻螺钉固定在 C 型轻钢龙骨上,用钉数量以能固定住板为准。固定时可用安装板定位架临时固定,固定后要在钉头处用与饰面板相同或略浅色的涂料进行点涂。通常有光饰面板用油漆点涂,无光饰面板用涂料点涂。固定这种饰面板时,还应该注意控制拼缝的平直。控制的做法是按照板的规格,拉出纵横的拼缝控制线,按线对缝固定。

(4)吊顶与灯盘的结合部。安排灯位时,应尽量避免使主龙骨截断,如果不可避免,应将两段龙骨在上部再连接。

(5)石膏板接缝处理,如图 3-13 所示。

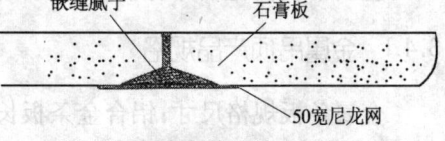

图 3-13 石膏板接缝处理示意图

3.3 铝合金龙骨吊顶的安装

铝合金龙骨吊顶,是随着铝型材挤压技术的发展而出现的新型吊顶材料。铝合金龙骨密度轻,型材表面经过阳极氧化处理,表面光泽美观、有较强的抗腐、耐酸碱能力,防火性好,安装简单。适用于公共建筑大厅、楼道、会议室、卫生间和厨房吊顶。

3.3.1 铝合金龙骨吊顶常用规格

铝合金龙骨吊顶常用规格有600mm×600mm、600mm×900mm、600mm×1200mm,基本模数是300mm,最大负荷80N/m²。

3.3.2 铝合金龙骨吊顶安装操作要点

铝合金龙骨吊顶由主龙骨、次龙骨、边龙骨、连件、吊杆组成。铝合金龙骨应安装在轻钢龙骨主龙骨上,主要是增强铝合金龙骨吊顶整体强度。安装做法同轻钢龙骨安装,如图3-14所示。

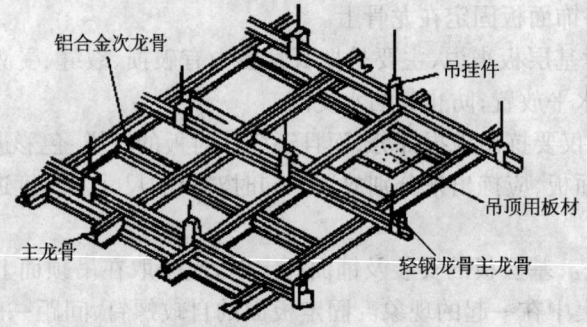

图3-14　铝合金龙骨(T形龙骨)顶棚板安装示意图

首先安装轻钢龙骨主龙骨,再安装铝合金边龙骨、主龙骨、次龙骨。因为铝合金龙骨材质较软,安装时应轻拿轻放,不能扭曲、防止表面划伤。

顶棚板安装时,首先要使板材的几何尺寸能适应铝合金龙骨吊顶所承受的荷载能力。

企口饰面板安装方法:企口饰面板安装在"⊥"形龙骨上。安装时不用自攻螺钉,而是搁放在"⊥"形龙骨上。企口槽饰面板安装要注意以下几个问题:

(1)调平"⊥"形龙骨,保证T形龙骨的边框线(两股)平直。

(2)安装过程中,接插企口用力要轻,避免硬插硬撬而造成企口处开裂。

(3)装饰板的企口槽部分强度比较薄弱,在搬运和安装时要注意保护。

(4)如果企口槽饰面板是连环卡扣式固定,安装时需按照顺序依次进行。

3.4 金属型板吊顶的安装

金属吊顶从材质分有铝合金板和轻钢板两种。

3.4.1 金属吊顶产品规格

金属条板规格尺寸:铝合金条板长度为2000~8000mm、厚度为0.5~0.8mm;轻钢条板长度为4000mm或6000mm、厚度为0.5mm。

轻钢条板采用冷轧钢带经冲压冷弯加工成型后,表面经静电喷涂工艺处理。

铝合金条板,在型材表面经阳板氧化工艺处理,具有防火、防锈、防腐、吸声、吸尘、体轻、抗震等优点。当设置隔热吸声垫后,可达到隔热、吸声效果。

3.4.2 铝合金条板构造

铝合金条板又分封闭式和开放式两种,其龙骨、条板及龙骨配件见表3-3所示。

表3-3 铝合金条板吊顶主配件图表

铝合金条板吊顶龙骨主件	铝合金条板吊顶龙骨配件	备 注
(龙骨 厚度1mm) (条板 厚度0.5~0.8mm)		大龙骨厚度1.2mm； 大龙骨吊挂件厚度2mm； 条板龙骨吊挂件（有大龙骨时用）， 厚度0.8mm
		条板龙骨吊挂件（无大龙骨时用）厚度1mm； 铝合金插缝板厚度0.5mm； 铝合金靠墙板厚度0.8mm

3.4.3 铝合金条板的安装操作

其主龙骨的安装操作同3.2的内容。铝合金条板的安装操作如图3-15所示。

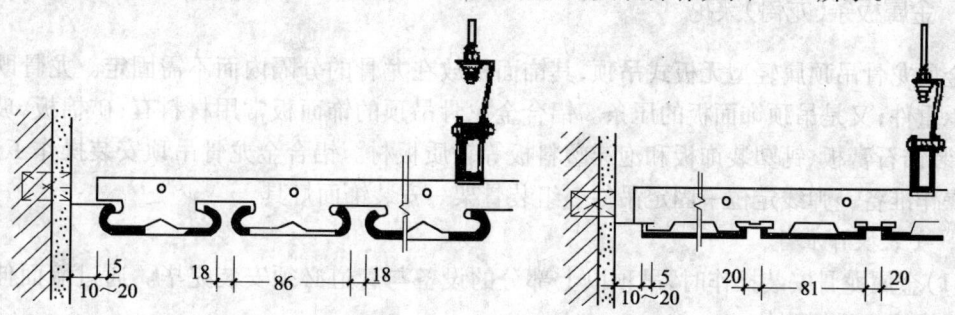

图3-15 铝合金条板安装示意图

3.4.4 铝合金方板的安装

铝合金方板安装如图 3-16 和图 3-17 所示。

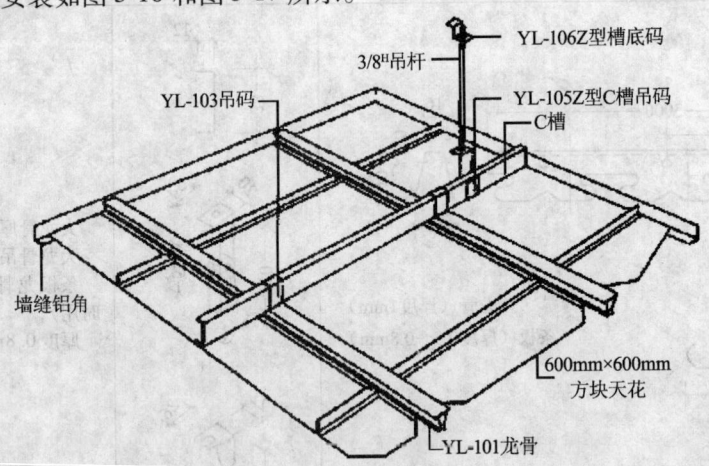

图 3-16 方块天花吊装示意图

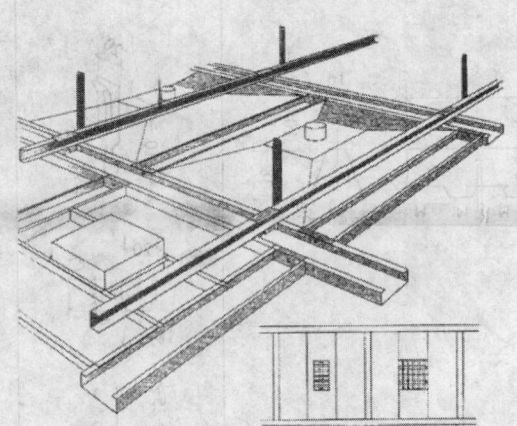

图 3-17 （明架）铝合金方板外龙骨吊顶灯位示意图

铝合金方板材料规格：600mm×600mm，600mm×300mm，300mm×300mm，也可异型尺寸加工；有针孔式、组合孔式、浮雕压型板式等。

3.4.5 金属板条（龙骨）天花

金属龙骨吊顶属轻型无板式吊顶，其饰面板放在龙骨的分隔内而不需固定。龙骨既是吊顶的承重件；又是吊顶饰面板的压条。铝合金龙骨吊顶的饰面板常用材料有：矿棉板、玻璃纤维板、装饰石膏板、钙塑装饰板和泡沫塑料板等轻质板材。铝合金龙骨吊顶安装操作工序为：安装操作准备→弹线定位→固定吊件→组装骨架→安装饰面灯具。

1. 安装操作准备

（1）金属龙骨安装操作时，吊顶以上部分的设备与管道必须安装完毕。通过墙面伸下来的电器线管应设置到位。

（2）对进场的龙骨进行选材校正。

(3)需用的机具有冲击电钻、金属切割锯、手电钻、手动铆钉钳等。

2. 弹线定位

弹线定位包括吊顶标高线和龙骨布置分格定位线。

(1)吊顶标高线可用水柱法标出吊顶平面位置,然后按位置弹出标高线。沿标高线固定角龙骨,角龙骨的底面与标高线平齐。角龙骨的固定方法通常用木楔铁钉或水泥钉直接将其钉在墙柱面上。固定位置的间隔为400~800mm。

(2)龙骨的分格定位,需根据设计式样选产品分隔规格。为了安装方便,两龙骨中心线的间距尺寸一般不小于8cm。灯的安装通常为两种,一种是内嵌,另一种是定位吊挂。金属板条主配件与内嵌灯具组装如图3-18所示。

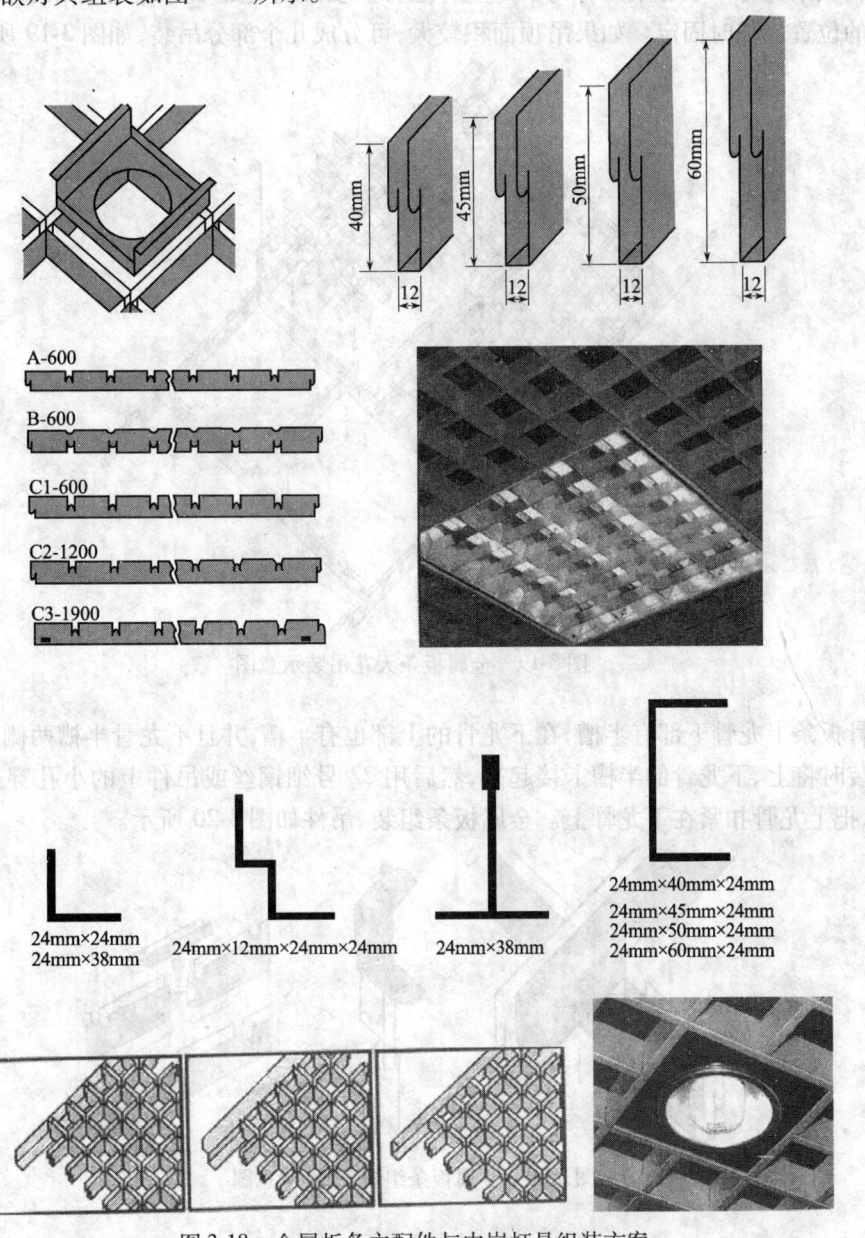

图3-18　金属板条主配件与内嵌灯具组装方案

(3)金属龙骨板条吊顶较轻,吊点布置的要点是考虑吊顶的平整度需要。吊点的间隔距离一般为 1~1.2m。

3. 固定吊件

悬吊金属龙骨一般用伸缩式吊杆,金属龙骨吊顶的吊件。通常使用膨胀螺钉或射钉固定角铁块,通过在角铁块上的孔,将吊挂龙骨用的(暗色)钢筋吊杆固定在吊件上。伸缩式吊杆的型式较多,用得较为普遍的方法是将 8 号钢丝调直,再用一个带孔的弹簧钢片,将上面吊点伸下来的吊杆穿入其孔内,调节与固定主要是靠弹簧钢片。

4. 龙骨的安装操作

金属板条龙骨一般有上龙骨与下龙主骨之分。安装时先将各条主龙骨吊起后,在稍高于标高线的位置上临时固定。如果吊顶面积较大,可分成几个部分吊装,如图 3-19 所示。

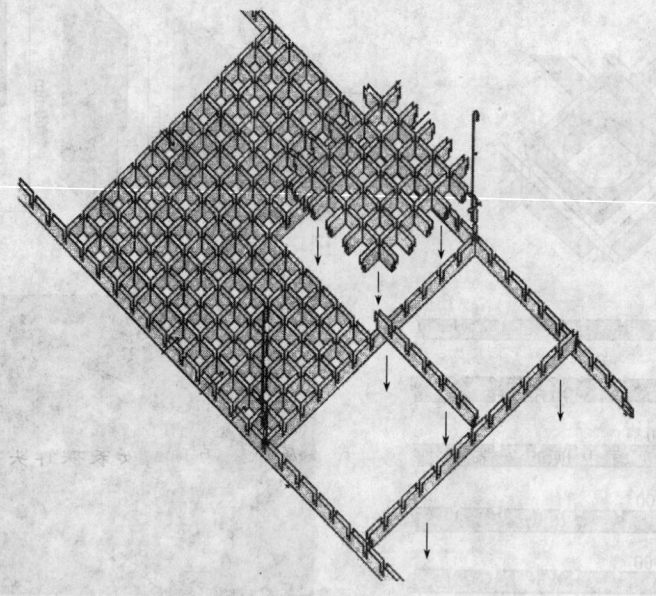

图 3-19　金属板条天花吊装示意图

龙骨板条上龙骨下部有半槽,在下龙骨的上部也有半槽,并且下龙骨半槽两侧各有一个圆孔。安装时将上、下龙骨的半槽卡接起来,然后用 22 号细钢丝或吊件上的小孔穿过下龙骨上的小孔,把上龙骨扣紧在下龙骨上。金属板条组装、吊件如图 3-20 所示。

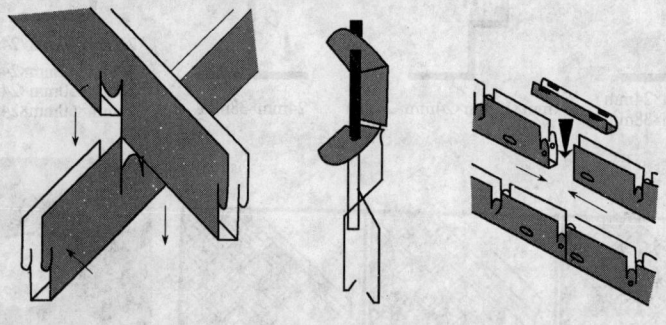

图 3-20　金属板条组装、吊件示意图

项目实训四：吊顶装饰安装操作实训

一、实训目的

1. 熟悉木骨架顶棚的安装操作构造和安装要点。
2. 掌握轻钢龙骨吊顶的组成和安装要点。
3. 掌握铝合金龙骨吊顶的构造和安装操作。
4. 熟悉铝合金条板和方板的安装。

二、实训内容

1. 进行木骨架顶棚的安装操作实训。
2. 实训室进行轻钢龙骨吊顶的安装操作实训。
3. 实训室进行铝合金龙骨吊顶的安装操作实训和金属型板吊顶的安装操作实训。

三、实训时间

每人操作100min。

四、实训报告

1. 编写木骨架顶棚安装操作实训报告。
2. 编写轻钢龙骨吊顶的安装操作实训报告。
3. 写出铝合金龙骨吊顶的安装操作实训和金属型板吊顶的安装操作实训报告。

项目四 吊顶装饰案例分析、防范及治理

4.1 龙骨安装案例

案例一：吊顶造型不对称，罩面板布局不合理

1. 案例现象

吊顶罩面板安装后，罩面板布局不合理，造型不对称。

2. 案例原因分析

(1) 未在房间四周拉十字中心线。

(2) 未按设计要求布置主龙骨和次龙骨。

(3) 铺罩面板流向不正确。

3. 案例防范措施

(1) 按吊顶设计标高，在房间四周的水平线位置拉十字中心线。

(2) 严格按设计要求布置主龙骨和次龙骨。

(3) 中间部分先铺整块罩面板，余量应平均分配在四周最外边一块，或不被人注意的次要部位。

案例二：木吊顶龙骨拱度不匀

1. 案例现象

(1) 吊顶龙骨装钉后，其下表面的拱度不均匀、不平整，甚至成波浪形。

(2) 吊顶龙骨周边或四角不平。

(3) 吊顶完工后，经过短期使用产生凹凸变形。

2. 案例原因分析

(1) 木吊顶龙骨的材质不好，变形大、不顺直、有硬弯，安装操作中又难于调直；木材含水率较大，在安装操作中或交工后产生收缩翘曲变形。

(2) 不按规程操作，安装操作中吊顶龙骨四周墙面上不弹平线或平线不准，中间不按平线起拱，造成拱度不匀。

(3) 吊杆或吊筋的间距过大，吊顶龙骨的拱度不易调匀。同时，受力后易产生挠度，造成凹凸不平。

(4) 吊顶龙骨接头装钉不平或接出硬弯，直接影响吊顶的平整。

(5) 受力节点结合不严密、不牢固，受力后产生位移变形。常见的有：

① 装钉吊杆、吊顶龙骨接头时，因材质不良或钉径过大，节点端头被钉劈裂，松动不牢而产生位移。

项目四 吊顶装饰案例分析、防范及治理

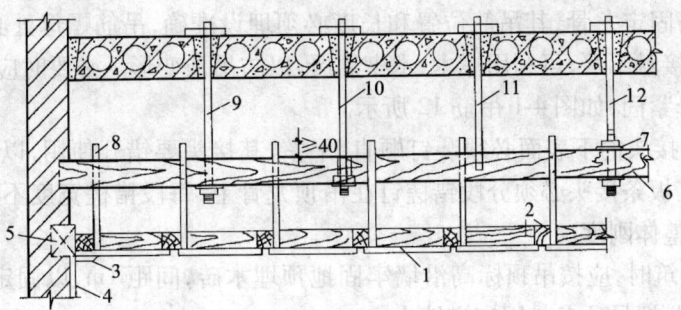

图 4-1 钢筋混凝土板下吊顶
1—轻质板块；2—吊顶龙骨；3—木压条；4—抹灰层；5—木砖；6—龙骨；7—垫木；
8—吊杆；9—单螺母吊筋（正确做法）；10—吊筋螺母处未加垫板（错误做法）；
11—吊筋过短（错误做法）；12—双螺母吊筋（正确做法）

② 吊杆与吊顶龙骨未用半燕尾榫相连接，极易造成节点不牢或使用不耐久的弊病。

③ 钢筋混凝土板下吊顶，吊筋螺母处未加垫板，龙骨上的吊筋孔径又较大，受力后螺母吃入木料内，造成吊顶局部下沉（如图 4-1 中 10）；或因吊筋长度过短不能用螺母固定（图 4-1 中 11），导致加大吊筋间距，受力后变形也加大。

④ 钢筋混凝土板下吊顶，用射钉锚固龙骨时，射钉未射牢固或间距过大，受荷后射钉松脱或龙骨下挠。

3. 案例防范措施

（1）吊顶应选用比较干燥的松木、杉木等软质木材，并防止受潮和烈日曝晒；不宜用桦木和柞木等硬质木材。

（2）吊顶龙骨装钉前，应按设计标高在四周墙壁上弹线找平；装钉时四周以平线为准，中间按平线起拱，起拱高度应为房间短向跨度的 1/200，纵横拱度均应吊匀。

（3）龙骨及吊顶龙骨的间距、断面尺寸应符合设计要求；木料应顺直，如有硬弯，应在硬弯处锯断，调直后再用双面夹板连接牢固；木料在两吊点间如稍有弯度，弯度应向上。

（4）各受力节点必须装钉严密、牢固，符合质量要求。可采取以下措施：

① 吊杆和接头夹板必须选用优质软材制作，钉子的长度、直径、间距要适宜，既能满足强度要求，装钉时又不能劈裂。

② 吊杆应刻半燕尾榫（图 4-2），交叉地钉固在吊顶龙骨的两侧，以提高其稳定性；吊杆与龙骨必须钉牢，钉长宜为吊木厚的 2～2.5 倍，吊杆端头应高出龙骨上皮 40mm，以防装钉时劈裂（图 4-3）。

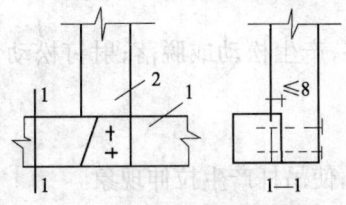

图 4-2 半燕尾榫示意图
1—吊顶龙骨；2—吊杆

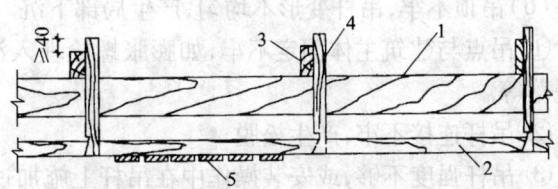

图 4-3 木屋架吊顶（单位：mm）
1—屋架下弦；2—吊顶龙骨；3—龙骨；4—吊杆；5—板条

③如用吊筋固定龙骨,其吊筋位置和长度必须埋设准确,吊筋螺母处必须设置垫板。如木料有弯与垫板接触不严,可利用撑木、木楔靠严,以防吊顶变形。必要时应在上、下两面均设置垫板,用双螺母紧固,如图 4-1 吊筋 12 所示。

④吊顶龙骨接头的下表面必须装钉顺直、平整,其接头要错开使用,以加强整体性;对于板条抹灰吊顶,其板条接头必须分段错槎钉在吊顶龙骨上,每段错槎宽度不宜超过 500mm,以加强吊顶龙骨的整体刚度。

⑤在墙体砌筑时,应按吊顶标高沿墙牢固地预埋木砖,间距 1m,以固定墙周边的吊顶龙骨,或在墙上留洞,把吊顶龙骨固定在墙内。

⑥用射钉锚固时,射钉必须牢固,间距不宜大于 400mm。

(5)吊顶内应设置通风窗,使木骨架处于干燥环境中;室内抹灰时,应将吊顶入孔封严,待墙面干后,再将入孔打开通风,使吊顶保持干燥环境。

4. 案例治理方法

(1)如木吊顶龙骨拱度不匀,局部超差较大,可利用吊杆或吊筋螺栓把拱度调匀。

(2)如出现图 4-1 吊筋 10 所示的情况,应及时安设垫板,并把吊顶龙骨的拱度调整成如图 4-1 吊筋 11 所示的情况,可用电焊将螺栓加长,并安好垫板、螺母,把吊顶龙骨调匀。

(3)吊杆被钉劈裂而节点松动时,必须将劈裂的吊杆换掉;吊顶龙骨接头有痂,应将夹板起掉,调直后再钉牢。

(4)因射钉松动而节点不牢时,必须补射射钉。如射钉不能满足节点荷载时,用膨胀螺栓锚固。

案例三:轻钢龙骨、铝合金龙骨纵横方向线条不平直

1. 案例现象

(1)吊顶龙骨安装后,主龙骨、次龙骨在纵横方向上不顺直,有扭曲、歪斜现象。
(2)龙骨高低位置不匀,使得下表面拱度不均匀、不平整,甚至成波浪形。
(3)吊顶完工后,经过短期使用产生凹凸变形。

2. 案例原因分析

(1)主龙骨、次龙骨受扭折,虽经修整,仍不平直。
(2)龙骨吊点位置不正确,吊点间距偏大,拉牵力不均匀。
(3)未拉通线全面调整主龙骨、次龙骨的高低位置。
(4)测吊顶的水平线误差超差,中间平线起拱度不符合规定。
(5)龙骨安装后,局部安装操作荷载过大,导致龙骨局部弯曲变形。
(6)吊顶不牢,吊杆变形不均匀,产生局部下沉。
①吊点与建筑主体固定不牢,如膨胀螺栓埋入深度不够,产生松动或脱落;射钉松动,虚焊脱落等。
②吊杆连接不牢,产生松脱。
③吊杆强度不够,或安装操作中在吊杆上施加过大荷载,使吊杆产生拉伸现象。

3. 案例防范措施

(1)凡是受扭折的主龙骨、次龙骨一律不宜采用。
(2)按设计要求弹线,确定龙骨吊点位置,主龙骨端部或接长部位增设吊点,吊点间距不

宜大于1.2m。吊杆距主龙骨端部距离不得大于300mm,当大于300mm时,应增加吊杆。当吊杆长度大于5m时,应设置反支撑。当吊杆与设备相遇时,应调整并增设吊杆。

(3)四周墙面或柱面上,按吊顶高度要求弹出标高线,弹线清楚,位置正确,可采用水柱法弹水平线。

(4)将龙骨与吊杆(或镀锌钢丝)固定后,按标高线调整大龙骨标高,调整时一定要拉通线,大房间可根据设计要求起拱,拱度一般为0.5%。

逐条调整龙骨的高低位置和线条平直。调整方法可用方木按主龙骨间距钉圆钉,再将长方木条横放在主龙骨上,并用铁钉卡住各主龙骨,使其按规定位置定位,临时固定(图4-4)。方木两端要顶到墙上或梁边,再按十字和对角线,拧动吊杆螺栓,升降调平(图4-5)。

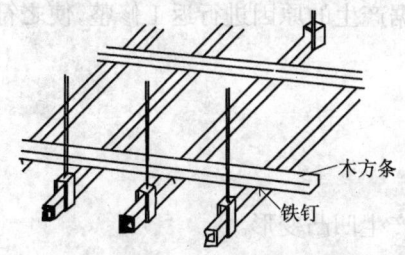

图4-4 主龙骨定位方法

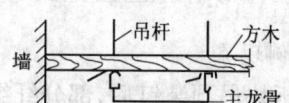

图4-5 主龙骨固定调平示意图

(5)对于不上人吊顶,龙骨安装时,挂面不应挂放安装操作安装器具;对于大型上人吊顶,龙骨安装后,应为机电安装等人员铺设通道板,避免龙骨承受过大的不均匀荷载而产生不均匀变形。

4. 案例治理方法

(1)利用吊杆或吊筋螺栓调整拱度。

(2)对于膨胀螺栓或射钉松动、虚焊脱落等,应补钉补焊。

4.2 轻质板吊顶案例

案例一:拼缝装钉不直,分格不均匀、不方正

1. 案例现象

在轻质板块吊顶中,同一直线上的分格木压条或板块明拼缝,其边棱不在一条直线上,有错牙等现象;纵横木压条或板块明拼缝格不均匀、不方正。

2. 案例原因分析

(1)吊顶龙骨安装时,拉线找直和规方控制不严;吊顶龙骨间距分得不均匀;龙骨间距与板块尺寸不符等。

(2)未按先弹线并按线装钉板块或木压条的顺序操作。

(3)明拼缝板块吊顶时,板块截得不方、不直或尺寸不准。

3. 案例防范措施

(1)装钉吊顶龙骨时,必须保证位置准确,纵横顺直,分格方正。其做法是:吊顶前,按吊顶龙骨标高在四周墙面上弹线找平,然后在平线上按计算出的板块拼缝间距或压条分格间距,准确地分出吊顶龙骨的位置。确定四周边吊顶龙骨位置时,应扣除墙面抹灰厚度,以防分格不

均;装钉吊顶龙骨时,按所分位置拉线找直、归方、固定,同时应注意起拱和平整问题。

(2)板材应按分格尺寸截成板块。板块尺寸按吊顶龙骨间距尺寸减去明拼缝宽度(8~10mm)。板块要截得方正、准确,不得损坏棱角,四周要修去毛边,使板边挺直光滑。

(3)板块装钉前,在每条纵横吊顶龙骨上按所分位置拉线弹出拼缝中心线,必要时应弹出拼缝边线,然后沿墨线装钉板块;装钉时,若发现超线,应用刨修整,以确保缝口齐直、均匀。

(4)木压条应选用软质木材制作,其加工规格必须一致,外购应严把质量关,表面要刨得平整光滑;装钉压条时,要先在板块上拉线弹出压条分格墨线,然后沿墨线装钉压条。压条的接头缝应严密。

4. 案例治理方法

木压条或板块明拼缝装钉不直超差较大时,应根据产生的原因进行返工修整,使之符合质量要求。

案例二:轻质板块吊顶面层变形

1. 案例现象

轻质板块吊顶装钉后,部分纤维板或胶合板逐渐产生凹凸变形。

2. 案例原因分析

(1)纤维板或胶合板在使用中吸收空气中的水分,特别是纤维板,因它不是均质材料,各部分吸湿程度不同,易产生凹凸变形。

(2)装钉板块时,板块接头未留空隙,吸湿膨胀后,没有伸胀余地,会使变形程度更为严重。

(3)对于较大板块,装钉时未能使板块与吊顶龙骨全部贴紧,就从四角或从四周向中心排钉装钉,板块内产生应力,致使板块凹凸变形。

(4)吊顶龙骨分格过大,板块易产生挠度变形。

3. 案例防范措施

(1)为确保吊顶质量,应选用优质板材。胶合板宜选用五层以上的椴木胶合板,纤维板宜选用硬质纤维板。

(2)为防止板块凹凸变形,装钉前应采取如下措施:

① 为使纤维板的含水率与大气中的相对含水率相平衡或接近,减少纤维板吸湿而引起的凹凸弯曲变形,对纤维板宜进行浸水湿润处理。具体做法是:将纤维板放在水池中浸泡15~20min,一般硬质纤维板用冷水;掺有树脂胶的纤维板要用45℃左右的热水。板从水中取出后毛面向上,堆放在一起,约24h打开垛,使整个板面处在室温10℃以上的大气中,与大气湿度平衡,一般放置5~7d后就可使用。

② 经过浸水湿处理的纤维板,四边易产生毛口。所以,用于装钉纤维板明拼缝吊顶或钻孔纤维板吊顶,宜将加工后的小板块两面均涂刷一遍猪血来代替浸水,约经24h干燥后再涂刷一遍油漆,干后在室内平放成垛保管待用。

③ 胶合板不得用水浸和受潮,装钉前应两面均涂刷一遍油漆,以提高抗吸湿变形的能力。

(3)轻质板块宜用小齿锯截成小块后装钉。装钉时必须由中间向两端排钉,以避免板块内产生应力而凹凸变形。板块接头拼缝留3~6mm的间隙,以适应板块膨胀变形要求。

(4)用纤维板、胶合板吊顶时,其吊顶龙骨的分格间距不宜超过450mm。否则中间应加1

根 25mm×40mm 的小龙骨,以防板块下挠。

(5)合理安排安装操作工序,当室内湿度较大时,宜先装钉吊顶木骨架,然后进行室内抹灰,待抹灰干燥后再装钉吊顶面层。但安装操作时应注意周边的吊顶龙骨应离开墙面20~30mm(即抹灰厚度),以便在墙面抹灰后装钉板块及压条(抹灰时应注意墙面平整,以防压条与墙面接触不严)。

4. 案例治理方法

个别板块变形较大时,可由入孔进入吊顶内,补加 1 根 25mm×40mm 的小龙骨,然后在下面将板块钉平。

案例三:吊顶与设备衔接不妥

1. 案例现象

(1)灯盘、灯槽、空调风口箅子等设备在吊顶上的孔洞位置不准确;或者在吊顶面不平,衔接吻合不好。

(2)自动喷淋头和烟感器等设备安装时与吊顶表面衔接吻合不好、不严密。自动喷淋头须通过吊顶平面与自动喷淋系统的水管相接[图 4-6(a)]。在安装中出现水管伸出吊顶面;水管预留过短,自动喷淋头不能在吊顶面与水管连接[图 4-6(b)],如果强行拧上,造成吊顶局部凹进;喷淋头边上有遮挡物[图 4-6(c)]等现象。

2. 案例原因分析

(1)设备工种与装饰工种配合欠妥,导致安装后衔接不好。

(2)确定安装操作方案时,安装操作顺序不合理。

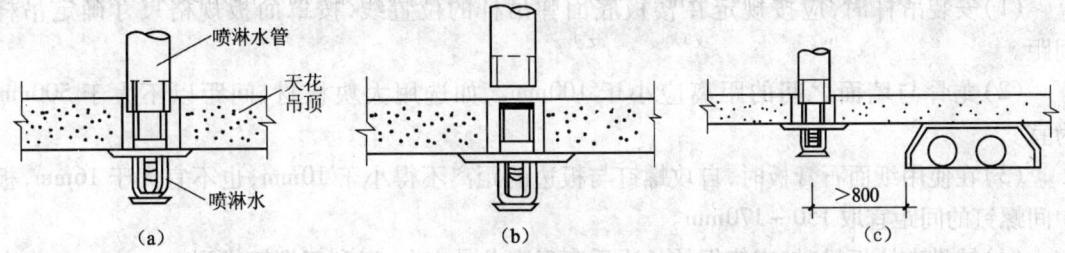

图 4-6 自动喷淋法、烟感器与吊顶的关系(单位:mm)

(a)自动喷淋系统(正确位置);(b)水管预留不到位;(c)喷淋头边上不应有遮挡物

3. 案例防范措施

(1)设备工种与装饰工种应相互配合,采取合理的安装操作顺序。

(2)如果孔洞较大,其孔洞位置应先由设备工种确定准确,吊顶在其部位断开。也可先安装设备,然后再吊顶封口。回风口等较大孔洞,一般均先将回风箅子固定,这样做既保证位置准确,也易收口。

(3)对于小面积孔洞,宜在顶部开洞,这样不仅便于吊顶安装操作同时也能保证孔洞位置准确。如吊顶的嵌入式灯口,一般采用此法。开洞时先拉通长中心线,准确确定位置后,再用往复锯开洞。

(4)自动喷淋系统的水管预留长度应准确,在拉吊顶标高线时应检查消防设备安装尺。

(5)大开洞处的吊杆、龙骨应特殊处理,洞周围要加固。

61

4. 案例治理方法

(1)吊顶上的设备孔洞位置不准确,一旦发生则较难治理,故应严格放线操作,准确确定位置。

(2)自动喷淋系统的水管预留过长或过短时,应取下一段水管调整或更换,不应强行拧上自动喷淋头。

4.3 石膏板吊顶案例

案例一:罩面板大面积不平整,挠度明显

1. 案例现象

罩面板下挠变形,吊顶面大面积不平整。

2. 案例原因分析

(1)粘结安装法安装操作的罩面板由于固定不牢,局部脱胶,产生下挠变形。

(2)吊杆安装时由于未弹线,导致吊杆间距偏大,或吊杆间距忽大忽小等,吊杆构造不符合要求。

(3)龙骨与墙面间距偏大,致使吊顶在使用一段时间后,挠度较为明显。

(4)次龙骨间距偏大,导致挠度过大。

(5)采用螺钉固定时,螺钉与石膏板边的距离大小不均匀。

(6)次龙骨铺设方向不是与板长边垂直,而是顺着罩面板长边铺设,不利于螺钉排列。

3. 案例防范措施

(1)安装吊杆时,应按规定在楼板底面弹吊杆的位置线,按罩面板规格尺寸确定吊杆间距。

(2)龙骨与墙面之间的距离应小于100mm。如选用大块板材,间距以不大于500mm为宜。

(3)在使用纸面石膏板时,自攻螺钉与板边的距离不得小于10mm,也不宜大于16mm,板中间螺钉的间距宜取150~170mm。

(4)铺设大块板材时,应使板的长边垂直于次龙骨方向,以利于螺钉排列。

(5)粘结法安装罩面板时,胶粘剂应涂刷均匀,不得漏涂,粘结应牢固。

案例二:拼板处不平整

1. 案例现象

石膏板安装后,在拼板接缝处有不平整、错台现象。

2. 案例原因分析

(1)操作不认真,主、次龙骨未调平。

(2)选用材料不配套,或板材加工不符合标准。

(3)固定螺钉的排钉装钉顺序不正确,多点同时固定,引起板面不平,接缝不严。

3. 案例防范措施

(1)安装主龙骨后,拉通线检查其是否正确、平整,然后边安装板边调平,满足板面平整度要求。

(2) 应使用专用机具和选用配套材料,加工板材尺寸应保证符合标准,减少原始误差和装配误差,以保证拼板处平整。

(3) 按设计挂放石膏板,固定螺钉从板的一个角或中线开始依次进行,以免多点同时固定引起板面不平,接缝不严。

案例三:吸声板吊顶的孔距排列不均

1. 案例现象

(1) 板块拼装后,孔距不等。

(2) 孔眼横、竖、斜看不成直线,有弯曲、错位等现象。

2. 案例原因分析

(1) 没有预先按设计要求制作标准板块样板;或虽有标准样板,但因板块及孔位的加工精度不高,偏差较大,致使孔距排列不均。

(2) 装钉板块时,板块拼缝不直,分格不均匀、不方正,造成孔距排列不均。

3. 案例防范措施

(1) 为确保孔距排列规整,板块应装匣钻孔,如图 4-7 所示。即将吸音板按计划尺寸分成板块,板边应刨直、刨光,装入铁匣内,每次放 12~15 块。用 5mm 厚钢板做成样板。放在被钻板块上面,用夹具螺栓拧紧。钻孔时,钻头必须垂直于板面。第一匣板块钻孔后,应在吊顶龙骨上试拼,无误后再继续钻孔。

(2) 检查板块是否方正。

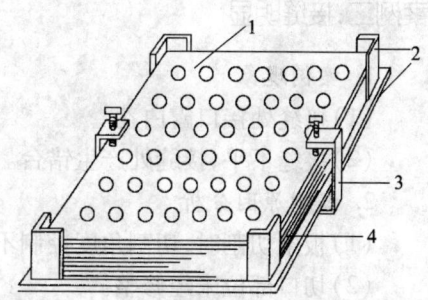

图 4-7 板块装匣示意图
1—钢样板;2—铁匣;3—夹具;4—轻质板块

4. 案例治理方法

吸声板吊顶的孔距排列不匀,不易修理,应一次装钉合格。

4.4 金属板吊顶案例

金属板吊顶是以不锈钢板、铝合金板、镀锌铁板等为基板,经特殊加工处理而成,具有质轻、强度高、耐高温、耐高压、耐腐蚀、防火、防潮、化学稳定性好等特点。目前采用较多的是铝合金板吊顶和不锈钢板吊顶。

案例一:吊顶不平

1. 案例现象

吊顶安装后,明显不平,甚至产生波浪形状。

2. 案例原因分析

(1) 水平标高线控制不好,误差过大。

(2) 安装金属板条时,龙骨未调平就进行安装,使板条受力不均匀而产生波浪形状。

(3) 在龙骨上直接悬吊重物而发生局部变形。这种现象多发生在龙骨兼卡具这种吊顶。

(4) 吊杆不牢,引起局部下沉。如吊杆本身固定不妥,松动或脱落;或吊杆不直,受力后拉直变长。

(5)板条自身变形,未经矫正即安装,产生吊顶不平。

3. 案例防范措施

(1)对于吊顶四周的标高线,应准确地弹到墙上,其误差不能大于±5mm。跨度较大时,应在中间适当位置加设标高控制点。在一个断面内应拉通线控制,线要拉直,不能下沉。

(2)安装板条前,应先将龙骨调直调平,这是安装操作中既合理又重要的一道工序。

(3)安装较重的设备,不能直接悬吊在吊顶上,应另设吊杆,直接与结构固定。

(4)如果采用膨胀螺栓固定吊杆,应做好隐栓工作,如膨胀螺栓埋入深度、间距等,关键部位还要做膨胀螺栓的抗拔试验。

(5)安装前要先检查板条平、直情况,发现不符合标准者,应进行调整。

4. 案例治理方法

变形的铝合金板条,一般难于在吊顶面上调整,应取下进行调整。

案例二:接缝明显

1. 案例现象

(1)接缝处接口露白茬。

(2)接缝不平,接缝处产生错台。

2. 案例原因分析

(1)板条切割时,切割角度控制不好。

(2)切口部位未经修整。

3. 案例防范措施

(1)做好下料工作。板条切割时,控制好切割的角度。

(2)切口部位应用锉刀将其修平,将毛边及不平处修整好。

(3)用相同色彩的胶粘剂对接口部位进行修补,使接缝密合,并对边进行遮掩。

项目实训五:吊顶装饰案例分析、防范及治理实训

一、实训目的

1. 学会龙骨安装案例分析、防范及治理。
2. 学会轻质板吊顶案例分析、防范及治理。
3. 学会石膏板吊顶案例分析、防范及治理。
4. 熟悉金属板吊顶案例分析、防范及治理。

二、实训内容

1. 结合龙骨安装的实际案例,对龙骨安装案例进行分析,并提出防范的措施及治理方法。
2. 结合轻质板吊顶的实际案例,对轻质板吊顶案例进行分析,并提出防范的措施及治理方法。
3. 结合石膏板吊顶的实际案例,对石膏板吊顶案例进行分析,并提出防范的措施及治理方法。
4. 结合金属板吊顶的实际案例,对金属板吊顶案例和抹灰吊顶案例等进行分析,并提出

防范的措施及治理方法。

三、实训时间

每人操作80min。

四、实训报告

1. 编写龙骨安装案例分析报告,并提出防范的措施及治理方法。
2. 编写轻质板吊顶案例分析报告,并提出防范的措施及治理方法。
3. 编写石膏板吊顶案例分析报告,并提出防范的措施及治理方法。
4. 编写金属板吊顶案例分析报告,并提出防范的措施及治理方法。

项目五　吊顶装饰安装操作典型情景

情景一："地面放线法"吊顶安装操作方法

随着现代化、智能化大型写字楼的发展,吊顶内的各种管线、设备越来越多,反映在吊顶面上的各种出口就越多,如灯饰、出风口、回风口、喷淋头、新风口、烟感探头、喇叭等,从而使吊顶安装操作的交叉作业多而复杂,相互影响,甚至相互破坏成品的情况时有发生。为保证吊顶质量及避免顶棚内各专业安装操作相互影响,根据顶棚特定的分格情况,采用"地面放线法"安装操作,收到了良好的效果。"地面放线法"吊顶安装操作适用于形状为正方形,规格尺寸为500mm×500mm 或 600mm×600mm 的板块吊顶材料。

采用"地面放线法"进行吊顶安装操作,各分项工程可同时进行交叉作业,提前工期。吊顶安装操作一次到位避免返工。顶棚综合布置图如存在不合理处,可以在放地面分格线时及时发现并予以提前解决。因此采用此种方法安装操作吊顶,做到了经济合理,加快安装操作进度,保证了安装操作质量。

5.1.1　通常吊顶安装操作工艺

弹线(水平标高线)→吊杆→大龙骨→中龙骨→各种管线通风道的安装及确定各种灯位、通风口、明露孔口位置等→小龙骨→封罩面板→安装压条。

因此电气、设备等专业必须在土建工种安装完龙骨后,才能依据龙骨各自寻找自己的灯位、通风口、喷淋头等。因而造成各专业相互影响,各自为政,龙骨被拆得七零八落而返工重做,这样既浪费了材料,又影响了安装操作质量和进度。

5.1.2　采用"地面放线法"安装操作工艺

绘制天花布置图→弹线(天花分格线弹于地面上)→分格线内注明各专业出口的标记→采用线坠进行各专业管线及龙骨的安装操作。

5.1.3　安装操作要点

1. 首先,将各专业反映于吊顶面的各种出口由技术人员会同甲方、设计方,在满足规范要求的前提下,按吊顶板块的分格尺寸进行微调,使各专业出口尽量有规律布置,横在行,竖在线,各种喷头居中布置,达到美观的目的。依据以上原则绘制顶棚综合布置图。
2. 根据天花综合布置图,由放线工将顶棚分格线弹于地面上,并在分格内注明各出口、喷头等标记。
3. 吊顶分格线施线完毕后,技术人员根据顶棚综合布置图进行验线。
4. 各专业根据分格线用线坠进行各管线、龙骨等安装操作,并将各自管线的出口位甩留。
5. 每层龙骨及各专业管线及出口甩位安装操作完毕后,再一次根据顶棚综合布置图进行验收。

6. 吊顶板封板安装操作。

5.1.4 安装操作中应注意的事项

1. 安装操作时严格按吊顶分格线进行各专业的管线等安装操作,严禁各自为政,一定要统一协调。

2. 各层龙骨,专业管线甩口位置安装操作完后,严格按顶棚综合布置图进行验收,把好封板前的最后一关,将拆改返工现象又一次消灭于安装操作过程中。

3. 吊顶不平,原因在于大龙骨安装时吊杆调平不认真,造成各吊杆点的标高不一致。安装操作时应检查各吊点紧挂程度,并拉通线检查标高与平整度是否符合要求。

4. 龙骨骨架局部构造不合理。在各专业出口多处如灯具、通风口灯应按分格图在此处增加龙骨及连接件,使其构造合理。

5. 骨架吊挂不牢。顶棚的轻钢龙骨应吊在主体结构上,并应紧固吊杆,以控制固定设计标高,顶棚内的管线,设备件不得吊挂在龙骨骨架上。

6. 焊面板安装操作时注意板块规格,托线找正,安装固定时保证平整对直。

7. 压缝条、压边条不严密平直的,安装操作时应拉线,对正后固定,压粘。

情景二:某工程大面积轻钢龙骨石膏板吊顶

接缝开裂是大面积轻钢龙骨石膏板吊顶中常见的质量通病。但是从吊杆、主次龙骨安装和石膏板固定与嵌缝处理这两方面是可以解决开裂问题的。

轻钢龙骨石膏板吊顶质量轻、强度高、防火、应用广泛。

5.2.1 吊杆、主次龙骨安装

吊杆($\phi 6 \sim \phi 10$ 钢筋)的安装应垂直牢固,且间距应控制在 900~1200mm 之间。安装操作时在楼板上弹线均匀布点,并不得与吊顶中的水、电、风管道接触,吊杆与水、电、风等管道发生冲突时,可采用角钢或型钢支架过渡。

主龙骨的安装间距应小于1100mm,在主龙骨调平调直后对短跨大于6000mm 的吊顶应在沿平行于短跨方向用角钢或型钢支架每隔6000mm 加固主龙骨以加强其整体刚度;主龙骨两端悬挑部分不得大于300mm;主龙骨如果与吊顶中的水、电、风管道、大型灯饰等设备冲突时,可采用先断开(必须与主龙骨脱开)再用角钢或型钢支架加固的办法予以解决,对于上人吊顶应在吊顶中设置专用上人钢制马道,并不得与主龙骨、主龙骨吊杆连接或接触。

次龙骨的安装应牢固,次龙骨的间距应与所用石膏板的规格尺寸相适应,但不得大于450mm;次龙骨在与检修孔、通风口、大型灯饰发生冲突时,也应先将次龙骨与之脱开,再用角钢或型钢支架将此部分加固。

5.2.2 石膏板的固定与嵌缝处理

石膏板的长边应沿次龙骨方向安装,在石膏板的短边应加装次龙骨以便加强石膏板短边与短边缝的强度。

石膏板面应平整,不得有裂纹、掉角等缺陷,接缝均匀平整,接缝的宽度应控制在 5~8mm

之间。安装双层石膏板时,面层板缝应与基层板缝错开,不得在同1根次龙骨上接缝,石膏板与四周墙体也应留5~8mm的缝隙。

石膏板与石膏板之间接缝可采用专用嵌缝石膏腻子(也可用1∶1石膏粉加白乳胶调制的嵌缝腻子)分两次嵌平,第1次嵌缝只嵌入接缝深度的一半,石膏干透后进行第2次嵌缝,对于纸面石膏板再粘贴专用嵌缝带。

项目实训六:实地观察吊顶装饰安装操作典型情景实训

一、实训目的

1. 了解大面积轻钢龙骨石膏板吊顶的吊杆、主次龙骨安装和石膏板的固定与嵌缝处理。
2. 熟悉"地面放线法"吊顶安装操作方法。

二、实训内容

"地面放线法"吊顶安装操作实训。

三、实训时间

每人操作45min。

四、实训报告

写出"地面放线法"吊顶安装操作要点和操作规范。

模块三 地面装饰工程

项目六 地面装饰工程安装操作

6.1 聚氨酯耐磨地面涂料涂装

聚氨酯耐磨地面涂料是以聚氨酯—丙烯酸树脂为基料,添加优质颜料及各种助剂配制而成,对地面进行表面装饰和防护的双组分溶剂型涂料。

6.1.1 聚氨酯耐磨地面涂料主要特点

聚氨酯耐磨地面涂料的主要特点如下所述。
(1)具有优良的耐磨性能,能持久保护地面不受磨损。
(2)具有一定的耐腐蚀功能,可保证地面不受部分酸、碱及机油的侵蚀。
(3)有一定的硬度和耐重物冲击性。
(4)是一种经济实用的地面保护材料。
(5)有多种颜色可供选择,并可根据客户来样进行色彩调配。

6.1.2 聚氨酯耐磨地面涂料用途

适用于一般净化要求的车间、公共建筑实验室等地面的装饰与防护。

6.1.3 聚氨酯耐磨地面涂料主要性能

聚氨酯耐磨地面涂料的主要性能如下所述。
(1)产品符合《RF-2 环氧耐磨地面涂料》Q/IAMA 30—2002 标准要求。
(2)耐磨性(500g,1000 转):≤0.02g/cm^2。
(3)耐碱性:48 小时无变化。
(4)耐酸性:48 小时无变化。
(5)耐冲击性:无裂纹,无脱落。

6.1.4 聚氨酯耐磨地面涂料涂装方法及注意事项

基层表面应坚实、干燥,无浮灰、残浆、油污,含水率不得大于8%,已粉化破碎的旧涂层必须清除干净。首先用渗透型底漆将地坪涂刷一道,干燥后对地坪上的蜂窝、麻面及裂缝等缺陷用腻子批刮嵌平,待干燥后,用砂纸或打磨机械打磨平整。需要进行满批的,可用批刮腻子将地坪满批一道或数道(批刮道数视具体要求而定),干燥后打磨平整。然后采用滚涂或刷涂的方法将配制完成的涂料进行涂刷,一般涂刷 2～3 道,每道间隔时间为 4 小时以上。空气湿度较大和气温较低时不宜涂刷。因本涂料及配套材料系双组分,应严格按规定比例进行调配,混合均匀后应静止 5 分钟后才能正常安装。实际用量应根据设计要求和具体情况而定。配好的混合料应在 4 小时内用完。涂料用量见表 6-1 所示。

表 6-1 聚氨酯耐磨地面涂料用量

品　种	甲：乙(质量比)	道　数	参考用量(m^2/kg)
渗透底漆	4:1	1	6
批刮腻子	3:1	1	1
涂料	3:1	2	2.5

6.1.5 聚氨酯耐磨地面涂料储存、运输和包装

涂料内含有机溶剂,储运及使用时须按危险品有关规定执行。储存温度:-5～35℃。储存期:一年。包装:渗透底漆 20kg 一组,批刮腻子 40kg 一组,涂料 24kg 一组。

6.2 板块地面铺装与操作

6.2.1 板块地面砂浆的铺贴与操作

板块地面铺贴工艺主要以传统的水泥砂浆地面工艺为基础。铺贴方式如图 6-1 所示。

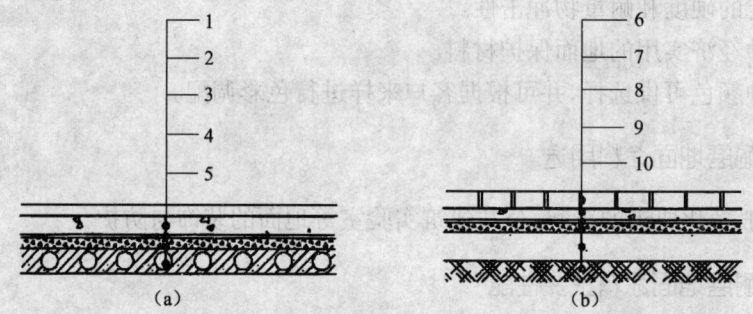

图 6-1 预制水磨石或大理石楼地面
(a)楼面；(b)地面
1—预制水磨石或大理石面层；2—30mm 厚 1:4 干硬性水泥砂浆找平层；
3—水泥浆结合层；4—50mm 厚 1:8 混凝土垫层；5—钢筋混凝土楼板；
6—预制水磨石或大理石面层；7—30mm 厚 1:4 干硬性水泥砂浆找平层；
8—素水泥浆结合层；9—50mm 厚 C10 素混凝土垫层；10—100mm 厚 3:7 灰土垫层

1. 使用材料

(1) 预制水磨石:可按设计要求加工。地面规格为 400mm×400mm×25mm;踢脚线常用规格为 500(300)mm×120(150)mm×20(50)mm,要求颜色鲜明一致。

(2) 大理石、花岗石:可按设计尺寸进行加工。地面规格不宜过大,宜选用细密、坚实、色泽鲜明、表面光泽的石材。

浅色大理石,花岗石不宜用草绳、草帘等捆绑,以防污染。应按规格堆放,侧立存放。

2. 铺贴操作准备

石板材的地面安装一般在顶棚、立墙饰面完成后进行。安装前要清理现场,检查铺砌或铺贴部位有无水、暖、电等工种的预埋件,是否影响安装。并要检查板块的规格、尺寸、颜色、边角缺陷等,将板块分类码放。

(1)基层处理。板块地面铺砌前,应先挂线检查掌握楼地面垫层的平整度,做到心中有数。然后清扫基层,并用水刷净,如在光滑的钢筋混凝土楼面,应凿毛地面,并提前10小时浇水湿润基层表面。

(2)找规矩。根据设计要求,确定平面标高位置。一般水泥砂浆结合层厚度应控制在10~15mm,砂浆层厚度为20~30mm,结合层为2~5mm。将确定好的地面标高位置线弹在墙立面上,根据板块的规格尺寸挂线找中,即在房间取中点、拉十字线。与走廊直接相通的门口外,要与走道地面拉通线,分块布置要以十字线对称,如室内地面与走廊地面颜色不同,分界线应放在门口门扇中线处。

(3)试拼。根据标准线确定铺砌顺序和标准块位置。在选定的位置上,对每个房间的板块,应按图案、颜色、纹理试拼。试拼后按两个方向编号排列,然后按编号码放整齐,并要注意板块的规格尺寸一致,板块规格长宽度误差应在1mm之内。对于大于此误差的板块应拣出后分尺寸码放。

(4)试排。试排对于现场控制安装质量十分有效,特别是特殊部位和墙柱等结构地面,需要根据试排结果,在房间主要部位弹上互相垂直的控制线,并引至墙上,用以检查和控制板块的位置。

3. 铺贴工艺

(1)摊铺水泥砂浆结合层

水泥砂浆结合层或称找平层,应严格控制其稠度,以保证黏结牢固及面层的平整度。结合层宜采用干硬性水泥砂浆,因干硬性水泥砂浆具有水分少、强度高、密实度好、成型早及凝结硬化过程中收缩率小等优点,因此,采用干硬性水泥砂浆做结合层是保证板块料楼面、地面的平整度、密实度的一个重要措施。干硬性水泥砂浆的配合比常用1:3(水泥:砂)体积,一般采用不低于32.5号水泥配制,铺设时的稠度(以标准圆锥体沉入度)2~4mm为宜,现场如无测试仪器时,可以用手捏成团,在手中颠后即散为宜。在安装前应浸水湿润板块,并阴干码好备用,铺砌时,板块的底面以内潮外干为宜。

为了保证干硬性水泥砂浆与基层(或找平层)、预制板块的粘结效果,在铺砌前,除将预制板块浇水湿润外,还应在基层(或找平层)上刷一遍水灰比为0.4~0.5的水泥浆,随晾随摊铺水泥砂浆结合层。待板块料试铺合格后,还应在干硬性水泥砂浆上再浇一薄层水泥浆,以保证整个上下层之间粘结牢固。

摊铺干硬性水泥砂浆结合层(找平层)时,摊铺砂浆长度应在1m以上,其宽度要超出平板宽度20~30mm,摊铺砂浆厚度为10~15mm,楼、地面虚铺的砂浆厚度应比标高线高出3~5mm。砂浆应从房间里面向门口铺抹,然后用木杠刮平、拍实,用木抹子找平,再进行试铺。试铺的操作程序:铺设干硬性水泥砂浆结合层后,即将平板块材安放在铺设的位置上,对好纵横缝,用橡皮锤(或木锤)轻轻敲击板块,使砂浆振实,当锤击到铺设标高后,将板块料搬起移至一旁,详细检查砂浆粘结层是否平整、密实,如有孔隙不实之处,应及时用砂浆补上,最后浇上一层水灰比为0.4~0.5的水泥浆,再正式进行铺贴。

(2) 板块镶铺

对于有铜镶条的地面板块铺贴(源于现磨地板作法)现浇水磨石,板块的规格尺寸要求更准确。正式镶铺时,要将板块四角同时平稳下落,对准纵横缝后,用橡皮锤轻敲振实,并用水平尺找平。锤击板块时注意不要振砸边角,也不要敲打在已铺贴完毕的平板上,以免造成空鼓。对缝时要根据拉出的对缝控制线进行。镶条前,先将两块板铺贴平整,两板块之间的缝隙略小于镶条宽度,然后对缝隙内灌抹水泥砂浆,灌满后抹平。最后用木锤将铜镶条敲入缝隙内,并微高于板块平面,以手摸稍有凸出感为准。然后擦去溢出的砂浆。

(3) 面层灌缝

预制水磨石、大理石及花岗石平板镶铺完毕后24小时再洒水养护。一般在两天之后,经检查平板无断裂及空鼓现象后,用浆壶将稀水泥浆或1:1稀水泥砂浆(水泥:细砂)灌入缝内2/3高低,并用小木条把流出的水泥浆向缝内刮抹。灌缝面层上溢出的水泥浆或水泥砂浆应在其凝结之前予以清除,再用与板面相同颜色的水泥浆将缝灌满。待缝内的水泥凝结后,再将面层清洗干净,3天内禁止上人走动。

(4) 上蜡

板块铺砌后,待结合层砂浆强度达到80%方可打蜡抛光。要求达到光滑明亮。

(5) 踢脚板镶贴

预制水磨石及大理石、花岗石踢脚板一般高度为100~200mm,厚度为15~20mm。安装工艺有粘贴法和灌浆法两种。镶贴法安装是用水泥砂浆抹底,待底层砂浆干硬后,将已湿润的踢脚板抹上2~3mm的水泥浆进行粘贴、找平、找直,10小时后,用与地面同色的水泥浆擦缝;灌浆法安装是将踢脚板先固定在安装位置,用石膏将相邻的两块踢脚板以及踢脚板与地面、墙面之间稳牢,然后用稠度10~15cm的1:2水泥砂浆(体积比)灌缝。

4. 铺贴要点

(1) 预制水磨石、大理石、花岗石地面一般应在顶棚、立墙抹灰后进行安装,先铺地面后安踢脚线。

(2) 大理石、花岗石铺砌前,应先对色、拼花,并编号,以便对号入座。

(3) 找平层铺抹方法同水泥砂浆地面一致,采用30mm厚的1:4干硬性砂浆。大面积铺砌,基层面要用水平仪找平。面层铺砌前要清除地面障碍物、浮灰等。弹线找中、找方,并将相连房间的分格线连接。放线后,应先铺若干条干线为基准,起标筋作用。一般先由房间中部向两侧采取退步法铺砌。凡有柱子的大厅,宜先铺砌柱子与柱子之间的部分,然后向周边展开。

(4) 板块在铺砌前通常应浸水湿润,阴干后备用。铺砌时,要先进行试铺,待合适后再将板揭起,在找平层上均匀铺撒一层干水泥面,并洒水一遍,同时在板背面洒水后做正式铺砌。

(5) 铺砌时板块要四角同时下落,并用木锤或橡皮锤敲击平实,注意随时找平找直。

(6) 预制水磨石地面缝隙不得大于2mm,大理石、花岗石地面缝隙不得大于1mm。

(7) 板块铺砌后,次日用水泥浆灌缝2/3高度,再用同色水泥擦缝,然后用干锯末或草席覆盖保护,2~3天内禁止上人。

(8) 预制水磨石、大理石地面、踢脚线用料参考指标,见表6-2所示。

表 6-2　预制水磨石、大理石地面、踢脚线用料参考表

名　　称	大理石（kg/m²）		预制水磨石（kg/m²）	
	地面	踢脚线	地面	踢脚线
强度等级为 32.5 的相关水泥	10.500	8.600	9.800	8.000
中或粗砂	0.023	0.021	0.023	0.021
预制水磨石			1.010	1.010
大理石	1.020	1.020		

（9）传统方法铺贴。

使用传统方法铺贴，平整度均会有较大的误差，形成粘结厚度不一致，从而引起粘结层砂浆凝结收缩也不一致，导致块材面层空鼓、操作难度大、效率低。改进后的工艺是将结合层改为 1∶3 水泥砂浆找平层，然后在找平层上铺 3mm 厚 108 胶水泥砂浆，并在基层和块材背面涂刷界面剂，进行镶贴安装。基层比较坚实、平顺、"一步到位"，面层能做到粘结牢固、准确就位。

如果采用干硬性水泥砂浆上撒素水泥面和洒适量清水，还会引起基层收缩、沉降不一、厚度不易控制、板块接缝平顺度得不到保证等问题。

（10）改进铺贴操作的工序。

① 清理基层，并提前一天浇水湿润。

② 用水准仪测点冲筋，严格控制找平层表面的平整度。抹找平层的工艺及养护要求同原工艺。

③ 检查找平层无空鼓、裂缝后即可铺贴面层，所用块材应提前清扫背面并刷水湿润，此外，还要根据放样弹设控制线，并洒水湿润基层。待基层表面无明水后，先在要铺贴的块材处用毛刷刷一层界面剂，或在板背加强网面上刮 1mm 素胶浆，接着均匀地铺好砂浆，并在块材背面也薄薄地刷一层界面剂，将块材按控制线位置放好，用手揉挤或用橡胶锤敲打，使其符合位置和高低的要求。接缝处如有砂浆，应将其刮净，在铺贴过程中应用 2m 长的金属靠尺通块检查。

④ 擦缝、养护、上墙均同原工艺。

6.2.2　预制框架铺贴板块工艺

1. 材料的准备

主料：为轻质框架，有轻金属框架、轻质水泥花格框架以及精加工的天然石材地板、预制水磨石、瓷地板（以上均须磨边板）。

辅料：水泥、胶黏剂、颜料、砂、膨胀螺栓、保温填充料、金属垫片。

2. 铺贴机具的准备

（1）工具：板块地面铺贴的瓦工工具。

（2）机具：电动切割机、电锤、手枪钻等。

3. 铺贴操作要点

（1）基层处理同上。

（2）弹水平线同上。

(3)弹地面框架及板块定位线,应确保板块边缘落点在花格骨架上,做到边缘无虚空。做标志块定标高(骨架底层定标高点)。方法:在骨架及花格定位线的室内中心部位立标志,标出水平骨架标高(也可挂线跟铺骨架)。定位点安装固定铁件(膨胀螺栓),骨架与固定点连接。连接的方法:花格较简单,垫平稳后再用1:2的水泥砂浆两侧斜抹固定。上平面挂线找平。轻金属龙骨框架用膨胀螺栓穿孔固定,需加底垫片垫平,垫片可使用硬弹簧垫片,轻质花格在基础上找平的,只需用水泥浆在表面抹平,可以更精确。

(4)按照大样图将隐藏于地面的管线进行核对,确认无误,做好记录及签证。

(5)填充:填充料主要有干硬性砂浆和松散的保温材料、膨胀珍珠岩、膨胀水泥、蛭石等,填满填实。

(6)铺垫底板:如需增强底衬,提高面层板块的铺装精度,则可以加铺垫底衬板,常用板材为水泥压力板或水泥纤维石膏板。轻金属框架用自攻螺钉加胶泥铺接,水泥花格用细水泥胶泥浆粘贴,但铺完后仍需将板块落点弹线标出。

(7)铺板块:空铺须满挂线铺装。方法:先将板块预排后编号,然后将板块背面满刮胶质水泥浆,用水平线和网格线定位铺装,也可用云石胶(环氧树脂胶)直接粘在框架上。衬板上则方便得多,现制的水泥胶浆(也可以加入少量细砂)配合比一般为1:1,加总量为20%胶粘剂,或用成品瓷板胶粉按要求调水成浆后使用。方法:用凿形刮板在衬板上刮胶浆,即刮即铺。

(8)质检调整:由于粘贴砂浆较薄,不仅具有骨架作用,而且有较长的操作时间,因此便于调整。在跟线铺贴时检查,用钢刀拨、垫片垫、刀片分缝的手法进行调整。必要时应及时揭起重贴。随时检查平整度、缝隙平直度、宽度等数据。

(9)修整勾缝:调配勾缝腻子——防水地板胶+细腻子膏或滑石粉+颜料+适量水。嵌入腻子后,按压塞满,用锥形抹子勾缝顺平,然后用半干棉纱擦缝,清理边角。

6.2.3 粘浆铺贴法

1. 材料

材料有自流平水泥、SOLH-P(地平剂)、PRMH-P(处理剂)。PRMH-P(处理剂)用于地面准备,加强地面粘结和地面平整,可用于地面、户内外的瓷砖胶粉(GRES,FLEX),用于墙地面石材、瓷砖填缝密封胶(聚氨酯胶)、陶瓷地板等(精磨边板)。

2. 铺贴工具

工具有齿形刮板(大小疏齿)、防污手套等。

3. 铺贴工艺

(1)地面找平:先用原子灰修补地面裂缝,再用乳液腻子满刮地面,直到平整度达标。然后,在未干透的底腻子表面再刮5~8mm厚的自流平水泥粘结浆作为找平层,然后在其表面均匀地喷洒地平剂,直到水泥表面自流平整后养护。

(2)找平层养护:喷水养护3天,干燥后测验强度,达标后可安装。

(3)地面刮胶:将适量的胶料倒入桶中加水拌料,拌至浆状。用齿型刮板在地面刮胶,在板块背面刷稀胶液。

(4)铺板:按照挂线,跟线粘贴板块,板缝紧靠,约为0.3mm,可以用美工刀片分缝。铺贴前,板块应用品字法严格筛选,以统一边长、厚度、角度。贴板后用橡胶锤垫板轻敲,以达到精确铺贴。

(5)板缝:用环氧树脂胶嵌缝腻子勾缝,擦净即可。

6.2.4 常见石材的污染与保养

人们往往认为石材不需要防护保养,其实不然,石材是一种天然建材,由于受地理、环境、温度、湿度以及人为因素的影响而会发生污染变化。常见的石材污染现象有发黄、锈斑、水斑、白华(泛碱)污斑等,如果这些现象不及时处理,就会缩短石材的使用寿命,影响石材的美观,因此,在使用中还需要经常检查,及时处理,定期封蜡上光。

1. 石材在自然环境下受到的污染

(1)锈斑。分为两种:一种是石材本身所含铁质与空气中的水分发生反应形成的锈斑;另一种是在加工时残留的钢砂或金属工具造成的锈斑。

(2)水斑。分为两种:一种是"一次水斑",一种是"二次水斑"。所谓一次水斑,是指花岗石从安装开始就不是干燥的,主要原因是花岗石本身或石材安装前就已经被酸雨污染。但安装前无法判断是否已被污染,一旦安装下去,石材中的矿物成分、酸雨污染和水泥砂浆的化学成分会起化学变化,引起花岗石的质变而形成水斑。所谓二次水斑,就是石板块安装完工后,经过几次清洗或雨后水渗入石材内部,将原来潜伏在石材内的矿物色显露到表面上来。

(3)白华。即人们常说的泛碱,学名碳酸钙。

(4)石材渗水污染及变色的形成:由于石材表面有孔,具有吸水性,降水时,雨水会渗入石材内部,对石材有相当大的侵蚀性。对于光面的石材,其表面光泽就会被侵蚀掉。劣质蜡有油性,容易渗入石材的毛细孔,造成不易清洗的蜡垢。石材用草绳捆扎,以及残劣水泥、快干胶、黏结剂、胶布、木材色素、茶渍、可乐渍、咖啡渍、油污等,都会造成石材的发黄变色。

(5)石材的磨损:人员经常出入的地方均会造成光泽的磨损。

2. 大理石透明防护剂

(1)外观:茶色透明溶液。

(2)成分:矽利康化合物与防污剂的结合体。

(3)使用特性:易燃性。

(4)储藏:密闭,30℃以下背阴处储藏。

(5)用途:花岗石、大理石、水磨石地砖等建筑用石材均适用。

(6)使用量:花岗石、大理石 20~30m^2/L,人工大理石 20m^2/L,火烧板 15m^2/L。

(7)特色:防护处理过的石材有防水及防污效果;污斑不易附着;防护处理后,具有耐酸碱功能,能抵抗酸雨环境污染的侵蚀,防止风化,延长石材寿命;防止白华现象的产生,同时能够防止因热胀冷缩造成的龟裂;防护剂无损石材原有的色泽,能增加研磨面的亮度。

6.3 木地板的铺装与操作

6.3.1 木地板铺装材料及常用机具

1. 材料要求

木地板铺设所需要的木格栅(也称木楞)、垫木、沿缘木(或称压檐木)、剪刀撑和毛地板等采用的规格应符合设计要求。木格栅、垫木、沿缘木和剪刀撑的含水率不应超过20%;毛地板的含水率按照国家木材含水率限值分区图，分别限定为13%、15%、18%；面材用木材（包括拼花木板）的含水率，分别限定在10%、12%、15%。鉴于木材湿胀干缩的特点，必须严格掌握木地板所用木材的含水率，不可超过上述的限值，即不应大于当地含水率。木地板虽有一定的耐久性，拥有自重轻，导热性能低，有弹性、易于加工及装饰美观等优点，但也容易随着空气中温度及湿度的变化而引起裂缝或翘曲，耐火性能差，保养不善时也容易腐朽。同时，由于森林资源及木材的珍贵，木地板在使用上会受到一定的局限，除某些工程确实需要木地板外，应尽量选用代用品或其他新型地面装饰材料。

2. 工具要求

主要工具有：冲击电钻、手电钻、打钉机（打钉枪）、电圆锯。

6.3.2 木地板的构造（普通企口实木地板）

1. 空铺木地板

空铺木地板是由木格栅、剪刀撑、企口板等组成。建筑底层房间的木地板，其木格栅两端一般是搁置于基础墙上，并在格栅搁置处垫放沿缘木。当木格栅跨度较大时，应在房间中间加设地垄墙或砖墩，地垄墙或砖墩顶上加铺油毡及垫木，将木格栅架置在垫木上，以减少木格栅的跨度，相应减小格栅断面。格栅上铺设企口木板，企口木板与格栅相垂直，如图6-2所示。若基础墙或地垄墙间距大于2m，在木格栅之间加设剪刀撑，剪刀撑刀撑断面一般为38mm×50mm或50mm×50mm。这种木地板要采取通风措施，以防止木材闷气腐朽。一般是将通风洞设在地垄墙上及外墙上，使空气对流。同时，为了防潮，其木格栅、沿缘木、垫木及地板底面均应涂两道焦油沥青或用其他防腐剂料作处理。

楼层房间内的木地板，木格栅两端是搁置在墙内沿缘木上，木格栅之间必须加设剪刀撑，以稳定格栅结构，然后在格栅上面铺设企口木板。如图6-3所示。

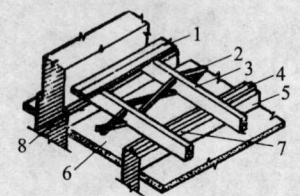

图6-2 底层房间空铺木地板示意图

1—木板；2—剪刀撑；3—木格栅；4—垫木；5—地垄墙；
6—灰土或石灰矿渣；7—油毡；8—沿缘木

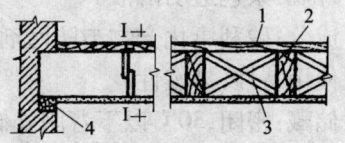

图6-3 楼层房间空铺木地板

1—企口木板；2—木格栅；3—剪刀撑；4—沿缘

2. 实铺木地板

实铺木地板一般用于砖混结构，即木地板铺在钢筋混凝土楼板或混凝土等垫层上。木格栅断面呈梯形，宽面在下，其断面尺寸及间距应符合设计要求（间距一般为400mm左右）。企口板铺钉在木格栅上，与木格栅相垂直。木格栅与木板面层底面均应涂焦油沥青两道或做其他防腐处理。

（1）金属龙骨安卡铺装：将金属龙骨用钉固定在地面上，并呈平行排列，调平调直，在跨度较大的地面上增加横撑龙骨，用铆钉铆固连接。然后将实木地板类企口木地板长边垂直于龙骨铺装，固定用配套专用钢卡子紧固。装配形式如图6-4所示。

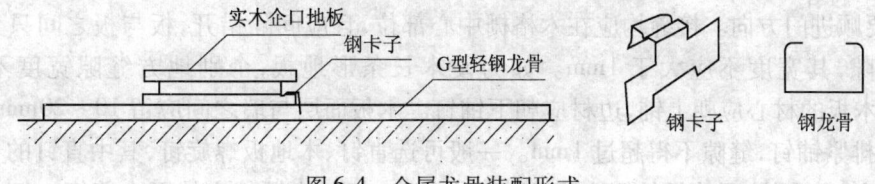

图 6-4　金属龙骨装配形式

（2）实铺式基层安装方法：先在钢筋混凝土楼板（或垫层）上弹出木格栅位置线，按线将各木格栅放置平稳，预埋在楼板内（或垫层内）的钢筋或预埋件与木格栅拧住或牢固固定。如木格栅间填干炉渣时，应加以夯实。

3. 浮铺木地板

浮铺木地板多为人造板式木地板，先在楼地面基层上铺一层防潮泡沫纸，再在其上浮铺木地板，地板与地面不相连、不固定。

6.3.3　木地板铺装操作工艺

1. 基层安装操作

木地板铺设之前，应在墙四周按设计标高弹线，以便于找平。

（1）地垄墙或砖墩：地垄墙或砖墩应用 25 号砂浆砌筑。其顶面应涂焦油沥青两道或铺油毡等防潮层一层。其基础按设计要求安装。每条地垄墙、内横墙和暖气沟墙均需预留 120mm×120mm 通风洞口两个，而且要求在一条直线上，以利通风。暖气沟墙的通风洞口可采用缸瓦管与外界相通。洞口下皮距室外地坪标高不小于 200mm，孔洞应安设箅子。凡需检修木地板的地垄墙，应预留 750mm×750mm 的过人洞口。

（2）垫木（包括沿缘木）、木格栅和剪刀撑：先将垫木等材料按设计要求作防腐处理。核对四周墙面水平标高线。在沿缘木表面划出木格栅搁置中线，并在木格栅端头也划出中线，然后把木格栅对准中线摆好，再依次摆正中间的木格栅。木格栅离墙面应留出不小于 30mm 的缝隙，以利于隔潮通风。木格栅的表面应平直，安装时要随时注意从纵横两个方面找平，用 2m 长直尺检查时，尺与木格栅间的空隙不应超过 3mm。木格栅上皮不平时，应用合适厚度的垫板（不要用木楔）找平或刨平，也可对底部稍加砍削找平，但砍削深度不应超过 10mm，砍削处应另作防腐处理。木格栅安装后，必须用长 100mm 的螺旋圆钉从木格栅两侧中部斜向呈 45°角与垫木（或沿缘木）钉牢。为了防止木格栅与剪刀撑在钉结时走动，应在木格栅上面临时钉些木拉条，使木格栅相互拉接，然后在木格栅上按剪刀撑间距弹线，依线逐个将剪刀撑两端用两个长 70mm 的圆钉与木格栅钉牢。

2. 面层安装操作

钉接式木地板面层可用于空铺式或实铺式基层、面层的铺设，形式有条形木地板和拼花地板。其中，为了提高拼花地板的铺贴精度和使用效果，安装中常采用带衬板的预制拼花地板，既能适用各种安装方案，又极大的减少材料浪费和损耗，特殊拼花还可由厂家定制。另外，通过引进国外生产技术生产的人造复合（强化）企口木地板，更是革新和简化了传统的铺钉工艺。

（1）条形木地板面层的铺钉。条形木地板分为单层木地板面层和双层木地板面层两种。单层木地板面层，其顶面要刨平，侧面带企口，板宽不大于 120mm。地板应与木格栅垂直铺钉,并要顺进门方向。接缝均应在木格栅中心部位,且应间隔错开,板与板之间只允许个别地方有空隙,其宽度不应大于 1mm。如为硬木长条形地板,个别地方缝隙宽度不得大于 0.5mm。木板的材心应朝上铺,边材应朝下铺钉。木板面层与墙之间应留 10~20mm 的缝隙,以后逐块排紧铺钉,缝隙不得超过 1mm。一般可选直钉、木地板螺旋钉,其中直钉的长度应为木板厚的 2~2.5 倍,要从板的侧边凹角处斜向钉入,板与格栅相交处至少着钉一钉。木板的排紧方法,一般可在木格栅上钉一颗扒钉(或称扒锔),在扒钉与板之间夹一对硬木楔,打紧硬木楔就可使木板排紧,如图 6-5 所示。钉到最后一块,板边直向口,木地板螺旋钉冲入板内 3~5mm。采用硬木地板时,铺钉前应先钻孔,一般孔径为螺旋钉直径的 0.7 倍。在顺序铺钉喷淋漆面板时,应随时检查板的企口板的厚度、精度等各项指标。

企口板铺完之后,清扫干净。上蜡工作应待室内一切安装完毕后进行,完工后随即锁门。

双层木地板面层的上层也应采用宽度 120mm 左右的企口板。为防止在使用中发生过大声响及受潮气侵蚀,铺钉前应先铺设一层沥青油纸并填防潮颗粒。

双层木地板的下层毛地板(即底衬板)铺设时,必须清除毛地板下空间内的刨花等杂物,并将木格栅空格中填充保湿、防虫材料。可用杉木毛地板与木格栅成 30°或 45°角斜向钉牢,板间的缝隙约 3mm,以免起鼓。如用底衬板,则应将板的长边与木格栅垂直钉接。毛地板或底衬板和墙之间应留 10~20mm 的缝隙,每张底衬板应在其下的每根木格栅上钉固结,钉的长度应为板厚的 2.5 倍。底衬板常用人造夹板或细木工板等,板之间应留 1~1.5cm 的缝隙,并同时在板面上弹出底层龙骨位置线。

木地板的铺钉方向,应顺光线和行走方向铺钉(室内顺光线方向铺钉)。木地板的排列方式多种多样,如图 6-6 所示。

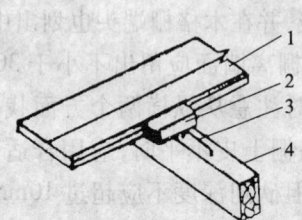

图 6-5 企口木地板排紧方法示意
1—企口木地板;2—木楔;3—扒钉(扒锔);4—木格栅

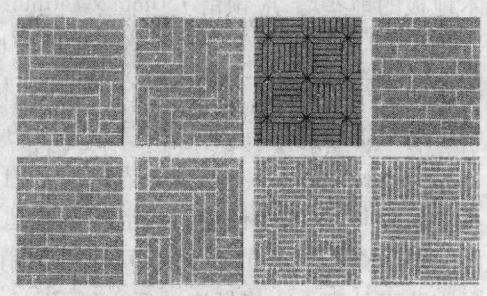

图 6-6 木地板的常用排列形式

(2)人造板复合企口木地板的(人造复合木地板)浮铺。其特点:通过材料生产解决了实木等地板变形、不耐腐、不防潮、厚度大等问题,从而产生出新的工艺——浮铺,以及新的边缘结构形式,常用的一种锁扣边形式如图 6-7 所示。

接下来介绍人造复合木地板的材料结构及生产工艺。人造复合木地板的材料结构,如图 6-8 所示。

安装操作工艺流程:地面找平→平铺防潮发泡垫层→铺第一排→画线下料→拉线找直→离墙留口、紧排缝隙→顺序排板→垫木紧缝→画线留洞口→加胶固定→门洞口收口→最后一排板画线下料→塞板紧排留缝塞木楔。其中浮铺地板操作示意图,如图 6-9 所示。

图 6-7 锁扣边形式

78

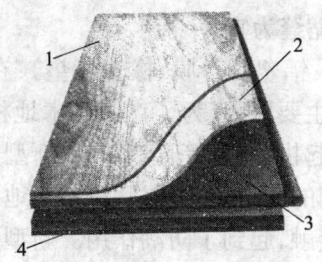

图 6-8　人造复合木地板的材料结构解剖图
1—耐磨层:采用耐磨纸,该纸由二氧化二铝与纤维混合而成,坚硬耐磨,透明度极好;
2—装饰层:根据原本纹理经激光照相制版而成,色泽清晰丰富;3—基材层:采用原生树种高密度加工;
4—平衡层:保持地板平衡不变形,防潮防渗,使地板更耐用

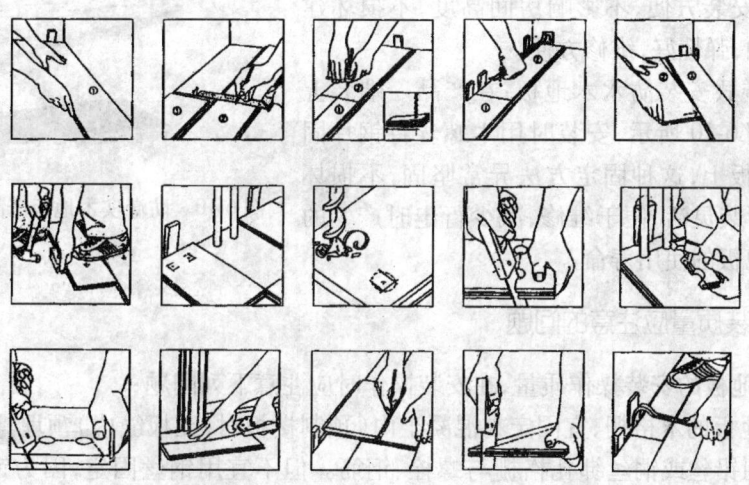

图 6-9　人造复合企口木地板浮铺操作示意图

复合木地板安装需用的安装工具:木工锯、钢凿、张紧带(器)、角尺、木尺、手锤、钳子和木工铅笔。安装所用的辅助材料为自制木楔和专用胶。在铺贴安装前应仔细检查室内每扇门与地面间的空隙是否足以铺设地板,空隙一般应为 12~15mm。以确保地板安装后门扇启闭自如。另外,需将地面彻底进行防水处理并找平地面。

为了提高复合木地板的弹性和防水性,该复合木地板产品本身带有薄型泡沫塑料底垫。在房间内满铺发泡底垫时,两底垫的对缝可用封箱胶带封闭。地板的铺贴方向应与发泡底垫展开主向成直角,铺贴第一行时,需把复合木地板的带槽的一边朝向近墙摆放,木地板与墙间用垫木留出 10mm 的伸缩缝,第一块板的位置必须准确,必要时需在垫层上画线。安装第二块木地板时,应将第二块板的端头槽与第一块板的端尾榫接插,依次类推,直至墙边。装紧靠墙的一块板时,取两块整板,先覆一块板,同向靠齐最后一块,再覆一块并推靠墙边,并用木楔留 10mm 空隙,与已摆放好的底面一块板叠放,然后用角尺在板上画线,再顺线用锯截断,端头槽与上一块板的尾榫接插。前两行的位置调整好后即可开始胶拼装(锁口边槽地板则无须胶拼)。将复合木地板用胶水均匀地涂于板的纵边和横边,胶水量不能过量,然后用张紧器或锤子和木块将已铺的地板挤紧,然后将挤出的胶液立即用湿布擦干净。

复合木地板安装完毕后,静放 2h 后方可撤除木楔块,并安装踢(地)脚板。踢脚板的厚度以能遮挡复合木地板的 10mm 伸缩缝为宜。

（4）防潮实木地板（防潮复合：铝塑复合膜、橡塑底垫）：在实木地板防水防潮的研究和开发中发现受潮是地板起拱变形的主要原因，为了克服实木地板因地面潮湿、空气湿度过大、暖气以及卫生间跑水而引起的地板起拱、变形等自然缺陷，新型产品在地板的背面及企口处热压了一层铝塑复合膜，将地板易受潮的面封闭，可以解决实木地板的防潮难题。企口处的铝塑复合膜，避免了楔槽间木材的直接接触，起到了防潮作用。新型产品在铝塑复合膜封闭的基础上在覆一层弹性橡塑垫，这种弹性垫不透气、不渗水，形成了木地板与地面的隔离层，使地面潮气无法浸入地板，起到了极好的防水效果。安装时，先在水泥地面铺一层发泡塑膜，以封闭地面尘土，然后将地板铺设在防尘膜上，四周伸缩缝用弹簧顶紧即可。其优点是安装方便，不影响房间高度，不损坏建筑物，拆装自如，弹性好，维修方便。

图 6-10　防潮实木地板产品的可拆结构

（5）可拆装式安装防水木地板：在产品一端装上两条钢片，如图 6-10 所示，安装时用木螺丝将钢片固定在龙骨或夹板上，这种固定方法异常坚固，不损坏地板本身，且拆装灵活，便于维修，减少行走时产生的响声，延长了地板的使用寿命。

6.3.4　保证安装质量应注意的问题

为确保木地板的安装操作质量，在安装操作时应注意下列问题：

（1）铺木地板的木格栅，宜固定在混凝土内（预制楼板时，在板缝内）预埋螺栓或钢筋（$\phi 6 \sim 8$）固定，再用铅丝或铜丝绑扎格栅与螺栓、钢筋。但不宜用钢丝固定，因为钢丝不宜绞紧，一旦松动，在面层上走动时就会发出响声；同时钢丝易锈蚀断裂，隐患较大。

（2）地板应顺光线或行走方向铺钉（室内顺光线方向铺钉；走廊、过道等部位顺行走方向铺钉）。木地板顺行走方向铺钉，能减少行人走路时对木材纤维的摩擦损伤，增加木地板的耐久性；同时也有利于打扫、拖抹等清洁工作的进行。对于大多数房间而言，室内木地板顺光线铺钉，与行走方向是相一致的。顺光线铺钉不仅能增加视觉上的舒适感，又不易显现地板表面（特别是接缝处）一些微小的凹凸不平等缺陷；同时使木纹更清晰，增强了木地板的外观美感。

（3）木板宽度不应超过 120mm。木地板大多都用企口板，拼缝紧密，有利于相邻木板之间的传力，防尘、防漏效果较好，不易翘曲变形。企口木地板常以暗钉固定于格栅上，于是木地板的宽度直接影响着钉子的间距，板面越宽，钉子的间距就越大，固定的钉子就相应减少，从而容易引起木地板的翘曲变形。因此，企口木地板宽度一般不大于 120mm，这是保证木地板坚固性、耐久性和平整度的一项重要技术措施。

（4）木地板铺设时，必须注意使其芯材朝上。木材靠近髓芯处颜色较深的部分，即为芯材。因为芯材生长比较年久，所以含水量较小，木质较坚硬，强度也较高，不易产生翘曲变形。此外，芯材细胞多已枯死，内部储存有较多的树脂、胶质和色素等物质，其他溶液不易浸透，故其抗腐能力较强。而木材外部的边材，则与芯材相反，它是树木生命的重要部分，含水量较高，容易产生收缩、翘曲变形，其强度和抗腐性能都较芯材差。因此，木地板芯材朝上，是保证安装操作质量的材料验收措施之一。

(5)木地板四周离墙应保证有 10~20mm 的缝隙。这种做法的作用有二:一是减少木板从墙体中吸收水分和保持一定的通风条件;二是防止地板上的行走和撞击声传到隔壁邻室。该缝隙宽度由踢脚板遮盖,如图 6-11 所示。装配式成品踢脚板,如图 6-12 所示。

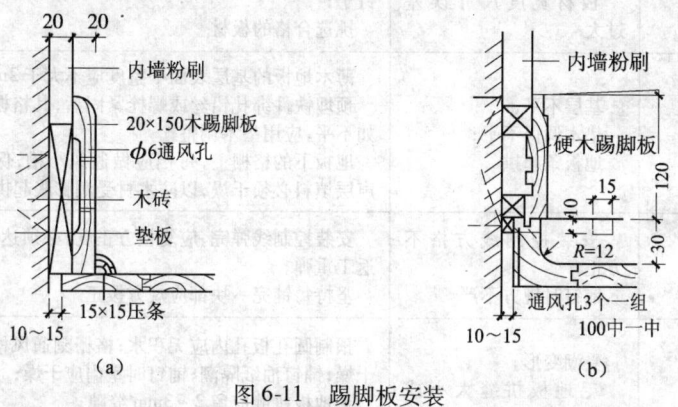

图 6-11 踢脚板安装
(a)大踢脚板收口封边示意图;(b)木地板收口、木线条封边示意图

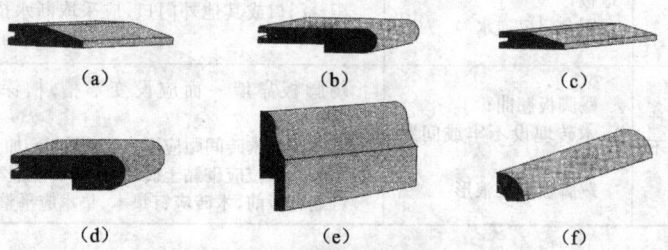

图 6-12 常用装配式踢脚板产品
(a)14.5×48;(b)19×73;(c)7.8×38;(d)23×80;(e)20×70;(f)13×19

(6)寒冷地区铺设木地板时,木格栅不应直接伸入外墙。寒冷地区的外墙厚度,常常不是按照结构上强度和刚度计算的需要来确定的,而是要兼顾热工的需要。如果外墙厚度不能满足热工计算的要求,则室内热量将迅速通过外墙传到室外,外墙内表面温度迅速下降,当温度低于空气的露点时,室内空气中的水汽就会在墙上结露。楼板层与建筑物外墙的接触处,从热工方面讲,是比较薄弱的部位,外表面的散热面积比内表面的感热面积大,散热速度也快,因此该处内墙面的温度比其他部位要低,容易产生结露现象。如果木格栅直接伸入外墙之内,就会进一步减小该处外墙的厚度,若处理不善,就会产生凝结水,使木格栅端部腐烂。

(7)常见木地板铺设缺陷及原因和防治措施见表 6-3 所示。

表 6-3 常见木地板铺设缺陷及原因和防治措施

序号	项目及弊病	主 要 原 因	防 治 措 施
1	行走时有响声	木材收缩松动、绑扎处松动; 毛地板、面板钉子少钉或钉得不牢; 自检不严	严格控制木材的含水率,并在现场抽样检查,合格后才能使用; 当用铅丝把格栅与预埋件绑扎时,铅丝应绞紧;采用螺栓连接时,螺帽应拧紧。调平垫块应设在绑扎处; 每层每块地板所钉钉子,数量不应少,钉合应牢固; 每钉一块地板,用脚踩应无响声。如有,即时返工

续表

序号	项目及弊病	主 要 原 因	防 治 措 施
2	拼缝不严	操作不当; 板材宽度尺寸误差过大	企口榫应平铺,在板前钉扒钉,用楔块楔得缝隙一致再钉钉子; 挑选合格的板材
3	表面不平	基层不平; 垫木调得不平; 地板条起拱	薄木地板的基层表面平整度应不大于2mm; 预埋铁件绑扎铅丝或螺栓紧固后,其格栅顶面应用仪器测平。如不平,应用垫木调整; 地板下的格栅上,每档应做通风小槽,保持木材干燥;保温隔声层填料必须干燥,以防木材受潮膨胀起拱
4	席纹地板不方正	安装控制线方格不方正; 铺钉时规方不严	安装控制线弹完,应复检方正度,必须达到合格标准;否则,应返工重弹; 坚持每铺完一块都应规方拨正
5	地板局部翘鼓	受潮变形; 毛地板拼缝太小或无缝; 水管、气管滴漏泡湿地板; 阳台门口逆水	预制圆孔板孔内应无积水;格栅刻通风槽;保温隔声层填料必须干燥;铺钉油纸隔潮;铺钉时室内应干燥; 毛地板拼缝应留2～3mm缝隙; 水管、气管试压时,地板面层刷油、打蜡应已完成,试压时有专人负责看管,处理滴漏; 阳台门口或其他外门口,应采取断水措施,严防雨水进入地板内
6	木踢脚板与地面不垂直、表面不平、接槎有高低	踢脚板翘曲; 木砖埋设不牢或间距过大; 踢脚板呈波浪形	踢脚板靠墙一面应设变形槽,槽深3～5mm,槽宽不少于10mm; 墙体预埋木砖间距应不大于400mm,加气混凝土块或轻质墙,其踢脚线部位应砌黏土实墙,使木砖能嵌牢固; 钉踢脚板前,木砖应钉垫木,垫木应平整,并拉通线钉踢脚板

6.4 铝合金活动地板铺装与操作

在电子设备和广播电视专用的房屋内,常设有大量的管道和导线,且需要通过地面;另外,计算机房、演播室有抗静电等专业方面的要求,致使近几年来出现了铝合金活动地板。这种地板已广泛应用于计算机房、彩电中心、通信设施等建筑室内。目前,国产产品已经取代了进口产品。

6.4.1 铝合金活动地板基本构造

活动地板,也称装配式地板,它由各种规格型号和材质的面板块、桁条、可调支架等组合拼装而成。活动地板的面板品种较多,主要有抗静电面板和不抗静电面板两种。面板的材质也有多种,常见的有铝合金框基板表面贴塑料贴面、全塑料地板、高压刨花板基板表面贴塑料装饰面板等。

活动地板具有质量轻、强度大、表面平整、尺寸稳定、面层质感良好、装饰效果佳等特点。此外,它还有防火、防虫鼠侵害、耐腐蚀等性能。

铝合金活动地板由板面、可调支架、橡胶托组成,如图6-13所示。板面材料有两种:一种是铸造铝合金面板,另一种是复合铝合金面板(外壳为薄铝板,内充装蜂窝板)。铸造铝合金面板比较重,一般为$7kg/m^2$,而复合铝合金面板为$3.6kg/m^2$。

活动地板适用于邮电部门、高等院校、工矿企业的电子计算机机房、载波机房、微波通信机房等各类机房和实验室等防静电要求高的房间。

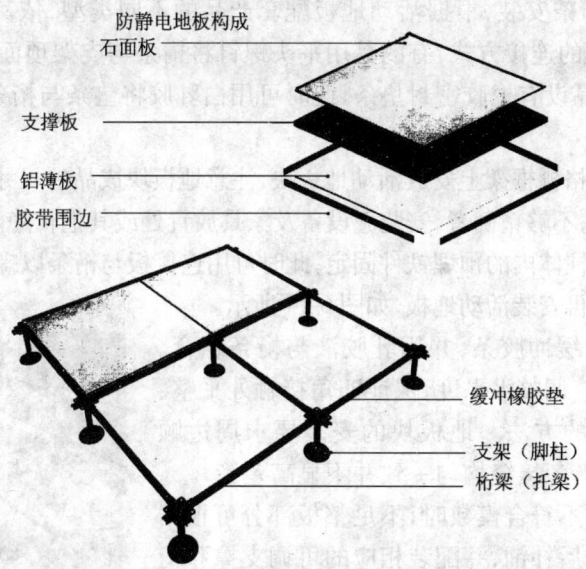

图 6-13　铝合金活动地板组成

6.4.2　技术性能（复合铝合金活动地板）

抗静电指数：106Ω；支架高度：250～400mm；可调高度：200mm 左右。

6.4.3　铝合金活动地板铺装操作工序及要点

1. 安装操作前准备

基层面必须有足够的强度，要求坚硬、平整、光滑、干燥（含水率不大于17%）。安装操作前应清除表面污垢、尘土及浮砂，设备的下部结构需符合设计要求，吊顶、涂刷等项目均已完成方可架设。然后准备合格的材料，一般由厂方加工成活动地板的各配件运至安装操作现场。

在铺设活动地板面层时，应待室内各项工程完工和超过地板承载力的设备进入房间预定位置以及相邻房间内部也全部完工后，方可进行，不得交叉安装。

2. 放线

根据设计要求和地板的规格，确定支架固定位置。确定墙面 50cm 水平标高线已弹好，门框已安装完。并在四周墙面上弹出面层标高水平控制线。放线后先进行试装，检查调整无误后，再进行安装。

3. 固定方法

支架的固定是指将支架底座用建筑胶粘在平整光滑的地面上，用墨线弹出地板支架的放置位置，即地面纵横方格的交叉点。按活动地板高度线减去面板块厚度的尺寸为标准点，画在各个墙面上，在这些标准点上打钉拉线，拉线的位置依地面的方格墨线安排。拉线便于地板活动支架安装时调整准确。为了牢固和抗震的需要，可在底座上补射两只射钉。安装过程中随时调整支架高度。板面安装要轻拿轻放，防止损伤抗静电贴面。大面积安装前，应先放出安装大样，并做样板间，经有关部门鉴定合格后，再继续以此为样板进行操作。

4. 安装桁条

以水平仪逐点抄平已安装的支架，并以水平尺校准各支架的托盘后，即可将地板支承轿条架设于支架之间。桁条安装,根据活动地板配套产品的不同类型,依其说明书的有关要求进行。桁条与地板支架的连接方式,有的是用平头螺钉将桁条与支架顶面固定;有的是采用定位销进行卡结;有的产品设有橡胶密封垫条,此时可用白乳胶将垫条与桁条胶合。

5. 安装面板

在组装好的桁条格栅框架上安放活动地板块,注意地板块成品的尺寸误差,应将规格尺寸准确者安装于显露部位,不够精确者,安装于设备及家具放置处或其他较隐蔽部位。有的设计要求桁条格栅与四周墙或柱体内的预埋铁件固定,此时可用连接板与桁条以螺栓连接或采用焊接,地板下各种管线就位后再安装活动地板,如图 6-14 所示。

先在桁条上铺设缓冲胶条,并用乳胶液与桁条粘合。铺设活动地板块时,应调整水平度,保证四角接触处平整、严密,不得采用加垫的方法。地板块的安装要求周边顺直,粘、钉或销结严密,各接缝均匀一致并不显高差。

铺设活动地板块不符合模数时,不足整板部分可根据实际尺寸将板面切割后补铺,并配装相应的可调支撑和桁条。切割的边应采用清漆或环氧树脂胶加滑石粉按比例调成腻子封边,或用防潮腻子封边,也可用铝型材嵌边。

图 6-14 面板安装操作图

对于抗静电活动地板,地板与周边墙柱面的接触部位要求缝隙严密。接缝较小者,可用泡沫塑料填塞嵌封;如果缝隙较大,应采用木条镶嵌。在与墙边的接缝处,应根据接缝宽窄分别采用活动地板或木条刷高强胶镶嵌,窄缝宜用泡沫塑料镶嵌。随后立即检查调整板块水平度及缝隙。

6. 安装操作质量标准

安装操作缝隙小于 0.5mm(用塞尺检查),平整度用 2m 钢尺立放,最大缝隙小于 1.0mm,表面无损伤和污染等现象。

对抗静电要求严格的机房,使用单位必须对所有地板面进行抽样测试,检查是否达到设计和使用要求。为了防雷,抗静电地板支架应用铜带与主体结构钢筋网相连接。铝合金活动地板是按设计要求,由生产厂家配套加工制作的。对非整块板的侧面加工也应由厂家加工制作,不能在现场随意加工。

7. 图解安装操作工艺顺序

图解安装操作工艺顺序如图 6-15 所示。

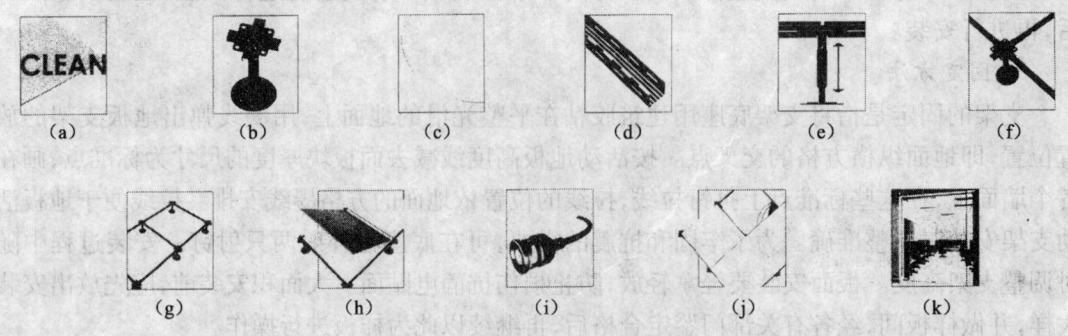

图 6-15 防静电地板安装工艺顺序
(a)清扫地面;(b)安装支架(脚柱);(c)引出地线;(d)铺设其他管线;(e)调整支架(脚柱)的高度;
(f)安装桁架(托架);(g)调整水平;(h)铺设地板;(i)安装插座或出线口;(j)表面清洁;(k)检测性能

8. 防静电地板安装注意事项

（1）地面需有足够的强度，无起砂、脱壳现象。

（2）地面平整。

（3）地面需干燥，新浇地面需干燥15天以上。

（4）设备的下部结构（高架地板以下）应按设计要求，预先安装就位。

（5）吊顶、油漆等工作应在安装高架地板前完成。

（6）活动地板厂家必须有工商局颁发的生产许可证及专业安装上岗证。

（7）活动地板与基地面或楼面之间所形成的架空空间，不仅可以满足敷设纵横交错的电缆和各种管线的需要，而且通过设计，在架空地板的适当部位设置通风口，还可以满足静压送风等空调方面的要求。活动地板的配套安装须严格按照规范要求，配件安装紧密，如线管支架、管口、插座、引线等，如图6-16所示。

（8）当铺设平面尺寸不符合活动地板板块模数量，宜由外向里铺设。当室内有控制柜设备且需要预留洞口时，铺设方向和先后顺序应综合考虑选定。铺设前活动地板面层下铺设的电缆、管线已经过检查验收，并办完隐检手续。

（9）当活动地板面层全部完成，经检查平整度及缝隙均符合质量要求后，即可进行清洁。当局部沾污时，可用清洁剂或皂水用布擦净晾干后，用棉丝抹蜡，满擦一遍，然后将门封闭。如果还有其他专业工序操作时，在打蜡前先用塑料布满铺后，再用3mm以上的橡胶板盖上，等其他全部工序完成后，再清洁打蜡交活。

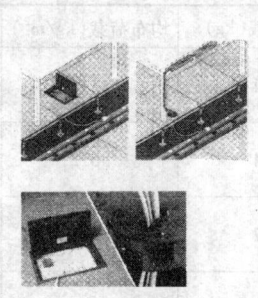

图6-16 活动地板的配套安装

9. 防静电地板安装操作技术规范

活动地板的各种产品，其安装操作方法基本类似，其主要产品技术性能如下所述。

（1）各类活动地板的规格和技术性能，见表6-4所示。

表6-4 各类活动地板的规格和技术性能

名　称	规　格（mm）	技术性能	说　明
SJ-6型升降地板	品种：有普通抗静电板、特殊抗静电地板 面板尺寸：600×600 支架可调范围：250×350	均布荷载：600kg/m² 集中荷载：300kg	由可调支架、桁条及面板组成。面板底面用合金铝板、四周由2.5号角钢锌板作加强夹层，表面由聚酯树脂加抗静电剂、填料制成的抗静电塑料贴面

续表

名　称	规　格(mm)	技术性能	说　明
活动地板	面板尺寸:450×450×36 465×465×36 500×500×36 支座可调范围:250~400mm	防静电固有电阻值(Ω): $1.0×10^6$ ~ $1.0×10^{10}$	由铝合金复合塑料贴面板块、金属支座等组成。塑料贴面板块分防静电和不防静电两种。支座由钢底座、钢螺杆和铝合金托组成
抗静电铝合金活动地板	外形尺寸:500×500×32 每块质量:≥7kg	均布荷载:≤1200kg/m² 集中荷载:300kg 防静电固有电阻值:10^6~10^{10}Ω	面板块:铸铝合金表面为中软塑料; 支架:铝合金铸铁制造
复合活动铝地板	面板尺寸:450×450×40 每块质量:2.7kg	均布荷载:2000kg/m² 集中荷载:500kg	
钢质活动地板		均布荷载:≥18000kg/m² 集中荷载:≥500kg 防静电固有电阻值:10^8~10^{12}Ω 表面起电压:>10V	面板为塑料地板,支架桁条由优质冷轧钢板制造
HD-01型活动地板	板面尺寸:600×600×25 板面质量:6kg 地板至板面高度:360±20,200±20 横梁尺寸:L×b×h=558×40×37	均布荷载:≥10000kg/m² 集中荷载:≥200kg	由面板、支架、横梁和密封垫组成。面板由木质人造板贴面制造,支座为铸铝的头和底及双头螺柱。横梁由钢板冲压而成,密封垫为橡胶条或泡沫塑料条

(2)地板承重指标,见表6-5所示。

表6-5　防静地板承重指标

尺寸(mm)	地板型号	地板质量(kg)	集中荷载(kg)	均布荷载(kg/m²)	冲击荷载
600×600 610×610	SF800	12.5	364	4541	不小于45kg重物在1m的高度落在地板的上表面25mm×25mm面积上时,落点处不破坏,表面变形不大于1.5mm
600×600 610×610	SF1000	12.5	454	5672	
600×600 610×610	SF1250	12.5	567	6967	
600×600 610×610	SF1500	12.5	680	8557	
400×600	SF600	10	364	5672	
600×600	3型	9	300	4542	
	5型	10	500	6967	

(3)支座性能指标,见表6-6所示。

表6-6　支座性能指标

支　座	支座高度(mm)	调节量(mm)	承载力	备　注
标准支座	50~100 100~1000	±10 ±25	5000lbs/2273kg 5000lbs/2273kg	
增强支架	50~100 100~1000	±10 ±25	8000lbs/3637kg 8000lbs/3637kg	具有0.54g抗震强度

(4)防静电地板及支座,如图 6-17 所示。

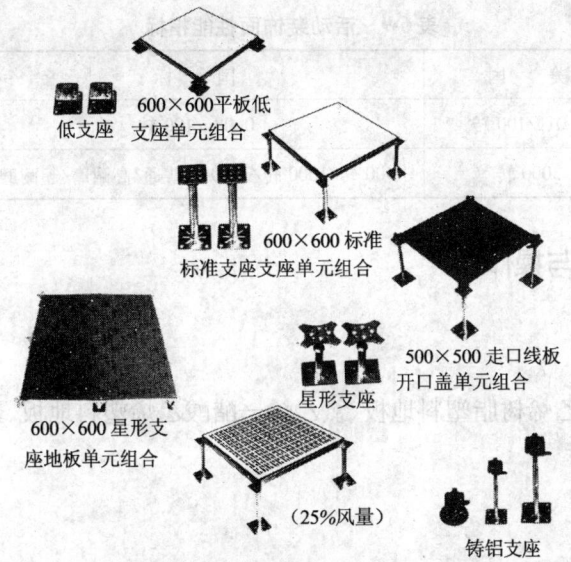

图 6-17 防静电地板及支座

(5)地板综合指标,见表 6-7 所示。

表 6-7 地板综合指标

平面度(mm)	方直度(mm)	防电性能(Ω)	防火性能
裸板≤0.7	对角线差≤0.3	A 级:$1\times10^5 \sim 1\times10^8$	氧指标≥32% B_1 级
装饰板≤0.5		B 级:$1\times10^6 \sim 1\times10^{10}$	

(6)通风地板性能指标,见表 6-8 所示。

表 6-8 通风地板性能指标

名 称	通风孔型	外形尺寸(mm)	通风量	备 注
标准通风地板	长条孔	600×600×35 610×610×35	20%、25%	10kg/块
大通风量	椭圆孔	600×600×35 610×610×35	40%、50%	12kg/块

(7)地板组合及通风地板,如图 6-18 所示。

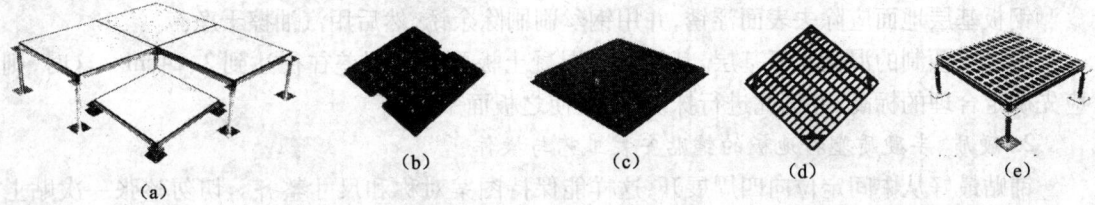

图 6-18 地板组合及通风地板
(a)600mm×600mm 高低支座单元组合;(b)500mm×500mm 开口;(c)600mm×600mm 平板;
(d)通风 50%风量地板背面图;(e)通风 50%风量地板单元组合

(8)装饰面性能指标,见表6-9所示。

表6-9 活动装饰面性能指标

项 目	美 国	国 标	实 测
磨耗	0.01g/100转	0.08g/100转	3100转/120粘砂布
耐磨性	3000转	400转/1000转/3000转普通/高耐磨/超耐磨	3100转/120粘砂布

6.5 塑料地板铺设与操作

6.5.1 塑料地板种类

塑料地板有:聚氯乙烯树脂塑料地板、氯乙烯—醋酸乙烯塑料地板、聚乙烯树脂、聚丙烯树脂塑料地板。

6.5.2 常用胶粘剂

常用胶粘剂有:氯丁酚醛胶粘剂、聚氨酯胶粘剂、氯丁橡胶胶粘剂、立时得(日本产)、VA黄胶(美国产)。

6.5.3 安装要点

1. 基层准备

塑料地板要求基层表面具有一定强度。基层表面不平整、含水率过高、强度不足或表面有油渍及灰尘、砂粒等,均会影响塑料地板的铺贴和粘结强度,产生各种质量弊病。常见的现象是地板起壳、翘边、鼓包、剥落及不平整。因此,铺贴塑料地板要求基层平整、坚实,有足够的强度,各阴阳角必须方正,无污垢灰尘和砂粒。

旧水泥地面常有凹陷、裂缝、起砂等问题。铺贴前应先彻底清洗,去除污垢、浮砂,对大面积的凹陷,可用各种建筑胶和高强度等级水泥以1:2的比例配成腻子,批刮在凹陷处。每次刮的厚度在1mm以下,干燥后用0号铁砂布打毛,再刮第二遍腻子,直至基层平整。裂缝、小凹陷可直接用腻子批嵌。

水磨石或马赛克地面应用碱水洗去污垢后,再用稀硫酸腐蚀表面或用砂轮打磨,以增加基层面表面粗糙度。这种地面宜用耐水胶粘剂铺贴。

木地板地面的格栅应坚实,地面突出的钉头应敲平,板缝可用胶粘剂和老粉配腻子补平整。

钢板基层地面应除去表面浮锈,并用钢丝刷刷除余锈,然后用汽油擦干净。

现浇或预制的混凝土板基层,其结构层混凝土板面标高误差往往达到2~4cm。这时,则应先确定合理的标高,并据此进行抹灰作业,使之板面平整。

2. 硬质、半硬质塑料地板的铺贴安装工艺与操作

铺贴最好从中间定位向四周展开,这样能保持图案对称和尺寸整齐。切勿整张一次贴上去。可先试摆,校对尺寸无误后再正式铺贴。如图6-19所示。

图 6-19　塑料地板铺贴示意图

铺贴时先将地板底面用铝片或塑料片均匀地刮一层胶,地面也刮一层胶,待晾一会儿,当用手背接触胶面感觉不粘时,将板面一端对齐铺贴。用橡皮锤敲打时,应从中心移向四周或从一边移向另一边。

铺贴完成后,应及时清理塑料地板表面,用纱布蘸松节油或 200 号溶剂汽油,擦去从拼缝里挤出来的多余的胶水。最后打上地板蜡,保养 1~3 天即可使用。

3. 卷材的铺贴

卷材铺贴时,常因胶的粘结力不足,很容易将卷材拉起,造成移动变形,所以,铺贴时必须对准线慢慢粘贴。

铺贴时四人分四边同时将卷材提起,按预先弹好的搭接线,先将一端放下,再逐渐顺线铺贴,若离线时,应立即掀起移动调整,铺正后,从中间往两边用手式滚辊压赶铺平,若有未赶出的气泡,应将前端掀起赶出。

赶出卷材中的气泡应从中间开始,多人操作应分段负责,不要遗漏,若铺完后发现个别气泡未赶出,可用针头插入气泡内,用针管抽出空气,并压实粘牢。铺贴过程中要注意不使胶液污染卷材表面,污染后可用二甲苯或汽油擦掉,但会影响表面光泽。

对于塑料板材的安装,将塑料板铺在操作平台上,按基层上分格的大小和形状,在板面上画出切割线,用"V"形缝切口刀切割。然后用湿布擦洗干净切好的板面,再用丙酮涂擦塑料板粘贴面,以脱脂去污。

将预铺好的塑料板翻开,先用丙酮或汽油把基层和塑料板粘贴面满刷两遍,以再次脱脂去污。待表面丙酮或汽油挥发后,将瓶装的 401 胶胶粘剂,按 $0.8kg/m^2$ 的 2/3 量倒在基层和塑料板粘贴面上,用板刷纵横涂刷均匀,待 3~4min 后,将剩下的 1/3 胶液,以同样的方法涂刷在基层和塑料板上,待 5~6min 后,将塑料板四周与基层分格线对齐,调整拼缝至符合要求后,再在板面施加压力粘胶。然后由中央向四周用滚筒来回滚压,排出板下全部空气,使板面与基层粘贴紧密,然后排放砂袋压实。

4. 接缝

卷材搭接缝,搭接最少 20mm,并居中弹线,用钢板尺压线后,拿多用刀将两层叠隔的卷材一次切断,撕下断开的边条,并将接缝处卷材压紧贴牢,再用小铁滚紧压一遍,保证拉缝压实。

5. 焊接

为使焊缝与板面色调一致,应使用同种塑料板切割的焊条,其断面要求厚薄一致。

粘贴好的塑料板至少经 2 天养护,才能对拼缝施焊。施焊前,先打开空压机,用焊枪吹去拼缝中的尘土和砂粒。再用丙酮或汽油将拼缝焊条表面清洗干净,等待施焊。

施焊前应检查压缩空气的纯度。然后接通焊接电源,将调压变压器调节到 100~120V,压缩空气控制在 0.05~0.10MPa,热气流温度一般为 200~250℃,进行施焊。施焊操作时,两人一组,一人持枪施焊,一人用压棍推压焊缝。施焊者左手持焊条,右手握焊枪,从左向右施焊,持压棍者紧跟焊条后施压。

为使焊条、拼缝同时均匀受热,必须使焊条、焊枪喷嘴和拼缝保持在拼缝轴线方向的同一垂直面内,且使焊枪喷嘴均匀上下撬动,撬动次数为 1~2 次/s,幅度为 10mm 左右。

6.6 地毯的铺设与操作

6.6.1 地毯的选择

1. 地毯的特点

长期以来,地毯被作为中、高档的地面装饰品,较多使用于宾馆、会堂、办公楼等礼仪场所,地毯具有良好的弹性,具有吸声、隔声、减少噪声的作用;具有柔软的质感和保温性,且脚感舒适,使场所宁静、舒适,并可以降低空调运转费用;其色彩图案丰富,装饰效果高雅,可增加空间的效果和气氛;安装简便,更换容易。其不足之处是,不易保养,耐用性不高,大部分地毯无除菌处理,日久易生虫;植绒地毯铺一段时间后极易脱毛(为正常现象)。

2. 地毯的品种、规格及性能

地毯按材料分,有羊毛地毯,丙纶、腈纶纤维地毯,尼龙地毯,塑料地毯等。地毯按纺织方法分,有簇绒地毯和机织地毯两大类。簇绒地毯耐磨性差,一般用于宾馆客房、小会议室、家庭等人流量较小的场所;机织地毯耐磨性较高,可用于宾馆、商场、影剧院等人流量较大的场所。地毯按表面形式分,有毛圈地毯、剪绒地毯、毛圈剪绒结合地毯三种。毛圈地毯较耐磨,但弹性稍差,多用于厅堂、走廊、通道等人流较多的场所;剪绒地毯弹性较好,但耐磨性差,适用于房间等人流不多的场所;毛圈剪绒结合地毯其耐磨性及弹性均好,故适用面较广。

3. 判断地毯质量的技术标准和简易方法

(1)技术标准

使用什么纤维关系到地毯的特性、使用年限及价格等,所以,首先要注意这个问题。地毯静电高于 3.5kV,人体即会感受到,因此必须低于 3.5kV。在电脑间等高科技房间,甚至要求低于 1kV。有效期限 5~10 年。

地毯应符合防火标准。有火源时,地毯应只是熔掉,不应冒烟及有难闻的气味,离开火源即熄灭,不再蔓延。

地毯正常使用 5~10 年,表面纤维的磨损不应超过 10%。

经过防污处理的地毯,如被茶、汽水、果汁、咖啡、酱油、口红等污染后,只需用湿布或加点肥皂之类的清洁剂,在 48h 内都可擦掉。经过防污处理,可保持地毯清洁如新,延长使用寿命。

这是衡量地毯耐用程度的一个重要标准。特别是用于公共场所时,更需要知道所用地毯的质量密度。

地毯基本上有三种染色方法:一是织成纤维后再染色;二是织成初步成品后整块地毯染色;三是纤维染色法,即在制造纤维时已加上染料。这种染色法具有特强的防污能力及防褪色能力。

(2)简易判断方法

以拇指用力摩擦地毯约 30 次,然后检查是否脱毛,并尽量用扫帚刷抚,使其恢复原状。用明火直接烧,观察其蔓延速度、冒烟情况以及是否有难闻的气味,明火离开后,观察其熄灭速度。通过这些观察,可判断该地毯的防火效能。通过将地毯横向和顺向折起来,观察地毯的疏密变化,以较密的地毯质量为优。把地毯的第二层底撕开,以粘贴紧密难以撕开者为佳。

6.6.2 地毯的铺设工艺

地毯的铺设一般有固定式和活动式两种方法。其中,活动式铺设就是将地毯直接摊铺在基层上,不与基层固定在一起。这种方法简单方便,易于更换。一般工艺性地毯都是直接摊铺在基层上的。

1. 材料准备

地毯的品种、规格符合设计要求。用 100mm 宽的麻布带衬在对缝处,用胶粘剂粘贴牢固。常用的胶粘剂有立时得胶、309 胶。拼缝烫带,也是用于地毯拼缝的。地毯拼缝时,将烫带放在拼缝处,用电熨斗烫压即可。

木卡条,用于固定地毯边缘。木卡条上有两排斜铁钉,可钩挂住地毯,故又称倒刺钉条。使用木卡条时,需与地毯弹性垫配合,才能使地毯平整。

地毯弹性垫,是软橡胶制品,铺在地毯下面,使地毯更加柔软舒适。

门口压条。地毯在门框下收边时,用门口压条将其压住,使地毯不会被踢起,以避免边缘处损坏。门口压条常为铝合金制品,其外形如图 6-20 所示。

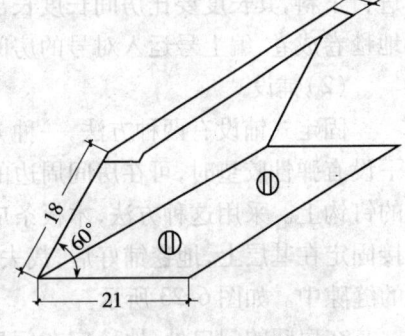

图 6-20 门口压条外形

2. 工具准备

裁边机,用于地毯裁边。裁毯刀,有手推裁刀及手握裁刀两种,如图 6-21 所示。在地毯铺设需少量裁切时,可用手推裁刀;地毯需大量下料裁剪时,则用手握裁刀。

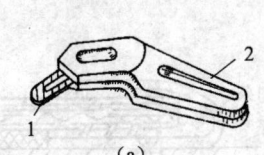 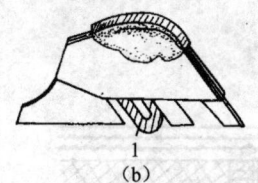

图 6-21 地毯修剪工具
(a)手握裁刀;(b)手推裁刀
1—刀片;2—把手

地毯撑子,用于将地毯张拉平整,故亦称张紧器。有大撑子和小撑子两种,如图 6-22 所示。房间内大面积铺地毯时用大撑子,用可伸缩的杠杆撑头和撑子承脚将地毯拉平。为适应房间不同的大小,撑头与承脚间可任意接装连接管,以将承脚顶在对面的墙上。小撑子用于墙角或操作面窄小之处,操作时用膝盖顶住小撑子尾部的空气橡胶垫,两手即可自由操作。撑子上的扒齿可根据地毯的厚度进行调整,使用完后,应将扒齿缩回,以免扎伤人。

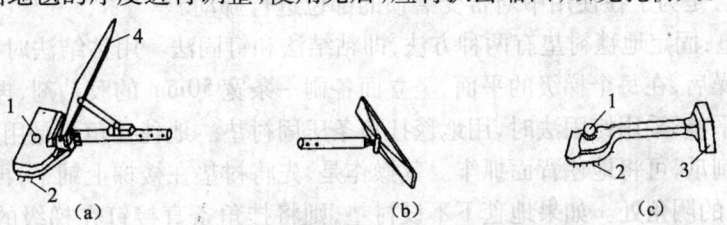

图 6-22 地毯铺设的张紧器(撑子)
(a)大撑子撑头;(b)大撑子撑脚;(c)小撑子
1—扒齿调节钮;2—扒齿;3—空气橡胶垫;4—木压把

其他工具:在墙根处将地毯掩边用的扁铲、地毯拼缝烫带用的电烫斗,以及裁剪刀、尖嘴钳、钉锤、弹线粉袋、角尺等。

3. 地毯铺设

(1)铺设前的准备

① 铺设地毯的基层面,要求平整,无凹凸不平的现象,基层面上的油污等应清除,干净表面凸出的部分要磨平。如基层上凸凹不平之差大于6mm,且有多处坑凹,应用水泥砂浆补平,待基层面具有一定强度,且表面含水率小于8%时,方可铺设地毯。

② 精确测量房间的长宽尺寸,作为地毯下料的依据。根据测量的尺寸,用裁边机对地毯进行下料,其长度要比房间长度长出约20mm,宽度以裁去地毯边缘线后的尺寸计算。裁好的地毯卷成卷,编上号运入对号的房间。

(2)铺设

固定式铺设有两种方法,一种方法是用胶粘剂将地毯与地面粘结;另一种方法是,当地毯下设有弹性胶垫时,可在房间周边的地面上放置带有倒刺的木板条,将地毯背面固定在倒刺板的钉钩上。采用这种方法,木板条应距墙面8～10mm,以便于地毯掩边。木板条用水泥钉直接固定在基层上,地毯铺好后,裁去墙边多余部分,用扁铲将地毯边缘塞进木板条和墙壁之间的缝隙中。如图6-23所示。

在房间的门口处,地毯应在门扇下面中部收口。门口处人流来往频繁,为防止地毯被踢起,需加一铝合金收口条。安装时,铝合金收口条用螺钉固定在地面上,将地毯插入其内,再将收口条轻轻敲下,使收口条内的倒钩压住地毯,将地毯扣牢。如图6-24所示。

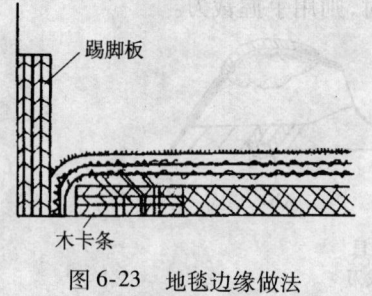

图6-23 地毯边缘做法

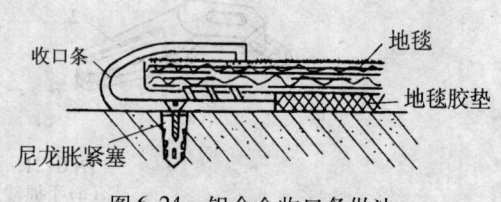

图6-24 铝合金收口条做法

(3)楼梯地毯的铺设

楼梯是行人往来的通道,地毯的铺设应牢固、妥贴,以方便行走。

① 楼梯地毯下料:楼梯地毯下料方法是,测量出楼梯踏步的深度与高度,计算出踏步的级数,将踏步的深度与高度相加,再乘以踏步的级数,然后加上450～600mm的余量,即为下料长度。增加的余量,是为了在使用中对常受磨损的部位进行挪动。

② 地毯衬垫:固定地毯衬垫有两种方法,即粘结法和钉固法。用粘结法时,先将楼梯表面冲刷干净,待干燥后,在每个梯级的平面、竖立面各刷一条宽50mm的胶粘剂,再将地毯衬垫压贴上去,并使其平整;采用钉固法时,用地毯挂角条压固衬垫。地毯挂角条是用厚约1mm的铁条制作,上有倒刺爪,可将地毯背面抓牢。其操作是,先将衬垫在楼梯上铺平,再用水泥将挂角条钉在每一梯级的阴角处。如果地毯下不设衬垫,则将挂角条直接钉在梯级的阴角处。挂角条的长度要比地毯宽度小20mm左右。

③ 铺地毯:把准备好的地毯卷抬到楼梯顶端,展开地毯向下铺设,在梯级阴角处将地毯向阴角挤压,使地毯的背面钩在挂角条的倒刺上,同时将地毯拉平,使其紧紧包住梯级。铺到最下层后,将多余的地毯向内折叠,钉在竖板上。

顶层的地毯应在楼梯面或楼层地面上,用铝合金收口条或木卡条收口。最上层梯级的地毯(当楼层地面上没有地毯时)应始终固定在楼梯竖板上的收口条内。

项目实训七:楼地面装饰安装操作实训

一、实训目的

1. 掌握板块地面铺装与操作。
2. 熟悉聚氨酯耐磨地面涂料涂装。
3. 熟练掌握木地板的铺装与操作。
4. 熟悉铝合金活动地板铺装与操作。
5. 掌握地毯的铺设与操作。
6. 学会塑料地板铺设与操作。

二、实训内容

1. 进行实地 $2m^2$ 板块地面铺装与操作实训。
2. 进行实地 $2m^2$ 聚氨酯耐磨地面涂料涂装实训。
3. 进行实地 $2m^2$ 木地板的铺装与操作实训。
4. 进行实地 $2m^2$ 铝合金活动地板铺装与操作实训。
5. 进行实地 $2m^2$ 地毯的铺设与操作实训。
6. 进行实地 $2m^2$ 塑料地板铺设与操作实训。

三、实训时间

每人操作180min。

四、实训报告

1. 编写板块地面铺装与操作实训报告。
2. 编写聚氨酯耐磨地面涂料涂装实训报告。
3. 编写木地板的铺装与操作实训报告。
4. 编写铝合金活动地板铺装与操作实训报告。
5. 编写地毯的铺设与操作实训报告。
6. 编写塑料地板铺设与操作实训报告。

项目七　地面装饰案例分析、防范及治理

7.1　陶瓷地砖面层案例

案例一：铺贴房间出现楔形

  1. 案例现象

房间内边角处有大小头地砖。

  2. 案例原因分析

（1）房间本身宽窄不一。

（2）铺贴时未控制好砖缝大小。

  3. 案例防范措施

（1）室内粉刷时，房间的纵横净距尺寸，必须调整到一致，加强工序间的交验。

（2）铺贴时严格按照控制线控制好纵、横缝隙的间距。

案例二：空鼓、起拱

  1. 案例现象

行走或检查时有空鼓声，地砖起拱、松动。

  2. 案例原因分析

（1）结合层施工时，未在基层上涂刷水泥浆或铺设时已干燥。

（2）结合层砂浆太稀；或粘结浆处理不当。

（3）板块未浸泡。

（4）外地面受温度变化胀缩起拱。

（5）结合层水泥砂浆未达到强度，上人过早。

  3. 案例防范措施

（1）铺结合层水泥砂浆时，基层上水泥浆应涂刷均匀，不得漏刷；不积水，不干燥；随刷随铺。

（2）结合层砂浆必须采用干硬性水泥砂浆；铺砖粘结砂浆在砖背面刮浆须抹满、抹匀或撒干水泥时应浇湿；铺贴后，砖块必须压紧。

（3）铺贴前，砖块应在清水中浸泡2~3h，取出后晾干即用。

（4）外地坪必须设置分仓缝断开。

（5）严格控制施工中上人的时间，加强保护和养护工作。

案例三：面砖污染

  1. 案例现象

铺设好的地砖砖面被水泥浆或其他物质污染。

2. 案例原因分析

(1) 施工中被水泥浆污染后未及时处理。

(2) 地砖铺贴好后,未采取有效的产品保护措施。

3. 案例防范措施

(1) 无釉地砖的砖面吸浆性很强,严禁在铺贴好的砖面上直接拌和水泥浆,缝隙中挤出或浓水泥浆擦缝留下的水泥浆应及时擦干净。

(2) 地砖铺贴好后,采取有效的产品保护措施,防止施工中的交叉污染。

案例四:泛水过小或局部倒坡

1. 案例现象

地砖表面局部存水、积水。

2. 案例原因分析

(1) 基层坡度未找好,形成坡度过小或局部倒坡。

(2) 地漏标高过高。

(3) 基层有凹坑。

3. 案例防范措施

(1) 放准墙面上 +500mm 标高水平线,严格按照设计要求和施工规范找坡。

(2) 地漏安装标高要正确,应根据放射状标筋的标高和坡度施工,使地漏低于周围面砖 5mm。

(3) 基层表面严格按施工标准处理好。

7.2 实木地板面层案例

案例一:拼缝不严

1. 案例现象

木板面层缝隙大且不均匀。

2. 案例原因分析

(1) 施工操作不当。

(2) 木板面层宽度尺寸偏差过大。

3. 案例防范措施

(1) 企口榫应铺平,在板前钉扒钉,用楔块楔得缝隙一致,再钉钉子。

(2) 在施工前对板材按标准严格挑选。

案例二:木地板声响

1. 案例现象

人员行走时木地板发出响声。

2. 案例原因分析

(1) 木材(木搁栅、毛地板、木地板)含水率的限值超出施工规范的规定,引起收缩松动。

(2) 木搁栅的截面尺寸偏小,没有采取有效的稳固方法或固定时钢丝、螺栓未拧紧,造成木搁栅松动。

(3)毛地板、木地板面层与木搁栅的固定钉长不够、间距过大、钉入方向不正确,因而固定不牢。
(4)各工序间缺乏检查控制。

3. 案例防范措施

(1)严格按照施工规范规定,控制好木材的含水率。做到收料检验,正确储藏,使用测定。
(2)严格按照设计的木搁栅截面、间距、稳固方法的要求进行施工,加强对隐蔽项目的监督和检查。
(3)严格按照规范标准选用铁钉,补钉数量充足,钉入方向正确,钉合牢固。
(4)在铺设木搁栅、毛地板、木板面层等工序时,严格检验,控制质量,如有达不到标准的工序坚决返工。

案例三:表面不平

1. 案例现象

木板面层铺设后,表面明显凹凸不平。

2. 案例原因分析

(1)基层处理不平。
(2)垫木没有调得平整。
(3)木板面层起拱。

3. 案例防范措施

(1)严格检查基层工序,薄木板面层的基层表面平整度应不大于2mm。
(2)预埋件绑扎钢丝或螺栓紧固后,其木搁栅顶面应用水平仪抄平。如不平,应用垫木调整。
(3)木板面层下的木搁栅上,每档应做通风小槽,保持木材的干燥;保温隔声层的填料必须干燥,以防木板面层受潮膨胀起拱。
(4)控制木板面层的含水率,不能过低。保证木板面层的含水率在标准范围内。

案例四:木踢脚板与地面不垂直、表面不平、接槎有高低

1. 案例现象

安装的踢脚板与地面不垂直、表面波浪不平、接缝有高低、上下口不平直。

2. 案例原因分析

(1)踢脚板翘曲、变形。
(2)木砖埋设不牢或间距过大。
(3)踢脚板成波浪形。

3. 案例防范措施

(1)踢脚板靠墙一面应设变形槽,槽深3～5mm,槽宽不小于10mm。
(2)墙体预埋木砖间距应不大于400mm,加气混凝土块或轻质墙,其踢脚板部位应砌砖,使木砖能嵌牢固。
(3)钉踢脚板前,木砖上应钉垫木,垫木应平整,踢脚板平面、上下口应拉通线钉踢脚板。

案例五:木板面层局部翘鼓、变黑

1. 案例现象

已经铺设好的木板面层局部拱翘起鼓、开裂、变黑、霉变,最后烂毁。

2. 案例原因分析

(1)木板面层泛潮变形。木板面层因已刷漆封固,木板下面潮气无透气通路,使木板发生霉变发黑。

(2)毛地板铺设拼缝有大小或无缝。

(3)水管、气管跑漏泡湿地板。

(4)阳台门口进水。

3. 案例防范措施

(1)预制圆孔板孔内应无积水;木搁栅刻通风槽,木搁栅、木地板、木板面层与墙面之间应按规范标准留出间距;保温隔声层的填料必须干燥;铺钉油纸隔潮;铺钉时室内应干燥。

(2)毛地板应留拼缝2~3mm的间隙。

(3)水管、气管试压时,木板面层刷油、打蜡应已完成;试压时有专人负责看管,处理滴漏。

(4)阳台门口或其他外门口,应采取断水措施,严防雨水进入地板内。

案例六:席纹地板不方正

1. 案例现象

铺设好的席纹地板角度大小不一,不方正。

2. 案例原因分析

(1)施工控制线方格不方正。

(2)铺钉时找方不严。

3. 案例防范措施

(1)施工控制线弹好,应复验方正度,必须达到合格标准;否则,应返工重弹。

(2)坚持每铺完一块都应规方拨正。

案例七:地板戗槎

1. 案例现象

木板面层刨茬。

2. 案例原因分析

(1)刨板机走速太慢。

(2)刨板机吃刀太深。

3. 案例防范措施

(1)刨板机走速应适中,不能太慢。

(2)刨板机的吃刀不能太深;吃浅一点多刨几次。

7.3 中密度(强化)复合地板面层案例

案例一:表面不平

1. 案例现象

复合地板表面不平整、起拱。

2. 案例原因分析

(1) 基层处理不平。

(2) 复合地板与墙面的伸缩缝过小。

(3) 架空铺设时垫木未调平整。

(4) 复合地板起拱。

3. 案例防范措施

(1) 架空铺设时,基层表面的平整度应不大于 2mm。在混凝土地面铺设应先找平处理,其平整度以 2m 直尺检查,允许间隙为 2mm。

(2) 施工时,复合地板与墙面、复合地板与复合地板之间应按标准留出伸缩缝。

(3) 架空铺设时,预埋件绑扎钢丝或螺栓紧固后,其木搁栅顶面应用水平仪抄平。如不平,应用垫木调整。

(4) 在复合木板面层施工前,基层干燥程度达到 85% 以上,并应在基层上涂刷 3~5mm 厚防水材料。

案例二:行走时松软、有响声

1. 案例现象

行走时感觉地面有起伏和声响。

2. 案例原因分析

(1) 木搁栅、毛地板含水率的限值超出施工规范的规定引起收缩松动。

(2) 木搁栅的截面尺寸偏小,没有采取有效的稳固方法或固定时钢丝、螺栓未拧紧造成木搁栅松动。

(3) 用多层板代替毛地板,承载力差。

(4) 各工序间缺乏检查控制。

3. 案例防范措施

(1) 严格按照施工规范规定,控制好木材的含水率。做到收料检验,正确储藏,使用测定。

(2) 严格按照设计的木搁栅截面、间距、稳固方法的要求进行施工,加强对隐蔽项目的监督和检查。

(3) 严格按照施工规范要求,选用毛地板的材料。

(4) 在铺设木搁栅、毛地板时,严格检验,控制质量,如有达不到标准的工序坚决返工。

7.4 地毯面层案例

案例一:拼缝明显、收口不顺直

1. 案例现象

地毯拼接缝明显、收口不顺直。

2. 案例原因分析

(1) 地毯接缝毛绒未做处理。

(2) 收口处未弹线、收口条不顺直。

3. 案例防范措施

（1）地毯接缝处应用弯针做毛绒密实的缝合。

（2）收口处先弹线；收口条跟线钉直。

案例二：拼缝处露衬底、露缝线

1. 案例现象

地毯接缝处露出衬底和缝合线。

2. 案例原因分析

地毯接缝时未张平。

3. 案例防范措施

地毯接缝时用撑子张平，服贴后再缝合。

案例三：卷边、翻边

1. 案例现象

地毯铺设后，在墙柱、边角处出现毛边翻出，接缝处卷边。

2. 案例原因分析

（1）地毯固定不牢。

（2）地毯粘结不牢。

3. 案例防范措施

（1）在墙柱、边角处应钉好倒刺条，固定地毯。

（2）用粘结方法固定地毯时，选用优质地板胶，刷胶均匀，铺贴后应接平压实。

案例四：表面不平、打皱、鼓包

1. 案例现象

地毯表面不平整，光泽不均匀，有皱纹和松鼓现象。

2. 案例原因分析

（1）地面本身凹凸不平。

（2）未做拉伸处理。

（3）地毯受潮变形。

3. 案例防范措施

（1）铺设地毯时基层表面平整度不应大于4mm。

（2）铺设地毯时，必须用大撑子撑头、小撑子或专制紧张器拉平整后，方可固定。

（3）地毯铺设前和铺设后严防浸湿、雨淋受潮。

案例五：发霉

1. 案例现象

地毯表面出现霉点、霉斑。

2. 案例原因分析

（1）首层地面未做防潮处理。

(2)铺设时,基层表面含水率过大。

3. 案例防范措施

(1)首层地面必须做防潮层,进行防潮处理。

(2)地毯铺设时地面的含水率不得大于8%。

项目实训八:地面装饰案例分析、防范及治理实训

一、实训目的

1. 学会实木地板面层案例分析、防范及治理。
2. 学会中密度(强化)复合地板面层案例分析、防范及治理。
3. 熟悉地毯面层案例分析、防范及治理。
4. 熟悉陶瓷地砖面层案例分析、防范及治理。

二、实训内容

1. 结合实木地板面层的实际案例,对实木地板面层案例进行分析,并提出防范的措施及治理方法。
2. 结合中密度(强化)复合地板面层的实际案例,对中密度(强化)复合地板面层案例进行分析,并提出防范的措施及治理方法。
3. 结合地毯面层的实际案例,对地毯面层案例进行分析,并提出防范的措施及治理方法。
4. 结合陶瓷地砖面层的实际案例,对陶瓷地砖面层案例进行分析,并提出防范的措施及治理方法。

三、实训时间

每人操作100min。

四、实训报告

1. 编写实木地板面层案例分析报告,并提出防范的措施及治理方法。
2. 编写中密度(强化)复合地板面层案例分析报告,并提出防范的措施及治理方法。
3. 编写地毯面层案例分析报告,并提出防范的措施及治理方法。
4. 编写陶瓷地砖面层案例分析报告,并提出防范的措施及治理方法。

项目八　地面装饰安装操作典型情景

情景一：地面和墙面装饰层大面积脱层隆起的原因及预防

地面和墙面装饰层（抹灰面、板块饰面）大面积脱层隆起，是经过一段时间的潜伏和积累，主要原因在于结合层（粘结层）或找平层剪切破坏，"导火线"是在较短的一段时间里气温骤然变化，地面和墙面装饰层大面积（或大块）突发性的隆起拱出。它与常见的、局部性的空鼓、开裂有联系，但又不相同。

8.1.1　隆起实例

1. 广东湛江南油码头办公楼平面尺寸为 $12m \times 34.8m$，一般开间 $3.9m \times 4.9m$。楼面为预制板上铺防潮砖，1986年夏天采用碰缝法铺砌、四周紧抵墙壁，同年10月交工。同年11月底，天气骤冷，无论是房间或走廊的房心部位，防潮砖面层普遍大面积隆起拱出，好似大块弹簧板。走上去咔咔响；用力踩，隆起部位能压下去一些，不压又弹回拱起。隆起的面层一般无裂缝；严重的是，在隆起顶部的板缝处局部开裂，板缝挤得很紧，用力才能揭出板块。

2. 广东封开工会活动室屋面 $9m \times 46.8m$ 隔热方阶砖沿全长铺贴，两端紧抵屋面梯间砖墙，实铺方阶砖全长 $39.6m$，中间未设伸缩缝。冬季铺砌，方阶砖未充分淋水，次年6月（季节温度差约33℃）在纵长的中部拱起，高达 $50mm$。经计算，方阶砖升温线胀值 $6.6mm$，吸水线胀值 $10mm$（$\alpha = 5 \times 10^{-4}$，考虑施工未湿透，可取其半值），屋面混凝土干缩值 $14mm$，升温线胀值 $-8mm$（已考虑施工与工作温差），结果屋面方阶砖比屋面混凝土伸长 $22.6mm$。

3. 江苏某车间全长 $66m$，地面混凝土垫层每隔 $6m$ 一道伸缩缝（缝里灌砂）。车间中部沿长向做一道 $4m$ 宽的现浇水磨石地面通道，铜条分格，两头紧抵砖墙。某年12月施工，第3年的一个夏天晚上，地面发出闷雷般的爆裂声，距离端部 $24m$ 处出现一条长 $2m$，因挤压而明显拱起的上下贯通的粗裂缝。

8.1.2　大面积脱层隆起的原因和特征

由于"硬底子"铺贴、结合层（粘结层）或找平层施工质量不好、养护不良等原因，在温度、干缩等共同作用下，结合层界面会发生局部削弱或脱离，面层出现局部空鼓；在温度、干缩等共同作用下，面层也可能因抗拉强度不足而出现零星分散的不规则裂缝，这就是一般常见的空鼓、开裂。由于面层与基体是不同材料，在温度、干缩作用下，会伸缩不一，当结构层尺寸变得小于面层尺寸时，会变成对面层的水平挤压力，即对粘结层的剪切力。如果粘结层抗剪能力足够（能约束面层），变形缝设置适当（缓冲伸缩差值），则可以对付伸缩差异。如果面层四周受墙壁等约束、中间又无变形缝缓冲，随着时间的推移和变形的积累，当水平挤压力大到超过粘结层抗剪极限时，面层便会失去粘结层的约束（脱层），突然大面积（或大块）失稳隆起、拱出。

1. 湛江例"冷拱"分析。防潮砖主要原料是黏土,据日本"硅酸盐手册"资料,一般陶瓷制品的线胀系数为$(4.5 \sim 7.0) \times 10^{-6}$;而结构层钢筋混凝土的线胀系数为$(10 \sim 14) \times 10^{-6}$,两者相差近半。到了冬季,结构层收缩得多,防潮砖收缩得少;加之是夏天施工,季节温差约20℃,再计混凝土干缩,差值更大。碰缝法铺砌,板块之间紧挨着,几乎不留缝。铺砌当时,防潮砖面层和结构层(楼板)尺寸大小吻合。初冬,结构层冷缩、干缩得多,面层冷缩得少,两个层次的差值约8mm。如果此时防潮砖面层处于自由状态,其面层尺寸会大于结构层尺寸。实际上,防潮砖面层(通过粘结层)受结构层约束和四周墙壁包围,面层处于受压状态。当压应力大到足以剪坏粘结层时,由于防潮砖是一薄层,受压失稳,突然隆起拱出。

2. 江苏例"热拱"分析。该地面是冬季施工,冬夏季节温差约30℃,到了夏天,水磨石面层比垫层伸长约10mm,形成水平方向的挤压力,面层在中部失稳拱出。

3. 大面积脱层隆起不同于一般的空鼓开裂,有其特征。

(1)集中性。一般的空鼓开裂呈不规则状态,裂缝较细、条数较多(即所谓"网状裂缝"、"龟裂"、"鸡爪裂"),在面层的各个部位都可能发生,并且当空鼓开裂出现之后,面层基本上仍能保持原来的平面状态。地面大面积脱层隆起,一般集中在房心部位,虽已明显隆起,面层有时尚能完好,无裂缝;严重的,也只有少量粗裂缝(甚至仅有一条)或一个裂口。即使已经裂口,其面层基本还连成整片,挤得紧紧的,像大块弹簧板,用力压下去之后,仍能弹回原状。

(2)单层性。一般的开裂,常常从面层开始,直裂至结合层(粘结层)、找平层(甚至结构层),即各层材料可能在同部位出现受拉裂缝。大面积脱层隆起出于粘结层(或找平层)受剪破坏,仅面层(或面层及找平层)受压失稳拱出。

(3)季节性。一般的空鼓开裂,一年四季都可能发生。地面大面积脱层隆起,楼层上的板块面层,许多都发生在秋冬季骤然转冷之时(冷拱);底层地面和屋面的面层,许多都发生在夏季骤然升温天气(热拱)。

(4)突发性。一般的空鼓开裂都是逐渐发生,逐渐增多,且称为"短积累,小变量"。大面积脱层隆起在潜伏期间,由于无明显征兆,一般不引人注意或不易觉察,一旦被温变触发,就突然大面积拱出,甚至伴有响声,且称为"长积累,大变量"。

(5)危险性。墙面或顶棚面层若发生大面积脱层隆起,可能伤害人和物。

8.1.3 传统安装操作方法的讨论

传统的施工方法,可以保证工程质量,但需要熟练技工和认真操作。现在熟练技工和管理工作还不能满足需要,传统的施工方法也存在一些缺点。

1. 传统的"硬底子"铺贴工艺:传统的做法是,在垫层或找平层的混凝土或水泥砂浆抗压强度达到1.2MPa后铺设水泥砂浆面层、水磨石面层和水泥砂浆结合层上的板块面层。在已硬化的"硬底子"上铺设面层,实际上已造成施工缝(冷缝),且在停置期间表面易被弄脏。新旧混凝土之间,在无界面胶粘剂的情况下,若结合面一般刷糙处理,其粘结强度仅达30%~40%;若结合面一般刷糙处理,加抹1:2或1:3水泥砂浆,可达60%~70%;若涂刷界面粘结剂,可达80%~100%。湖南省建的西非瓦加杜古体育场工程,曾用"硬底子"铺贴工艺,返工率很高;后采用"软底子"铺贴工艺,相当成功。荣获鲁班奖的北京图书馆新馆地面马赛克工程,广东省人民银行(29层)外墙面大面积玻璃马赛克工程,都采用"软底子"铺贴工艺。所谓

"软底子",即地面找平层用干硬性水泥砂浆(墙面找平层用半干硬性水泥砂浆),经碾压密实,边刷 1～2mm 厚的稠水泥浆结合层,边铺贴板块面层;水泥砂浆楼地面,在混凝土浇筑后,随打随抹平。

2. 实践证明,板块面层的空鼓、隆起、脱落绝大部分是因为找平层或结合层的界面粘结出问题。除强度外,结合层的微应变或弹性模量是很关键的性能,采用具有一定弹性或弹塑性的高分子胶粘剂掺入水泥砂浆内,可以降低水泥砂浆的弹性模量,从而降低温度和干缩引起的应力,增加延性,有利于与面层的粘结。据资料,日本已利用计算机分析陶瓷砖粘结砂浆的强度,定量控制影响陶瓷砖镶贴作业及早期粘结强度和长期粘结强度的各种因素,以此来保证粘结质量。德国 ARDEX 公司生产的以水泥为基料的胶粘剂,黏度大,初凝时间长(20℃时为 4h 左右),强度发展快(第 2d 即可在其上行走)。我国继 107 胶(今之 108 胶)之后,已研制出一系列的界面处理剂、有专门用途的建筑胶粘剂、聚合物水泥砂浆干混料、有专门用途的预拌商品砂浆,以解决界面的粘结问题。

施工规范规定,陶瓷地砖面层水泥砂浆结合层的厚度为 10～15mm(陶瓷外墙砖为 4～8mm),但是许多地方现在仍然习惯采用稠水泥浆(广东称"水泥膏")作粘结层。由于"水泥膏"厚度仅 2mm 左右,干缩和脆性较大,强度和蠕变能力较低,还容易空鼓。

据吉林浑江质监站资料,外墙饰面砖用"水泥膏"粘结,同一材料,同一人操作,3 个月后检查,空鼓率高达 45%;用 1∶2 水泥砂浆粘结,空鼓率才 11%。

3. 据浙江省建的国外工程资料,科威特等为保证面层工程质量,设计和施工对于水泥砂浆面层和基层因温差等形成的胀缩差异,都有充分考虑,无论是基层、面层都设置一定数量的作缓冲变形用的缝格。1983 年落成的中山市中山纪念堂屋面 $1000m^2$ 多,碰缝法铺贴防潮砖,未专设变形缝,四周又紧抵女儿墙,曾两次因大面积脱层隆起而返工,后才沿女儿墙四周加设排水沟。1989 年 7 月屋面补漏时,虽有局部空鼓,但无隆起;1990 年 1 月 18 日又见大面积隆起。同在中山,同一施工单位,1987 年在富华娱乐城屋面防潮砖铺贴采用离缝法(缝宽约 8～10mm),却平安无事。1987 年 11 月全国六运会期间,是广东几十年一遇的骤冷。广州天河体育馆和游泳馆外廊,周边长约 200m,防潮砖面层采用离缝法铺砌,约 10mm 的凹缝,结构和面层均无变形缝,遇骤冷仍平安无事。而同一地点的体育场楼梯休息平台,不足 $10m^2$ 的防潮砖面层,采用碰缝法铺砌,几个休息平台面层都普遍空鼓、脱落。说明离缝铺贴对外界温度变化能起很好的缓冲作用。哈尔滨地区年温差 45.4℃,普遍存在外墙饰面砖空鼓脱落现象。荣获 1989 年度鲁班奖的黑龙江省粮食学校文化中心,外墙饰面砖采取适当加大砖缝(平缝 12mm、立缝 5mm)的做法,有效地防止了空鼓脱落。

但由于我国各地建筑气候差异大,加上多种因素,变形缝、分格缝设置不符合要求导致的质量问题很多。广东省运汽车总站一楼原大候车室,预制水磨石块面层,碰缝法铺贴,由于面积大、四周紧抵墙壁,又不设置变形缝,几经修补,地面仍可见两处隆起的痕迹。目前情况是设计、施工水平参差不齐,对变形缝和分格缝非常需要有个比较具体的规定。地面变形缝(伸缩缝)宜设在轴线部位,其中室内水泥砂浆地面面层分格缝,纵、横宜为 3～6m。室内水磨石面层分格条间距不宜大于 $1m×1m$,宜约 12m 设置一道双分格条胀缝。室内离缝法铺贴的板块地面,伸缩缝间距不宜大于 12m。外墙面装饰层,水平缝格可设置在楼层分界部位或窗台、窗顶;垂直缝格宜设在轴线部位或门窗两侧,其间距,抹灰面宜为 2～3m,板块饰面不宜超过 12m。

4. 与混凝土构件相比,地面、墙面装饰层厚度小,表面积大,面层强度要求高。在凝结硬化期间,失水对水化的影响,尤为敏感。浙江某公司承建的科威特工程,在湿润养护期间,外国监理人员"寸步不离现场"。对比之下,国内的施工与科威特工程的差距很大:①规定的湿养护时间较短。②实际施工中,养护时间、湿润要求,往往又打折扣。③未强调早期及时养护和针对不同外界环境的养护措施。广东习惯用"水泥膏",由于它厚2mm左右,如果板块和找平层较干,板块铺贴后无湿养护,受曝晒,结合层里仅有的一点水分便很快散失掉,会严重影响水化,甚至使"水泥膏"脱水粉化。调查表明,防潮砖面层在广东隆起事故相当普遍,可谓一大"地方病"。原因是防潮砖是不上釉的多孔材料,很容易吸收水分,也很容易蒸发水分。调查中,上釉陶瓷地砖脱层隆起相对较少,原因是地砖上釉之后,粘结层里的水分蒸发通道被堵塞,有助于"水泥膏"的水化。1989年鲁班奖工程广东省人行营业楼外墙大面积玻璃马赛克采用湿贴工艺,成活后又坚持淋水养护,几年来经风雨寒暑无脱落。

8.1.4　防治措施

1. 推广"软底子"湿贴工艺。
2. 推广界面胶粘剂和聚合物水泥砂浆。设计应对找平层、结合层(粘结层)的砂浆配合比、厚度、抗压及抗剪强度提出适合不同"建筑气候区"的具体要求。
3. 在调查研究基础上,对地面、墙面装饰层等的分格缝、变形缝及板块之间的最小缝隙,各个"建筑气候区"应有较具体的规定,以便指导设计和施工。
4. 完善养护制度(尤其墙面),强化湿养护的监管。
5. 对已出现局部空鼓的面层及早施行修补或化学注浆,谨防突发大面积脱层隆起事故。

情景二:板块地面铺贴工艺和注意事项

8.2.1　铺贴工艺

板块建筑地面有多种铺贴方法。总的看来,刮浆法可以减免板块背面的水膜;试贴法、离缝铺贴法可以减少许多质量通病;界面处理剂、专用粘结材料可以提高粘结强度;齿状铲刀可以使刮浆厚薄一致。详见表8-1所示。

表8-1　板块地面铺贴工艺

铺贴方法		铺贴工艺	优缺点	备注
铺浆方法	刮浆法	先将结合层满刮到板块背面,随即铺贴,用橡皮锤把轻轻敲打板块表面,压平挤牢	可预防板底水膜。板块周边砂浆不宜饱满	适用于小尺寸板块的铺贴
	挤压法(坐砌法)	铺贴时,先均匀摊铺结合层于基层(基体)上,然后放上板块,用手按揉,用橡皮锤(或木锤)敲打压实	板块周边砂浆容易饱满。若敲击、拨正过多,结合层稠度过大,板底易产生水膜	—
	刮浆、坐砌法	先在基层(基体)上摊铺一层结合层,后在板块背面满刮薄层结合层再铺贴	兼有上述优点,但用工用料稍多	—

续表

铺贴方法		铺贴工艺	优 缺 点	备 注
铺贴次数	试铺法（厚贴法、软作法）	摊铺稠度为 25～35mm 干硬性 1∶2 水泥砂浆结合层厚 10～15mm（一次宜铺 4～6mm 长），随即将板块安放在铺设的位置上，对好纵横缝，用橡皮锤（或木锤）轻轻敲击板块，使砂浆振实。当铺设到标高后，将板块揭起，详细检查结合层是否平整、密实，及时用砂浆补平、拍实，最后浇上一层（水灰比为 0.4～0.5）水泥浆，才正式铺贴	较易保证平整度和粘结强度，广泛用于各种板块铺贴。能适应基层（基体）不够平整，板块厚薄有些差异的铺贴，安装操作速度稍慢	规范推荐的工艺 若在板块背面刮浆效果更好（尤其适用于大尺寸板块和公共场所地面）
	一次铺设法（薄贴法、硬做法）	胶粘剂结合层厚 2～3mm，刮浆法铺贴，工艺详见各类胶粘剂说明书	粘结牢靠，安装操作速度快	—
		纯水泥浆（水泥膏）结合层稠度 50～60mm、厚 2mm，刮浆法或坐浆法铺贴	安装操作速度快，只有找平层平整，才能铺贴平整。由于结合层很薄，若养护不良，极易造成板底脱层空鼓	适用于小尺寸板块
		1∶1 水泥细砂砂浆（掺 108 胶）结合层，稠度 50～60mm、厚 3～4mm，挤压法铺贴		不宜用于大尺寸板块
找平层强度	软底铺贴	1∶3～1∶4 干硬性水泥砂浆粗打找平层底子，铁或石滚子压实至站在其上无脚印，再精打找平层表面（砂浆找抹不平不实部位），在找平层还处于潮湿状态时摊铺稠度为 50～60mm 的素水泥浆，铺贴板块面层	容易保证粘结牢靠，减免脱层空鼓，要求找平层平整度控制在 2mm 以内，安装操作时脚下要垫木板	—
	硬底铺贴	基层水泥砂浆强度达到 1.2MPa 之后再铺贴面层	平整度容易控制，若基层停置时间长，表面易脏，粘贴强度降低	
干湿做法	干作法	将干水泥和砂（体积比为 1∶4～1∶6）适度洒水均匀拌合，摊铺于基层（或基体）上，充分拍实平整，采用齿状刮铲摊铺一层稠度为 50～60mm 的水泥细砂砂浆（或浇一层稠水泥浆），铺贴板块（不宜干水泥洒水作粘结）	适用于花岗石、大理石或尺寸较大的板块	—
	湿作法	同试铺法	同试铺法	—
板块缝格	密缝铺贴（碰缝、窄缝）	板缝宽度不宜大于 1mm	外形尺寸偏差大的板块不能大面积铺贴，返修困难	适用于花岗石、大理石、卫生间、水池、防腐蚀等地面
	离缝铺贴（虚缝、拉缝）	板缝宽 3～5mm，或再宽些	能适当调整板块外形尺寸偏差，能缓冲温差干缩变形，返修容易	尤其适用于大面积铺贴
	齐缝（井字缝）	板缝直线排列	用于面积较大部位或方正的房间，观感整齐明快	—
	骑马缝（工字缝）	板缝错缝排列	在一定程度上可以掩饰"游丁走缝"及弯曲走道的施工疵病	适用于面积较小，图形复杂变化较大的部位及弯曲走道
	拼花	厅堂的花岗石等板块地面，按设计艺术图案拼花	宜用试铺法再加板底刮浆铺贴	宜用试铺法再加板底刮浆铺贴

8.2.2 注意事项

1. 把好材料进场质量关,板块材料必须有出厂合格证,其尺寸偏差和外观质量必须复检合格。传统的铺贴前选砖、分类归堆的方法,在一定程度上虽能减免板块色差和尺寸偏差,治本必须拒绝不合格的板块材料进场。

2. 板块铺贴前,应根据楼面、地面的平面形状和具体尺寸进行专项设计,绘制楼面、地面板块排板图。先按挂网轴线进行大分格(可为伸缩缝或分格缝),定出板块颜色和规格尺寸及板缝宽度(及装饰图案、细部大样)。具体方案可通过样板对比,业主、设计、监理、施工等有关单位共同商定。非整砖应安排在非出入口和次要部位;走廊与房间宜用另一颜色的板块在门口部位分隔,各自排板。走廊、厅堂不宜出现非整砖,可将非整砖对称安排在走廊两侧、厅堂周边,另用颜色较深的镶边板块代替非整砖。

弯曲平面的走廊宜斜铺(缝格约45°走向),并宜采用规格尺寸较小的板块,不但可以减少切割损耗,切缝还容易圆顺。要求较高的弯曲走廊,可采用较大尺寸的板块;需先在电脑屏幕上制图排板对比,选定方案之后,逐一算出每一板块的具体尺寸,并进行编号。石材加工厂根据每一板块的具体尺寸及弧度要求,采用电脑数控机床准确加工每一编号板块。地面铺贴应根据电脑排板图,在基层(或基体)上弹出每一板块的位置墨线;铺贴时,每一板块对号入座。

门框脚部位的板块应待门贴脸(或筒子板)工毕,再整砖套割铺贴;套割缝隙,周边均不应大于2mm。地漏口、管道根部、扶手栏杆根部等均应整砖套割或金刚石钻孔机成孔,不得碎砖拼贴或乱锤乱凿孔洞。

3. 为预防因温差、干缩引发大面积脱层隆起,板块面层应从基层开始,沿柱网轴线设置伸缩缝或胀缝,缝宽约10mm,内填弹性嵌缝材料。室内的楼面、地面伸缩缝或胀缝间距不宜大于12m(可再小些)。

4. 每一层次施工均应坚持水平仪抄平。大面积地面应采用经纬仪、水平仪分格、抄平,先铺好各分格交接点,最后填心;从一个方向顺序铺贴,铺贴过程中及时用靠尺检查平整度。为避免拉线过长使缝格线条偏差过大,长度超过15m时,应用经纬仪放线。300mm×300mm以上的较大尺寸板块可挂线铺贴。广场砖(如尺寸大小至100mm×100mm)一类的小尺寸板块,若挂线铺贴,挂线疏了缝格不易顺直;挂线密了,操作困难(无立足之地),可在基层上弹出每一板块的铺贴位置墨线,采用刮浆法铺贴。

5. 铺贴之前("软底法"除外)均要求水泥类基层(基体)材料抗压强度不得小于1.2MPa。表面粗糙、洁净、湿润(若使用化学胶粘剂铺贴,详见说明书)。铺贴前,刷一遍水灰比为0.4~0.5的水泥浆,并边铺边刷;由于水泥浆的粘结力有限,为有效地预防脱层空鼓,基体(基层)均可涂刷界面处理剂。处于1.2MPa早期强度的基层(基体)仅可上人铺贴,应另架设木板走车、堆料,避免撞击地面。

6. 基层必须预先找平,用结合层的薄厚来找平的办法,是建筑地面不平整、粘结不牢靠的一大根源。水泥浆或结合层水灰比过大,容易使板块背面产生水膜;由于水泥类结合层较薄,面层铺设后,必须坚持覆盖湿润养护不少于7d;使用矿渣硅酸盐水泥时,应注意其早期强度较低的特点。无论哪一种铺贴方法,如果施工质量失控,都可能导致建筑地面脱层、空鼓、表面不平、缝格不直。

7. 采用经检验合格的商品化学胶粘剂,可以减免湿作业和减薄结合层厚度,又能预防板块脱层空鼓。

8. 石材和陶瓷地砖容易受污染的一大根源是,石材和陶瓷砖在铺贴前未涂刷预防污染的专用防护剂。应更新经济观念,对地面污染应预防为主,事先作防污染处理。

石材或陶瓷地砖如涂刷石蜡、油性防护剂、非渗透型膜层防护剂,会使板块底部光滑,削弱结合层的粘结力,容易造成板块脱层空鼓。因此,必须使用经检验合格的渗透型、浸润型防护剂(如有机硅化合物、氟化合物防护剂),并按其使用说明书进行涂刷,尽量少地降低板背与水泥砂浆的粘结力。

9. 花岗石、大理石、抛光砖等板块面层铺贴之后,为防止污染,应在铺贴过程中及时擦拭干净;并在结合层强度达到5MPa之后,再次清洁,及时涂刷商品专用保护剂。

情景三:建筑地面和屋面的修补处理

由于施工或使用原因,建筑地面和屋面保护层出现毛病,需要修补处理。

8.3.1 板块地面个别松脱

板块地面个别出现松动(如预制水磨石块、陶瓷地砖、花岗石块)或脱开(如马赛克),问题多在板块与结合层(或找平层)粘结不牢,造成脱层、空鼓。传统的修补方法是将松脱的板块取出,剔去其下的结合层(或找平层),湿润后再补上水泥砂浆、贴回板块。它有如下缺点,新补上的砂浆合适的厚度不易掌握,日后有沉缩,修补后的板块可能会凹下或凸出原地面;新补上的砂浆早期强度低,易被行人踩坏(尤其厅堂、走廊、楼梯)。适宜的办法是采用化学胶粘剂,如改性环氧树脂、地砖专用化学胶粘剂(小尺寸板块也可用白乳胶、调合漆),它只需薄薄的一层,固化时间又快。具体做法如下:

1. 将松动的板块取出。预制水磨石、花岗石等板块,一般都是密缝法铺贴,板块又比较重,松动之后一般工具取不出来,还可能撬坏棱角。可用工具吸盘(是搬运玻璃、防静电地板的专用工具,有商品供应)取出。如仍取不出,则需用手提电锯沿缝切割,板块尺寸小了些之后即可用"吸盘"取出。

2. 用皮风箱(即"皮老虎")或自行车打气筒将补修处和板块表面松动的灰砂、尘土吹净(并保证表面干燥),然后在其两表面薄薄地涂上一层化学胶粘剂,贴回板块,稍加揉压使之平稳。

3. 修补时间宜在晚上少人来往时,第二天即可上人,不影响使用。

4. 水磨石地面玻璃条松动,也可用化学胶粘剂粘贴补牢。

8.3.2 地面局部空鼓

整体或板块地面若发生局部空鼓,不宜凿开修补(容易出现补疤、色差),可请专业化学灌浆施工队伍,进行板底压力注浆。大致方法如下:

1. 找准空鼓部位之后,钻小孔注浆(不严重的空鼓,由于空鼓不连通,注浆效果不一定好)。

2. 在空鼓部位压上较重的砂袋,然后压力灌注改性环氧树脂浆液。

3. 拭净溢流浆液,用同色(或近色)材料填补小孔。

8.3.3 泥砂浆地面大面积空鼓开裂

一般是由于基体表面未清理干净,或素水泥浆没有扫好,或楼面(地面)面层没有设置分格缝引起(宜按 3～6m 间距设置)。可将空鼓部位用手提电锯切除(忌用手锤凿打,否则引发更大的空鼓)。切完空鼓部位之后再用小锤敲击,查清切割过程中有无新的空鼓产生。待空鼓部位全部清除干净之后,摊铺修补砂浆之前,需先在基体(或基层)上涂刷界面处理剂。地面修补后会有明显的补疤和色差,可待地面干燥之后全面涂刷商品地板漆(108 胶水泥浆刮面,虽然造价低,但难保证质量)。

8.3.4 大面积起砂起粉

水泥砂浆地面大面积起砂,如果其水泥石表面强度尚好,可用水磨石机加水磨去起砂松散表层,即可正常使用。如果其水泥石强度低,则需要作表面处理。如某轻工厂房现浇水磨石地面的水泥石强度太低,表层大面积起粉(用手指甲即可划出印痕)。后由专业防水补强队伍配制透明改性环氧树脂,用油漆刷将水磨石地面涂刷两遍,使地面能正常使用。也可用环氧树脂防压耐磨地面涂料或透明聚氨酯等商品涂料罩面。亦可用起砂处理剂(渗透强化剂)或自流平砂浆修补。

8.3.5 地下室停车场

地下室停车场地面宜与混凝土面层随打随抹平,或采用细石混凝土面层。由于不设缝格或施工不当或采用水泥砂浆面层等,空鼓开裂的情况仍较为普遍。为不影响使用,可用专门的"快强修补砂浆"或"快速修补混凝土",数小时即可开放交通。否则,边停放车辆、边修补水泥地面几乎是不可能。

8.3.6 屋面水泥砂浆保护层

沥青卷材等防水层,如表面未撒"绿豆砂"作粗糙处理,其水泥砂浆保护层必然空鼓开裂。修补处理可选以下的其中一种:

1. 重新涂刷防水层(热沥青玛琋脂或防水冷胶料等),随即在其上撒"绿豆砂",待砂粒稳固之后重做水泥砂浆保护层并做 1m×1m 分格。
2. 采用玛琋脂或聚氨酯粘贴墙地砖作保护层(按 100m^2 设分格缝),天沟部位可采用薄片、小尺寸的墙地砖,才不会影响排水。天沟部位也可贴绿色塑料地毡。
3. 清净空鼓开裂的保护层,在原防水层上涂刷两遍浅色建筑防水涂料,做成浅色屋面保护层。

项目实训九:现场观察地面装饰安装操作典型情景实训

一、实训目的

1. 熟悉地面和墙面装饰层大面积脱层隆起的原因及预防。
2. 熟练掌握板块地面铺贴工艺和注意事项。

3. 了解建筑地面和屋面的修补处理。

二、实训内容

1. 现场观察地面和墙面装饰层大面积脱层隆起情景。
2. 现场观察板块地面铺贴情景。
3. 现场观察建筑地面和屋面的修补情景。

三、实训时间

每人操作45min。

四、实训报告

1. 写出现场观察到的地面和墙面装饰层大面积脱层隆起情景报告。
2. 写出现场观察到的板块地面铺贴情景报告。
3. 写出现场观察到的建筑地面和屋面的修补情景报告。

模块四 饰面工程

项目九 饰面工程安装操作

墙、柱面装饰安装是装饰装修工程的主要组成部分,其饰面装修类型主要有石材贴面、陶瓷类贴面、木条板贴面、金属板材贴面、复合板材贴面、玻璃饰面等装修安装工艺。

1. **墙、柱面装饰安装作业条件**
(1)顶棚、墙柱面抹灰制作完毕,并验收合格。
(2)墙柱面暗装管线、电气接线盒、开关、插座等安装完毕,并验收合格。
(3)工地现场的水、电、道路交通满足安装要求。
(4)窗框均安装就位,验收合格。
(5)屋顶及上一层地面防水安装完毕,且验收合格。
(6)墙面基层清理干净,脚手眼、窗台、窗套等已砌堵好。
(7)大面积装饰安装前所做的样板间、样板墙面验收合格,符合要求。

2. **墙、柱面装饰安装作业准备**
各种墙、柱面装修所需材料均入场验收,质量检验合格。
备齐各种装饰安装机具:开刀、木锤、橡皮锤、电锤(冲击钻)、手电钻、电动切割机、电锯、空压机、电刨、小型电焊机、手动切割机、气钉枪、铆钉枪、螺丝刀、扳手、凿子、工具刀、水平尺、直尺、靠尺、铝合金方管、刮刀、刮板、刷子、线坠、墨线盒、裁剪刀、喷枪等。

9.1 石材贴面安装与操作

石材分为天然石材和人造石材,这里主要介绍天然石材的安装操作工艺。安装现场对天然石材饰面材料的一般要求为:
(1)表面平整、边缘整齐、棱角不得损坏,且应有产品合格证。
(2)大理石、花岗石表面应光洁,质地坚固,尺寸和色泽一致,不得有暗痕和裂纹,其性能指标应符合现行国家标准的规定。
(3)大理石、花岗石的环保性能(放射性氡气释放指标)指标应符合现行国家标准的环保规定。
(4)所用胶结材料的品种、掺和比例应符合国家相应标准的规定,并具有产品合格证书和符合环保标准的鉴定证书。

天然石板的安装工艺主要有干挂法、湿挂法和湿贴法三种方法。

9.1.1 天然石板安装操作方法——干挂法

干挂法适用于室内外墙、柱面的天然石板贴面,特别是外墙、柱面采用花岗石板贴面时,通常采用干挂法安装操作。

干挂法是在建筑物主体结构的外表面上,通过安装不锈钢柔性连接件将花岗石板干挂安装,石板和主体结构之间留有一定的空隙,不必灌注水泥砂浆,从而避免了粘结砂浆的析碱现象,提高了装饰效果。另外,由于石板采用柔性连接,可以较好地适应室外温度胀缩、风荷载及抗震变形的需要,故经常和玻璃幕墙、金属幕墙配合使用。石板干挂法安装构造如图 9-1 所示。

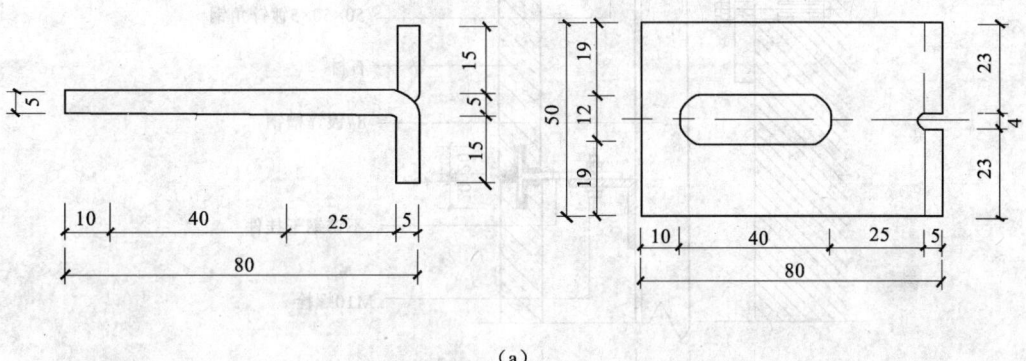

(a)

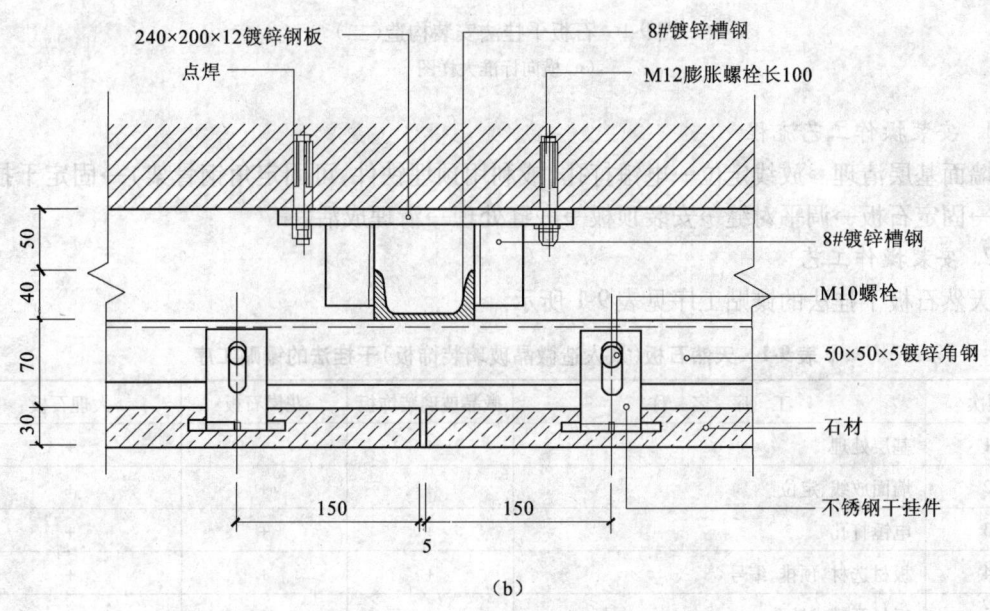

(b)

图 9-1　石板干挂法安装构造(一)
(a)不锈钢干挂件大样图;(b)竖向标准大样图

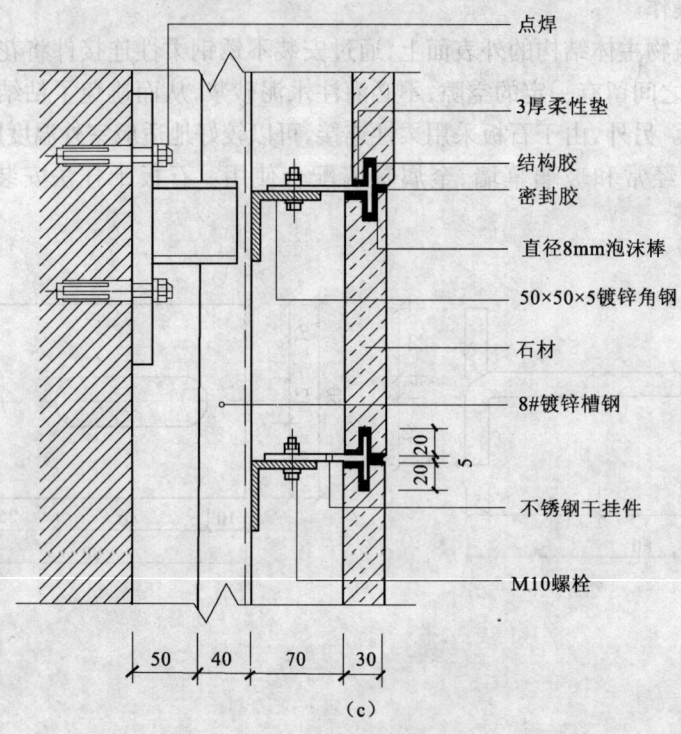

图 9-1 石板干挂法安装构造(二)
(c)横向标准大样图

1. 安装操作工艺流程

墙面基层清理→放线定位→电锤打孔(或利用预埋铁件,可固定角钢骨架)→固定干挂连接板→固定石板→调平对缝→安装顶板→嵌缝处理→清理成活。

2. 安装操作工艺

天然石板干挂法的镶贴工序见表 9-1 所示。

表 9-1 天然石板(及人造微晶玻璃装饰板)干挂法的镶贴工序

项次	工 序 名 称	微晶玻璃装饰板	花岗石板	大理石板
1	基层处理	+	+	+
2	墙面放线、定位	+	+	+
3	电锤打孔	+	+	+
4	板材选材、预排、编号	+	+	+
5	板材开槽或钻孔	+	+	+
6	板材背后粘贴复合玻璃纤维网格布加强层	+	+	+
7	通过膨胀螺栓固定不锈钢连接件	+	+	+
8	通过 M8 调节螺栓安装不锈钢石板连接件	+	+	+
9	自下而上安装板材,不锈钢销钉插入板孔固定	+	+	+
10	板孔打胶	+	+	+
11	调平对缝、校正板块	+	+	+

续表

项次	工序名称	微晶玻璃装饰板	花岗石板	大理石板
12	调紧螺栓	+	+	+
13	板缝内嵌入聚乙烯发泡圆棒条	+	+	+
14	板缝打入耐候硅酮防水密封胶、随时修缝	+	+	+
15	安装封顶板	+	+	+
16	防水密封处理	+	+	+
17	抛光上蜡	+	+	+
18	清理成活	+	+	+

注：1. 石板可加工成圆弧板；
2. 石板可加工成抛光镜面、火烧板、麻面、平面、蘑菇板等类型。

（1）墙面基层处理：清理墙面基层，根据石板尺寸放线定位，用冲击钻在基体结构上打孔，安装热镀锌膨胀螺栓，或固定角钢骨架（角钢应做好防锈处理）。

（2）石板加工处理：石板背后钻孔，根据设计尺寸在石板四周边钻孔，孔径6mm，孔深20mm左右；石板背后粘贴玻璃纤维网格布增强层。

（3）石板安装就位：石板就位、固定。通过不锈钢连接件临时固定石板，在墙面上拉水平线及吊垂线，控制石板表面的垂直、对缝、平整。不锈钢L形连接件销钉插入石板孔洞后，需在孔洞中灌胶固定。

安装底层石板需架立托架，并将石板就位后临时固定，待修整找平后调紧连接不锈钢螺栓。逐层安装操作至镶装顶层板材。

（4）嵌缝、清理：在石板间隔缝隙中打入防水密封胶，做好嵌缝处理；清理擦净石板表面。对于抛光镜面石板，应上蜡抛光成活。

9.1.2 天然石板安装操作方法二——湿挂法

湿挂法是较为传统的安装作业方法。在采用绑扎连接石板的同时，需要分层灌注水泥砂浆，填实石板与墙体之间的空隙。通常在墙裙和勒脚处的石材贴面采用湿挂法工艺。湿挂法构造示意如图9-2所示。

1. 安装操作工艺流程

墙面基层清理→放线定位→电锤打孔（或利用预埋铁件）→板背打孔嵌固铜丝→绑扎固定石板→分层灌注水泥砂浆→调平对缝→白水泥色浆嵌缝→清理成活。

2. 安装操作工艺

天然石板湿挂法的镶贴工序见表9-2所示。

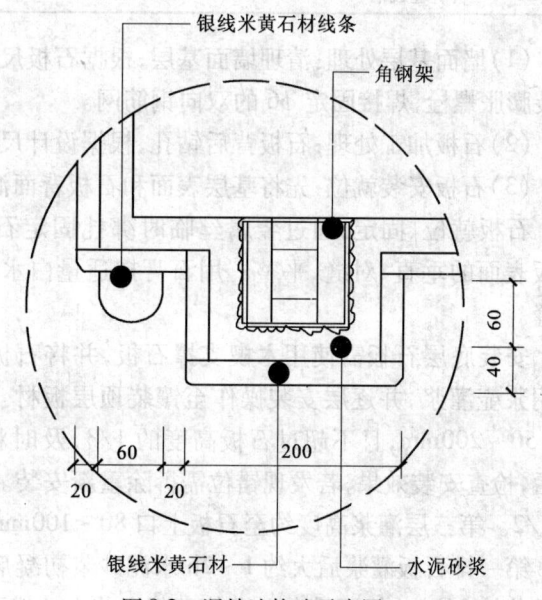

图9-2 湿挂法构造示意图

表 9-2 天然石板湿挂法的镶贴工序

项次	工序名称	花岗石板	大理石板
1	基层处理	+	+
2	墙面放线、定位	+	+
3	板材选材、预排、编号	+	+
4	电锤打孔或预埋铁件	+	+
5	固定 φ6 双向钢筋网	+	+
6	板材钻孔	+	+
7	板材背后涂刷防碱背涂剂	+	+
8	自下而上用直径 4mm 铜丝(或 3mm 不锈钢丝)绑扎固定石板	+	+
9	调平对缝	+	+
10	相邻板缝处间隔 100～150mm,用石膏掺适量白水泥临时固定	+	+
11	石膏浆嵌缝或缝内嵌泡沫塑料条	+	+
12	墙面和石板背面洒水湿润	+	+
13	第一层灌注 1:2:5 水泥砂浆 150～200mm 高	+	+
14	捣实灌浆、调平板面、养护、清理残浆	+	+
15	第二层灌注 1:2:5 水泥砂浆 100mm 高,约为板材高度的 1/2	+	+
16	养护、清理残浆	+	+
17	第三层灌注 1:2:5 水泥砂浆距板材上口高度 100mm 左右	+	+
18	清理残浆、养护 24h 后,再进行上一排石板的灌浆安装	+	+
19	清除堵缝材料	+	+
20	调配白水泥色浆嵌缝	+	+
21	抛光上蜡	+	+
22	清理成活	+	+

(1)墙面基层处理:清理墙面基层,根据石板尺寸放线定位,用冲击钻在基体结构上打孔,安装膨胀螺栓,焊接固定 φ6 的双向钢筋网。

(2)石板加工处理:石板背后钻孔,根据设计尺寸在石板四周边钻孔。

(3)石板安装就位:先将基层表面和石板背面洒水湿润。

石板就位、固定:通过金属丝临时绑扎固定石板,在墙面上拉水平线及吊垂线,以控制石板表面的垂直、对缝、平整。用石膏掺适量白水泥临时固定(间隔 100～150mm)相邻石板板缝。

安装底层石板需使用木楔支撑石板,并将石板就位后临时固定。每块石板应分三层分别用浆壶灌浆,并逐层安装操作至镶装顶层板材。第一层采用 1:2:5 水泥砂浆灌注高度为 150～200mm,且不超过石板高度的 1/3,及时将灌注砂浆插捣密实,调平对缝,经养护初凝后,检查安装效果,若发现错位需拆除重新安装。第二层灌浆高度约 100mm,应为石板高度的 1/2。第三层灌浆高度约至石板上口 80～100mm,所留余量为上下石板之间的灌浆结合层。

第一排石板灌浆后大约 1～2h 水泥砂浆初凝后,用棉纱擦净板缝残浆。每排石板安装完后需养护 24h,才能逐排向上绑扎灌浆安装上一排石板。

（4）嵌缝、清理：经养护后，清理掉临时固定板缝的石灰膏。在石板间隔缝隙中，用白水泥调色浆做好嵌缝处理。清理擦净石板表面，对于抛光镜面石板，应上蜡抛光成活。

9.1.3 天然石板安装操作方法三——湿贴法

湿贴法是指单纯用水泥砂浆粘贴石板的安装工艺。通常在采用石板尺寸较小时或踢脚板处采用湿贴法安装工艺。

1. 安装操作工艺流程

墙面基层清理→1∶3水泥砂浆找平刮毛→放线定位→预排选材→贴标志石板块→拉水平控制线→1∶1～1∶2水泥砂浆（或环氧树脂胶）粘贴石板→调平对缝→白水泥色浆嵌缝→清理成活。

2. 安装操作工艺

天然石板湿贴法的镶贴工序见表9-3所示。

表9-3 天然石板湿贴法的镶贴工序

项次	工 序 名 称	花岗石板	大理石板
1	基层清理（墙面浇水湿润、光面凿毛或涂刷界面处理剂）	+	+
2	1∶3水泥砂浆做灰饼、标筋	+	+
3	1∶3水泥砂浆做找平层，厚12～15mm，表面刮毛	+	+
4	放线定位	+	+
5	石板选材、预排、编号	+	+
6	板材背面涂刷防碱背涂剂	+	+
7	墙面找平层和石板背面洒水湿润	+	+
8	墙面找平层涂刷水泥净浆结合层（掺108胶）	+	+
9	1∶2水泥砂浆厚5mm左右粘贴石板（自下而上）	+	+
10	对缝调平（木锤轻敲、靠尺找平、随时擦缝）	+	+
11	白水泥色浆勾缝	+	+
12	抛光上蜡	+	+
13	清理成活	+	+

（1）墙面基层处理：墙面基层清理附灰、油污，光滑的水泥面需用钢钎凿毛，并提前一天洒水湿润。

（2）水泥砂浆找平层：首先用1∶3水泥砂浆做灰饼，厚同找平层12～15mm，再间隔1500mm左右做标筋，宽100mm左右；在标筋之间采用1∶3水泥砂浆做找平层，表面用木板刮毛。

（3）放线定位、选材试排：按设计图纸、饰面位置、饰面图案和板材的规格尺寸，在找平层上分别弹出水平和垂直控制线、分格线、分块线。

观察石材表面质感、尺寸、色彩、表面平整等指标，剔除不合格的板材。将石板排列后分别编号待用。

为防止粘贴水泥砂浆中碱金属氧化物在石材表面产生泛白碱析现象，在板材背面涂刷防碱背涂剂，防止在石材表面产生碱析现象。

不同质感石材的缝隙宽度要求不一，具体工程中石材的缝隙宽度可按照表9-4中选用。

表9-4　天然石板的缝隙宽度

项次	天然石板类型		缝隙宽度(mm)
1	花岗石、大理石、青石板	光面板、镜面板	1
2		粗磨面、麻面、条纹面	5
3		天然面、蘑菇石	10

（4）粘贴石板：在墙面水泥砂浆找平层和石板背面洒水湿润，涂刷水泥净浆结合层（掺108胶）。先做标志块，拉水平控制线。采用1∶2水泥砂浆厚5mm左右涂抹于石板背面，自下至上粘贴石板，第一排石板需在下边设垫木找平，石板需挤压平整，木锤敲击找平对缝，随时用靠尺（或铝合金方管）找平，控制板面平整度。相邻板缝处间隔100～150mm用石膏掺适量白水泥临时固定石板，防止粘结砂浆在凝结硬化前出现石板位移和脱落。

石板粘贴还可采用新型胶粘剂粘贴安装，如AH-05型胶粘剂、NS-101型干粉胶、粘之宝石材干挂胶、TENAX云石胶等。

（5）板缝处理：用棉纱随时擦净板缝溢出的砂浆，养护后清理临时固定板缝的石灰膏。

① 室内抛光石板接缝应干接，缝隙采用水泥色浆填抹。

② 室外抛光石板接缝可干接，而水平接缝内可垫硬塑料板条；待粘结砂浆硬化后，将硬塑料板条剔除，用1∶1水泥细砂浆勾缝。干接缝应采用水泥色浆抹平。

③ 粗糙表面（粗磨面、麻面、条纹面等）石板接缝，应采用水泥细砂浆勾缝。

④ 碎拼石板（虎皮墙面）接缝，其板块间的接缝应错落有致，形态自然，避免通缝，缝宽5～20mm。

（6）石板粘贴完成后，应及时擦净清理，对于抛光石板应上蜡成活。

9.2　陶瓷类贴面安装与操作

安装操作现场对陶瓷类饰面材料的一般要求为：

（1）表面平整、边缘整齐、棱角不得损坏，且应有产品合格证。

（2）面砖、瓷砖表面应光洁，质地坚固，尺寸和色泽一致，不得有暗痕和裂纹，其性能指标应符合现行国家标准的规定。

（3）陶瓷锦砖（玻璃锦砖）应质地坚硬，边棱齐整，尺寸准确；锦砖脱纸时间不得超过40min。

（4）所用胶结材料（108胶）的品种、掺和比例应符合国家相应标准的规定，并具有产品合格证书和符合环保标准的鉴定证书。

安装操作现场准备条件要求：

（1）墙体内所需管线（插座和开关已预留位置）均已埋设完成。

（2）脚手架已架立完成。

（3）为避免墙体基层过快吸收粘结砂浆中的水分，砖墙应提前1d洒水湿润，混凝土墙可提前3～4d洒水湿润。

（4）将挑选合格的外墙面砖和内墙瓷砖提前放入清水中泡约2h以上，取出晾干至手按砖背面无水渍时，方可粘贴安装。冬期安装时，应在掺入2%盐的温水中浸泡。

9.2.1 外墙面砖的镶贴工艺

1. 安装操作工艺流程

墙面基层清理→做灰饼、标筋→1∶3水泥砂浆找平刮毛→放线定位→预排选材→贴标志块→拉水平和垂直控制线→1∶1~1∶2水泥砂浆粘贴面砖→调平对缝→1∶1水泥砂浆嵌缝→清理成活。

2. 安装操作工艺

外墙面砖的镶贴工序见表9-5所示。

表9-5 外墙面砖的镶贴工序

项次	工 序 名 称	无釉面砖	有釉面砖	劈裂砖
1	外墙面砖浸水2h以上,洗净阴干	+	+	+
2	基层清理,提前洒水湿润	+	+	+
3	1∶3水泥砂浆做灰饼、标筋,间距1.5m左右	+	+	+
4	1∶3水泥砂浆做找平层,厚20mm,分层安装,表面搓毛	+	+	+
5	刷素水泥浆掺108胶结合层	+	+	+
6	放线、分格、试排	+	+	+
7	粘贴标志块	+	+	+
8	拉水平控制线、竖向控制线	+	+	+
9	1∶2水泥砂浆(掺108胶)5mm厚左右,自上而下粘贴面砖	+	+	+
10	木锤敲击、调平对缝	+	+	+
11	1∶1水泥砂浆勾缝,先勾水平缝,后勾垂直缝,缝宽6~10mm	+	+	+
12	面砖表面随时擦浆	+	+	+
13	清理成活	+	+	+

(1) 墙面基层处理:墙面基层清理附灰、油污,光滑的水泥面需用钢钎凿毛,并提前1d洒水湿润。

(2) 水泥砂浆找平层:首先1∶3水泥砂浆做灰饼,厚同找平层20mm,再间隔1500mm左右做标筋,宽100mm左右。在标筋之间采用1∶3水泥砂浆做找平层,表面用木板刮毛。

(3) 放线定位、选材试排:按设计图纸、饰面位置、面砖缝隙宽度、饰面图案和面砖的规格尺寸,在找平层上分别弹出水平和垂直控制线、分格线、分块线。观察面砖表面质感、尺寸、色彩、表面平整等指标,剔除不合格的面砖。

(4) 粘贴面砖:在墙面水泥砂浆找平层上洒水湿润,涂刷水泥净浆结合层(掺108胶)。先做标志块,拉水平控制线。采用1∶2水泥砂浆(掺108胶)厚5mm左右(宜4~8mm)涂抹于面砖背面,自上至下粘贴面砖,面砖缝隙宽度控制在6~10mm。面砖需挤压平整,用橡皮锤敲击找平对缝,随时用靠尺(或铝合金方管)找平,控制表面平整度。

(5) 砖缝处理:用棉纱随时擦净面砖缝隙溢出的砂浆,采用1∶1水泥砂浆勾缝。先勾水平缝,后勾垂直缝,勾缝深度不宜大于3mm,应平直、光滑、无空鼓、无裂缝。

(6) 清理成活:外墙面砖镶贴完成后,应及时清理表面,养护成活。

9.2.2 内墙瓷砖(文化石)的镶贴工艺

1. 安装操作工艺流程

墙面基层清理→做灰饼、标筋→1:3水泥砂浆找平刮毛→放线定位→预排(图案拼花)选材→贴标志块→拉水平和垂直控制线→1:1~1:2水泥砂浆(或环氧树脂胶)粘贴瓷砖(或文化石)→调平对缝→白水泥色浆嵌缝→清理成活。

2. 安装操作工艺

内墙瓷砖(文化石)的镶贴工序见表9-6所示。

表9-6 内墙瓷砖(文化石)的镶贴工序

项次	工 序 名 称	内墙瓷砖	拼画瓷砖	文化石
1	选砖,瓷砖浸水2h以上,洗净阴干	+	+	+
2	内墙面基层清理,提前洒水湿润	+	+	+
3	1:3水泥砂浆做灰饼、标筋,间距1.5m左右	+	+	+
4	1:3水泥砂浆做找平层,厚20mm,分层安装,表面搓毛	+	+	+
5	刷素水泥浆掺108胶结合层	+	+	+
6	放线、分格、预排、编号	+	+	+
7	粘贴标志块	+	+	+
8	拉水平控制线、竖向控制线	+	+	+
9	1:2水泥砂浆(掺108胶)5mm厚左右,自下而上粘贴瓷砖,拼花图案	+	+	
10	胶粘剂(或快粘粉、石膏粉)粘贴			+
11	木锤敲击、调平对缝	+	+	+
12	白水泥色浆抹缝	+	+	+
13	清理成活	+	+	+

(1)墙面基层处理:墙面基层清理附灰、油污,光滑的水泥面需用钢钎凿毛,并提前1d洒水湿润。

(2)水泥砂浆找平层:首先用1:3水泥砂浆做灰饼,厚同找平层20mm,再间隔1500mm左右做标筋,宽100mm左右。在标筋之间采用1:3水泥砂浆做找平层,表面用木板刮毛。

(3)放线定位、选材试排:按设计图纸、饰面位置、瓷砖饰面图案和瓷砖的规格尺寸,在找平层上分别弹出水平和垂直控制线、分格线、分块线。观察瓷砖表面质感、尺寸、色彩、表面平整等指标,剔除不合格的瓷砖。选材试排,分别编号。若瓷砖尺寸过大,可采用手动切割器或电动切割机切割瓷砖。使用电动切割机时,应注意洒水湿润锯片。

(4)粘贴瓷砖:在墙面水泥砂浆找平层上洒水湿润,涂刷水泥净浆结合层(掺108胶)。先做标志块,拉水平控制线。采用1:2水泥砂浆(掺108胶)厚5mm左右(宜4~8mm)涂抹于瓷砖背面,自下至上粘贴瓷砖,瓷砖缝隙宽度控制在1mm左右。瓷砖需挤压平整,用橡皮锤敲击找平对缝,随时用靠尺(或铝合金方管)找平,控制表面平整度。

(5)缝隙处理:用棉纱随时擦净瓷砖缝隙溢出的砂浆,采用白水泥色浆勾(扫)缝。

(6)清理成活:内墙瓷砖镶贴、勾缝完成后,应及时清理表面,养护成活。

9.2.3 陶瓷锦砖的镶贴工艺

1. 安装操作工艺流程

墙面基层清理→1:3水泥砂浆找平刮毛→放线定位→预排选材→贴标志块→拉水平和垂直控制线→1:1水泥砂浆(或素水泥浆掺108胶)粘贴陶瓷锦砖→揭掉牛皮纸→补块调平对缝→白水泥色浆嵌缝→清理成活。

2. 安装操作工艺

陶瓷锦砖的镶贴工序见表9-7所示。

表9-7 陶瓷锦砖的镶贴工序

项次	工序名称	陶瓷锦砖	玻璃锦砖
1	基层清理，提前洒水湿润	+	+
2	1:3水泥砂浆做灰饼、标筋，间距1.5m左右	+	+
3	1:3水泥砂浆做找平层，厚20mm，表面搓毛	+	+
4	刷素水泥浆掺108胶结合层	+	+
5	放线、分格、预排、编号	+	+
6	粘贴标志块	+	+
7	拉水平控制线、竖向控制线	+	+
8	1:1水泥砂浆5mm厚左右，自上边线对齐粘贴陶瓷锦砖	+	+
9	用木锤均匀敲击、挤压密实、拍平	+	+
10	洒水湿润牛皮纸养护	+	+
11	4h之内刷水润透，轻轻揭去牛皮纸	+	+
12	修补表面缺陷，调整缝隙，随时清理	+	+
13	白水泥色浆扫缝	+	+
14	清理成活	+	+

(1)墙面基层处理：墙面基层清理附灰、油污，光滑的水泥面需用钢钎凿毛，并提前1d洒水湿润。

(2)水泥砂浆找平层：首先用1:3水泥砂浆做灰饼，厚同找平层20mm，再间隔1500mm左右做标筋，宽100mm左右。在标筋之间采1:3水泥砂浆做找平层，表面用木板刮毛。

(3)放线定位、选材试排：按设计图纸、饰面位置、饰面图案和锦砖的规格尺寸，在找平层上分别弹出水平和垂直控制线、分格线、分块线。观察锦砖表面质感、尺寸、表面平整等指标，剔除不合格的锦砖。

(4)粘贴锦砖：在墙面水泥砂浆找平层上洒水湿润，涂刷水泥净浆结合层(掺108胶)。先做标志块，拉水平控制线。采用1:1水泥砂浆厚5mm左右(或水泥净浆掺108胶)涂抹于锦砖背面，自上而下粘贴锦砖。锦砖需挤压平整，用橡皮锤敲击找平对缝，随时用靠尺(或铝合金方管)找平，控制表面平整度。洒水湿润牛皮纸进行养护，4h之内刷水润透，轻轻揭去牛皮纸，修补表面锦砖脱落缺陷，调整缝隙，随时清理。

(5)砖缝处理：用棉纱随时擦净锦砖缝隙溢出的砂浆，外墙锦砖贴面采用1:1水泥砂浆勾缝；内墙锦砖贴面用白水泥浆勾缝。勾缝应平直、光滑、无空鼓、无裂缝。

(6)清理成活:墙面锦砖镶贴完成后,应及时清理表面,养护成活。

9.3　墙柱面饰面板(砖)工程质量验收

9.3.1　一般规定

1. 文件资料检查

墙柱面饰面板(砖)工程质量验收时,应检查下列文件和记录:
(1)饰面板(砖)工程的安装图、设计说明及其他设计文件。
(2)材料的产品合格证书、性能检测报告、进场验收记录和复验报告。
(3)后置埋件的现场拉拔检测报告。
(4)外墙饰面砖样板件的粘结强度检测报告。
(5)隐蔽工程验收记录。
(6)安装记录。

2. 材料复验

饰面板、砖工程应对下列材料及其性能指标进行复验:
(1)室内用花岗石的放射性。
(2)粘结用水泥的凝结时间、安全性和抗压强度,外墙陶瓷面砖的吸水率,寒冷地区外墙陶瓷面砖的抗冻性。

3. 隐蔽工程验收

饰面板、砖工程应对下列隐蔽工程项目进行验收:
(1)预埋件及后置埋件。
(2)连接节点。
(3)防水层。

4. 检验批的划分

各分项工程的检验批,应按下列规定划分:
(1)相同材料、工艺和安装条件的室内饰面板、砖工程,每50间(大面积房间和走廊按安装面积$30m^2$为一间)应划分为一个检验批,不足50间也应划分为一个检验批。
(2)相同材料、工艺和安装条件的室外饰面板、砖工程,每$500\sim1000m^2$应划分为一个检验批,不足$500m^2$的也应划分为一个检验批。

5. 检查数量

(1)室内每个检验批应至少抽查10%,并不得少于3间;不足3间时应全数检查。
(2)室外每个检验批每$100m^2$至少抽查一处,每处不得小于$10m^2$。

6. 其他规定

(1)外墙饰面砖粘贴前和安装过程中,均应在相同基层上做样板件,并对样板件的饰面砖粘结强度进行检验,其检验方法和结果判定应符合《建筑工程饰面砖粘结强度检验标准》(JGJ 110)的规定。
(2)饰面板、砖工程的抗震缝、伸缩缝、沉降缝等部位的处理,应保证缝的使用功能和饰面的完整性。

9.3.2 饰面板(砖)安装工程质量验收标准

饰面板(砖)安装工程质量验收标准见表9-8和表9-9的有关规定。

表9-8 饰面板(砖)安装工程质量验收标准

项 目	项次	质 量 要 求	检 验 方 法
主控项目	1	饰面板的品种、规格、颜色和性能应符合设计要求,木龙骨、木饰面板和塑料饰面板的燃烧性能等级应符合设计要求	检查产品合格证书、进场验收记录和性能检测报告
	2	饰面板孔、槽的数量、位置和尺寸应符合设计要求	检查进场验收记录和安装记录
	3	饰面板安装工程的预埋件(或后置埋件)、连接件的数量、规格、位置、连接方法和防腐处理必须符合设计要求;后置埋件的现场抗拉强度必须符合设计要求;饰面板安装必须牢固	手扳检查;检查进场验收记录、现场抗拉检测报告、隐蔽工程验收记录和安装记录
一般项目	4	饰面板表面应平整、洁净、色泽一致,无裂缝和缺损;石材表面应无泛碱等污染	观察
	5	饰面板嵌缝应密实、平直,宽度和深度应符合设计要求,嵌埋材料色泽应一致	观察;尺量检查
	6	采用湿作业法安装的饰面板工程,石材应进行防碱背涂处理;饰面板与基体之间的灌注材料应饱满、密实	用小锤敲击检查;检查安装记录
	7	饰面板上的孔洞应套割吻合,边缘应整齐	观察;尺量检查
	8	饰面板安装的允许偏差和检验方法应符合表9-9的规定	

表9-9 饰面板(砖)安装的允许偏差和检验方法

项次	项 目	允许偏差(mm)							检 验 方 法
		石材			瓷板	木材	塑料	金属	
		光面	剁斧石	蘑菇石					
1	立面垂直度	2	3	3	2	1.5	2	2	用2m垂直检测尺检查
2	表面平整度	2	3		1.5	1	3	3	用2m靠尺和塞尺检查
3	阴阳角方正	2	4	4	2	1.5	3	3	用直角检测尺检查
4	接缝直线度	2	4	4	2	1	1	1	拉5m线,不足5m拉通线,用钢直尺检查
5	墙裙、勒脚上口直线度	2	3	3	2	2	2	2	拉5m线,不足5m拉通线,用钢直尺检查
6	接缝高低差	0.5	3		0.5	0.5			用钢直尺和塞尺检查
7	接缝宽度	1	2	2	1	1	1	1	用钢尺检查

9.3.3 饰面板(砖)粘贴工程质量验收标准

饰面板(砖)粘贴工程质量验收标准见表9-10和表9-11的规定。

表 9-10 饰面板(砖)粘贴工程质量验收标准

项目	项次	质量要求	检验方法
主控项目	1	饰面砖的品种、规格、图案、颜色和性能应符合设计要求	观察:检查产品合格证书、进场验收记录、性能检测报告和复验报告
	2	饰面砖粘贴工程的找平、防水、粘结和勾缝材料及安装方法应符合设计要求及国家现行产品标准和工程技术标准的规定	检查产品合格证书、复验报告和隐蔽工程验收记录
	3	饰面砖粘贴必须牢固	检查样板件粘结强度检测报告和安装操作记录
	4	满粘法安装的饰面砖工程应无空鼓、裂缝	观察:用小锤轻击检查
一般项目	5	饰面砖表面应平整、洁净、色泽一致,无裂痕和缺损	观察
	6	阴阳角处搭接方式、非整砖使用部位应符合设计要求	观察
	7	墙面突出物周围的饰面砖应整砖套割吻合,边缘应整齐;墙裙、贴面与墙面的厚度应一致	观察:尺量检查
	8	饰面砖接缝应平直、光滑,填嵌应连续、密实;宽度和深度应符合设计要求	观察:尺量检查
	9	有排水要求的部位应做滴水线(槽),滴水线(槽)应顺直,流水坡向应正确,坡度应符合设计要求	观察:用水平尺量检查
	10	饰面砖粘贴的允许偏差和检验方法应符合表9-11的规定	

表 9-11 饰面板(砖)粘贴的允许偏差和检验方法

项次	项目	允许偏差(mm)		检验方法
		外墙面砖	内墙面砖	
1	立面垂直度	3	2	用2m垂直检测尺检查
2	表面平整度	4	3	用2m靠尺和塞尺检查
3	阴阳角方正	3	3	用直角检测尺检查
4	接缝直线度	3	2	拉5m线,不足5m拉通线,用钢直尺检查
5	接缝高低差	1	0.5	用钢直尺和塞尺检查
6	接缝宽度	1	1	用钢尺检查

项目实训十:饰面工程安装操作实训

一、实训目的

1. 掌握石材贴面安装与操作。
2. 熟悉陶瓷类贴面安装与操作。

二、实训内容

1. 进行实地 $2m^2$ 石材贴面安装与操作实训。
2. 进行实地 $2m^2$ 陶瓷类贴面安装与操作实训。

三、实训时间

每人操作 45min。

四、实训报告

1. 编写石材贴面安装与操作实训报告。
2. 编写陶瓷类贴面安装与操作实训报告。

项目十 饰面工程案例分析、防范及治理

我国房屋的外墙装饰标准在不断提高,黏土砖清水墙面、抹灰墙面、水刷石墙面已逐渐减少,马赛克、外墙砖、石材板块等饰面板(砖)已大量采用。板块饰面、外墙涂料、幕墙等使得我国的建筑物饰面变得丰富多彩、面目一新,成为一个经济和技术时代的标志。饰面板(砖)工程要求设计精巧,手工细致,安全可靠,观感新美,维修方便。但是,不少房屋由于饰面工程无专项设计,镶贴砂浆粘结力无专项检验,传统的密缝法镶贴等三大弊病,以及手工粗糙、空鼓脱落、渗漏析白、污染积垢等质量通病,虽然装修标准提高了,却未能达到预期的美观效果,或造成室内装修发霉、发黑,甚至发生人身伤害事故。

饰面板(砖)工程是一个系统工程,每一环节的失控,都可导致装饰失败。由于其专业性较强,业外人士可能技术不足,宜由专业公司分包专项设计、专项安装。设计方面,饰面装饰工程专项设计不但要考虑安全可靠、精巧美观,还要安装可行(从设计开始考虑如何减免质量通病)。安装方面,在会审图纸时,对不够合理的设计要及时提出合理建议,安装前要有预见性,即哪个环节、哪些部位可能出现何种类型的质量通病;从主体结构到找平层抹灰、饰面镶贴每一个工序都必须先做样板,尽量减少几何尺寸偏差,及早发现问题,千万不要等到问题成堆时,才发现和纠正;有关材料先检验后使用,不但要求外观、尺寸合格,而且其物理力学性能也要合格,只有材料质量保证,避免墙面渗漏和空鼓脱落才有保证。质量通病发生之后,费工、费钱也未必能修补好安装缺陷。因而必须重在预防,发现早,损失少,效果好。

10.1 花岗石墙面案例

花岗石又称火成岩,其抗冻性达100~200次冻融循环,有良好的抗风化稳定性、耐磨性、耐酸碱性,耐用年限约75~200年。花岗石板块适用于室内外墙面装饰,富丽堂皇,但造价较高。比之干挂法,花岗石镶贴墙面比较容易产生一系列的质量通病。因此,花岗石板材的物理性能和外观质量必须符合《天然花岗石建筑板材》(GB/T 18601—2009)的规定,安装必须遵守《建筑装饰装修工程质量验收规范》(GB 50210—2001)的规定和参照《外墙饰面砖工程施工及验收规程》(JGJ 126—2000)的规定。但是,干挂法也有自身的毛病。镶贴法安装简便,造价较低,并已有许多改性粘结材料,只要精心安装操作,同样可以达到观感新美,安全可靠的目的;适用于高度不大于24m、抗震烈度不大于7度的外墙花岗石墙面及内墙面。

案例一:饰面不平整,接缝不顺直

1. 案例现象

花岗石板块墙面镶贴之后,大面凹凸不平,板块接缝横不水平、竖不垂直,板缝大小不一,板缝两侧相邻板块高低不平,严重影响外观。

2. 案例原因分析

(1)板块外形尺寸偏差大。加工设备落后或生产工艺不合理,操作人为因素多,致石材制作加工精度差,质量很难保证。弯曲面或弧形平面板块,在安装现场用手提切割机加工,尺寸

偏差失控。其常见病是板块厚薄不一,板面凹凸不平,板角不方正,板块尺寸超过允许偏差。

(2)安装操作无准备。对板块来料无检查、挑选、试拼,板块编排无专项设计,安装标线不准确或间隔过大。

(3)干缝(或密缝)安装。无法利用板缝宽度适当调整板块加工制作偏差,致面积较大的墙面板缝积累偏差过大。

(4)操作不当。采用粘贴法安装的墙面,基层找抹不平整。采用灌浆法(挂贴法)安装的墙面凹凸过大,灌浆困难,板块支撑固定不牢,或一次灌浆过高,侧压力大,挤压板块外移。

3. 案例防范措施

(1)批量板块应由石材工厂加工生产,废止在安装现场批量生产板块的落后安装;弯曲面或弧形平面板块应由石材工厂专用设备(如电脑数控机床、仿形铣床、超高压水射流切割机——水刀)加工制作。石材进场应按《天然花岗石建筑板材》(GB/T 18601—2009)的规定检查外观质量,检查内容包括规格尺寸、平面度、角度、外观缺陷等。超出允许偏差者,应退货或磨边修整,阳角板块斜边宜略小于1/2阳角角度(利于填入砂浆)。

(2)由专业公司对墙面板块进行专项装修设计。

① 有关方面认真会审图纸,明确板块的排列方式、分格和图案、伸缩缝位置、接缝和凹凸部位的构造大样。

② 室外墙面,由于有防水要求,板缝宽度不应小于5mm,兼可采用适当调整板缝宽度的办法,减少板块制作积累偏差。室内墙面,无防水要求,光面和镜面花岗石板缝干接是接缝不顺直的重要原因之一。因此,干接板材的方正平直不应超过优等品的允许偏差标准,否则会给干接安装带来困难。传统的逐块进行套方检查板块几何尺寸,并按偏差大小分类归堆的办法,固然可以减少因尺寸偏差所带来的问题,可使接缝变得顺直。但是,这样可能会打乱石材的原编号和增大色差(有花纹的石材还可能因此而使得花纹乱套),效果不一定好。根据《天然花岗石建筑板材》(GB/T 18601—2009)的规定,板块长、宽只允许负偏差。板缝干接,对于面积较大的墙面,为减少板块制作尺寸的积累偏差,板缝宽度宜适当放宽至2mm左右(板块尺寸的制作偏差是必然的)。建筑物的转角、檐口、腰线、踢脚线、门窗框等边缘还可采用"异形石材花线条"镶边或调整。只有这样,才能解决"色泽调和、纹理通顺、接缝顺直"等主要矛盾。

(3)做好安装大样图。板材安装前,首先应根据建筑设计图纸要求,认真核实板块安装部位的结构实际尺寸及偏差情况,如墙面基体的垂直度、平整度以及由于纠正偏差(剔凿后用细石混凝土或水泥砂浆修补)增减的尺寸,绘出修正图。超出允许偏差的,若是灌浆法(挂贴法)安装,则应在保证基体与板块底面距离不小于30mm的前提下,重新排列分块尺寸。在确定排板图时应做好以下工作:

① 测量墙、柱的实际高度,墙、柱中心线,柱与柱之间距离,墙和柱上部、中部、下部拉水平通线后的结构尺寸,以确定墙、柱面边线,依此计算出板块排列分块尺寸。

② 对外形变化较复杂的墙面、柱面(例如:多边形、圆形、双曲弧形),特别是需异形板块镶贴的部位,尚须用薄铁皮或三夹板进行实际放样,以便确定板块实际的规格尺寸。目前已有异型加工的专用机械,如数控金刚石串珠锯、数控高压水射流切割机(水刀)、红外线切割机、激光切割机、仿真数控三维石材加工设备。

根据上述墙、柱校核实测的板块规格尺寸,并将板块间的接缝宽度包括在内,计算出板块的排列,按安装顺序编上号,绘制分块大样图以及节点大样图,作为加工板块和各种零配件

(锚固件、连接件)以及安装的依据。

(4)测量放线。墙、柱的安装,应按设计轴线距离,弹出墙柱中心线、板块分格线(应精确至每一板块都有纵横弹线作为镶贴依据)和水平标高线。由于挂线容易被风动或意外触碰或受墙面凸出物、脚手架等影响,测量放线应用经纬仪和水平仪,才能减少尺寸偏差。目前已有"激光石材放线定位仪",由于激光的直线度偏差几乎不存在,其定位、划线的偏差非常小。

(5)板块安装(先做样板墙,经建设、设计、监理、安装等单位共同商定和确认后,再大面积铺开)。

① 安装前应进行试拼,对好颜色,调整花纹,使板与板之间上下左右纹理通顺、颜色协调、接缝平直均匀,试拼后由下至上逐块编写镶贴顺序,然后对号入座。

② 安装顺序以根据事先找好的中心线、水平通线和墙面线进行试拼、编号,然后在最下一行两头用块材找平找直。拉上横线,再从中间或一端开始安装,随时用托线板靠直靠平,保证板与板交接部位四角平整。

③ 板块安装,应找正吊直,采取临时固定措施,以防灌注砂浆时板位移动。

④ 宜在板块"十"字交叉部位使用商品定型"十"字塑料卡(十字定位架)控制板缝的大小。并应确保外表面的平整、垂直及板的上口平顺。

⑤ 突出墙面勒脚的板块安装,应待上层的饰面工程完工后进行。

(6)板块灌浆。灌浆前,板块背面和基体表面应先润湿,板背、墙面均应涂刷界面剂,再分层灌注砂浆,每层灌注高度为150~200mm,且不得大于板高的1/3,插捣密实。待其初凝后,应检查板面位置,如移动错位应拆除重新安装;若无移动,方可灌注上层砂浆,安装缝应留在板块水平接缝以下50~100mm处。

(7)粘贴法安装,找平层表面平整度允许偏差宜为3mm(不得大于4mm);板块厚度允许偏差应按优等品的要求,如板厚在12mm以内者,其允许偏差为±0.5mm。

(8)大面镶贴完毕后,宜用经纬仪及水平仪沿板缝打点,使墙面石材板缝在竖向和水平向都能通线,再沿板缝两侧用粉线(墨线会污染板块)弹出板缝边线,沿粉线贴上分色胶纸带(不干胶纸带),打防水密封胶。嵌缝胶的颜色选择需先作几个样板,再研究决定。

一般情况下,光面石材或板缝偏差小的墙面,宜用深色(甚至黑色),会更显得缝格大小均匀,横平竖直。而毛面花岗石,即使板缝大小均匀、横平竖直,若用黑色密封胶嵌缝,由于板缝两边凹凸不平,再仔细打胶,板缝胶仍然难免出现"毛毛虫"现象。因此,毛面花岗石板或板缝安装偏差较大的墙面,宜用颜色较浅的密封胶嵌缝。但是,无色密封胶不显缝格,又容易受污染,也不宜采用。

4. 案例治理方法

花岗石墙面如果出现大面不平整,接缝不顺直的情况,很难处理,返工费用又高,因而应重在预防。若接缝不顺直的情况不严重,可沿缝拉通线(大面积墙面宜用水平仪、经纬仪)找顺、找直,采用适当加大板缝宽度的办法,用粉线沿缝弹出加大板缝后的板缝边线,沿线贴上分色胶纸带,再打浅色防水密封胶,可掩饰原来接缝的缺陷。

案例二:板块长年水斑

1. 案例现象

湿法工艺(粘贴、灌浆)安装的花岗石墙面,在安装期间板块会出现水印;随着镶贴砂浆的硬化和干燥,水印会慢慢缩小,甚至消失。若是石材不够密实(结晶较粗),颜色较浅,板底和板面未作防水处理,砂浆水灰比过大,墙面的水印(包括拌合水、可溶性盐碱)可能残留下来(尤其是潮湿低温天气,背阴面),板块出现大小不一、颜色较深的暗影,此称为"水斑"(或水渍、泛碱、潮华)。一般情况下,水斑孤立、分散地出现在板块中间,程度不会严重(或不发生),影响外观不大,这种由于镶贴砂浆拌合水引发的板块水斑,称为"初生水斑"(或"一次潮华")。随着时间的推移,遇上雨雪或潮湿天气,水从板缝、墙根等部位入侵,析出更多的盐、碱,堵塞石材内部的微孔,花岗石墙面的水印范围会逐渐变大,水斑在板缝附近串连成片,板块颜色局部加深,板面光泽暗淡,板缝"并发"析出白色的结晶体,严重影响外观。晴天,水印的范围虽然会有些缩小,但长年不褪,此种由于外部环境水的入侵而引发的板块水斑,称为"增生水斑"(或"二次潮华")。由于板块有可溶性盐类入侵,已不仅仅是"泛碱"。水斑现象如图10-1所示。

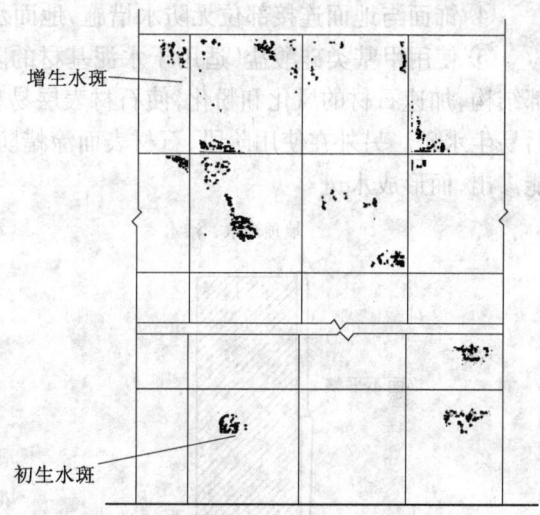

图 10-1　花岗石墙面水斑示意图

2. 案例原因分析

(1)花岗石内因。花岗石结晶相对较粗,不如大理石致密,其吸水率为0.2%～1.7%,抗渗性能还不如普通水泥砂浆。颜色较浅的花岗石具有"透底"性,因而水斑也是有别于大理石、陶瓷釉面砖,成为颜色较浅、结晶较粗的普通花岗石特有现象。因此,花岗石板块安装之前,如不作专门的防护处理,其病害难以避免。

(2)可溶性碱和盐的来源。

① 镶贴砂浆析出的 $Ca(OH)_2$(氢氧化钙)是硅酸盐系列水泥水化的必然产物,其水化反应式为:

$$2(3CaO \cdot SiO_2) + 6H_2O = 3CaO \cdot 2SiO_2 \cdot 3H_2O + 3Ca(OH)_2$$
$$2(3CaO \cdot SiO_2) + 4H_2O = 3CaO \cdot 2SiO_2 \cdot 3H_2O + Ca(OH)_2$$

如果花岗石板块背面不作防水处理,镶贴砂浆析出的 $Ca(OH)_2$ 就会跟随多余的拌合水,沿石材的毛细孔游离入侵板块。拌合水越多,移动到砂浆表面的 $Ca(OH)_2$ 就越多。水分蒸发后,$Ca(OH)_2$ 就积存在板块里面,并慢慢地堵塞石材的孔隙。

② 混凝土墙体存在 $Ca(OH)_2$,或在水泥中添加了含有 Na^+ 的外加剂,如早强剂 Na_2SO_4、粉煤灰激发剂 $NaOH$、抗冻剂 $NaNO_3$ 等。普通砖的土壤成分就含有 Na^+、Mg^{2+}、K^+、Ca^{2+}、Cl^-、SO_4^{2-}、CO_3^{2-} 等离子(在西北地区、滨海盐碱地带、内陆盆地等盐渍土地区最为严重);在烧制过程中使用煤,又提高了普通砖体的 SO_4^{2-} 的含量。上述物质遇水溶解,会渗透并部分残留在石材毛细孔里,或顺板缝流出。外部环境水的入侵与预防如图10-2所示。

(3)水的来源。

① 目前国内花岗石饰面仍有许多沿用传统的密缝镶贴法,形成"瞎缝"。由于板缝太窄

小,勾缝或嵌填困难,其防水效果不好。如果饰面不平整,板缝更容易进水。

② 离缝法镶贴的板块,嵌缝胶质量不合格或板缝不干净。嵌缝后,嵌缝胶在与石材的接触面部位开裂或嵌缝胶自身开裂,或胶缝里夹杂尘土、砂粒出现孔眼。

③ 外墙饰面无压顶板块或压接不合理(如压顶板块不压竖向板块),雨水从板缝侵入。

④ 饰面与地面连接部位无防水措施,地面水(或潮湿)沿墙体或砂浆层侵入石材板块里。

⑤ 使用甲基类硅酸盐(适用于水泥基材的防水剂)作防护剂,因其强碱性会损坏石材的内部结构,加速石材的风化和粉化,使石材表层易粘灰尘,其处理后的石材易生白斑或绿斑,遇水后易生水斑。另外在使用阶段,石材表面涂蜡防护,石材的毛细孔被堵死,石材内部的水分不能渗出,而形成水斑。

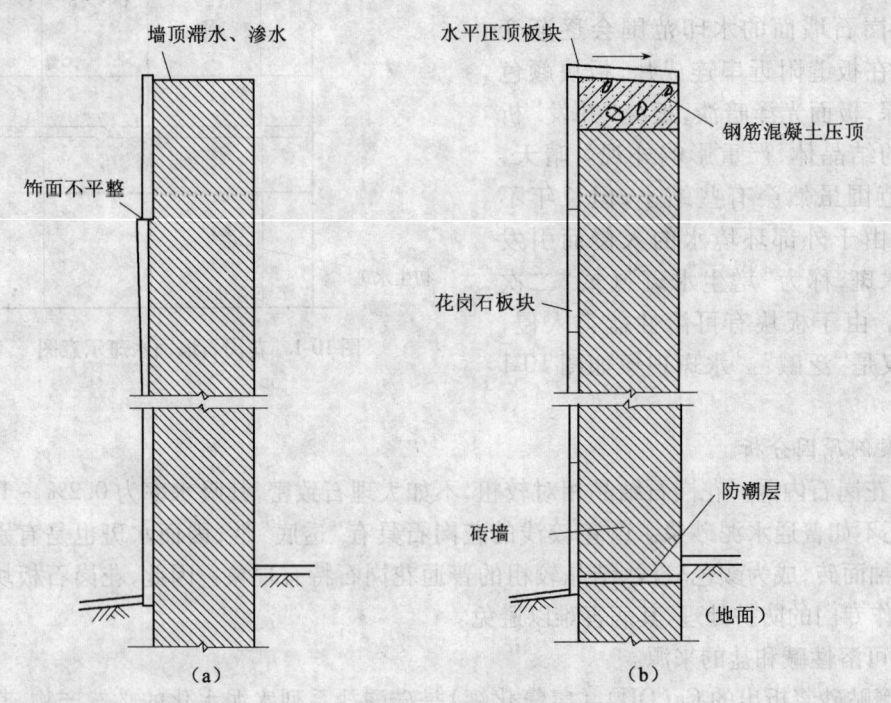

图 10-2 外部环境水的入侵与预防
(a)入侵通道;(b)预防措施

3. 案例防范措施

颜色较浅的普通花岗石抗渗性能差,并具有"透底"性;墙体、砂浆含有可溶性碱和盐的成分都是内因。水是外因。由于室外镶贴必须采用水泥基料的砂浆,因此,只有防水才能预防"水斑"。

(1)一般措施。

① 室外镶贴宜采用经检验合格的水泥基商品粘结剂(干混料),由于它具有良好的保水性,能大大减轻水泥凝结泌水。室内镶贴宜采用石材化学胶粘剂点粘,从而避免湿作业带来的一系列问题。

② 为防止雨水的入侵,室外安装应搭设防雨篷布,待安装完毕才能拆除。

③ 由于石材板块单位面积自重较大,为方便系固、方便灌浆和防止砂浆未硬化之前的板块下坠,板块镶贴一般都是自下而上。湿润墙面、板块时,如果像贴马赛克揭纸大量淋水,可能

发生或加重水斑。因此,石材和基体都不应在板块安装后才洗尘,并大量浇水。浮尘、脏物应事先清净,板块应事先润湿,墙面不应大量淋水。

④ 地面墙根下应设置防潮层。室外找平层表面应涂抹水泥基料的防渗材料(卫生间、浴室等用水房间的内壁亦需作防渗处理)。

⑤ 在砂浆里掺入"水泥白华防止剂",以降低 $Ca(OH)_2$ 的析出数量。工地自拌的水泥砂浆宜掺入减水剂(必须作相容性和配合比试验),才能减少 $Ca(OH)_2$ 析出至镶贴砂浆表面的数量,从而减免因镶贴砂浆水化而引发的初生水斑。粘贴法砂浆稠度宜为6~8cm,灌浆法(挂贴法)砂浆稠度宜为8~12cm。

⑥ 为防雨雪从板缝侵入,墙顶水平压顶板块必须压住墙面竖向板块。墙面板块必须离缝镶贴,缝宽不应小于5mm(板缝过小,密封胶嵌不进缝里)。只有离缝镶贴,板缝才能嵌填密实。只有防水,才能防止镶贴砂浆、找平层、基体的可溶性碱和盐类被水带出,才能预防增生水斑和析白流挂。

⑦ 处理好门窗框周边与外墙的接缝,防止雨水渗漏入墙。

(2)有效措施。

① 石材应进行防碱背涂处理,石材板底涂刷树脂胶,再贴化纤丝网格布,形成一层抗拉防水层。或采用渗透型、浸润型的石材背涂处理剂,对石材的底面和侧面周边作涂布处理。也可采用环氧树脂胶涂层,再沾粘小米粒石以增强粘结能力,但安装操作比较麻烦,效果不如专用处理剂(如果板底涂刷表面成膜的有机硅乳液或油性防护剂,会因表面太光滑而降低粘结力)。

② 板缝嵌填防水耐候密封胶(加阻水塑料芯棒),如图10-3所示,密封材料应采用中性耐候硅酮密封胶。耐候硅酮密封胶应作与石材接触的相容性试验,无污染、无变色,不发生影响粘结性的物理、化学变化。也可采用商品专用柔性水泥嵌缝料(内含高性能合成乳液,适用于小活动量板缝)。嵌缝后,应检查嵌缝材料本身或与石材接触面有无开裂。

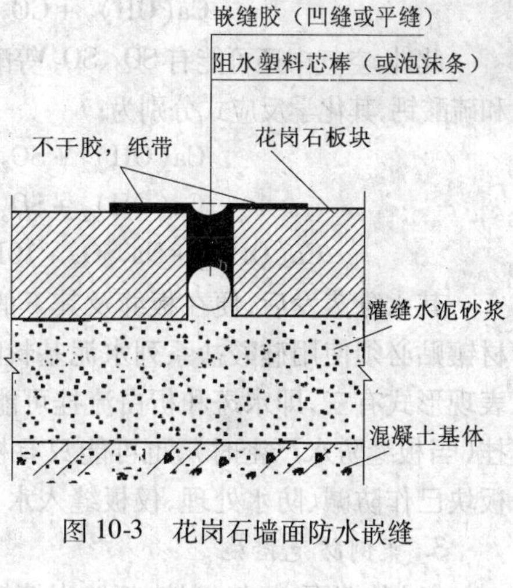

③ 甲基类硅酸盐防护剂及涂蜡防护应予淘汰。镶贴、嵌缝完毕,室外石材全面积喷涂专用石材防护剂(毛面花岗石更为必要)。

④ 改镶贴为干挂,或采用超薄复合板。

图10-3 花岗石墙面防水嵌缝

4. 案例治理方法

室外花岗石墙面一旦出现水斑,由于可溶性碱(或盐)物质沿毛细孔已渗透到石材里面(已泄出板面者,可以清除),很难清除,被称为"石病之癌",应着重预防。水斑发生之后,应尽快对墙体、板缝、板面等全面进行防水处理,阻止水分继续入侵,使水斑不再扩大。其补救措施是,可用水斑清除剂,减轻水斑;或用树脂注入方法,使未出现"水斑"的部位颜色加深,以此减少色差;或采用渗透染色来改变原饰面石材的颜色。

案例三:板缝析白流挂

1. 案例现象

经过一段时间(水斑"增生")之后,室外花岗石墙面沿着横竖板缝悬挂着长短不一的"白胡子",称"析白流挂"(或白华、白霜、泛白、析盐、析霜、盐霜)。随着时间的推移,"白胡子"不断增长,严重降低饰面的观感质量,如图10-4所示。"泛碱"和"析白"是不同的理化和时间概念。"泛碱"是水将镶贴、找平层砂浆和基体里的可溶性碱和盐溶解和带出,是物理变化,发生时间在"析白"之前。"析白"是"泛碱"物质(可溶性碱和盐)流出之后,在板缝和板块表面生成的白色结晶物质(晶化),是化学变化,时间是在"泛碱"之后。没有水就没有"泛碱",没有"泛碱"就没有"析白"。外部水的入侵越多,"泛碱"、"析白"就越严重。

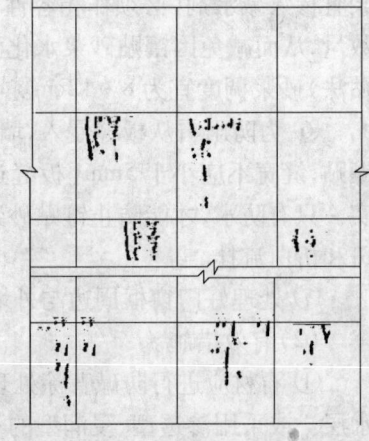

图10-4 板缝析白流挂示意图

2. 案例原因分析

由于墙体、板缝、板面无防水措施或安装缺陷,雨雪入侵,溶解并带出里面的$Ca(OH)_2$,其一部分渗透到石材里面,成为水斑;另一部分顺板缝流出,进而变成析白流挂。从板缝流出的$Ca(OH)_2$溶液与空气中CO_2发生化学反应生成不溶于水的白色沉淀物$CaCO_3$,化学反应式为:

$$Ca(OH)_2 + CO_2 + nH_2O = CaCO_3 + (n+1)H_2O$$

此外,空气中还可能有SO_2、SO_3等酸性气体存在,它们将分别与$Ca(OH)_2$反应,生成亚硫酸钙和硫酸钙,其化学反应式分别为:

$$Ca(OH)_2 + SO_2 + nH_2O = CaSO_3 + (n+1)H_2O$$

$$Ca(OH)_2 + SO_3 + nH_2O = CaSO_4 + (n+1)H_2O$$

$$Ca(OH)_2 + Na_2SO_4 \cdot 10H_2O = CaSO_4 \cdot 2H_2O \downarrow + 2NaOH + 8H_2O$$

其水分蒸发后,便在板缝及其下的板面上留下白色结晶体,形成"白胡子"。由于室外石材镶贴必须使用硅酸盐系列水泥基料的镶贴砂浆,因而白色的$Ca(OH)_2$析出是必然的,但其表现形式有三,即水斑和析白流挂可能同时发生于室外同一墙面,也可能只有水斑而无析白流挂(当板缝防水严密时),也可能只有析白流挂而无水斑(当花岗石材质密实或颜色很深时或板块已作防碱、防水处理,仅板缝入水)。

3. 案例防范措施

(1)从墙面、板块压接、板缝嵌填等方面落实防碱、防水措施,详见案例一"板块长年水斑"的防范措施,或采用天然石材起薄复合板,使用专用胶直接粘贴。

(2)地下水(或地面滞水)以下的台阶、踏步、石墙,不同于地面上的墙壁,最容易渗漏。石材板缝可用水溶性聚氨酯堵漏剂进行高压注浆。该堵漏剂是低黏度、单组分浆体,注入板缝或裂缝后,遇水(注水)产生交联反应,发泡生成多元网状封闭弹性体,产生二次渗压,达到止漏目的。

4. 案例治理方法

室外花岗石墙面出现析白流挂之后,应全面检查渗漏点,进行补漏。然后清除析白流挂。

案例四:板块开裂,边角缺损

1. 案例现象

板块暗缝、"石筋"或石材加工、运输隐伤部位,墙、柱顶部或根部,墙、柱阳角部位等出现裂缝、损伤,会降低美观和耐久性。

2. 案例原因分析

(1)石材性脆。如果板块材质局部风化脆弱,或加工运输过程中造成隐伤,安装前无检查无修补。

(2)计划不周或安装无序,在饰面安装之后又在墙上开凿孔洞,致饰面出现犬牙和裂缝。

(3)墙、柱上下部位,板缝未留空隙,结构受压变形;或大面积墙面不设变形缝,环境温度变化,板块受到挤压;轻质墙体未作加强处理,墙体干缩开裂。

(4)花岗石板镶贴在外墙面或紧贴厨房、厕所、浴室等潮气较大的房间时,安装粗糙,板缝防水不严,侵蚀气体或湿空气侵入板缝,使连接件遭到锈蚀,产生膨胀,给花岗石板一种向外的推力。

3. 案例防范措施

(1)石材板底涂刷树脂胶,再贴化纤丝网格布,形成一层抗拉防水层;或采用有衬底的复合型超薄石材,从而减免开裂和损伤。为预防运输、堆放、钻孔等损伤,板块应立放(不应水平摆放)。

(2)饰面墙上有时难免需要开孔洞(如电开关、镶招牌等)应事先考虑并在板块未上墙之前加工,切勿在饰面安装之后再手工锤凿。如在饰面墙上开圆孔,已有专用的金刚石钻孔机,可避免出现因锤、凿等落后安装而产生的犬牙和裂缝。

(3)进场检修。板块进场拆包后,首先应按《天然花岗石建筑板材》(GB/T 18601—2009)的规定进行外观检验,轻度破损的板块,应优先采用专门的商品石材修补胶,按产品说明书上的要求进行修补。如用自配环氧树脂胶粘剂(表10-1)粘贴,修补时应将粘结面清洁并干燥,两个粘合面涂厚度不大于0.5mm粘结胶层,在不小于15℃的环境中粘贴,在相同温度的室内养护(紧固时间大于3d);对表面缺边、坑洼、疵点的修补可刮环氧树脂腻子并在15℃室内养护1d,而后用0号砂纸磨平,再养护2~3d,作石材防护。石材修补后,板面不得有明显痕迹,颜色应与板面花色相近。

表10-1 自配环氧树脂胶粘剂与环氧树脂腻子配合比

材料名称	质量比	
	胶粘剂	腻子
环氧树脂 E44(6101)	100	100
乙二胺	6~8	10
邻苯二甲酸二丁酯	20	10
白水泥	0	100~200
颜料	适量(与修补板材颜色相近)	适量(与修补板材相近)

(4)考虑墙、柱受上部楼层荷载的压缩及成品保护等原因,饰面工程应在建筑物的安装后期进行。墙、柱顶部和根部的板块,宜预留不小于5mm的空隙,嵌填柔性密封胶,以适应

下层墙、柱受长期荷载的压缩或温度变化。板缝用水泥砂浆勾缝的墙面,室外宜5~6m(室内宜10~12m)设一道(宽度为10~15mm)变形缝,以适应环境温度变化。轻质墙体应作加强处理。

(5)外墙或用水房间墙面须先做好防水措施。

4. 案例治理方法

因缝格设置不当造成挤压破裂的饰面,应在适当部位开设变形缝。板块开裂,边角缺损不严重的,可用商品环氧基石材胶进行修补。

案例五:空鼓脱落

1. 案例现象

饰面板块镶贴之后,板块出现空鼓。空鼓可能会随着时间的推移,范围逐渐发展扩大,甚至松动脱落,伤害人和物。

2. 案例原因分析

(1)基体(或基层)、板块底面未清理干净,残存灰尘或脏污物;未用界面处理剂处理基体表面及板块底面。

(2)粘贴(或灌浆)砂浆不饱满,或砂浆太稀、强度低、粘结力差、干缩量大,砂浆养护不良。传统的镶贴砂浆为1:2(或1:2.5)水泥砂浆,用料比较单一(只有水泥和砂),只有体积比等要求,而无粘结强度的定量要求和检验,因而粘结力有限。

(3)点粘法安装用于室外,把云石胶(非结构承载用石材胶粘剂)误做结构(干挂)胶使用,不但粘结强度比较低,耐候性(耐老化)也较差,给工程留下隐患。墙体平整度差,部分点粘胶过厚。石材胶直接点粘在找平层砂浆(或轻质墙体)上,两者粘结强度相差太大,基层(或基体)表层先破坏。砂岩、板岩表面强度低,点粘后板岩表层先破坏。

(4)在楼板底、梁底盲目镶贴石材板块("仰贴"),由于镶贴砂浆在塑性阶段会下坠,加上板块处于最不利的工作位置,板块容易空鼓脱落。

(5)板块现场钻孔不当(钻孔太靠边或钻伤板边),或用钢丝绑扎固定板块,日久锈蚀。

(6)石材防护剂落后或不适宜,如石蜡、油性防护剂、非渗透型膜层防护剂会在石材表面形成一层覆膜,板背变光滑,削弱了板块与镶贴砂浆的粘结力。镶贴前,板背又未涂刷界面处理剂。

(7)板缝不能防水,雨雪入侵,板块背面的粘结层、基体(或基层)发生冻融循环、干湿循环。又由于水分入侵,诱发析盐,水分蒸发后,盐结晶体积膨胀,又会削弱砂浆的粘结力。

3. 案例防范措施

(1)镶贴之前,基体(或基层)、板块必须清理干净,用水充分湿润,阴干至表面无水渍;基体(或基层)表面、板块背面均须涂刷专用的界面处理剂,随贴随刷。

(2)粘贴法砂浆稠度宜为6~8cm,灌浆法(挂贴法)砂浆稠度宜为8~12cm(坚持分层灌实)。由于普通水泥砂浆粘结力有限,应采用经检验合格的专用商品胶粘剂(聚合物干粉砂浆)粘贴板块,或在水泥中掺入改性成分(如聚醋酸乙烯—乙烯共聚物,即EVA或VAE乳液)能使其粘结力大大提高。为防止老化,用于室外的镶贴砂浆必须是水泥基料的。与陶瓷板块相比,石材板块单位面积自重大,板背光滑无槽,因而镶贴砂浆的粘结力格外重要,其质量要求可参照国家现行行业标准《外墙饰面砖工程施工及验收规程》(JGJ 126—2000)的规定。为保证安全可靠,粘贴法安装的镶贴砂浆应采用经检验合格的专用于石材板块的"增强型"聚合物水泥干粉砂浆(其粘结强度大于等于1.0MPa),其找平层砂浆的粘结强度亦应与之相匹配。夏期镶贴室外饰面板块应防止曝晒。冬期安装操作,砂浆的使用温度不得低于5℃;砂浆硬化前,应采取防冻措施。

(3)点粘法安装,应采用结构(干挂)胶,目前仍仅用于室内的混凝土等基体上,为保证点粘用胶厚薄一致,基体的表面平整度应达到清水砖墙的要求。对要求极高的公共建筑,点粘工艺还可辅以铜丝与墙体适当拉结。由于结构(干挂)胶粘结强度的匹配问题,点粘法安装不适用于砂浆基层、轻质墙基体、砂岩及板岩块材(其材料的表面强度都比较低)。点粘法安装用于室外墙面,使用的结构(干挂)胶应有可靠的试验依据(如粘结强度、耐候性、相容性)。

(4)楼板底、梁底不得"仰贴"石材板块;如确需要,应采用不锈钢干挂件进行"干挂法"安装操作。

(5)板块边长小于400mm 的,可用粘贴法镶贴。板块边长大于400mm 的,应用灌浆法(挂贴法)镶贴,其板块均应绑扎固定,不能单靠砂浆粘结。系固饰面板用的钢筋网,应与锚固件连接牢固。锚固件应在结构安装时埋设(膨胀螺栓可后补)。每块板的上、下边打眼数量均不得少于两个。并用防锈金属丝(铜丝、不锈钢丝)穿入孔眼内以作系固之用。禁止使用钢丝及镀锌钢丝绑扎固定板块,潮湿环境下应采用不锈钢丝(铜丝可能锈蚀)。

(6)现场用手电钻打"牛鼻子"孔的传统方法,准确性较差,不慎还会钻伤板块边缘。改进方法为用"云石机"在板块上下边开燕尾槽,但上述方法均是用铜丝(或不锈钢丝)绑扎固定,孔、槽是否可靠,绑扎是否牢固,人为因素较大。目前较准确可靠的方法是板材先直立固定于木架上,再钻孔、剔凿,使用专门的不锈钢U形钉或经防锈处理的碳钢弹簧卡将板材固定在基体预埋钢筋网(或胀锚螺栓)上,如图 10-5 和图 10-6 所示。目前最为可靠的是"半干挂"法,即用金属干挂件连接墙体,再灌注水泥砂浆。

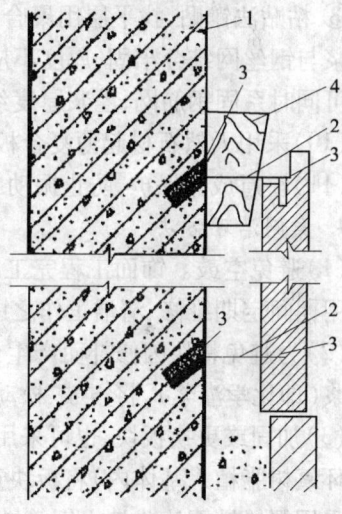

图 10-5 石板就位固定示意图
1—基体;2—U 形钉;3—石材胶;4—大头木楔

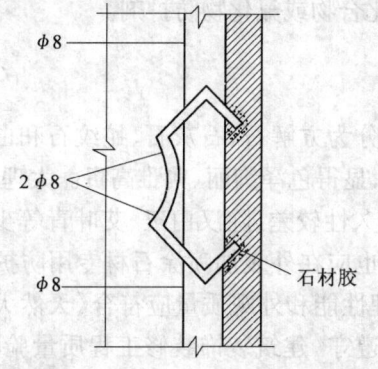

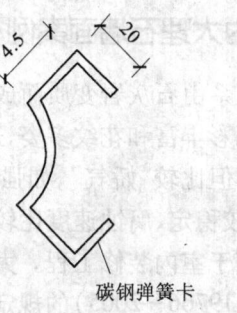

图 10-6 金属夹安装示意图

(7) 使用经检验合格的渗透型、浸润型石材防护剂(如有机硅化合物、氟化合物防护剂),并按其使用说明书进行涂刷,尽量少降低板背的粘结力;由于大多数石材防护剂都会不同程度地降低板背与水泥砂浆的粘结力,粘贴法安装,订货时应在石材背面加设"燕尾槽";粘贴时,应在板背及基层表面涂刷专门的界面剂,且边涂刷,边粘贴。大面积粘贴前,需先试贴。

(8) 较厚板或尺寸较大的板块应考虑在自重作用下如何保证每个板块垂直面的稳定性,受力分析包括板块和砂浆的自重、板块安装垂直度偏差、灌浆未硬化时的水平推力、水分可能入侵后的冻胀力等。

(9) 由于石材单位面积较重,因此轻质砖墙不应直接作为石材饰面的基体。否则,应作加强措施。加强层应符合下列规定:

① 墙体的两侧均采用规格为 $\phi 5$、孔眼为 $15mm \times 15mm$ 的钢丝网,钢丝网片搭接或搭入框架柱(构造柱)长度不小于 200mm,并作可靠连接。

② 设置 M8 穿墙螺栓、$30mm \times 30mm$ 垫片连接和绷紧墙体两侧的钢丝网,穿墙螺栓纵横向的间距不大于 600mm。

③ 粘贴法镶贴,找平层用聚合物(如聚醋酸乙烯—乙烯共聚物,即 EVA 或 VAE 乳液)水泥砂浆与钢丝网结合牢固,厚度不应小于 25mm。灌浆法(挂贴法)镶贴不抹找平层,M8 穿墙螺栓可同时系固钢筋网,灌浆厚度约 50mm。

(10) 采用天然石材起薄复合板(自重大减),使用专用胶直接粘贴。

(11) 注意成品保护,防止振动、撞击等外伤,尤其注意避免镶贴砂浆、胶粘剂早期受损伤。

4. 案例治理方法

(1) 避免空鼓。饰面工程完工之后,拆除脚手架之前,应全面检查有无空鼓、松动的板块。在使用期间定期维修、清洁工作之中也应全面检查。

(2) 为避免板块因修补而产生色差和减轻补疤,可雇请专业队伍用改性环氧树脂进行压力注浆(即化学灌浆),将空鼓、松动的板块重新粘合。

(3) 加固或更换板块,也可采用不锈钢膨胀螺栓或钻孔插不锈钢螺栓(插筋可根据需要长度用环氧树脂植入基体内)将板块重新固定于墙上;因偷工减料造成镶贴质量无保证的板块,亦可采用螺栓锁固法或植入钢筋销挂法。

(4) 粘贴法安装的板块,一般都无绑扎或挂钩固定,如果出现较大面积的空鼓,应返工重做。否则,应用螺栓锁固;不得采用板背化学注浆。

(5) 上述修补完毕,均应对饰面喷涂有机硅化合物或氟化物防护剂。

10.2 室内大理石墙面案例

大理石系由石灰岩变质而成,其主要矿物成分为方解石、石灰石、蛇纹石和白云石等。由于大理石色彩丰富和花纹多姿,适用于高级装修,显得色泽绚丽、典雅高贵。大理石结晶细小,结构致密。但比较"娇气",如强度、硬度较低,耐久性较差,除汉白玉、艾叶青等少数几种杂质少、性能比较稳定、腐蚀速度比较缓慢(用于室外也应在外表加喷涂石材专用防护剂护面)外,一般仅适用于室内装修工程。大理石板材的物理性能和外观质量应符合《天然大理石建筑板材》(GB/T 19766—2005)的规定,镶贴法安装应遵守《建筑装饰装修工程质量验收规范》(GB 50210—2001)的规定和参照《外墙饰面砖工程施工及验收规程》(JGJ 126—2000)的规定。

案例一：饰面纹理不顺，色泽不匀

1. 案例现象

与花岗石相比，板面多彩、花纹多变是大理石的一大特点。但是，也因此使得大理石饰面更容易产生纹理不顺，色泽不匀的毛病。

2. 案例防范措施

（1）色调与花纹必须符合《天然大理石建筑板材》（GB/T 19766—2005）的规定。按《计数抽样检验程序第1部分：按接收质量限（AQL）检索的逐批检验抽样计划》（GB/T 2828.1—2003）规定的抽样正常检验方式，应达到色调与花纹基本调和，不得与标准样板的颜色和特征有明显差异。非定型配套工程产品，每一部位色调深浅应逐渐过渡，花纹特征基本调和，不得有突然变化。尤其是有"对花"要求的饰面，设计应事先与石材生产厂家联系，根据具体情况设计"对花"图案；板块制作后，须经对花拼接，检查无误才能进行编号。

（2）石材出厂预拼、编号时，对各镶贴部位石材从严挑选，而且要把颜色、纹理最美的大理石板块用于主要的部位，以提高建筑装饰的美感。

（3）大理石进场拆开包装后应进行复检，挑选品种、规格、颜色一致，无缺棱掉角的板料。破碎、变色、局部污染和缺边掉角的另行堆放。

（4）安装前须再按装饰设计图纸进行试拼，要求颜色变化自然，一片墙或一个立面色调要和谐。拼对花纹时，虽不可能条条对准，但要上下左右大体通顺，纹理自然，同一个面花纹对称或均衡。并经建设、设计、监理等单位共同确认，力求做到浑然一体，以提高装饰效果。

案例二：饰面不平整，接缝不顺直

1. 案例现象

由于板块尺寸制作会有偏差（即使是允许偏差），如果镶贴面积较大，又干接缝，其积累偏差也会导致接缝不顺直。

2. 案例防范措施

（1）采用"干接"缝的饰面，其板块外观检查不应超过优等品的允许偏差标准，否则会给干接安装带来困难。传统的逐块进行套方检查几何尺寸，并按偏差大小分类归堆的办法值得商榷，它固然可以减少因尺寸偏差所带来的问题，使接缝变得顺直。但这样又可能打乱原来的编号，带来色差和花纹不顺，因为大理石颜色和花纹天然差异大。

（2）板块尺寸偏差是必然的，根据《天然大理石建筑板材》（GB/T 19766—2005）的规定，板块长、宽只允许负偏差。面积较大的饰面，若板缝干接，其板缝可适当放宽至2mm左右。不但可以利用板缝调整积累偏差，还可保持板块原来编号和约定色差，才能解决主要矛盾"色泽调和，纹理通顺"。

案例三：空鼓脱落

1. 案例现象

传统的粘贴法采用1∶2水泥砂浆，灌浆法采用1∶2.5水泥砂浆，其成分比较单一，也无粘结强度定量要求，砂浆粘结能力有限，致使饰面出现空鼓和脱落现象。与此同时，湿作业还带来一系列的问题。

2. 案例防范措施

淘汰传统的水泥砂浆,使用经检验合格的商品聚合物水泥砂浆干混料作镶贴砂浆;采用满粘法,不得出现空鼓。现在已有各种各样的专用商品石材化学胶粘剂,适用于石材室内粘贴(满粘或点粘),其中的结构(干挂)胶可以"点粘"(由于找平层的砂浆强度有限,应直接粘贴在基体上)。板块"点粘",必然空鼓。但是,只要是经检验合格的胶粘剂,并按使用说明书安装,其质量和安全都可靠。《建筑装饰装修工程质量验收规范》(GB 50210—2001)规定,满粘法安装的饰面板(砖)"应无空鼓",它不是指"点粘"法安装。要求极高的公共建筑石材饰面,点粘工艺还可辅以铜丝与墙体适当拉结。

3. 案例治理方法

(1)粘贴法、灌浆法安装的石材板块,若板块空鼓松脱,可雇请专业队伍,采用改性环氧树脂压力注浆,粘合固定,此方法可靠,补疤又较小;但是,当空鼓不相贯通时,需多钻几个注浆孔(甚至不能彻底消除空鼓),又由于钻孔的振动,可能使空鼓范围扩大。因此,应钻完所有孔眼之后,才能进行注浆。

(2)粘贴法、灌浆法安装的板块,也可采用不锈钢膨胀螺栓(加垫片)将板块重新固定于墙上。膨胀螺栓必须锚固在砖或混凝土基体上,锚固长度可查产品使用说明书或有关的工具书,螺栓直径、数量应通过力学计算确定。小直径的胀锚螺栓,目前已有全长达 220mm 的商品。最宜使用敲击式(长螺杆)内螺纹锚栓,为减少补疤对外观的影响,钻孔前应统一划线定点,使钻孔(修补)部位成行成列。钻孔工具用手提电钻套上大、小空心钻头(并在钻进过程中不停地注水)钻出埋头式的螺栓六角头凹孔位,再用冲击钻钻出螺杆和金属胀锚管孔洞,最后插入胀锚螺杆、胀锚管并拧紧,使之锚固在混凝土或砖墙基体上,如图 10-7 所示。修补孔眼时,尽量减轻补疤,结构坚实的板材,可切出薄片,仔细磨成小圆片,用石材胶粘贴盖严钻孔;容易碎裂、难以切出薄片的板材,可用原板材碎屑加石材胶封闭钻孔,然后打磨平整、抛光。

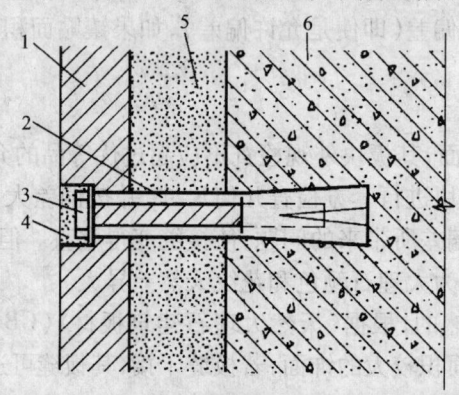

图 10-7 胀锚螺栓锚固方法
1—石材饰面板;2—钻孔;3—M10~M12 敲击式内螺纹锚栓;
4—专用外墙石材胶封口;5—镶贴砂浆;6—混凝土或砖基体

(3)如果板块太厚,或板背砂浆层太厚,也可采用环氧树脂锚固长螺栓法,安装操作要点如下:

① 钻孔:对需要修理的大理石板块,确定钻孔位置和数量,先用冲击钻(ϕ10 钻头)钻至砖墙或混凝土基体内不少于 50mm 及不少于埋入螺杆总长的 1/2,再在钻孔口处用 ϕ12 钻头在

大理石上钻入5mm。钻孔时钻头应向下成15°倾角,以防止注浆后,环氧树脂浆从孔内向外流出。

② 除灰:钻孔后,孔洞内灰尘用压缩空气清除(压力为0.6MPa),除灰空气嘴头应插到孔底,使灰尘随压缩空气全部由孔洞口逸出。

③ 宜优先采用经检验合格的商品改性环氧树脂化学浆,其流动性、可灌性很好,注浆质量可靠。若自配环氧树脂水泥浆,配合比如下:

6101号环氧树脂:邻苯二甲酸二丁酯:590号固化剂:水泥 = 100:20:20:(100~200)。配制时先将6101号环氧树脂和邻苯二甲酸二丁酯搅拌均匀,加入590号固化剂搅匀,再加入水泥搅匀后,倒入罐中待用。

④ 灌浆时,采用树脂枪灌注(最大压力为0.4MPa);为了使孔内树脂浆饱满,枪头应深入孔底,灌注时慢慢向外退出。

⑤ 放入锚固螺栓,采用$\phi 6$不锈钢长螺杆,为了提高粘结效果,螺栓杆应做成全螺纹型,在一端拧上六角螺母,以便将大理石板粘牢扣住。放入螺栓时,先将螺栓表面涂抹一层环氧树脂浆(6101号环氧树脂:邻苯二甲酸二丁酯:590号固化剂 = 100:20:20)后;慢慢旋转插入孔内。放入螺栓后,为避免环氧树脂水泥浆流出,弄脏大理石表面,可用干净的白色棉纱头临时堵塞洞口,待环氧树脂水泥浆固化后,再将堵口清除。对残留在大理石表面的树脂浆,应用丙酮或二甲苯(属强溶剂)尽早、尽快擦洗干净,以免沾污墙面,注浆锚固方法如图10-8所示。

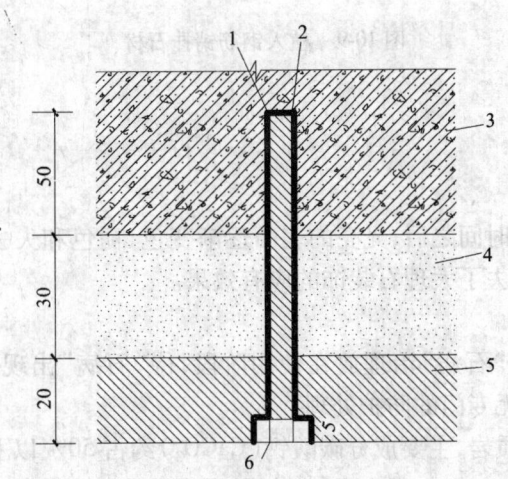

图10-8 灌浆锚固方法(单位:mm)
1—$\phi 10$孔环氧树脂水泥;2—$\phi 6$螺栓(带螺母);3—混凝土或砖墙;
4—砂浆;5—大理石;6—$\phi 12$孔专用石材胶封口

⑥ 板面封口,用环氧树脂水泥浆注入2~3d后,孔洞也可用商品石材胶(掺与石材相近颜色)封口,参照花岗石墙面修补。

有些石材饰面,由于偷工减料(如使用铁钉、钢丝系固板块,板块、墙面未清净、未湿润即灌填砂浆,或砂浆强度太低),当时虽未空鼓松脱,但镶贴质量无保证。改性环氧树脂浆液又灌不进去,返工重做又会损坏石材板块,也可采用上述螺栓锁固法。对较厚的石材还可采用植入小直径(直径尺寸可通过力学计算)的带肋钢筋的办法销挂石板。先用冲击钻打斜孔,与墙面夹角约为45°,植入砖(或混凝土)基体中的长度不应小于植入钢筋总长的1/2。用压力空气吹净钻孔里的灰尘后,即可插入带肋钢筋和压注改性环氧树脂化学浆液。最后用石材胶加原石材板块碎屑修补石板孔眼,如图10-9所示。冲击钻打孔,会不会造成镶贴砂浆剥离脱层?现场曾作锤敲试验,未能判定,但至少是影响不会产重,加上化学注浆填充,也有弥合剥离脱层部位的作用,可认为冲击钻打孔问题不大。

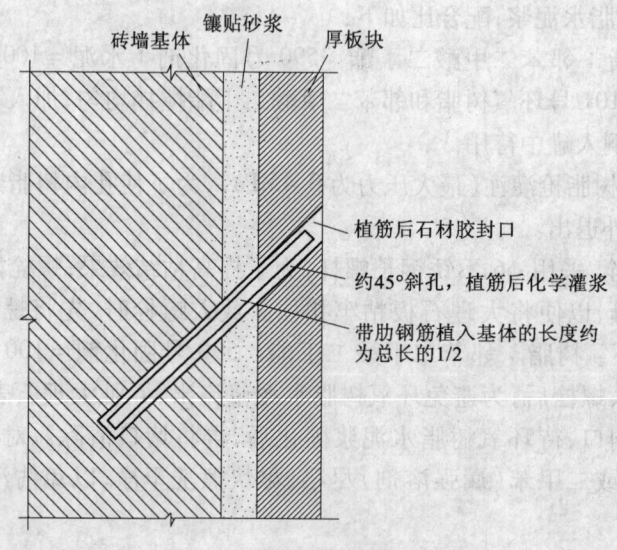

图10-9 植入钢筋销挂石材

案例四:板面腐蚀污染

1. 案例现象

大理石饰面经过一段时间之后,光亮的表面逐渐变色、褪色和失去光泽进而变得粗糙,并产生麻点、开裂和剥落,失去了大理石装饰的应有效果。

2. 案例原因分析

(1)消费观念陈旧,把"石病"治理放在使用阶段,待"石病"出现之后加倍花钱。板块出厂(或安装前),石材表面无专门的防护处理。

(2)大理石是一种变质岩,主要成分碳酸钙($CaCO_3$)约占50%以上,混杂有其他成分则呈现不同的颜色和光泽,例如白色含碳酸钙、碳酸镁,紫色含锰,黑色含碳或沥青质,绿色含钴化物,黄色含铬化物,红褐色、紫色、棕黄色含锰及氧化铁水化物等。大理石中一般都含有许多矿物和杂质,在风霜雨雪、日晒下,容易变色和褪色。在五颜六色的大理石中,暗红色、红色最不稳定,绿色次之。白色大理石的成分比较单纯,杂质较少,性能比较稳定,腐蚀速度也较缓慢。在大理石加工过程中,钢铁工具的使用,大理石表面残留少量的铁质,经水和空气的作用生成铁锈。环境中的腐蚀性气体,如空气中的二氧化硫,遇到潮湿空气或雨水时能生成亚硫酸,然后变为硫酸,与大理石中的碳酸钙发生变化,在大理石表面生成石膏。其化学反应式为:

$$CaCO_3 + SO_2 + 2H_2O \longrightarrow CaSO_4 \cdot 2H_2O + CO_2\uparrow$$

石膏微溶于水,且硬度低,使磨光的大理石表面出现粉末,逐渐失去光泽,变得粗糙晦暗;在大理石浅层生成的石膏,体积膨胀(结晶压力),致大理石表层产生麻点、开裂和剥落。碳酸

盐与水和空气中的二氧化碳作用,转变成可溶于水的酸式碳酸盐。其化学反应式为:

$$CaCO_3 + H_2O + CO_2 = Ca(HCO_3)_2$$
（方解石）　　　　　　　　　　　（可溶性盐）

(3) 白色大理石的板背用青灰色的水泥填灌。

(4) 安装过程中受不正确安装的污染和损害。在使用期间受墙壁渗漏,铁件支架、上下水管锈水,卫生间酸碱液体侵蚀污染。

3. 案例防范措施

(1) 更新使用观念,对"石病"预防为主。石材安装前浸泡或涂抹商品专用防护剂(液),能有效地防止污渍渗透和腐蚀。为保证防护质量,可委托专业石材养护公司在工厂里对石材作全面防护。

(2) 板块进场应按《天然大理石建筑板材》(GB/T 19766—2005)的规定进行外观缺陷和物理性能检验。

(3) 大理石不宜用作室外墙面饰面(特别不宜在工业区附近的建筑物上采用),个别工程需用作外饰面时,应事先进行品种选择,挑选品质纯、杂质少、耐风化、耐腐蚀的大理石,如汉白玉、艾叶青等以延长使用期限。

(4) 室外大理石墙面压顶部位,要认真处理,其水平的压顶板块,必须压接墙面的竖向板块,保证接缝不渗透水。横竖接缝必须防水,板背灌浆饱满,每块大理石板与基体钢筋网拉接应不少于4点。设计上尽可能在上部加雨罩,以防止大理石墙面直接受到雨淋日晒,而缩短使用年限。

(5) 饰面的另一侧,若是卫生间等用水房间,必须先搞好防水处理。墙根亦应设置防潮层一类的防潮、防水处理。

(6) 白色大理石的板背填灌,应采用白色水泥;或采用商品石材胶粘贴。

(7) 文明安装,重视成品保护。

(8) 大理石饰面必须喷涂有机硅化合物或氟化物防护剂,以隔离腐蚀和污染。

4. 案例治理方法

(1) 大理石遭受腐蚀,难以复原,必须重在预防。腐蚀发生后,应及时搞好防渗漏、清洗、修补等工作,表面再喷涂防护剂。

(2) 大理石受污染后的清洗,参照花岗石墙面"墙面污染"的治理方法。强调应使用酸碱度为中性的商品石材专用清洗剂或防污液,避免使用强力型清洁剂,禁止使用溶剂型的化学清洗剂,也不得使用硫酸、盐酸。

10.3 室外面砖(外墙砖)墙面案例

外墙饰面砖包括外墙砖(面砖)和锦砖(陶瓷马赛克、玻璃马赛克),用于建筑物的外饰面,对外墙起保护作用,装饰效果较好,造价适中,20世纪80年代以后在国内大量采用。过去由于无专门的安装及验收规范,设计、安装依据不足,随意性多,加上缺乏专项检验规定,质量问题不少。现在我国已有国家行业标准《外墙饰面砖工程施工及验收规程》(JGJ 126—2000),适用于高度不大于100m、抗震设防烈度不大于8度、采用满粘法安装的外墙饰面砖粘贴工程。该规程规定安装前应对各种原材料进行复检,并符合下列规定:

(1) 外墙饰面砖应具有生产厂的出厂检验报告及产品合格证。进场后应进行复检。复检抽样应按现行国家标准《陶瓷砖试验方法第1～16部分》(GB/T 3810.1～16—2006)进行。不同用途陶瓷砖的产品性能要求见国家标准《陶瓷砖》(GB/T 4100—2006)规定。

(2)粘贴外墙饰面砖所用的水泥、砂、胶粘剂等材料均应进行复检,合格后方可使用。饰面板(砖)工程所用的找平、粘结、勾缝砂浆,过去只有体积配合比要求,主要成分为水泥、砂(20世纪80年代之后部分工程加掺107胶,即今改性后的108胶),粘结力和防水效果较差(107胶或108胶在固化成膜后,仍可被水溶解)。现在取而代之的是以聚醋酸乙烯——乙烯共聚乳液(VAE乳液)与丙烯酸乳液为主要原料的聚合物改性的胶粘剂。目前已有各种各样的革新换代的粘结剂系列商品和密封材料系列商品,以及商品建筑砂浆(包括普通砌筑、抹灰商品砂浆;以及具有某种特殊功能的商品砂浆,它包括墙地砖粘结剂、界面处理剂、填缝胶粉、防水防渗砂浆),其供货形式为袋装(或散装)的干拌(粉)料或预拌砂浆。使我国的饰面板(砖)工程质量走上新的台阶。为减少安装单位的试配摸索和保证材料质量,应根据工程的具体情况,优先采用经检验合格的商品粘结剂和密封材料及商品砂浆。

(3)国家质检总局、国家认监委规定,从2005年8月1日起,凡未获得强制性产品认证证书(3C证书)和未加施中国强制性认证标志的瓷质砖类装饰装修产品不得出厂、销售、进口或在其他经营活动中使用。

案例一:板缝析白流挂(白华)

1. 案例现象

室外面砖(外墙砖)墙面完工之后,墙面因受外部环境水的入侵,沿着面砖(外墙砖)的横竖板缝出现长短不一的"白胡子"。随着时间的推移,"白胡子"不断增长,严重影响外观,如图10-10所示。

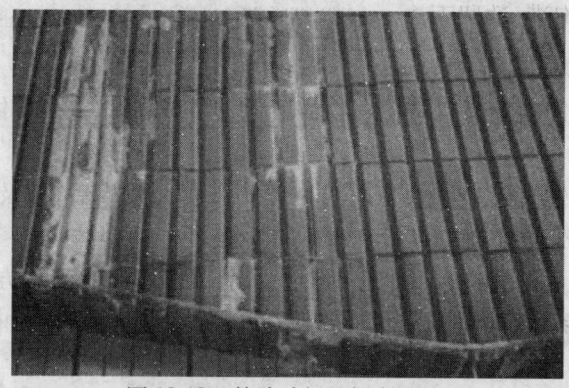

图10-10 外墙砖板缝析白流挂

2. 案例防范措施、案例治理方法

(1)墙面凹凸部位的防水、排水构造。对窗台、檐口、装饰线、雨篷、阳台和落水口等墙面凹凸部位,应采用防水和排水构造。

(2)板块压接正确。在水平阳角处,顶面排水坡度不应小于3%～5%;应采用顶面砖压立面面砖,立面最低一排面砖压底平面面砖等作法,并应设置滴水构造。

(3)板块采用聚合物水泥砂浆满粘法,并不得出现空鼓。

(4)板块接缝的宽度不应小于5mm,不得采用密缝。勾缝应采用具有抗渗性的粘结材料(优先采用水泥基专用勾缝商品材料),并坚持"二次勾缝";勾缝应填嵌密实、无空鼓、无裂纹、连续、光滑。

案例二：墙面渗漏

1. 案例现象

雨水从面砖板缝侵入墙体，致外墙的室内墙壁出现水渍，室内装修发霉变黑；还可能"并发"板缝析白流挂。

2. 案例原因分析

（1）设计原因。图纸缺乏细部大样，说明不详，外墙面横竖凹凸线条多，立面变化大，疏水不利。

（2）墙体原因。墙体因温差、干缩产生裂缝，尤其房屋顶层墙体、轻质墙体。砌体灰缝不饱满，砖墙的黏土砖属多孔材料，《砌体工程施工质量验收规范》（GB 50203—2002）规定，水平灰缝"饱满度不得小于80%"，竖向灰缝饱满度无定量指标。因此，墙体本身的防水性能是有限的，珠江三角洲地区的房屋多用180mm厚砖外墙，其中1/3的墙体要用侧砖砌筑；侧砌砖的砂浆饱满度普遍较差。此外，空斗砖墙、空心砌块、轻质砖等墙体的防水能力也较差。并且混凝土墙拆模后，墙上的螺栓孔未堵严；砖墙上的预留进料口、设备口后砌时，接缝砂浆不严实。

（3）板块原因。

① 饱满度问题。《外墙饰面砖工程施工及验收规程》（JGJ 126—2000）规定，饰面砖工程"不得出现空鼓"。实际上，不少工程达不到要求，饰面砖通常是靠板块背面满刮水泥砂浆（或水泥浆）粘贴上墙的，它靠手工挤压板块，粘结砂浆不易全部位挤满，尤其板块的四个周边（特别是四个角）砂浆不易饱满，致留下渗水空隙和通路。

② 拼缝问题。有些饰面层要求砖缝疏密相间，即由若干板块密缝拼成小方形图案，再由横竖宽缝连结组成大方形图案（即"组合式"）。其密缝粘贴的板块形成"瞎缝"（"干缝"、"盲缝"），其密缝的板块接缝无法勾缝（只能擦缝），自然达不到规范要求"填嵌密实，以防渗水"。因此，"组合式"的面层最容易渗漏。

③ 疏水问题。卫生间室内瓷砖传统的安装方法虽然采用密缝法粘贴、擦缝，但它无大凹缝，有利于疏水。条形饰面砖勾缝处是凹槽，对疏水不利，容易滞水，滞水就从缺陷部位渗漏入墙。如某宾馆外墙采用60mm×240mm规格的饰面砖，勾缝砂浆满布裂缝，严重者一块饰面砖的四周包围着44条裂缝，活像一条蜈蚣；宾馆内塑料壁纸大面积变色霉烂。

（4）工艺原因。

① 一次成活。约20mm厚的外墙找平层如果一次成活，由于一次涂抹过厚，结果"毛病百出"，如抹灰层下坠、空鼓、开裂、砂眼、接槎不严实、表面不平整等；其后果必然"漏洞百出"，上述毛病成为藏水空隙、渗水通道。有些工程墙体表面凹凸不平，抹灰层超厚，毛病更多。

② 基体不平整。楼层圈梁（或框架梁）凸出墙面或墙体表面凹凸不平，以及框架结构的填充墙墙顶与梁底之间填塞不紧密等，也会造成抹灰裂缝、滞水、藏水、渗水。

（5）标准问题。

① 混合砂浆找平。《外墙饰面砖工程施工及验收规程》（JGJ 126—2000）规定，如Ⅲ、Ⅳ、Ⅴ气候区应用具有抗渗性能的找平材料。有的墙面找平层设计采用1∶1∶6水泥混合砂浆，其防水性能显然差。

② 用水泥净浆勾缝。工程用普通水泥加水的净浆作勾缝材料,不仅会增多 $Ca(OH)_2$ 等水溶成分,而且硬化后的收缩率也大。净浆硬化以后,经过时间变化,很容易在板缝部位产生裂缝或在净浆与面砖之间产生缝隙。为减少渗漏和析白现象,作为勾缝材料,很重要的一点是减少材料中的水溶成分,选用硬化后收缩低和透水性小的配合比(如聚合物水泥专用勾缝砂浆)。

③ 少一层防水。马赛克的背后有一层满涂的稠水泥浆("水泥膏"),它封闭了找平层可能出现的裂缝和砂眼,等于多了一层防水措施。如果饰面砖粘贴时没有这一层,等于少了一层防水。

3. 案例防范措施

2000 年 1 月 30 日,中华人民共和国国务院令(第 279 号)《建设工程质量管理条例》关于建筑工程最低保修期限的规定,"有防水要求的卫生间、房间和外墙面的防渗漏,为 5 年"。

(1)专项设计,并有节点大样图。对窗台、檐口、装饰线、雨篷、阳台和落水口等墙面凹凸部位,应采用防水和排水构造。在水平阳角处,顶面排水坡度不应小于 3% ~5%(或再陡一些,有利于排水);应采用顶面面砖压立面面砖,立面最低一排面砖压底平面面砖等做法,并应设置滴水构造等;45°砖、"海棠"角等粘贴作法适用于竖向阳角,由于其板缝防水不易保证,故不宜用于水平阳角,如图 10-11 所示。

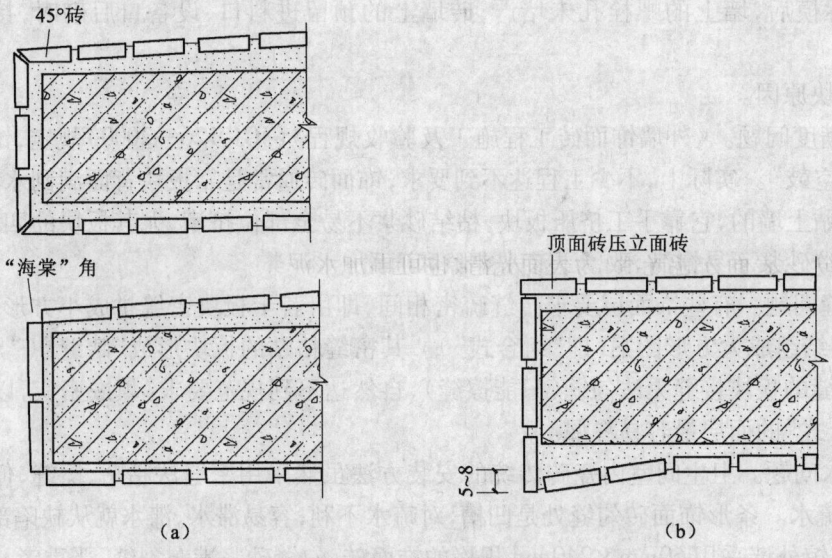

图 10-11 水平阳角防水排水构造示意图(单位:mm)
(a)不妥的做法;(b)正确的压接做法

(2)墙体材料为空心砖、轻质砖,在基本风压不小于 0.6kPa 的条件下,一般的工业与民用建筑外墙面上涂刷 1.2mm 厚的聚合物水泥基复合防水材料,效果很好。轻质墙体应作加强处理。

(3)多遍成活。外墙面找平层至少要求两遍成活,并且喷雾养护不少于 7d,粘贴之前再检查找平层抹灰质量。北京燕莎中心工程质量要求严格,规定找平层做完 14d 之后才能进行外墙砖安装,才能确认找平层的质量;在粘贴外墙砖之前,先将基层空鼓、裂缝处理好,确保找平层的安装质量。

(4)表面平整。精心安装结构层和找平层,保证其表面平整度和填充墙紧密程度,使饰面层的平整度完全由基层控制。从而避免基层凹凸不平,致粘结层局部过厚或饰面不平整带来的弊病,也避免填充墙顶产生裂缝。

(5) 找平层应具有独立的防水能力。《外墙面砖工程施工及验收规程》(JGJ 126—2000) 5.2.3 规定"宜在找平层上刷结合层"。在找平层上涂刷一层结合层,旨在提高界面间的粘结力,效果上它是一道防渗层,它可兼封闭找平层上的残余裂纹和砂眼、气孔。其材料可用商品专用水泥基料的防渗材料,或刷聚合物水泥砂浆、界面处理剂。根据《外墙饰面砖工程施工及验收规程》(JGJ126—2000)规定,在我国建筑气候区Ⅲ、Ⅳ、Ⅴ区应采用具有抗渗性的找平材料,其性能应符合《砂浆、混凝土防水剂》(JC 474—2008)的技术要求,宜使用经检验合格的商品材料聚合物水泥干粉砂浆。找平层完成之后、外墙砖粘贴之前,外墙面也可作淋水试验。其方法,可在房屋最顶层安装喷淋水管网,使水自顶层顺墙往下流淌,喷淋水时间不少于 2h。及早发现渗漏点,及早处理,使找平层具有独立的防水能力。

(6) 认真勾缝。外墙砖接缝宽度不应小于 5mm,不得采用密缝粘贴。缝深不宜大于 3mm,也可采用平缝。保证外墙砖勾缝饱满、密实,无裂缝,应选用具有抗渗性能和收缩率小的材料勾缝,如采用商品水泥基料(内掺粉细砂及聚合物添加剂)的外墙砖专用勾缝材料;其稠度小于 5cm 或再干一些(以手抓砂浆时,砂浆不会从手指缝里流出为好),将板缝填饱压实,待砂浆泌水"收水"后才进行勾缝。如果刚嵌缝即勾缝,砂浆的泌水浮浆会使板缝砂浆表面变得脆弱、易裂。为使勾缝砂表面达到"连续、平直、光滑、填嵌密实、无空鼓、无裂纹"的要求,应进行"二次勾缝法",即砂浆嵌缝后先勾缝一次,待勾缝砂浆"收水"后、终凝前再勾缝一次。为防止勾缝砂浆失水,墙面应喷洒养护不少于 3d,并防止曝晒。不应采用稀砂浆先糊缝、后勾缝(勾缝表面虽然光滑,但容易产生干缩裂缝和渗漏及擦伤釉面),更不应采用纯水泥浆糊缝。半干硬性砂浆(水灰比不大于 0.4,砂浆"手抓成团,落地散开")勾缝虽然密实,但工效较低,应坚持"二次勾缝",表面才能光滑;为表面光滑,也可再加水泥浆勾缝,由于水泥浆是薄层,要注意在干燥或曝晒环境中容易失水,引发开裂、起皮等缺陷。

良好的勾缝质量,不但能防水,而且有助于外墙砖的粘贴牢固,以及勾缝砂浆表面不开裂、不起皮,板缝减免析白流挂(白华)等。根据《外墙饰面砖工程施工及验收规程》(JGJ 126—2000)规定,外墙饰面砖接缝不分气候区,均应采用具有抗渗性的粘结材料勾缝,其性能应符合《砂浆、混凝土防水剂》(JC 474—2008)的技术要求。宜使用经检验合格的专用商品抗渗材料(优先采用商品专用勾缝材料)。

4. 案例治理方法

(1) 对发生局部渗漏的外墙面,可采用高压灌注水溶性聚氨酯浆液封堵墙体细裂缝、不饱满的灰缝及铝合金窗框周边空腔,具体实施:

① 在外墙内、外侧(外侧用吊篮配合)渗水点、细裂缝处、窗框四角及框边每隔 500mm 钻孔,埋设注浆针头,调整注浆压力,往墙中注入聚氨酯浆液至冒浆;

② 结合室内装修,剥离注浆处墙内侧抹灰,用防水砂浆重新粉刷。检查注浆效果,对不到位的可以再注,同时修复原先抹灰层裂缝;

③ 对外墙外侧注浆孔眼、细裂缝用弹性腻子嵌填,同时清理面砖表面的污迹。

(2) 对发生大面积渗漏的外墙面可全面积喷涂有机硅憎水剂。

① 安装操作工艺。

A. 空鼓板块需先返修,板缝的洞孔和裂缝需用勾缝专用砂浆或密封膏嵌填修补。墙面要求干燥,清除浮灰、积垢、苔斑等污物。

B. 将乳液和水按 1:(10~15) 的比例拌匀,用农用喷雾器或刷子直接喷(刷)在干燥的墙面上,连续重复 2 次,使墙面充分吸收乳液,应注意避免漏喷。

C. 喷涂顺序为先下后上,或先喷下一段,再由上而下分段进行,不得跳跃或无序喷洒。

D. 陶瓷饰面砖墙面的喷涂重点是板块间的缝隙。先用毛刷沿纵横缝普遍涂刷一度,再按上条规定喷涂一度。

E. 安装操作时,要求 24h 内无雨、雪、霜冻,风力在 6 级以下。

② 注意事项。

A. 严格掌握乳液和稀释水的配比。稀释后乳液含水量不易判定,若配比不当,防水会失效。乳液稀释宜当天用完。

B. 对墙面腰线、阳台、窗台等凸出部位,要充分喷涂,以免雨水在该处滞留向室内渗透。

C. 喷涂时应顺风向,遇大风、雨天应停止安装。

D. 喷涂后,经泼水或雨水冲淋试验,未见渗漏,验收合格。室内墙壁如发现水痕,应找准渗源,补喷处理,直至合格。

案例三:门窗框周边渗漏

1. 案例现象

雨水从门窗框与外墙门窗洞口之间的缝隙中入侵,致室内装修霉坏,严重影响使用。

2. 案例原因分析

(1)由于金属门窗外框与洞口采用弹性连接,门窗安装节点见图 10-12 所示,门窗外框与墙体之间的缝隙填塞,常采用矿棉条或玻璃棉毡分层填塞,缝隙外表留 6~8mm 深、宽的槽口,填嵌密封材料。由于只有一道防水,如果密封膏质量没有保证(易老化、开裂)或填嵌不密实,或无预留槽口(嵌缝膏厚度不足)、清理不干净、密封膏粘结不牢,或保护门窗框的临时性塑料薄膜未清除干净,雨水便可能从缝隙入侵。

(2)有部分地区的铝合金门窗框采用水泥砂浆材料塞缝,如图 10-13 所示,方法可为先安框后塞砂浆,也可先用水泥砂浆满填框的凹槽后再安框。为保护铝材,在铝材与砂浆接触面范围内涂刷设计要求的防腐材料(如聚氨酯清漆)或满贴厚度大于 1mm 的三元乙丙橡胶软质胶带。砂浆塞缝在一定程度上多了一道防水,但是先安框后塞砂浆的方法,铝框凹槽是难以填塞密实的;先填砂浆后安框的方法,与墙体预留洞口还是有接槎缝隙(固定扇的窗框是四方筒,无凹槽,与墙体之间的缝隙更难填塞密实,因此更容易渗漏)。由于门窗框周边砂浆填缝难免干缩,是雨水渗漏的薄弱环节,应予淘汰。

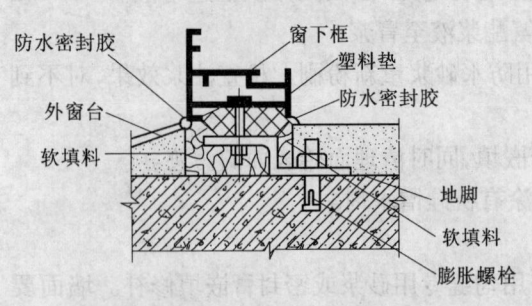

图 10-12 铝合金门窗安装节点

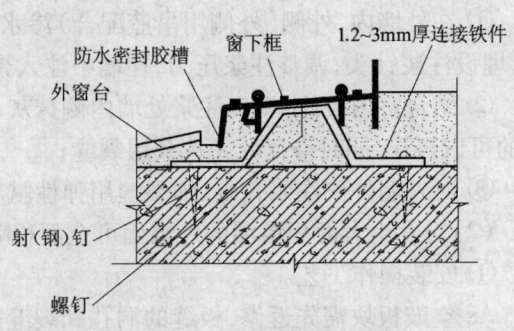

图 10-13 部分地区旧式铝合金门窗安装节点

(3)推拉窗框的凹槽泄水措施不力,或安装孔眼、门窗框四角未作防水处理。

(4)门窗顶部鹰嘴坡度小或滴水线凹槽浅,起不到截水作用;窗框安装不考虑与饰面砖缝的配合,有时为了板块对缝、避免切割,致外窗台坡度小或窗框高差少(甚至饰面砖与窗下框的上口齐平)。窗台基体用黏土砖,是透水材料。

(5)门窗框安装过程中,临时用于调平固定的木块,在饰面安装前未取出,仍然留在缝隙里。

3. 案例防范措施

(1)外墙抹找平层时,就预埋塑料条,保证门窗外框与门窗洞口之间有 6~8mm 宽和深的预留槽口。填嵌防水密封膏之前应清净包裹外框的塑料薄膜和松散砂浆及其他脏物。

(2)除木框外,门窗外框与墙体预留间洞口之间的缝隙不得用水泥砂浆填塞,应用弹性材料填嵌饱满,表面应用防水密封膏密封;最宜填嵌"枪射发泡填缝剂"(附有专用压注工具)。它是一种聚氨酯类发泡填充材料,当压注到缝隙里后,能发泡膨胀、胀填缝隙;固化后具有防火、隔热保温和防雨水渗漏等功能。它能填充饱满密实,具有良好的相容性和粘结强度,还有一定的弹性。固化时间约 1h,未固化前不得触碰。如发现未饱满者,还可补压注,固化后再切割平整。其技术经济对比和材料性能见表 10-2 和表 10-3 所示。

表 10-2 各填缝材料价格、性能、安装难度和安装质量的对比

填缝材料	价格	安装难度	性　能	安　装　质　量
水泥砂浆	低	安装不便、效率低、粉尘大、湿作业	属脆性材料,防水、保温功效不佳	易出现裂缝而影响窗框周边的密封性、防水性
玻纤、岩棉、毛条	中	安装复杂,效率低	属弹性材料,但粘结性、耐久性差,不防水	防水仅靠嵌缝胶,密封、防水、保温质量易下降
窗用嵌缝密封膏	中	安装不便、但仅表面密封	属弹性材料,不膨胀,老化后易剥落	不能填充空洞深处,因而密封性受到影响
聚氨酯(PU)发泡填缝剂	较高	安装不便、效率高、环保	属弹性材料,延展性好,体积可膨胀,密封、防水、保温、绝缘	保证窗框周边的严密性,防止窗框热胀冷缩引起的不良影响,防水性能良好

表 10-3 聚氨酯(PU)门窗高效填缝剂的性能指标

项　　目		技　术　指　标
外观		淡黄色
密度(kg/m^3)		规定值 ±0.1
抗压强度(MPa)		0.064
吸水率(%)		4.4
导热系数[W/(m·K)]		0.045
燃烧性(水平法)	平均燃烧时间(s)	22
	平均燃烧范围(mm)	48
拉伸粘结强度(MPa)	PVC 板　标准条件	0.208
	PVC 板　浸水 7d	0.21
	水泥砂浆　标准条件	0.250
剪切强度(MPa)		0.156

模块四 饰面工程

续表

项目		技术指标
透水量(24h)		2.5
尺寸稳定性(%)	平面向	5.5
	发泡向	1.8
弹性(压缩5%、10min,回复10min),(%)		97

（3）推拉窗窗框的凹槽会滞水，其外侧应开约 6mm×50mm 的长方形泄水孔，能及时排泄雨水。窗框的安装孔眼和窗框四角的接头必须作好防水处理。固定扇的窗框是四方筒，无凹槽，窗框周边更容易渗漏，因而必须十分重视窗顶鹰嘴的排水坡度和窗框周边防水密封胶的安装质量。

（4）门窗楣的鹰嘴和窗台排水坡度不小于20%，滴水凹槽的深和宽不小于10mm（滴水线的截面尺寸为10~20mm）；鹰嘴和窗台应从正前方排水，鹰嘴、窗台滴水与外墙面应有断水设置。

（5）窗台宜采用透水性能差的混凝土材料；窗下框的安装标高应与窗洞边大墙面饰面砖的水平砖缝线相配合，并宜迁就板缝位置，预留足够尺寸，保证窗台饰面砖低于窗的下框并排水畅顺，可参照图10-12。

（6）临时固定门窗框的木楔块，饰面安装前必须清除干净。

（7）住房和城乡建设部《房屋建筑工程和市政基础设安装程竣工验收备案表》主要使用功能项目检验记录第6项为"外窗气密性、水密性、耐风压检测报告"。外墙面上的门窗完工之后，应在现场喷淋作水密性试验，及早发现有无渗漏。

4．案例治理方法

门窗框周边如出现渗漏，可根据本条"防治措施"内容逐一查清原因，进行治理。对于采用砂浆填塞框边缝隙者，可压注微膨胀水泥或聚合物（如聚醋酸乙烯——乙烯共聚物，即EVA或VAE乳液）水泥浓浆或压注"发泡填缝剂"；压注水泥浆的工具有手摇泵或防水密封胶的压注工具。对有保温隔热要求的门窗可压注"发泡填缝剂"。以上治理均应由专业队伍进行。

案例四：饰面出现"破活"，细部不细致

1．案例现象

外墙砖主要立面和显眼部位（窗间墙、通天柱、墙垛）及阳角出现"破活"，边、角细部手工粗糙，板块切割边不齐整、破损，严重影响装饰外观效果。

（1）横排对缝的墙面，门窗洞口的上下；竖排对缝的墙面，门窗洞口的两侧；阳角以及墙面显眼部位的板块出现非整砖（"破活"）。阴角或其他次要部位出现小于1/3整砖宽度的板块。

（2）同一墙面的门窗洞口，与门窗平面相互垂直的内侧周边的面砖块数不等，宽窄不一，切割不一。

（3）外廊式的走廊墙面与楼板底（与顶棚接槎部位的面砖不水平、不顺直、板块大小不一，或最顶一行的板块一头大、一头小）。梁柱接头阴角部位和梁底、柱顶的板块"破活"多，或一边大、一边小。墙面与地面（或楼面）接槎部位的饰面砖不顺直、板块大小不一或"吊脚"（与地面或楼面仍有很大的空隙)。

(4)墙面阴阳角、室外横竖线角(包括阳台、窗台、雨篷、腰线)不方正、不顺直,墙面阴角、室外横竖线角的饰面砖出现"破活",或阴角部位出现一行"一头大、一头小"的饰面砖;阴角部位出现干缝(即"瞎缝",影响勾缝防水和观感)、粗缝(板缝太宽)、双缝或压接不当,如图10-14所示。套割不吻合、缝隙过大,墙裙凸出墙面厚度不一致。滴水绒不顺直,流水坡度不正确;倒淌水甚至滴水线(槽)在某些部位消失。

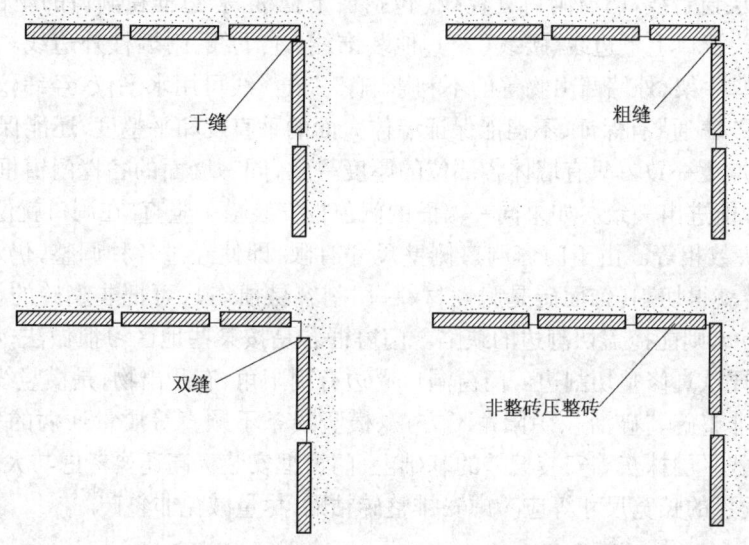

图 10-14 外墙砖竖向阴角部位砖缝疵病示意图

(5)非整砖切割边不齐整、破损(釉面崩角、切割边犬牙状)。

2. 案例原因分析

(1)饰面粘贴工程无专项设计,安装操作心中无数。

(2)主体结构或找平层几何尺寸偏差过大,如找平层挂线、贴饼、冲筋以及饰面砖粘贴标线(宜使用水平仪、经纬仪)均挂小麻线,容易受风和自重下挠的影响,距离长了准确性差。如檐口长度大,厚度小,而滴水线(或滴水槽)的截面尺寸更小;如果檐口边线几何尺寸偏差大,而饰面砖的规格尺寸是个定数,粘贴要求横平竖直,成为矛盾的两个方面:如果基体(基层)尺寸偏差大,若要保证滴水线的功能和截面尺寸,饰面砖就难免到处切割;若要饰面砖横平竖直,滴水线(槽)的截面尺寸和功能难以保证。

(3)安装操作无预见性,门窗框安装标高、腰线标高不考虑与大墙面的砖缝配合,窗台、雨篷等凸出物宽度不考虑能否整砖排板粘贴。

(4)因外墙脚手架或墙面凸出物(雨篷、腰线等)障碍影响,各楼层之间上下不能通线(挂线)。安装时只顾本层(或本安装段)的横竖线角,未考虑整幢楼房从上到下的横竖线角。

(5)竖向阳角的45°砖,切角部位的角尖(刃脚)太薄(甚至近乎刀口);或角尖远小于45°,粘贴时又未满挤水泥砂浆(或水泥净浆),阳角粘贴后空隙过大,产生空鼓,容易破损。竖向阳角若采用"海棠"角型式,其底胚侧面全部外露(釉面和底胚颜色深浅不一);若加浆勾缝(尤其平缝),角缝还会形成一根粗线条,都会影响外观,如图10-15所示。

(6)非整砖切割粗糙,伤痕累累。尤其无统一下料,在操作地点切割一块、粘贴一块,其尺寸偏差必大,切割缺陷必多。

3. 案例防范措施

(1)饰面砖粘贴工程必须进行专项设计和安装质量控制,才能避免"破活"。

(2)从主体结构、找平层抹灰、粘贴安装都必须坚持"三通"。拉通大墙面三条线:室外墙皮线、室内墙皮线、各层门窗洞口竖向通线;拉通门窗三条线:同层门窗过梁底线(包括窗楣鹰嘴、雨篷等)、同层窗台线、门窗洞口立樘线(包括窗下框标高、边框在洞口的座位);拉通外墙面凸出物三条线:檐口上下边线、腰线(及其他装饰线)上下线、附墙柱外边线。为避免风吹、意外触碰、外墙脚手架、外墙凸出物等的不利影响,"三通"线可用水平仪、经纬仪打点,绞车绷紧细钢丝。如果"三通"有保证,不但能保证墙体大面的垂直度和平整度,还能保证墙体(尤其找平层抹灰后)厚度一致。只有墙体各部位的厚度一致,同一墙面的各樘门窗框安装,在洞口就位后其位置才能进出一致。如果同一墙面的门窗框安装横平竖直,在洞口就位一致,洞口里的饰面砖必然块数相等。由于门窗洞口侧壁尺寸有限,即使经过各种调整,仍难免出现非整砖。出现非整砖就得切割(饰面砖是脆性材料,切割容易损伤),可把非整砖的切割边藏进门窗框里10~20mm,则能掩盖切割边的缺陷。门窗框若是按某些地区习惯做法,切割边无法藏进门窗框里,则要认真修整切割边。门窗洞口周边有阴阳角、有凸出物,是横竖线条、长短线条汇集的部位,是非整砖、"破活"、阴阳角不方正、横竖线条不顺直等质量通病的多发部位。在减少主体结构、找平层抹灰等安装偏差的基础上,门窗框安装标高还要考虑与大墙面的砖缝配合,窗台、门窗雨篷的长宽尺寸等应考虑安排整砖粘贴,尽量减免非整砖。

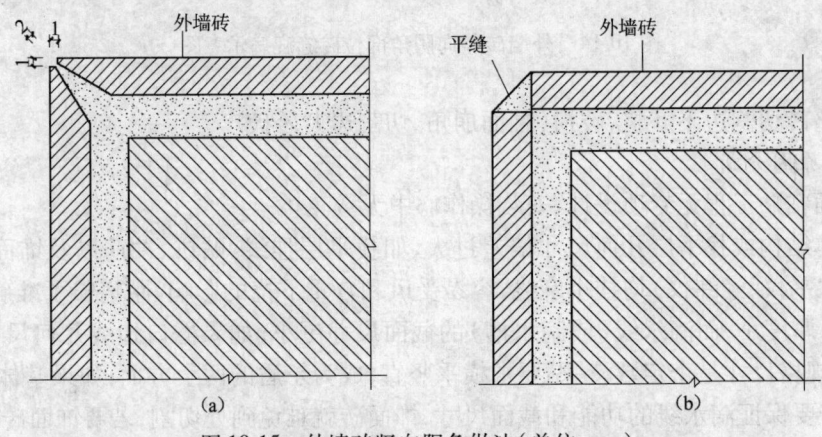

图 10-15 外墙砖竖向阳角做法(单位:mm)
(a)45°砖夹窄缝,美观;(b)"海棠"角加平缝,太粗

(3)必须十分注意主体结构和找平层的安装质量。根据《外墙饰面砖工程施工及验收规程》(JGJ 126—2000)的规定,找平层的表面平整度允许偏差为4mm,立面垂直度允许偏差为5mm。由于饰面砖安装的允许偏差比一般抹灰的"普通抹灰"的质量要求还高,因此找平层的安装偏差应从严要求。常用的拉线找准方法,因为风力的影响及线的自重下挠等因素,距离长了偏差较大;因此,大墙面、高墙面应使用水平仪、经纬仪,尽量减少基线本身的尺寸偏差。才能保证阴阳角方正,阴角部位的板块不致出现大小边;墙面凸出物才能套割吻合,交圈一致;滴水线顺直,流水坡度正确。

（4）由于安装可能出现偏差，外廊式的走廊墙面开间可能大小不一，梁的高度、宽度可能不一。因此，外廊式走廊墙面的两个上部位（楼板底、梁柱节点）及大雨篷下的柱等，如果盲目地将饰面砖满贴到顶，则十分容易出现"破活"[图 10-16（a）]。一般情况，应以"避免"为好，即饰面砖粘贴至窗台（或门窗顶部）或到梁底即止（若梁柱节点部位的梁高不一，可要求设计变更，尽量等高）[图 10-16（b）]，这种合理做法，国内外都可见到，并能达到装饰效果。如果饰面砖一定要满贴到顶，则要先控制走廊内同一墙面各开间的轴线位移不大于 5mm，各开间楼板底的顶棚抹灰底线必须是同一水平标高（5m 拉线检查允许偏差为 2mm），梁柱节点的阴阳角部位的找平层必须按"普通抹灰"的标准要求安装，板块切割略有余地并通过磨边消除切割缺陷。此外，地面、楼面的最终标高需在饰面砖粘贴前定好（尤其有排水坡度的地面），才能使饰面砖粘贴到根，避免墙根饰面砖出现"吊脚"。

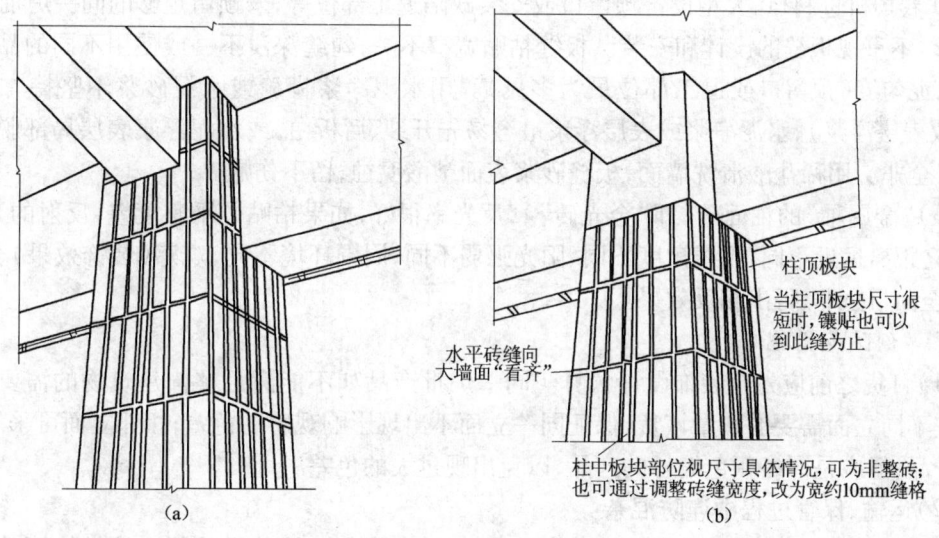

图 10-16 梁柱节点部位粘贴做法
（a）容易出现节点"破活"；（b）合理做法

（5）竖向阳角砖切角时，为减免棱角崩损，角尖部位要留下约 1mm 厚刃脚，斜度要割、磨准确，宜出现负偏差，即略小于 1/2 阳角，才能填入砂浆；粘贴时，角尖部位应刮浆满挤，保证阳角砖缝满浆严密；约小于 45°的竖向阳角，两角刃之间的砖缝里宜"夹心"嵌进一根不锈钢小圆管，使竖向阳角不致太尖锐，又可护角。因外墙砖的釉面和底胚颜色深浅不一，竖向阳角不宜采用"海棠"角型式；若采用"海棠"角，其角缝不宜勾缝，更不应是平缝，否则会出现"粗缝"。

（6）由于陶瓷板块脆性较大，为减免边角缺损，应边注水边切割；非整砖切割时应略有余地，供磨边时损耗，才能最终达到需要的、准确的尺寸和消除切割边的缺陷。为保证尺寸准确、减免切割缺陷，不应在操作地点边切割边粘贴，而应由专人在加工场所统一切割、磨边。或在粘贴时，用整砖边压住切割边。

4. 案例治理方法

墙面出现"破活"，细部不细致的情况，如不严重的可局部返工处理。但返工又要注意修补部位可能出现色差。因而应重在预防，发现早、损失少。

案例五:饰面色泽不匀

1. 案例现象

面砖粘贴之后,面砖与面砖、板缝与板缝之间成色深浅不一,勾缝砂浆脱皮变色、开裂析白,致墙面色泽不匀,影响装饰效果。

2. 案例原因分析

(1)厂家难以控制色差,即使同一编号(同色号)的颜色,几乎每一炉批产品的呈色都有较为明显的差异。如果发生混批,就会出现影响观感的色差:

① 粘贴面积太大,厂家同一炉批产品不够供应;

② 在运输、保管过程中发生产品混杂;

③ 卷扬机进料口、大型设备预留口或安装缺陷返工部位等,未预留足够的同一炉批产品。

(2)不重视板缝的设计和安装。板缝粘贴宽窄不一,勾缝深浅不一或使用不同的品种、批号的水泥勾缝(预留口或退工部位最为多见)。用水泥净浆糊缝或水泥砂浆不坚持"二次勾缝"(致表层浮浆),水泥净浆或表层浮浆最容易先开裂、后析白,或水泥浮浆表层局部脱皮,变得面目全非。用稀盐酸清洗墙面,板缝砂浆表面被酸腐蚀,留下伤疤。

(3)"金属釉"的釉面砖(即"金光砖"),反光率很好,如果粘贴的平整度差,反射的光泽零乱,加之距离远近不同,视线角度不同,阳光强弱不同,周围环境不同,观感(装饰效果)会有差异,甚至面目全非,得出相反效果。

3. 案例防范措施

(1)订货之前应先有装饰设计预算。同一炉批产品如不能满足整幢建筑物的需要,则应分别按不同立面需要的数量订货,保证同一立面不出现影响观感的色差;相邻立面可采用不同炉批产品,但应是同一颜色编号的产品,以免出现过大的色差。

(2)运输、保管过程中谨防混杂。

(3)后封口的卷扬机进料口、大型设备预留口,应预留足够数量的同一炉批饰面砖;精心安装,避免返工。预留口或返工部位勾缝砂浆应使用原批水泥和配合比。

(4)勾缝质量保证,不单是防水、防脱落的要求,也是饰面工程外表观感的要求,因此必须十分重视板缝的安装质量。认真搞好专项装饰设计,粘贴保证板缝宽窄一致,勾缝保证深浅一致。不得采用水泥净浆糊缝;优先采用专用商品(水泥基)墙砖专用勾缝材料或粘结剂作勾缝材料,并坚持"二次勾缝"。同一立面勾缝材料必须是同一批号材料;清洁墙面,不应酸洗。

(5)"金属釉"的饰面砖(金光砖)应特别注意板块外观质量检验,十分重视粘贴的平整度和垂直度,并先做样板墙,经远近、视角、阴晴观察检查色差情况,与周围环境是否相衬。满意之后,方可大面积粘贴。

4. 案例治理方法

外墙饰面出现色泽不匀,为时已晚。应重在预防,发现早,损失少。

案例六:饰面不平整,缝格不均匀、不顺直

1. 案例现象

外墙砖粘贴之后,墙面凹凸不平;板块接缝横不水平、竖不垂直,板缝大小不一,板缝两侧相邻板块高低不平;套割不吻合,严重影响观感质量。

2. 案例原因分析

（1）找平层平整度差。

（2）板块不方正、板面翘曲。

（3）传统的密缝粘贴，板缝积累偏差过大。

（4）板块编排无专项设计，"草鞋无样，边打边像"，盲目安装，贴满了事。安装标线不准确或间隔过大，安装偏差过大。

（5）砌砖、饰面安装是在外脚手架上分层分段进行的。室外各楼层之间的横竖线角不顺直（甚至错位）等安装时不发觉，拆了脚手架才发觉。其原因可能是吊线（或挂线）被风吹动或意外触碰；也可能是受外墙脚手架或墙面凸出物（腰线、雨篷）等阻碍上下不能通线，安装时只顾本层（或本安装段）的线角，未全面考虑整幢楼房从上到下的横竖线角。

3. 案例防范措施

（1）精心安装，尽量减少几何尺寸偏差。主体结构宜按清水墙要求安装，表面平整度和垂直度偏差应控制在 5mm 以内。基体处理完毕后，进行挂线、贴灰饼、冲筋，其间距不宜超过 2m；找平层的表面平整度允许偏差为 4mm，立面垂直度允许偏差为 5mm。不得采用加厚粘结层的办法调整大面平整度。

（2）板块进场应按国家标准《陶瓷砖》（GB/T 4100—2006）进行验收。

（3）根据《外墙饰面砖工程施工及验收规程》（JGJ 126—2000）的规定，外墙饰面砖工程宜由专业公司进行专项设计，对以下内容提出明确要求：

① 外墙饰面砖的品种、规格、颜色、图案和主要技术性能；

② 找平层、结合层、粘结层、勾缝等所用材料的品种和技术性能；

③ 基体处理；

④ 外墙饰面砖的排列方式、分格和图案；

⑤ 外墙饰面砖的伸缩缝位置、接缝相凹凸部位的墙面构造；

⑥ 墙面凹凸部位的防水、排水构造。

（4）"量体裁衣"设计法。主体已完成，按建筑物实际外包尺寸进行专项设计，它是常规办法。其缺点是，主体结构尺寸已确定，板块材料在细部有时难以排板，可能出现"破活"，属被动式的设计。

（5）系统质量控制法。

① 确定设计方案。优化排砖板缝方案：精确计算各立面的水平及竖向外包尺寸，在电脑屏幕上画出各立面大样图。根据《外墙饰面砖工程施工及验收规程》（JGJ 126—2000）的规定，应设置伸缩缝。竖向伸缩缝可设在门窗洞口两侧或横墙、柱轴线的相交部位（或 6m 左右设一道）；水平向伸缩缝可设在门窗洞口上、下或与楼层对应部位。伸缩缝宽度宜为 10~15mm。伸缩缝太宽会影响美观，其合适宽度可先做样板对比确定，一般宜为 10mm 左右。因装饰美观的需要，或调整排板方案（使之减免非整砖），或方便安装，在伸缩缝之间可增设分格缝，缝宽同伸缩缝。建筑物立面先按伸缩缝进行大分格，在电脑图形上形成水平、竖向坐标方格网，把立面分成若干个大方块。以一个大方块为设计单元进行饰面砖试排模数计算。根据《外墙饰面砖工程施工及验收规程》（JGJ 126—2000）规定，饰面砖接缝的宽度不应小于 5mm（不得采用密缝），排板模数计算可根据设计要求的饰面砖规格尺寸及适当调整板缝宽度进行；为避免出现非整砖（"破活"），可采用适当变动门窗洞口、雨篷、腰线等尺寸、位置，或加宽

伸缩缝、分格缝或板缝的办法进行调整；但是，若因此而随意加大缝宽，又会影响观感质量，如某些部位板缝很宽，某些部位板缝很窄；或整块墙面板块显得细小，板缝显得粗大，不相配衬；因此，合适的缝宽应根据样板对比选择。同时，还可根据样板对比，精选饰面砖最佳规格和色泽。总的要求是饰面砖的排列应与建筑功能和立面型式相协调。可采用横排对缝、竖排对缝及横排错缝等方式，如图10-17所示。但对于圆弧形墙面应用长条形面砖竖排对缝；若面砖横排，则饰面无法圆顺，板块容易断裂。排板应尽量使用整砖，横排对缝的墙面，门窗洞口的上下不得出现非整块（由于门窗洞口尺寸和砖缝宽度的调整毕竟有限，大墙面的砖缝是主要矛盾。因此如60mm×240mm的长形的饰面砖在门窗洞口的两侧，仍难免出现非整砖）；竖排对缝的墙面，门窗洞口的两侧不得出现非整砖（同理，长条形饰面砖在门窗洞口的上下，仍难免出现非整砖），如图10-17所示；建筑立面的大面及显眼部位（窗间墙、通天柱、墙垛）亦不得出现非整砖（"破活"），在同一墙面上横竖排列，不宜有一行以上的非整砖。对必须使用非整砖的部位，非整砖宽度不宜小于整砖宽度的1/3。非整砖应排在次要部位或阴角处。为美观起见，柱面（或开间尺寸小的堵面），非整砖应对称地安排在柱的四角（或墙的两端阴角部位），并且要求非整砖宽度一致。当柱面的非整砖仅为单块时，非整砖可安排在柱中间（如非整砖为小窄条时，可考虑设置分格缝）。

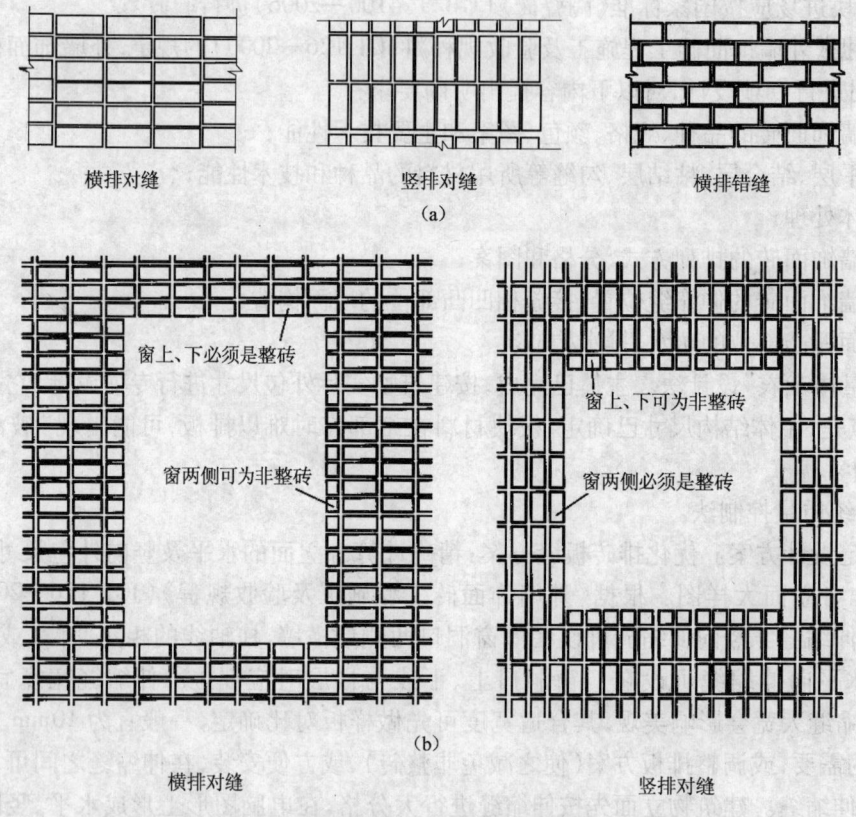

图10-17 面砖排列方式及窗边合理排砖示意图
(a)排砖方式；(b)窗周排砖

确定窗台、鹰嘴泛水坡度和门窗外包尺寸及门窗的雨篷位置：按照窗台、鹰嘴的泛水需要确定窗（门）与各相应洞口尺寸缩小数值及鹰嘴和窗台泛水坡度。门窗洞口尺寸缩小数值（缩小后的尺寸即为门窗框的加工尺寸)应包括找平层、粘结层、饰面砖等厚度及安装偏差调整空隙(视安装和管理水平,每个侧边尺寸缩小数值可为30mm左右)。铝合金门窗宜在预留洞口的实际尺寸确定后,经适当调整门窗框长、宽,迁就洞口尺寸,再加工制作。塑钢、塑铝门窗是工厂定型产品,门窗框长、宽尺寸在工厂已定,则预留洞口应尽可能迁就定型门窗;如不能迁就可在门窗洞口里加设门窗套或装饰线条(如同材料的门窗副框或采用较小规格的板块粘贴)。调整门窗洞口位置,其雨篷位置亦应随之调整,才能避免"歪戴帽"。

初步选定的饰面砖规格尺寸、颜色编号、排砖方式需先多做几个样板,供选择和提出改进意见。排砖方案与门窗洞口及其雨篷位置的适当调整经设计、监理、建设、安装等单位会商认可后,即可绘制饰面砖专项设计图纸,在水平与竖向尺寸线上划出竖向与水平坐标界线,然后将各方格范围内的饰面砖行数、宽(高)度、缝数、缝宽以公式化标注出来。设计图纸还应按《外墙饰面砖工程施工及验收规程》(JGJ 126—2000)的要求画出有关大样图。

② 现场预控措施。

A. 主体安装阶段。在主体结构安装中,各门窗洞过梁(框架梁)的底标高必须以底层外围+0.5m水平控制线为准,用检测过的钢尺一次到位传递标高,用弹簧秤均匀控制拉力为100N,并测定温度,对尺长读数进行修正,从而减少标高传递积累偏差,提高窗上平预留饰面厚度的均匀度,以便鹰嘴坡度的统一控制。

在墙体安装前,利用预设与外墙轴线相平行的坐标控制桩(一般距外墙皮500mm)设置经纬仪,一人操作经纬仪,一人手持划有竖线的水平尺,经纬仪竖丝与水平尺竖线重合,在柱侧上下各划一点,弹线连通,即为墙体轴线位置。砌墙时以轴线为准,经常用尺量检查,以确保墙体的整体垂直度。在门窗口竖向节点部位,按饰面砖设计图,用经纬仪测定垂线于框架梁上,拉垂线砌筑,以保证窗洞侧边的总体垂直度。

B. 门窗安装阶段。门窗位置控制线的测定。正立面位置线的测定同外墙轴线经纬仪平行线投点法。门窗的雨篷宽度应能安排整砖(不宜出现非整砖)粘贴。各门窗洞口两侧分别弹线,即为门窗前后方位线。窗下框水平控制线,依据饰面砖设计所示的各窗台阳角标高约加15%~20%的泛水坡度,用大钢尺将此标高传递于各层上两点(测量精度控制同前所述)用水准仪抄测,弹线于各窗洞侧面上,即为门窗上下方位控制线。门窗左右位置应采用经纬仪投测,弹出门窗洞口宽度中心线于墙体上。

门窗安装。门窗安装,应考虑与洞边墙体的饰面砖缝相配合,在前后方位控制线上的上下合适位置,各挂一条横向小白线(线绳),依据门窗底平线挂一根水平小绳线;并在窗框上精确量取1/2窗框宽度画线。安装时窗框以横线限制前后位置,水平线控制门窗底平,框宽度中心与墙上洞口中心线用直角尺对齐即为各门窗上下、左右、前后的全方位精确位置。此条件下安装的门窗侧面垂直、上下水平能确保整体精度。

③ 饰面砖粘贴。

A. 坐标方格网的测定。水平坐标的测定:依据底层水平控制线和饰面砖设计图的各水平节点标高,用50m钢尺,使用弹簧秤及温度计,拉力以150N为准,在±2℃温度下一次传递完毕,弹线连通各标高点。

竖向坐标的测定:以大角轴线为基线先测定各轴线点,弹线连通,再以饰面砖设计图所示的门窗口竖向阳角节点尺寸,分别自轴线向两侧水平精确量取,完毕后弹线连通,坐标方格网即可形成。

B. 饰面砖皮数杆的确定。依据饰面砖设计图所示的各坐标方格中的水平、竖向坐标尺寸线上的饰面砖划分模数,用小钢尺、计算器、铅笔划分皮数杆分格线(各线间距为一砖高或宽、再加一相应缝宽)并标明纵(横)坐标交会点,再在皮数杆各点上钉小钉即可(皮数杆厚度必须均匀一致,且为面砖厚度加粘结层厚之和),用钢钉将皮数杆钉牢于各相应坐标线上,然后再钉上挂聚乙烯线(小线绳)即可进行面砖粘贴。由于饰面砖尺寸较小,挂线疏了影响板缝的横平竖直,挂线密了又影响操作;加上挂线还可能会因风吹、意外触碰、自重下挠等影响其准确性。为克服挂线的弊病,许多工程都在找平层上弹出每一块饰面砖的粘贴位置墨线,作为每一板块粘贴的依据,粘贴过程中可随时拉线检查。挂线或弹线粘贴都是可行的。但是,在找平层上用墨线弹出每一板块的粘贴位置,直观可靠,方便粘贴和检查。虽然比较费工夫,但是粘贴的观感质量有保证。

C. 大面积粘贴之前先做样板墙。

D. 饰面砖粘贴整体顺序是自上而下进行,按层分段安装时是自下而上进行,独立部位宜一次完成。面砖勾缝是自上而下进行。粘贴操作时,应保持面砖上口平直,贴完一皮砖后,需将上口灰刮平,不平部位可用小木片(或竹签)等垫平,放上米厘条(嵌缝条)贴上一皮面砖。横竖向的板缝都应以找平层上的预先弹好的灰缝墨线为准,随时检查核对。为控制粘结层厚度,可根据厚度要求选用系列商品梳齿状铲刀刮灰,如图10-18所示。

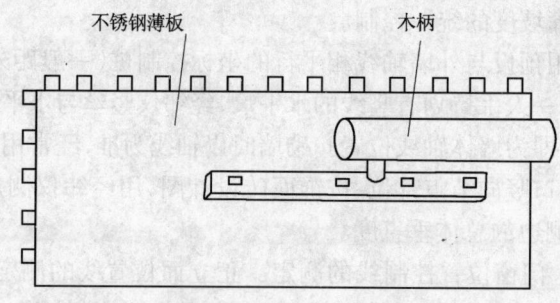

图 10-18 梳齿状铲刀

4. 案例治理方法

饰面砖墙面若出现大面不平整,缝格不均匀,不顺直的情况,已难修整。因此应重在预防,发现早、损失少。

案例七:空鼓脱落(找平层剥离破坏)

1. 案例现象

墙面水泥砂浆找平层与基体粘结不牢,成为"两张皮",用小锤轻击检查,有响鼓声(严重的常伴有开裂现象)。随着时间的推移,找平层空鼓范围可能会逐渐扩大,导致面砖连同找平层成片脱落,甚至伤害人和物。

2. 案例原因分析

(1)基体未清理干净或表面太光滑。

(2)基体材料强度低(如轻质墙体),或因基体自身干缩变形开裂(轻质墙体尤其多见),致找平层粘结不牢。外墙外保温系统盲目粘贴饰面砖。

(3)基体构造措施失当(或失效),如砖墙漏放拉结钢筋,填充墙填塞不紧,致接槎部位变形开裂,找平层局部空鼓。找平层未设置伸缩缝。

(4)混凝土表面比较光滑,或使用含有憎水成分的脱模剂(尤其钢模板刷废机油),润湿比较困难,抹灰层不易粘附,容易出现脱层空鼓;抹灰后,抹灰层表面仍然可能渗出油脂。若基体界面处理失当,如不洗净基体表层的油脂,仅将混凝土基体表面凿毛,人为因素太多,常常因凿点稀疏和肤浅而使粘结失败;又如用108胶水泥细砂砂浆喷或甩到混凝土基体表面作毛化处理,但是108胶不耐水,固化成膜后仍可被水溶解,致粘结强度降低。

(5)安装粗糙,墙体表面垂直度、平整度偏差大,致找平层总厚度超过20mm(或更多);或安装操作中,一次过厚,抹灰层下坠空鼓开裂。

(6)水泥安定性不合格,或水泥砂浆强度低(如大量掺入黏土、石灰膏)。由于找平层是一薄层,养护要求较高(立面养护有诸多不便),若使用矿渣水泥、火山灰水泥、粉煤灰水泥等,早期强度低,加上干缩量较大,毛病更多。

(7)抹灰前基体未洒水湿润,或找平层砂浆无湿养护,找平层砂浆不能正常水化。或墙面湿润后水渍未干即行抹灰,界面间隔着一层水膜或稀浆。

(8)不重视安装环境。夏季太阳直射,墙上的水分容易蒸发(若遇湿度小,风速大的环境,水分蒸发更快),致找平层砂浆严重失水,不能正常水化,砂浆强度大幅度降低,找平层与基体形成"两张皮"。

(9)面砖粘贴前,对找平层空鼓无检查,无处理。

3. 案例防范措施

(1)基体处理是保证室外面砖墙面质量的重要工序,应针对不同的基体采取相应的处理措施。《外墙饰面砖工程施工及验收规程》(JGJ 126—2000)规定,外墙饰面砖工程应进行"专项设计",其设计之一是要对"基体处理""提出明确要求"。

① 黏土砖墙、混凝土等墙体必须清理干净,无油污脏迹,无残留脱模剂等。抹找平层前必须提前湿润,抹灰时墙面应无水渍流淌,表干里湿。

② 砖墙基体:将基体用水湿透后,用外墙饰面砖工程"专项设计"要求的找平砂浆打底,木抹子搓平,隔天喷水养护。

③ 混凝土基体处理应按《外墙饰面砖工程施工及验收规程》(JGJ 126—2000)的规定进行,可用界面处理剂处理基体表面,边刷界面剂边抹饰面工程"专项设计"要求的打底砂浆,木抹子搓平,隔天喷水养护;或用聚合物(如聚醋酸乙烯——乙烯共聚物,即EVA或VAE乳液)水泥砂浆或商品干粉砂浆做结合层,以提高界面间的粘结力。混凝土基体表层含有机油的,应先用碱水洗刷,去除油脂(或其他憎水材料),再清水洗净;表面过于光滑的应先用聚合物水泥细砂砂浆适当"甩毛"。蒸压灰砂砖表面光滑,基体处理同上。

④ 基体的抗拉强度如不能保证外墙饰面砖粘结的粘结强度时,应进行加强处理;加气混凝土、轻质砌块及轻质墙板等墙体干缩量大,且抗拉强度低,不宜采用外墙饰面砖饰面。如采用,必须对基体进行加强,可采用在外墙面满钉金属网片,大尺寸陶瓷板块饰面,可用$\phi 1.5$mm、孔目约15mm×15mm的镀锌钢丝网片;小尺寸陶瓷板块、马赛克饰面,可用$\phi 1.0$mm、孔目约10mm×10mm(网片在外墙饰面变形缝格留设部位应断开),抹聚合物水泥砂浆(掺EVA乳液或干拌砂浆),如图10-19所示,且应做粘贴样板和进行强度检测,确保粘结强度符合设计要求。

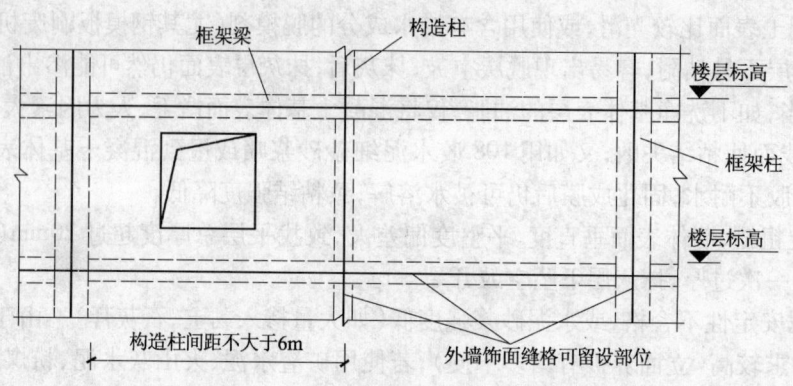

图 10-19 轻质墙体表面加强示意图

⑤ 外墙外保温体系粘贴饰面砖,目前争议较大,应按有关行业标准进行设计和安装,如应采用双网构造增强抗裂性和抗裂砂浆等特别措施,不得在保温层上直接粘贴面砖等;或改用薄型柔性面砖或水性涂料。

⑥ 设置伸缩缝,竖直向伸缩缝可设在洞口两侧或横墙、柱轴线部位,相邻伸缩缝间距可根据各地区的气候条件确定,一般不宜超过 12m。水平向伸缩缝可设在门窗洞口上、下或楼面处。采用预制法粘贴外墙饰面的伸缩缝应设在预制墙板的接缝处。伸缩缝深度应至基体表面,宽约 10~15mm(10mm 较为美观)。

(2)安装质量保证。

① 砖墙拉结筋间距沿墙高不得少于 0.5m,填充墙必须填塞紧密。具体要求,填充墙砌至接近梁、板底时,应留一定空隙,待填充墙砌筑完毕并应至少间隔 7d 后,或在抹灰前,采用侧砖斜砌挤紧,其倾斜度宜为 60°左右,砌筑砂浆应饱满。只有保证墙体构造措施,才能减少接槎部位的变形开裂。

② 砖墙的垂直度和表面平整度允许偏差为 5mm。宜按清水墙的要求才能防止抹灰层超厚,或减少抹灰层的厚度。抹灰层总厚度超过 20mm 者,应加强抹灰层,可钉金属网并绷紧。

③ 坚持分层抹灰,每遍抹灰厚度宜为 5~7mm。并应待前一层的抹灰层终凝后,方可涂抹后一层。只有这样,才能保证抹灰层不因自重而下坠、开裂。

④ 重视安装环境。当室外气温高于 35℃时,应有遮阳设施,并宜避开中午安装操作。

⑤ 找平层砂浆养护。

A. 各种砂浆的抹灰层,在凝结前,应防止快干、水冲、撞击和振动;凝结后,应采取措施防止沾污和损坏。

B. 水泥砂浆的抹灰层,应在湿润的条件下养护不少于 7d。

C. 冬期安装,抹灰砂浆应采取保温措施。涂抹时,砂浆的温度不宜低于 5℃。掺入混凝土防冻剂,其掺量应由试验确定。

(3)找平层质量保证。

① 采用强度等级不低于 42.5MPa 的硅酸盐水泥、普通硅酸盐水泥,其安定性和强度必须经复检合格。水泥砂浆配合比应符合"专项设计"要求,稠度为 50~70mm。

② 积极推行抹灰砂浆商品化(如预拌砂浆、干粉砂浆),由于其原材料质量保证和掺有保水增稠材料,商品砂浆质量稳定,克服了工地自拌砂浆配合比和质量不稳定、材料落后等

弊病。

③ 在建筑气候区Ⅲ、Ⅳ、Ⅴ区应采用具有抗渗性的找平材料,其性能应符合现行行业标准《砂浆、混凝土防水剂》(JC 474—2008)的技术要求。市场上已有墙体专用的商品水泥基防渗材料。

④ 现场检验。找平层的抗拉强度不应低于外墙饰面砖粘结强度 0.4MPa。可用饰面砖粘结强度检测仪进行现场检验。

⑤ 找平层"严禁空鼓"。找平层安装后宜有 14d 的干缩期,在粘贴饰面砖之前应对找平层的质量进行检查,把空鼓、裂缝等问题处理好后再进行粘贴。在干热气候条件下安装操作,抹找平层、刷防渗结合层、粘贴饰面砖三道工序可连续进行,以增强各层间结合力;找平层砂浆由于表面封闭,有利于找平层砂浆养护,可预防空鼓开裂。这是该方法的优点,缺点是不能及时发现空鼓缺陷。

4. 案例治理方法

(1)找平层安装 14d 之后,全面用小锤轻击检查,将空鼓部位画上记号。用手提电锯切去空鼓部位,剔除空鼓的抹灰层;再检查有无在切割、剔除过程中新出现的空鼓。在修补部位涂刷界面处理剂,分层修补,湿养护。

(2)在拆除外墙脚手架之前,全面检查;在使用期间定期检查饰面有无空鼓部位。

案例八:空鼓脱落(冻融破坏)

1. 案例现象

室外釉面面砖墙面受冻融作用,墙面出现空鼓开裂、松动脱落或板块表面变色、爆皮、裂纹、风化剥落,严重影响外观,还可能伤害人和物。主要发生在我国的三北地区,尤其东北地区。

2. 案例原因分析

(1)外部环境水或雨雪入侵。冬季,入侵水分在粘结层、找平层部位结冰冻胀;春天融化,冻融作用使砂浆结构变松,粘结力削弱甚至破坏。

① 找平层砂浆强度低。如某市办公楼外墙饰面砖,只经一冬春,维修面就达外饰面的 60% 以上,原因之一就是基层的水泥砂浆强度太低(水泥过期失效,砂含泥量过大,搅拌砂浆时水泥用量过少,抹灰前砖墙未浇水)。

② 不少地方习惯采用素水泥浆粘贴面砖。素水泥浆没有骨料,干缩性、脆性大,粘结力小,是造成脱落的一个原因。据吉林浑江市质监站资料,同一个操作者用同品种材料,用素水泥浆粘贴的面砖,三个月后检查,空鼓率为 45%;而用 1:2 水泥砂浆粘贴的面砖空鼓率仅 11%。某宾馆工程饰面砖大部分用素水泥浆粘贴,在三个月后竣工验收时,有 50% 以上发生空鼓。

③ 板缝对接不良,雨雪入侵。出现整块脱落的工程,多是发生在饰面砖密缝粘贴的墙面上,而离缝粘贴并满勾缝的外墙面砖则不脱落或少脱落。

女儿墙檐口、雨篷、窗台、阳台栏板等具有上平面和水平阳角的部位以及水管出水口的下部等易发生问题。主要原因是角部板缝对接不良、上平面易积存雨雪水,这些水分侵入缝隙中,经年温差 70℃ 的热胀冷缩和冻融循环,面砖便开始脱皮、脱落。一旦饰面边缘开始脱落,便向大面积发展。某办公楼竣工 4 年,1~7 层饰面砖完好无损,而阳台栏板却严重爆皮、脱落。

(2)饰面砖吸水率过大。釉面面砖是多孔材料,由于毛细管的作用,水会被吸到砖坯中去,水在0℃以下时结冰,体积增大约9%,可能造成面砖破坏。因此,吸水率是决定面砖抗冻性的重要指标,而吸水率的大与小,取决于釉面砖本身的密实性。水在直径0.1mm的毛细管中吸入高度约为15m,所以,釉面砖的孔隙率决定着面砖的吸水率,釉面砖越密实吸水率就越小或不吸水,就可能不产生冻害。反之吸水率越大,冻害就越严重。工程实践表明,为防止冻害必须对釉面砖的吸水率进行检验,加以严格限制。因为釉面砖是一种非均一性的物体,它是由坯体和釉面两部分组成。陶瓷的线膨胀系数在 $5 \times 10^{-6} \sim 10 \times 10^{-6}$,坯体的线膨胀系数约 $4 \times 10^{-6} \sim 9 \times 10^{-6}$ 两者相差虽不大,但仍有区别,这种差异在环境温度变化时,会导致釉和坯体之间出现内应力。若釉的膨胀系数大(收缩较多)时,会造成釉面开裂或使坯体向外弯曲;若膨胀系数小(收缩小)时,会造成釉层爆皮或使坯体向内弯曲;在釉和坯体之间的内应力不超过它们的抗拉、抗压强度,弹性及中间胶结作用所能承受时,不会出现裂纹。但是,往往在出厂较长时间,用于工程之后,由于外界的敲击、碰撞、釉面受损或坯体吸水膨胀等因素,会造成釉面砖出现裂纹或网状纹路,此称为陶瓷衰老现象。不同吸水率釉面砖的冻融试验数据表明,要使釉面砖保证不受冻害,其吸水率必须小于7.0%或更小。

(3)不重视安装环境。当室外气温低于0℃时,无可靠的防冻措施,致砂浆上墙后冻结,不能正常水化。

3. 案例防范措施

(1)找平层、粘结层砂浆质量保证,详见"10.3 室外面砖(外墙砖)墙面案例"中的案例七和案例八"空鼓脱裂"的防治措施。

(2)板缝、基层防水质量保证,详见"10.3 室外面砖(外墙砖)墙面案例"中的案例一"墙面渗漏"的防治措施。

(3)饰面砖材质保证,《外墙饰面砖工程施工及验收规程》(JGJ 126—2000)规定外墙饰面砖工程中采用的干压陶瓷砖、陶瓷劈离砖、陶瓷锦砖,对不同气候区必须符合下列规定:

① 在Ⅰ、Ⅵ、Ⅶ区,吸水率不应大于3%;在Ⅱ区,吸水率不应大于6%。在Ⅲ、Ⅳ、Ⅴ区,冰冻期一个月以上的地区吸水率不宜大于6%。吸水率应按《陶瓷砖试验方法第3部分:吸水率、显气孔率、表观相对密度和容重的测定》(GB/T 3810.3—2006)规定进行试验。

② 在Ⅰ、Ⅵ、Ⅶ区,冻融循环应满足50次;在Ⅱ区,冻融循环应满足40次。抗冻性应按《陶瓷砖试验方法第12部分:抗冻性的测定》(GB/T 3810.12—2006)进行试验。

(4)窗台、檐口、装饰线、雨篷、阳台和落水口等墙面凹凸部位,应采用防水和排水构造。

(5)在水平阳角处,顶面排水坡度不应小于3%~5%;应采用顶面砖压立面砖,立面最低一排面砖压底平面面砖等做法,并应设置滴水构造。

(6)重视安装环境。无论是找平层或是面砖粘贴,环境最低气温应在0℃以上。当低于0℃时,必须有可靠的防冻措施。

(7)加强成品保护。饰面的成品保护亦很关键,特别是拆除脚手架时,最易碰损饰面砖。有时碰出裂痕或碰去一角,成为雨水侵入的渠道,留下冻融隐患。所以应格外注意,一经碰损须及早更换。

4. 案例治理方法

室外面砖墙面发生冻融损坏之后,要搞清损坏出自找平层、粘结层、板缝还是板块材质问题,然后对症下药进行维修。维修之后,表面喷涂有机硅防水剂或其他无色护面涂料。

案例九:空鼓脱落(粘结层剥离破坏)

1. 案例现象

面砖粘贴之后,面砖与粘结层(或粘结层与找平层)砂浆因粘结力低或失效,发生局部剥离脱层,用小锤轻击检查,有响鼓声。随着时间的推移,脱层空鼓范围可能逐渐扩大,导致面砖松动脱落,甚至伤害人和物。

2. 案例原因分析

(1)找平层表面不干净或不够粗糙。

(2)找平层表面不平整,靠增加粘贴砂浆厚度的办法调整饰面的平整度,造成粘贴砂浆超厚,因自重作用下坠而粘结不良。

(3)粘贴前,找平层未润湿或饰面砖未浸泡,表面有积灰,砂浆不易粘结,而且干燥的找平层和饰面砖会把砂浆里的水分吸干,粘贴砂浆失水后严重影响水泥的水化和养护。

(4)板块背面出现水膜。

① 准备原因。粘贴前才浸水,板块未晾干就上墙,板块背面残存着水渍,使板块与粘结层砂浆之间隔着一道水膜,严重削弱砂浆对板块的粘结作用。

② 砂浆原因。粘结层砂浆如果保水性不好,尤其水灰比过大或使用矿渣水泥拌制砂浆,其泌水性较大,泌水会积聚在板块背面,形成水膜。

③ 操作原因。如果基层表面凹凸不平或分格线弹得太疏,或采用传统的1:2水泥砂浆粘结。由于较难贴平、校正,也由于砂浆水分易被基层吸收,若操作较慢,板块的压平、校正都比较困难。故技工必须熟练、手法稳快,否则板块上墙后,多摸、多敲、多拨动,水泥浆会浮至粘结层表面,造成水膜。

(5)板块背面砂浆填充不饱满。

(6)不重视安装环境。夏季太阳直射,墙上的水分容易蒸发(若遇湿度小,风速大的环境,水分蒸发更快),致粘结层砂浆严重失水,不能正常水化,粘结强度大幅度降低。

(7)对砂浆的养护龄期无定量要求,板块粘贴之后,找平层仍有较大的干缩变形;勾缝过早,操作时挤迫板块,使粘结层砂浆早期受损。

(8)传统的粘贴砂浆为1:2水泥砂浆,成分比较单一,也无粘结强度的定量要求和检验。如果水泥、砂质量不好,配合比不好,稠度过大,养护不良,则粘结力无保证。据广东沿海四市38幢建筑物室外饰面砖工程实例抽样试验结果,饰面砖粘结强度不合格率为55.3%,总体情况是粘结强度偏低,且离散性大。

(9)地砖墙用,如抛光砖,板块尺寸大(单位面积自重较大),吸水率低,板背不够粗糙,比较类似石材板块,与砂浆的粘结力较差。

(10)不设置伸缩缝,受热胀冷缩影响。

(11)墙体变形缝两侧的外墙砖,其间的缝宽小于变形缝的宽度,致外墙砖的一部分贴在外墙基体上,另一部分则骑在变形缝上,受温差、干湿、冻融作用,其空鼓脱落屡有发生。

3. 案例防范措施

(1)找平层必须干净,无灰尘、油污、脏迹,表面刮平搓毛,找平层的表面平整度允许偏差为4mm,立面垂直度允许偏差为5mm。

(2) 外墙饰面砖宜采用背面有燕尾槽的产品。地砖不宜用于墙面。

(3) 预防板块背面出现水膜。

① 粘贴前找平层应先浇水湿润，粘贴时表面无水迹，找平层含水率宜为15%～25%。

② 严格按照安装工艺标准要求操作，确保一次粘贴到位，避免来回拨动、敲击。

③ 安排熟练技工操作。

④ 传统的1∶2水泥砂浆用做粘贴，由于其成分简单，不可避免凝结泌水，应推广使用商品专用墙砖胶粘剂（干混料）。由于其砂浆里配有高分子聚合物改性成分，其粘结性、和易性、保水性都有很大的改善，凝结时间可以变慢，操作工就有充分的时间对饰面板块进行压平、校正，不致因过多拨弄而造成水膜。

(4) 重视养护龄期控制。找平层安装后宜有14d的干缩期（包括7d湿润养护），面砖粘贴前应对找平层进行质量检查，把空鼓开裂等问题处理好。面砖粘贴完毕应先喷水养护2～3d，待粘结层砂浆达到一定强度后才能勾缝。如果勾缝过早，容易造成粘结砂浆早期受损，板块滑移错动或下坠。

(5) 粘结砂浆质量保证。传统的1∶2水泥砂浆用作粘贴，它由水泥、砂、水搅拌而成，拌合物初黏性低，和易性、保水性都较差，材料干硬后收缩大，刚性大。由于拌合物初黏性低、干散，安装时砂浆里的水泥浆体在面砖粘结面上较难扩散、展开；由于保水性差，如果面砖浸泡不透，抹在面砖背面的水泥砂浆的水分易被面砖迅速吸收，从而造成水泥砂浆与面砖离层。由于干硬后材料收缩大，刚性大，变形应力也大，当这一应力大于粘结层抗剪强度时，便会出现面砖脱落。砂浆中加入108胶虽能改善材料的粘贴性能，但却降低了粘贴材料的耐水性（108胶固化成膜后，仍可被水溶解，即可逆性）和耐老化性能。现行行业标准《外墙饰面砖工程施工及验收规程》（JGJ 126—2000）的规定，使粘贴砂浆有了质的飞跃：

① 外墙饰面砖粘贴应采用水泥基粘结材料，其质量标准应符合现行行业标准《陶瓷墙地砖胶粘剂》（JC/T 547—2005）规定的C类产品，即水泥基陶瓷墙地砖胶粘剂（C），它由水硬性胶凝材料、矿物骨料、有机外加剂组成的粉状混合物（即干粉砂浆或干混料），使用前需与水或其他液体拌合。外墙饰面砖粘贴不得采用有机物作为主要粘结材料。

② 水泥基粘结材料应符合现行行业标准《陶瓷墙地砖胶粘剂》（JC/T 547—2005）的技术要求，并按现行行业标准《建筑工程饰面砖粘结强度检验标准》（JGJ 110—2008）的规定，在实验室进行试配、制样、检验，粘结强度不应小于0.6MPa。为保证质量，宜采用经检验合格的专用商品聚合物水泥干粉砂浆。大尺寸的外墙砖，为保证安全可靠，应采用经检验合格的适用于大尺寸板块的"增强型"聚合物水泥干粉砂浆（粘结强度≥1.0MPa），其找平层砂浆的粘结强度亦应与之相匹配。

③ 水泥基粘结材料应采用普通硅酸盐水泥或硅酸盐水泥，其性能应符合现行国家标准《通用硅酸盐水泥》（GB 175—2007）的技术要求，其强度等级，硅酸盐水泥、普通硅酸盐水泥不应低于42.5级。水泥基粘结材料中采用的砂，应符合现行行业标准《普通混凝土用砂、石质量及检验方法标准》（JGJ 52—2006）的技术要求，其含泥量不应大于3%。

(6) 饰面砖粘贴安装操作要求。

①《外墙饰面砖工程施工及验收规程》（JGJ 126—2000）规定，"在外墙饰面砖工程安装前，应对找平层、结合层、粘结层及勾缝、嵌缝所用的材料进行试配，经检验合格后方可使用"。为节约时间，保证材料质量，宜优先采用经检验合格的水泥基专用商品材料。

② 面砖接缝的宽度不应小于 5mm,不得采用密缝粘贴。缝深不宜大于 3mm,也可采用平缝。

③ 面砖宜自上而下粘贴(传统安装方法,总体上是自上而下大流水,每步脚手架上粘贴则是自下而上进行),粘结层厚度宜为 4~8mm。

④ 在粘结层初凝前或允许的时间内,可调整面砖的位置和接缝宽度,使之附线并敲实;在初凝后或超过允许的时间后,严禁振动或移动面砖。

⑤ 重视安装环境。安装应在日最低气温在 0℃以上。当低于 0℃时,必须有可靠的防冻措施;当高于 35℃时,应有遮阳设施,并宜避免中午安装。

(7)检验饰面砖背面粘结砂浆的填充率(饱满度)。参照日本的规定,对饰面砖背面凹槽内的砂浆填充率要进行检验,检验的时间、数量、方法如下:

① 检验时间及数量。在粘贴外饰面砖安装期间,每天检验一次,每次检验两块砖。

② 检验方法。趁饰面砖背面砂浆还软的时候,把饰面砖剥下来,根据目测或尺量记下砖背面凹槽内砂浆的填充率。

③ 填充率的规定。如饰面砖为 50mm×50mm 以上的正方形砖时,填充率应大于 60%;如为 60mm×108mm 以上的长方形砖时,填充率应大于 75%。

④ 合格的判定。在抽检的两块饰面砖中,如都能达到规定的填充率即为合格;如两块或其中一块的填充率没有达到规定的填充率时,即判为不合格。

遇有上述判为不合格情况时,即再剥离 10 块饰面砖,如 10 块砖的填充率全部达到规定,即将剥离下来的砖重新粘贴上;如 10 块砖中,有一块砖的填充率没有达到规定,则这一天所粘贴的饰面砖要全部返工。

(8)严格控制饰面砖空鼓。参照日本的规定,饰面砖在粘贴后的 3d,各楼层的各个墙面要分别检查 15m 长的饰面砖是否有空鼓,是否超出规定的空鼓率。

检验方法是用检验小锤轻轻敲打砖表面,听其是否有空鼓声。如没有或 15m 长内有空鼓声的砖数是小于或等于检验砖数的 1% 时,即判为合格。如大于 1% 时,即判为不合格。判为不合格的楼层墙面,就要全面地敲打检验,空鼓的砖要剥离重新粘贴,或在有空鼓声的砖背面注入改性环氧树脂化学浆液。

(9)现场检验饰面砖的粘结强度。日本对饰面砖的粘结强度检验,要求在粘贴的 28d 后进行(如非要在 28d 前拆除脚手架时,亦可在不得已的情况下缩短为 14d),但必须在勾缝之前。检验抽样是每 300m² 面积范围内抽检 5 块。拉拔前,先用刀具将检验的饰面砖周边砂浆切断至基层上,然后再装上拉力试验机进行检验。

我国《建筑装饰装修工程质量验收规范》(GB 50210—2001)"饰面板(砖)工程"规定,外墙饰面砖粘贴前和安装过程中,均应在相同基层上做样板件,并对样板件的饰面砖粘结强度进行检验,其检验方法和结果判定应符合《建筑工程饰面砖粘结强度检验标准》(JGJ 110—2008)的规定,现场粘贴的外墙饰面砖工程,每 300m² 同类墙体取 1 组试样,每组 3 个,每一楼层不得小于 1 组;不足 300m² 同类墙体,每两楼层取 1 组试样,每组 3 个。可使用国产手摇式加压的"饰面砖粘结强度检测仪"进行现场检验,如图 10-20 所示。在建筑物外墙上粘贴的同类饰面砖,其粘结强度同时符合以下两项指标时可定为合格:

① 每组试样平均粘结强度不应小于 0.4MPa;
② 每组可有一个试样的粘结强度小于 0.4MPa,但不应小于 0.3MPa。

当两项指标均不符合要求时,其粘结强度应定为不合格。

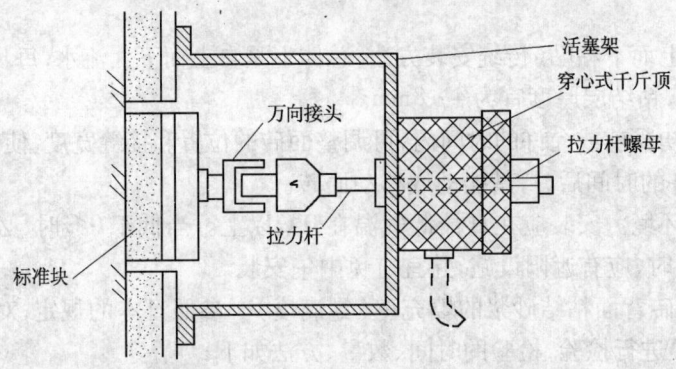

图 10-20　饰面砖粘结强度检测示意图

（10）根据《外墙饰面砖工程施工及验收规程》(JGJ 126—2000)规定,面砖墙面应"设置伸缩缝",伸缩缝应采用柔性防水材料嵌缝。墙体变形缝两侧粘贴的外墙饰面砖,其间的缝宽不应小于变形缝的宽度(图 10-21)。因装饰美观的需要,或调整排板方案(使之减免非整砖),或方便安装操作,在伸缩缝之间还可增设分格缝。伸缩缝或分格缝太宽会影响美观,其合适宽度可先做样板对比确定;分格缝的宽度一般宜为 10mm 左右。

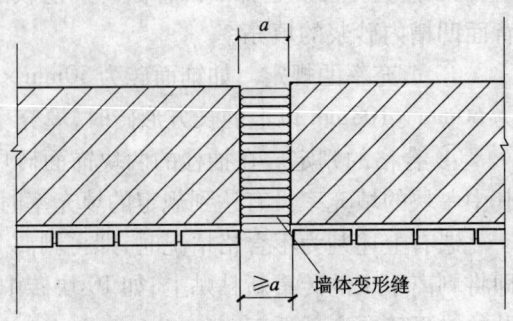

图 10-21　变形缝两侧排砖示意
a—变形缝宽度

4．案例治理方法

（1）《外墙饰面砖工程施工及验收规程》(JGJ 126—2000)规定"外墙饰面砖必须粘结牢固,不得出现空鼓",检查方法为小锤敲击。发现空鼓部位应返工重做或查明空鼓的层次(在粘结层或找平层)之后进行改性环氧树脂压力注浆弥合剥离部位。

（2）在使用期间定期检查,及早发现,及时处理。已拆除外墙脚手架的检验,可借助载人吊篮进行。目前已有可全面进行检测的红外线检测仪、附着式振动检测仪、机器人自爬式检测仪,通过图像、数据显示或传感信号处理,检测的可达性好、可靠性高。

10.4　室内瓷砖(内墙砖)墙面案例

瓷砖(内墙砖)正面挂釉(又称釉面砖)是用瓷土或优质陶土煅烧而成,属陶质砖。瓷砖(内墙砖)的结构由两部分组成,即坯体和表面釉彩层。表面挂釉可获得各种色彩,因为是由氧化钛、氧化钴、氧化铜等高温煅烧,所以颜色稳定,经久不变。内墙砖的耐酸、耐污染、硬度等性能都比较好,可用于室内墙面,如卫生间、厨房、走道、实验室、医院等。由于内墙砖是由多孔坯体烧成,所以收缩率极小,可生产面积较大的产品。但吸水率大(大于 10%,甚至超过 20%)、耐候性能差,在长期与空气的接触过程中,特别是潮湿的环境中使用,会吸收大量水分而产生膨胀现象。但釉的吸湿膨胀非常小,当坯体膨胀的程度增长到使釉处于张应力状态,应力超过釉的抗张强度时,釉面发生开裂。如果用于室外,经长期冻融,更易出现剥落掉皮现象。

因此,瓷砖(内墙砖)不应用于室外墙面。

瓷砖(内墙砖)的质量标准详见《陶瓷砖》(GB/T 4100—2006)的有关规定。

案例一:板块开裂、变色,墙面污染

1. 案例现象

(1)瓷砖运输保管不慎,出现黄渍。

(2)瓷砖墙面使用几年后,普遍发现瓷砖裂纹、变色。裂纹按材性分有釉面层裂、砖坯裂;裂纹形状有单块线条裂和几块通缝裂、冰炸纹裂等多种。

(3)使用期间,墙面出现污渍脏物。

2. 案例原因分析

(1)瓷砖运输保管过程中遇雨水,受草绳、纸箱等有色液体污染。

(2)瓷砖质量不好,材质松脆,吸水率大,其抗拉、抗压、抗折性能均相应下降,由于瓷砖吸水率和湿膨胀大,因此产生内应力而开裂,如图10-22所示。

(3)瓷砖在运输、操作中造成隐伤,有隐伤的瓷砖加上湿膨胀应力作用,出现裂纹。

(4)瓷砖材料质地疏松,安装前瓷砖浸泡不透;粘贴时,粘结砂浆中的浆水或脏水从瓷砖背面渗进砖坯内,并从透明釉面上反映出来,造成瓷砖变色。

(5)轻质墙体无加强处理,因墙体干缩开裂引发瓷砖开裂。

(6)使用过程中受油污、或有色液体等污染。质量差的瓷砖,油污、有色液体甚至苔藓等都可以侵入瓷砖的坯体内部,清洗十分困难。

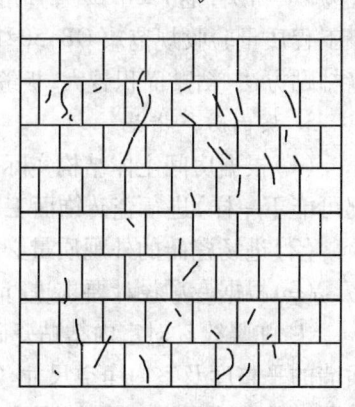

图10-22 卫生间瓷砖裂纹

3. 案例防范措施

(1)鉴于瓷砖开裂、变色、污染关键在材料质量,材料进场应按《陶瓷砖》(GB/T 4100—2006)的规定严把材质关。吸水率反映了陶瓷砖产品的材质和性能,使用的瓷砖(特别是用于高级装修工程上的瓷砖),应选用材质密实、吸水率小的质量较好的瓷砖,以减少裂纹的产生。目前已有"防污瓷砖",材质十分致密,不藏污垢,表面光洁度接近玻璃,极易清洗。

(2)粘贴前瓷砖一定要浸泡透,将有隐伤的仔细挑出,尽量使用和易性、保水性较好的砂浆粘贴(如商品专用粘结剂),操作时不要大力敲击砖面,防止产生隐伤,并随时将瓷砖面上的砂浆擦拭干净。

4. 案例治理方法

(1)目前已有各种各样的商品瓷砖清洗剂或防污液,可根据使用房间(卫生间、厨房或实验室)、污染性质选择不同的洗涤材料。

(2)稀盐酸(如5%~10%)清洗,对去除瓷砖釉面上的脏污固然有效。但是,由于酸对板缝砂浆有侵蚀作用(更怕侵入板缝),造成板缝表面水泥硬膜剥落,光滑面被腐蚀成粗糙面。如需酸洗,应先用清水湿透板缝砂浆;酸洗完毕,立即用清水洗净墙面。酸洗法应逐渐淘汰。

(3)厨房、卫生间等使用年久后,原来的瓷砖(内墙砖)容易出现老化。老办法是铲除重新粘贴。现在已有"瓷面翻新涂料",它能快速硬化成陶瓷质的层面,具有耐磨损、无放射性、抗紫外线、安装简便等特点,使旧瓷砖重放光彩,房间"旧貌换新颜"。"瓷面翻新涂料"费用,约为铲旧贴新费用的 1/4~1/3。

案例二:饰面不平整,缝格不顺直

1. 案例现象

瓷砖墙面粘贴之后,墙面凹凸不平,瓷砖板缝错位明显,板缝横竖线条不顺直。

2. 案例原因分析

(1)瓷砖饰面无专项设计,盲目安装。

(2)瓷砖外观尺寸偏差较大。

(3)墙体、找平层不平整、不垂直。

(4)瓷砖板块本身的尺寸偏差是绝对的,根据《陶瓷砖》(GB/T 4100—2006)标准规定,砖的最大允许偏差(精细)±1.0%、±2mm 和(普通)±2.0%、±4mm,边直度允许偏差(精细)±0.5% 和(普通)±0.6%,直角度允许偏差(精细)±1.0% 和(普通)±1.0%;《建筑装饰装修工程质量验收规范》(GB 50210—2001)规定饰面砖接缝宽度允许偏差为 1mm。传统的密缝粘贴方法,粘贴面积越大,板缝的积累偏差也越大。

3. 案例防范措施

(1)根据房间主体结构实际尺寸(由于安装偏差,同一类型房间,其楼上楼下的实际尺寸都可能不一样)进行瓷砖饰面工程专项设计(包括墙面排砖和细部设计大样图)。

(2)进场瓷砖的外观质量必须符合《陶瓷砖》(GB/T 4100—2006)的规定。

(3)根据专项设计要求进行安装。

① 弹竖线。对室内粘贴瓷砖的每一个墙面均应用墨斗弹出竖线,在弹线之前应先检查每面墙的平整度及室内净空尺寸,定出釉面砖粘结层厚度(宜为 6~7mm)。按釉面砖尺寸加设计要求的砖缝宽度,粘贴墙面两侧竖向定位瓷砖带,然后以此作标准线逐皮挂线粘贴瓷砖。

② 弹水平线及表面平整线,这是保证饰面层横平竖直、表面平整的关键措施。

水平线:可利用墙面的既定水平线(离地面 +50cm 处),亦可用水平仪划出水平线。

表面平整线:是在每面墙上两侧竖向定位瓷砖带,粘贴时分层挂线(白线),使薄钢片勾住拉紧,这条拉紧的白线就是表面平整线,它既能控制每行砖的平整度,也能控制每行砖的水平度。

挂线:先定出窗台水平线,后定出每面墙的上下两端线,即顶棚抹灰底线和地面线(由于是不同工序,"两线"宜事先协调)。在下面用托板尺垫平、垫牢,使它和墙面底砖下线相平,然后在托板尺上划出尺杆,其目的是决定能否赶整砖。如赶不上,不能切割窄条砖(即小于 1/3 整砖宽度),可用割两块砖的办法来消除窄条现象,并应将切割的砖适当粘贴在不显眼部位,这样做能使墙面砖比较整齐。在尺杆定好之后,要在竖线上、下适当处钉入钉子,挂白线成为竖向表面平整线。表面平整线、横向水平线两端用薄钢片作为钩形,勾在两端砖上拉紧使用。这两个方面挂好后,经检验无误,在水平方向由左向右,在竖向由下往上,才能层层开始粘贴瓷砖。

目前许多工地采用弹墨线的方法安装,即在找平层上按设计要求弹出每一块瓷砖的上下左右粘贴线,弹线工作比较繁琐,但观感质量容易保证。墙面平整度则用贴灰饼的方法控制,灰饼间距约 1.5m。粘贴时用齿状铲刀,将板块背面的砂浆梳成条状。

(4)设计要求密缝法安装的,对瓷砖的材质挑选应作为一道主要工序,色泽不同的瓷砖应分别堆放,拣出翘曲、变形、裂纹、面层有杂质等缺陷的瓷砖。在挑选瓷砖时,还应做一个按瓷砖标准尺寸的"Π"形木框,钉在木板上,进行大、中、小分类,先将瓷砖从"Π"形的木框开口处塞入检查,取出后转向 90°再塞入开口处检查,两次检查后即可分出合乎标准尺寸、大于标准尺寸和小于标准尺寸三类,分类堆放。同一类尺寸者应用于同一房间或一面墙上,以做到接缝均匀一致。

(5)传统的密缝法粘贴瓷砖,板缝砂浆填嵌困难,还容易脱落。其质量通病是一部分板缝有水泥浆(并且粗细不一),一部分板缝无水泥浆,不但影响防水功能,还影响观感质量;粘贴面积较大时,板缝横平竖直有困难。由于瓷砖产品的尺寸偏差不可避免,宜采用离缝法粘贴,将板缝宽度放宽至 2.0mm 左右(甚至 3mm),在板块"十字"交叉部位使用商品定型"十字"塑料卡("十字定位架")控制板缝大小;这样,选砖的繁琐、板缝防水、板缝横平竖直问题都能得到比较好的解决。瓷砖勾缝线条宽度 2mm 左右(实际勾缝宽度可能会略大于板缝宽度),与外墙面砖勾缝宽度 5mm 左右相比,还是显得相当"苗条"的。国外普遍采用离缝粘贴,美观效果非常好,还消除了密缝法粘贴的一系列弊病。

4. 案例治理方法

室内瓷砖墙面不平整,缝格不顺直等质量通病难以治理,返工损失又很大,应重在预防。大面积粘贴之前应先做样板间,及时发现问题,发现早,损失少。

案例三:用水房间墙壁泛潮

1. 案例现象

浴室、厕所、厨房等用水房间及蓄水池等因为用水、水蒸气、冷凝水、卫生洁具、穿墙管道渗漏等原因,墙体吸收水分后渗透、蒸发,致墙体未贴瓷砖的另一面出现明显的水迹或泛潮,损坏装修材料又影响美观,往往从表面现象就知道用水房间在哪里。

2. 案例原因分析

(1)设计等同普通不用水房间,对墙面设计无防水要求。

(2)采用轻质墙体或墙体构造措施不当,墙体变形开裂,拉裂找平层、防渗层(甚至拉裂瓷砖)。

(3)墙面找平层安装质量差(如空鼓、开裂、强度低),或无防渗处理。蹲台、隔板、洗手盆等与墙体接槎的阴角部位未先作防水处理。此两项是渗漏的关键所在。

(4)安装管理落后,穿墙管道无预留洞、预埋管,现划现凿,凿坏墙体、找平层、瓷砖。穿墙管道渗漏(尤其接头在墙里)。

(5)传统的密缝镶贴,形成"瞎缝"(又称"盲缝"),板缝几乎无法塞进砂浆,仅在板缝表面用水泥擦平缝,板缝仍是渗漏通道。

3. 案例防范措施

2000 年 1 月 30 日,中华人民共和国国务院令(第 279 号)《建设工程质量管理条例》关于建筑工程最低保修期限的规定,"有防水要求的卫生间、房间和外墙面的防渗漏,为 5 年"。

(1)对用水房间,设计应明确找平层、防渗层材料和质量要求,并有关键部位的细部大样图。

(2)安装必须认真落实墙体构造措施,尤其拉结筋、构造柱等。轻质墙体必须先作加强处理。

(3)蹲台、隔板、洗手盆等与墙体的接槎部位的找平层、防渗层的防水工序必须先做好。此两项是预防渗漏的关键。

(4)穿墙管道应预埋套管,管道的接头不得安排在墙里。淘汰铸铁管、镀锌管,使用塑料管。

(5)采用离缝法粘贴瓷砖,板缝宽不小于2.0mm左右(甚至3mm),如图10-23所示的节点大样图,可增强板缝的防水能力。阴角部位压注卫生间专用商品防水防霉密封胶。由于水泥砂浆的干缩及其与瓷砖接槎部位界面粘结力有限,以及墙体、找平层可能发生变形,板缝砂浆的防水能力是有限的。因此,防水的关键是在找平层及找平层表面的防渗层质量保证。瓷砖板缝只有采用柔性水泥嵌缝料或瓷砖专用填缝剂(内含高性能合成乳液,适用于小活动量板缝)嵌缝才有防水功能。

(6)瓷砖与门窗框接缝部位应预留约宽6mm的凹槽,填嵌卫生间专用防水防霉密封胶,如图5-22所示的节点大样图。

(7)为保护非用水房间的室内装修(如墙纸、木板、涂料等),围护用水房间的所有墙体,其墙体的两面找平层均应有防水、防渗保证;墙根应有不少于120mm高的混凝土翻边。

4. 案例治理方法

用水房间墙壁如出现渗漏、泛潮,应先查明原因,采取相应措施。市场上目前已有各种各样的补漏材料和专业队伍,一般处理可在阴角部位补打卫生间专用的防水防霉密封胶。如不奏效,可全面喷涂有机硅憎水剂;如果瓷砖镶贴工程总体较差(尤其找平层、防渗层质量无保证),上述方法不一定能根治,可局部返工处理。如不想返工重做,也可以在不贴瓷砖的另一面进行背水面防渗处理,目前已有各种各样的商品背涂防水材料,视室内装修采用的材料情况,可分别采用涂抹或喷洒对混凝土具有渗透结晶型的防水材料,如渗透结晶型防水砂浆、NWP克漏王、永凝液、德高K11(DAVCOK11)、确保时(COPROX)、赛柏斯(XYPEX);或涂刷成膜防水材料,如聚氨酯、丙烯酸涂料、聚合物水泥防水涂料等防水材料,宜雇请专业队伍进行专门治理。背涂防水的先决条件还是墙面水泥砂浆找平层质量保证。如果找平层空鼓、砂浆强度低劣(起粉、起砂),背涂不起作用。

案例四:墙面出现"破活",细部不细致

1. 案例现象

立面主要部位出现非整砖("破活"),门窗周边、高低曲折的饰面其瓷砖切割块数过多,出现"破活"。细部手工粗糙、"破活"多,套割不吻合、缝隙过大,严重影响观感质量。

2. 案例原因分析

(1)瓷砖饰面工程无专项设计,细部无节点大样图;大面积粘贴之前无样板间,盲目安装操作,问题发现太晚。

(2)墙面凸出物、管线穿墙部位用碎砖粘贴,瓷砖切割无合适的专用工具。

① 先安装管道,后安装瓷砖,管道的支、托架及穿墙位置赶哪算哪。最后只好将瓷砖碎割粘贴墙面,出现较多破活。

② 先粘贴瓷砖后安装管道,管道支、托架及穿墙无专用钻孔工具,靠手锤打凿,使套割尺

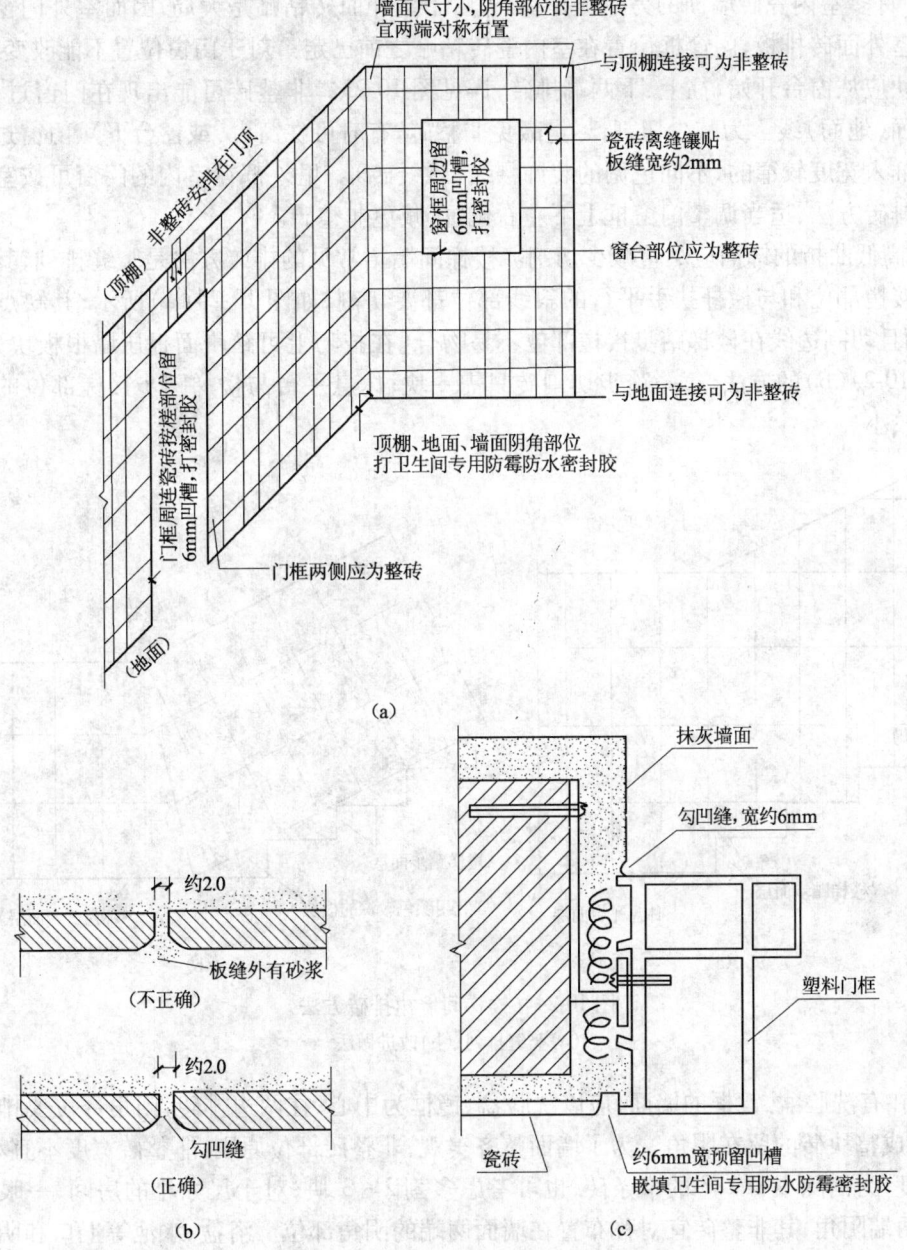

图 10-23 卫生间瓷砖排板示意图及节点大样图(单位:mm)
(a)排板示意;(b)瓷砖板缝;(c)门框瓷砖接缝

寸过大、不吻合,又使墙面瓷砖受到振动产生开裂、空鼓现象。

③ 开关、插座的套割尺寸预留过大,开关、插座面板盖不上,缺陷显露。

3. 案例防范措施

(1)瓷砖饰面工程应有专项设计,样板间引路。

① 门窗洞口尽量安排整砖,减少切割("破活")。习惯的排砖方法有从顶棚拣灰底线开始,也有从楼面(或地面)线开始,窗台部位因此常常出现非整砖(甚至出现小于 1/3 整砖的窄

条砖)。许多室内瓷砖墙面的另一侧是室外,由于室外面砖粘贴是大局,因而室外门窗位置必须服从室外面砖排板,门窗框位置在室内瓷砖粘贴之前已定。对于门窗位置不能改变的墙面,瓷砖整块应从窗台开始,往上、下两端排砖,详见图10-23。非整砖可能出现在门窗过梁、顶棚底或楼面(地面)线。为减少切割,尽量减免非整砖,有时可在窗台(或窗台下)、门窗过梁等适当部位插入宽度较窄的、不同色调的装饰腰线(腰线砖)。里外都在室内的门窗可按室外墙面砖粘贴排砖方法,适当调整门窗框上下左右位置,减免非整砖。

② 高低曲折的饰面应尽量减少切割。楼梯间墙裙常见的排砖方法是竖缝排列,其在与楼梯踏步接槎部位和与栏杆扶手平行的斜线部位都要切割,如图10-24(a)所示;其缺点是切割太多,而且切割边线在楼梯踏步接槎部位不易吻合(在技巧上可踏步面板压墙根板块)。如果改成图10-24(b)的方法,每一踏步切割砖只需一块;休息平台与楼梯踏步接槎部位的墙裙切割量又较小。

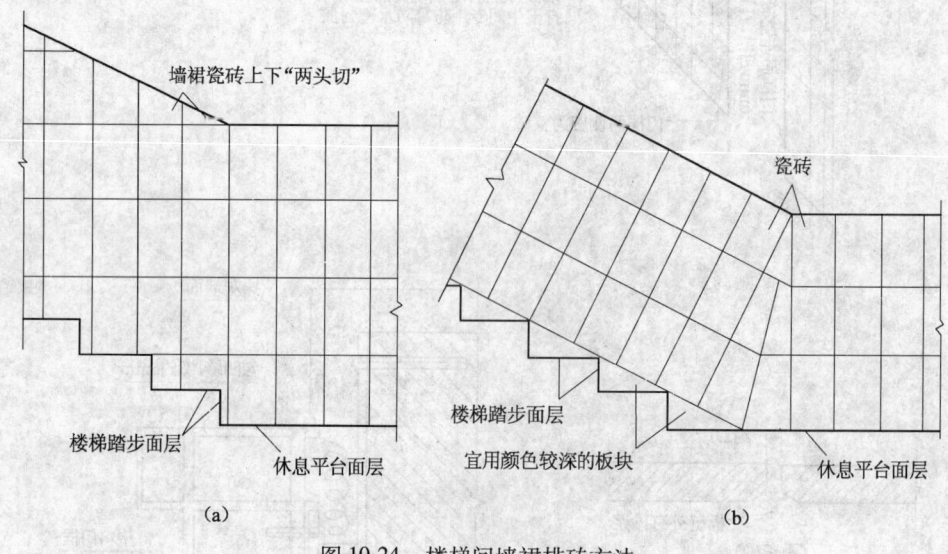

图10-24 楼梯间墙裙排砖方法
(a)竖缝排列;(b)改进做法

③ 在有洗脸盆、镜框的墙面,应以洗脸盆、镜框为中心,往两边排砖,阳角部位要排成整块砖,排不成整块砖的留在阴角。为了墙面整齐美观,非整砖部位原则:非整砖宽度不宜小于1/3整砖宽度,为消除小于1/3的窄条砖,也可考虑多割2~3块;对于尺寸小的房间,一眼就能同时看到两端阴角,其非整砖宜对称布置在墙面两端的阴角部位。浴盆、水池等上口和阴阳角部位,宜使用配件砖,减免切割。

④ 采用商品PVC瓷砖边角线(亦称"封边条",包括阴阳角、曲线配件),粘贴砂浆挤入其上的专用的粘贴孔,将之粘贴在饰面边角部位。

(2)墙面凸出物,管线穿过的孔洞、槽盆、管根、管卡等部位不得用碎砖粘贴,应用整砖上下左右对准孔洞套划好,套割吻合,凸出墙面边缘的厚度应一致。

① 粘砖前,应确定管道及支、托架大概位置,在粘贴到管道支托架位置时,预留上下或左右的两块瓷砖。

② 按安装图将管道的垂直或水平中心线延长投影到瓷砖墙面上,使投影线处于两块瓷砖的竖缝或水平缝上。

③根据投影到两块瓷砖的竖缝或水平缝上的线确定管道穿墙及支、托架位置。在安装管道支、托架后,按照支、托架的厚度及穿墙管道的直径,从上、下或左、右方向量出距瓷砖边缘的距离,最后按此尺寸套割瓷砖粘贴,如图10-25所示。

(3)粘贴高度适可而止。根据使用功能和美观要求,瓷砖如无须贴到顶的,则尽量贴至窗台、门窗过梁、梁底部位为止。

(4)为防止饰面出现"吊脚",在墙面粘贴之前就应预先定好楼面(或地面)线,宜地面板块压墙根板块。

(5)改变一把玻璃切割刀"打天下"的落后安装,配齐各种用途的切割工具。避免切割边出现"犬牙"破碎或歪斜,切割边宜藏进找平层或被整块压边。否则,板块切割边应留有余量,然后在砂轮上磨边修正。切割瓷砖有氮化硼陶瓷刀具,钻小圆孔、开大圆洞应采用(商品专用工具系列)金刚石钻孔机,复杂图形可用超高压水射流切割机(水刀),在安装管道后用专门的盖套掩饰开洞部位的缺陷。

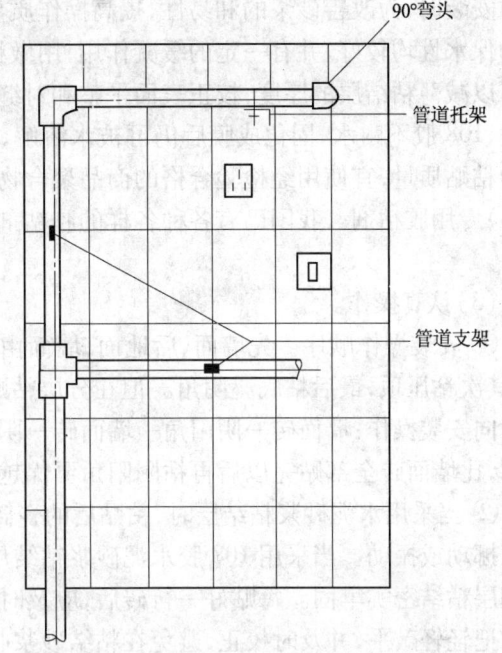

图10-25 支托架及穿墙管道部位瓷砖套割粘贴示意图

4. 案例治理方法

墙面出现"破活",细部不细致的情况,治理困难。应重在预防,发现早,损失少。

案例五:空鼓脱落

1. 案例现象

瓷砖粘贴质量不好,造成局部或较大面积的空鼓,严重时瓷砖脱落掉下。

2. 案例原因分析

(1)瓷砖粘贴前浸泡时间不够,造成砂浆早期脱水;或浸泡后未晾干,粘贴后(板背有水膜)产生浮动自坠。

(2)粘贴砂浆厚薄不匀,砂浆不饱满,操作过程中用力不匀。砂浆收水后,对粘贴好的瓷砖进行纠偏移动,造成饰面空鼓。

(3)粘贴砂浆质量差。传统的密缝粘贴,板缝无砂浆。

(4)瓷砖本身有隐伤,进场验收把关不严。

3. 案例防范措施

(1)瓷砖粘贴前,必须清洗干净,用水浸泡到瓷砖不冒泡为止,且不少于2h,待表面晾干后方可粘贴。没有浸泡或浸泡时间不够的瓷砖,与砂浆粘结性能差,而且吸水性大,粘结砂浆中的水分会很快被瓷砖吸收掉,造成砂浆早期失水;表面有水迹的瓷砖,粘贴时容易产生浮动自坠,都会导致饰面空鼓。

(2)瓷砖粘结砂浆厚度一般应控制在6~10mm(宜为6~7mm),过厚或过薄均易产生空鼓。安装时,为改善砂浆的和易性,提高操作质量,掺用水泥质量3%的108胶水泥砂浆,和易性和保水性均较好,并有一定的缓凝作用,用做粘结砂浆,不但能增强瓷砖与基层的粘结力,而且可以减薄粘结层的厚度,校正表面平整和对缝时间可稍长些,便于操作,易于保证粘贴质量。但是,108胶不耐水,固化成膜后仍可被水溶解,不宜在用水房间使用。为较大幅度地提高瓷砖的粘贴质量,宜使用经检验合格的商品聚合物水泥(如聚醋酸乙烯—乙烯共聚物,即EVA或VAE)专用胶粘剂。我国已有各种各样的胶粘剂,"瓷砖胶粉"(水泥基聚合物干混料)是其中之一。

(3)认真操作。

① 安装操作顺序。先墙面、后地面;墙面由下往上分层粘贴,先粘墙面砖,后粘阴角及阳角,其次粘压顶,最后粘底座阴角。但在分层粘贴程序上,宜用分层回旋式粘贴法,即每层瓷砖按横向安装操作:墙面砖→阴阳角→墙面砖→阴阳角→墙面砖等。这样粘贴能使阴阳角紧密牢固,比墙面砖全部贴完以后再粘阴阳角要优越得多。

② 当采用水泥砂浆粘结层时,粘贴后的瓷砖可用小铲木把轻轻敲击;瓷砖粘贴20min后,切忌挪动或振动。当采用108胶水泥砂浆粘结层时,可用手轻压,并用橡皮锤轻轻敲击,使其与基层粘结密实牢固。每贴好一行砖后,应及时用靠尺板横向靠平、竖向靠直,偏差部位用小铲木把轻轻敲平,并及时校正,避免在粘结砂浆收水后再进行纠偏移动,造成空鼓和墙面不平整。遇粘贴不密实缺灰时,应取下径砖重新粘贴,不得在砖口处塞灰,防止空鼓。

③ 离缝粘贴瓷砖,板缝可以嵌进水泥净浆(或水泥砂浆),有助于预防瓷砖空鼓脱落(用经检验合格的商品专用嵌缝材料,效果最佳)。

(4)进场瓷砖质量应符合《陶瓷砖》(GB/T 4100—2006)规定。

4. 案例治理方法

遇空鼓脱落,可取下瓷砖重贴。为不影响使用,宜采用聚合物预混型(膏状)化学胶粘剂点粘镶贴。

项目实训十一:饰面工程案例分析、防范及治理实训

一、实训目的

1. 学会花岗石墙面案例分析、防范及治理。
2. 学会室内大理石墙面案例分析、防范及治理。
3. 学会室外面砖(外墙砖)墙面案例分析、防范及治理。
4. 熟悉室内瓷砖(内墙砖)墙面案例分析、防范及治理。

二、实训内容

1. 结合花岗石墙面的实际案例,对花岗石墙面案例进行分析,并提出防范的措施及治理方法。
2. 结合室内大理石墙面的实际案例,对室内大理石墙面案例进行分析,并提出防范的措施及治理方法。
3. 结合室外面砖(外墙砖)墙面的实际案例,对室外面砖(外墙砖)墙面案例进行分析,并提出防范的措施及治理方法。

4. 结合室内瓷砖(内墙砖)墙面的实际案例,对室内瓷砖(内墙砖)墙面案例进行分析,并提出防范的措施及治理方法。

三、实训时间

每人操作180min。

四、实训报告

1. 编写花岗石墙面案例分析报告,并提出防范的措施及治理方法。
2. 编写室内大理石墙面案例分析报告,并提出防范的措施及治理方法。
3. 编写室外面砖(外墙砖)墙面案例分析报告,并提出防范的措施及治理方法。
4. 编写室内瓷砖(内墙砖)墙面案例分析报告,并提出防范的措施及治理方法。

项目十一 饰面工程安装操作典型情景

情景一:工艺柱廊饰面干挂花岗石安装操作

这种安装操作方法是增强了柱廊的美观感,提升了建筑物的整体层次。

11.1.1 花岗石饰面板材的下料设计

根据装饰效果,按照市场上石材毛料尺寸、石材的质量和价格,以及安装方便等原则,制定下料设计的相关要素。

1. 板材几何尺寸的确定

为了减少投资,在下料设计时每块石板均有一边小于或等于600mm,另一边按300mm的模数设定。板材厚度确定为25mm,厚度允许偏差为 -2 ~ +3mm,柱体中部凹槽处外露的板材端部,其板材的厚度要求精加工至基本无误差。

2. 转角石料设计

为保证柱子上下腰线半圆石线的阳角接缝安装质量和装饰效果,改变以往在阳角对接的方法,接缝的位置设在侧面,如图 11-1 所示,石线的阳角在工厂加工成型;与半圆石线上下相连的 80mm×60mm 石线的阳角对接方法亦如此,并且安装时与半圆石线的接缝上下对齐;柱身的四角设 40mm×40mm 的阳角石线。

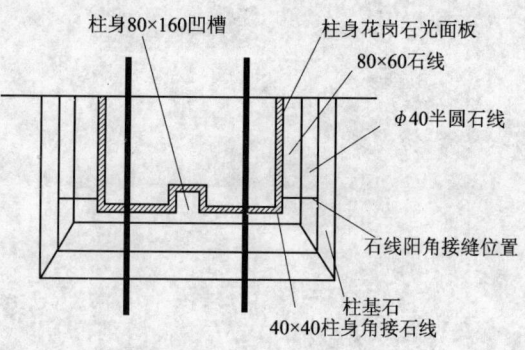

图 11-1 柱料下料设计(单位:mm)

3. 檐口曲线石材下料设计

原设计檐口石线为整块石料[图 11-2(a)],经计算该石料按每块600mm长加工,每块约重300kg,这样在高空由人安装是无法进行的。为此,进行了分解设计,由 6 块板线加 1 块曲线石线组成[图 11-2(b)]。

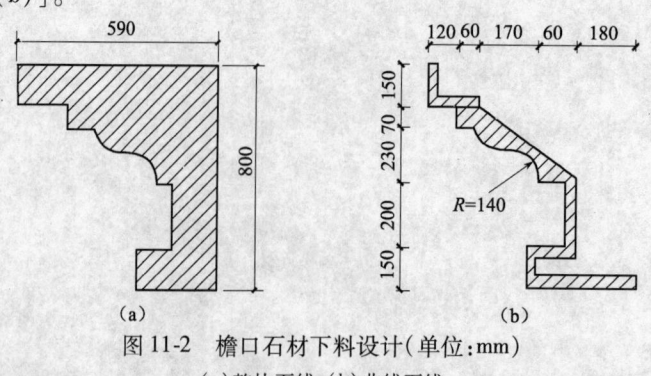

图 11-2 檐口石材下料设计(单位:mm)
(a)整块石线;(b)曲线石线

11.1.2 石材加工措施

各种规格石板石线均按下料设计,按安装顺序进行编码加工,顺序进场。对主视面的板材、石线,要求出自同一块石料,必须达到颜色、纹理一致。各种形状石线石板的成型、磨边等均在工厂由大型机械一次性加工完成,严格保证加工精度,用一套模具加工,做到块块精选验收。

11.1.3 工艺柱廊饰面干挂花岗石安装操作准备

1. 材料要求

(1)挂件。根据本工程的设计特点,石材挂件采用不锈钢挂件,挂件厚4~5mm,宽45~50mm,长50~80mm,挂件形状为L形或T形,连接件采用$\phi 12$的镀锌螺栓。

(2)胶结材料。胶结粘贴材料选用进口大理石专用树脂胶,大理石胶主要用于粘填挂件沟槽、叠级石板的粘贴及缝隙填补等。

(3)填缝材料。采用$d=10$mm泡沫塑料填塞板缝的内侧,板缝的外侧选用耐候性专用硅酮胶。

2. 主要机具

台式云石锯,手提式云石锯,冲击电钻,电锤,角向手磨机,扳手、棕绳、刮刀、胶枪、气泵、风带、风枪等。

11.1.4 工艺柱廊饰面干挂花岗石安装操作要点

1. 石材放线定位

本柱廊18根柱子中有4根不在同一平面内,为保证定位准确,先按设计放线定位,安装结构钢框架,待钢框架就位稳定后,测各柱的水平、垂直误差,做好记录,求出平均差,测最佳调整值,按调整后的数值确定最终水平线、各柱梁的定位线。然后按定位线安装挂石材的型钢杆件,使定位准确。由于焊接应力可能使型钢杆件产生变形误差,在挂石材时用挂件上的安装长孔和钢垫进行调整。

2. 石材安装

石材的安装从柱基座开始由下向上按编码依次进行,600mm宽以内的板材,每块板材在上下两端各固定2点,固定点距板立边1/4板宽处(图11-3)。

每块板材的安装顺序为按编码找出就位石材→试就位、划出固定点位→在固定点切割挂钩槽→试安装→磨边调整→用气泵吹净槽固螺栓→沟槽内填刮理石胶。

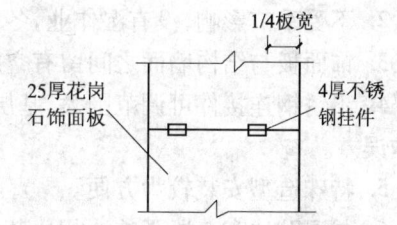

图11-3 饰面板连接示意图(单位:mm)

3. 石材板缝的留设

为防止结构变形致使饰面石材挤压开裂,对石材的拼装竖缝采取密缝安装,即对石材的立边精加工磨直、磨平,缝内侧用理石胶填平。石材的水平拼缝,柱身按10mm留设,留缝用耐候专用密封硅酮胶填补,胶面低于石材面1~1.5mm,刮成弧状。

4. 结构变形缝的留设

根据柱廊的形体特点,在柱廊雨篷两侧各设1个结构变形缝。由于石材拼装采取的是竖向密缝安装,所以在变形缝处给梁留竖向宽缝会影响装饰效果,故采取以下措施处理:在柱的侧面梁柱交接处,柱上预留口的截面高于梁截面20mm,预留柱口的宽度大于梁宽15mm,使梁的饰面石材板伸入柱内10~20mm,用密封胶填补留设的变形缝。

5. 叠级石板安装

本项目柱帽上圆形叠级造型的位置高(图11-4),且在室外受气候变化等影响大,为保证质量,采取粘贴和不锈钢膨胀螺栓固定的双重固定方法。

6. 柱廊的防水措施

为防止结构内漏雨渗水对钢材造成侵蚀和雨水浸泡造成花岗岩泛碱影响装饰效果,将原设计柱梁顶面挂石材的做法,改用0.75mm厚镀锌铁皮用自攻螺栓固定,面层做卷材防水;在石材接缝的内侧用耐候专用硅酮胶密封,石材的表面涂刷石材养护剂。

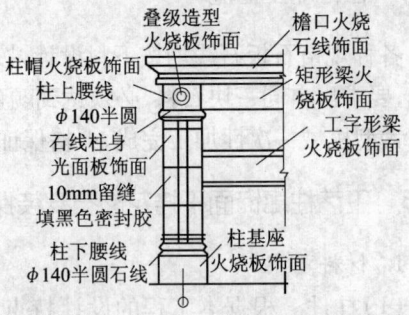

图11-4 柱廊构造示意图(单位:mm)

11.1.5 质量验收要点

1. 饰面板表面平整最大偏差1.5mm,各石线连接平直,安装牢固。
2. 石材表面颜色无明显色差,效果很好。各梁柱平直成线。
3. 石材接缝缝宽均匀,密封胶无漏填断条现象,不渗水。

情景二:外墙石材干式固定安装方法

11.2.1 外墙石材干式固定工艺简介

干式固定法是在原有干挂法的基础上改进后的一种安装方法。通过不锈钢连接件将石材独立吊挂固定在结构墙面上形成饰面。此种安装方法的特点是:

1. 安装工艺简单,直接用不锈钢连接件(通常称码片)即可将石材饰面板牢固固定在结构墙面上。
2. 不受季节影响,没有湿作业,冬季可安装,有效地保证了工期。
3. 饰面板与结构墙面之间留有空腔,不污染石材饰面板。防振、防水、隔热等性能好。
4. 不锈钢连接件可调范围大,基层不需要做任何处理,即可吸收墙体的安装误差和石材制作误差。
5. 特殊造型安装较为方便。
6. 与湿贴法和普通干挂法相比节约安装成本。

11.2.2 外墙石材干式固定工艺原理

干式固定安装工艺原理是以一片石材饰面板为单位,各自由单元以固定不锈钢连接件独立吊挂固定在结构墙面上,其应力不与其他相邻石材饰面板接触,但相互间通过不锈钢钉连接组合成整体墙面,石材饰面板与结构表面之间留出一定距离的空腔。基本构造如图11-5所示,通常的干挂法基本构造如图11-6所示,两种方法的根本区别在于不锈钢连接件的不同。后者是通过调整紧固螺栓在螺栓孔内的位置来保证饰面板与结构面的距离,可调范围小;前者则是在安装现场根据实际距离随时弯曲码片,安装更加灵活简便。

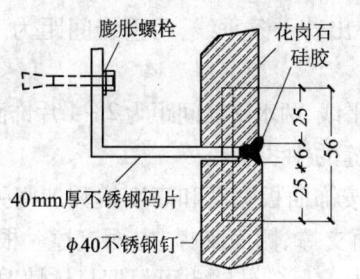

图 11-5 干式固定法基本构造（单位：mm）

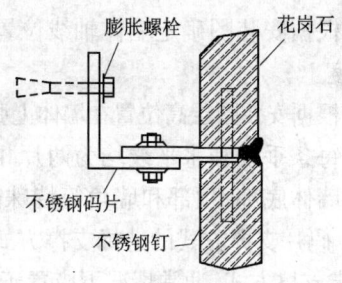

图 11-6 普通干挂法基本构造

11.2.3 外墙石材干式固定适用范围

适用于各类建筑混凝土结构外墙面的高级装修，厚度在 25mm 以上的各类石材饰面板。

11.2.4 外墙石材干式固定主要材料

1. 不锈钢膨胀螺栓用来固定码片，根据每片饰面板的质量和所受风力及地震荷载选择螺栓直径，通常选用 $\phi 10$ 或 $\phi 8$。
2. 不锈钢码片石材饰面板的支撑件，其尺寸为 60mm（宽）×4mm（厚），长度根据实际饰面板距结构面的距离来确定，使用时弯曲成 L 形。
3. 不锈钢钉用于连接上下或左右饰面板，选用规格为 40mm×4mm。
4. 海绵条用来填塞板缝，直径应略大于板缝。
5. 其他板缝密封用硅胶相填充石材孔用的环氧树脂胶等。

11.2.5 外墙石材干式固定主要机具

冲击钻，手电钻，平面调整夹，千斤顶，手提式砂轮机，常用测量仪器及扳手、锤、撬杆等。

11.2.6 外墙石材干式固定安装操作工艺

1. 安装操作工艺流程

结构墙面验收→基层测量确定控制标志→列出安装控制网→饰面板挑选→上墙安装→调整就位→硅胶嵌缝→验收。

2. 安装操作要点

(1) 安装操作前的准备工作：

① 认真熟悉外墙装饰设计图纸，对节点大样重点研究，通过计算确定所用配件规格尺寸，编制安装操作方案。

② 严格挑选石材，确保每一面墙体色差过渡均匀。

③ 搭设保证安全操作和整体测量的脚手架，脚手架操作宽度应大于 800mm，立管距墙面距离不小于 300mm。

④ 利用仪器做水平及垂直定位时应注意考虑整个安装现场环境，寻找有利位置，一次性做出水平与垂直定位，否则容易发生多次转点误差。

(2) 测量布网结构验收完毕后，要对将安装石材的结构面进行全面测量，了解结构偏差情况，同时根据石材放样图弹出安装控制线。具体步骤如下：

① 根据安装图确定墙体轴线位置,在墙体上弹出若干条垂线,两垂线间距为 1~3 片饰面板的宽度。

② 根据安装图层高位置在墙体上弹出若干条水平线,两水平线间距为 2~4 片饰面板的高度。

③ 每条垂线和水平线均为两片相邻饰面板接缝的中线。

④ 墙体底部、顶部和墙角等特殊部位,视情况按饰面板宽度和高度模数加密弹线。

(3)码片支撑方式的选择 支撑方式有三种:下面支撑、侧面支撑、内面支撑。根据饰面板的规格选定支撑方式,通常情况下应置于饰面板的长边,实际安装时也可根据具体情况进行调整。

(4)码片位置的选定 一般取定值即距板边 150mm 或 200mm。

(5)标准饰面板的安装。

① 为保证饰面板的平整,挂板前在相应施工层挂水平通长铁线,铁线所在垂面即为饰面板外表面。

② 实际测量每片板处的铁线与混凝土墙面距离,据此用千斤顶将码片弯曲成 L 形。

③ 在距板边 150mm 或 200mm 处相应的墙面上用冲击钻打孔,并将膨胀螺栓的胀套打入墙内。

④ 相应饰面板的位置处按设计要求打若干个 ϕ4.5 的圆孔,孔深 30mm。

⑤ 将弯好的码片用螺钉贴墙紧固在相应的胀套上,并调好位置。

⑥ 饰面板孔内注胶,上墙稳放在码片上,调整就位后插入钢钉固定。

(6)特殊饰面板的安装 一般情况下,首层、二层、顶层和窗套、墙角等部位用特殊饰面板。

① 首层饰面板。为避免其下缘被碰撞损坏,挂板之后在板与墙体之间的空腔内注满 M10 水泥砂浆。为防止板墙间积水(冷凝、渗漏等原因形成),灌注水泥砂浆前,预安 200mm 塑料管,用作排水,管间距 6m。其他与标准饰面板相同。

② 顶层饰面板(即女儿墙盖顶板)。在板底面上两长边缘各切一槽,槽深 20mm、宽 5mm、长 30mm,并注胶,使钢钉滑入固定。挂板前,在墙顶面满铺 M10 水泥砂浆,用以加强饰面板承载力和稳定性,饰面板落放在砂浆上。其他与标准板相同。

③ 窗套饰面板。窗洞两侧标准板安装完成后,再安装窗套板;挂窗套两侧饰面板,方法与标准板相同;挂窗篓顶板,在顶板底面两端用冲击钻钻 2 个 ϕ4.5 圆孔,孔深 20mm,注胶后落放在窗套两侧板上,并使钢钉插入孔中固定;挂底板(窗台板),在底板背面切 4 条沟槽,槽宽 5mm、深 20mm、长 80mm。槽内注胶落放在托码片上,使码片上缘插入沟槽,其他与标准板相同;挂眉板,板背及侧边切槽注胶,挂在钢钉及码片上固定;相邻板需用钢钉连接时,先对其中一板打孔注胶,插入钢钉,后对另一板相应位置切槽注胶,将钢钉嵌入固定。

④ 垂吊板(即梁底等处饰面板)。在混凝土面安装侧码,与标准板相同;板边切槽、注胶,方法与顶板相同;将垂吊板挂于侧码上固定;转角板(即阴阳角处板)安装方法与标准板相同,只是不锈钢钉的位置有区别。

(7)饰面板分段分层安装完毕后,进行检查调整校正,验收合格后打胶密封。

11.2.7 质量验收要点

1. 膨胀螺栓及所有连接件均应有强度证明报告,每片板材所需码片的数量和安放位置要有设计计算依据。

2. 饰面板不得有缺边掉角和裂缝及明显划伤,其颜色、质地均匀一致,无色斑、特殊纹理等现象。

3. 饰面板必须安装牢固,要求膨胀螺栓牢固不外露,码片贴墙不松动,钢钉插入孔槽注胶饱满。

4. 安装中饰面板之间的缝隙须随时清除,清理干净后方可填密封材料。密封胶的宽度及厚度应保持均匀一致,整齐干净,线条观感流畅。

5. 墙面允许偏差见表11-1所示。

表11-1 墙面允许偏差

序 号	项 目	允许偏差(mm)		检验方法
		光面、镜面	麻面、烧面	
1	表面平整	1.0	3.0	用2m靠尺和楔形尺检查
2	室外立面垂直	3.0	6.0	用2m托线板检查
3	阳角方正	2.0	4.0	用200mm方尺检查
4	裙上口平直			拉5m线检查
5	接缝平直	2.0	4.0	拉5m拉通线检查
6	接缝高低	0.3	3.0	用直尺和楔形尺检查
7	接缝宽度	0.5	1.0	用尺检查

情景三:异形花岗石干挂饰面安装操作

某博物馆外墙采用花岗石饰面干挂技术。应用石雕壁画石材钢框焊接干挂和异形板材板螺栓干挂这两种方法安装。

博物馆的主馆与综合馆外墙所需的干挂异形石材规格不均匀,厚度超过60mm,质量大,表面工艺复杂。

11.3.1 异型花岗岩干挂安装操作准备

1. 技术准备

根据外墙构造和板材厚度、质量不同等特点,决定采用石雕壁画石材钢框焊接干挂和异形板材舌板螺栓干挂两种施工方法。具体做法如下:

(1)外墙面基层实施工序交接手续。实地丈量墙面,尤其是半边柱、门窗洞口、飞檐、门罩、女儿墙、阴阳转角、弧线等应全盘考虑。

(2)编写单项作业计划,确定板块(石材)布局、排列、组合(包括缝宽)、计算石材幕墙、选择金属骨架材料组合、审核结构强度计算和刚度验算及幕墙自身质量、风荷载、地震荷载和温度应力的作用。

(3)按从下至上的顺序,分组分块编号,绘制节点大样图、装饰效果图、石雕壁画排列图和标准大样图等。

2. 材料准备

(1)对简单平整的立面,采用惠安产花岗石,表面为龙眼皮状的有650mm×800mm×25mm、200mm×800mm×25mm等多种板材。立面装饰效果图案为菠萝纹皮状表面,厚25mm,规格有菱形、四边形、三角形、多边形、平行四边形等。

(2)对外墙构造复杂变化大的立面,采用惠安产花岗石,石板材主要有石雕壁画、曲面板材(表面呈龙眼皮状)、曲面折角形板材(表面呈龙眼皮状)、天然凹凸面石板材(安装于博物馆腰线和各馆的勒脚)。

(3)石雕壁画石材缝、勒脚和腰线石板材缝为密缝,其缝隙采用高强快速锚固剂粘结;装饰效果图案板材缝宽20mm;其他石材缝宽设计为7mm,采用耐候硅酮胶封闭。

(4)金属骨架中的预埋件螺栓、预埋钢板、连墙角钢、等边角钢及槽钢均采用热处理工艺镀锌防锈制品。石材挂件中的舌板、垫圈及螺栓均采用不锈钢制品。

11.3.2 石雕壁画石材钢框焊接干挂安装

该法系先将石材背后进行加工,形成角钢石画框,然后将画框焊挂于金属骨架上。

1. 工艺流程

基层处理→测量放样→核对预埋件→安装金属骨架结构→金属骨架结构验收→加工核对石材→分组分块编号→加工石材背面钢框→焊接槽钢挂钩→校正、涂刷石胶→焊接钢画框→石材精加工→清理画面→罩石材保护剂→验收拆架。

2. 安装操作工艺

(1)干挂石壁画石材钢框。外墙面基层处理后进行防水处理,刷2道环保型防水涂料,进行墙面测量放样,以确定连墙钢板竖向槽钢框柱和横向角钢(槽钢)梁轴线位置,标注弹线金属骨架轴线网。

按金属骨架轴线网,核对预埋件位置,若有偏差需增设埋墙钢板,在预埋件(埋墙钢板)上焊接连墙角钢板(设置螺栓孔)。竖向槽钢[8(钻孔凹槽侧贴焊钢板)与连墙角钢板连接形式为先用螺栓拧紧,周边满焊焊缝(8mm),槽钢横梁分段焊接于竖向槽钢上(横梁槽钢槽向上)(图11-7)。

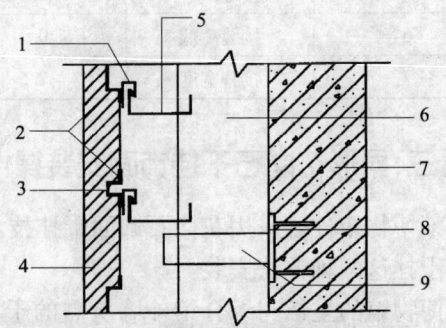

图11-7 石雕壁画石材钢框焊接干挂构造
1—石材槽钢钩槽[8;2—石材钢框;3—石材缝结构胶;
4—石材;5—金属骨架[10横梁;6—幕墙型钢;
7—建筑结构;8—预埋件;9—连墙角钢板

(2)石材背面钢画框加工。将石材背面四周割出50mm×50mm的棱角,使背面尺寸人工缩小为650mm×650mm和950mm×470mm。钻孔清孔后打入胀锚螺栓,同时注入快速锚固剂。焊接∟50mm×6mm角钢,使石材形成钢框石画框,并在上钢框施焊[8槽钢,形成画框钩槽。先挂[10横梁槽钢,校正后施焊。每块石材四周缝均涂刷石材结构胶。

石雕壁画拼装后,需对画面中的边、角、须、根、线、球等细小部位进行精加工、精雕细作,最后清洗、刷罩面剂。幕墙空腔最大为400mm,最小为200mm。

11.3.3 异形板材舌板螺栓干挂法安装操作

此方法主要用于厚度在25~100mm的石材(图11-8)。

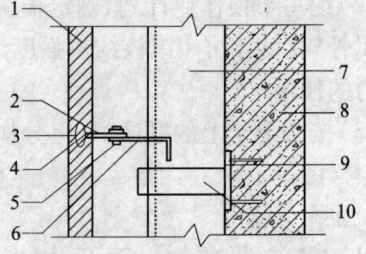

图11-8 舌板螺栓干挂示意
1—石材;2—舌板连接板;3—密封嵌缝;4—结构胶;
5—螺栓;6—金属骨架横梁;7—幕墙型钢;
8—建筑结构;9—预埋件;10—连墙角钢板

1. 安装操作工艺流程

基层处理→测量放样→核对预埋件→安装金属骨架→骨架结构验收→加工核对板材→分组分块编号→板材钻孔割槽→安装舌板挂件→调整固定(槽内注入结构胶)→填塞塑料圆条嵌入密封胶→清理,刷罩面剂→验收拆架。

2. 安装操作注意事项

石材厚度、质量及表面形状不同,金属骨架的材料选择不同,安装工艺也有所不同。金属骨架中的竖向槽钢有[16、[14、[12、[10 等组合,横向钢梁主要有角钢∟100mm×63mm×6mm 和∟50mm×6mm 组合。石板材与金属骨架连接采用舌板挂件螺栓固定,其具体做法是在金属骨架验收后,对板材进行切割孔槽,挂上舌板(带孔)与角钢横梁(带孔)用螺栓拧紧,同时在孔槽内注入结构胶。因单块板材厚度、质量不同,使用舌板的规格和数量也不同。幕墙空腔为 200mm。

11.3.4 安装操作技术措施

1. 金属骨架设计时须考虑避雷接地系统,骨架焊接后必须清渣,焊缝涂刷富锌防锈漆。
2. 立面板材干挂均应包至压顶女儿墙内侧 250mm,以防外墙渗漏。
3. 预埋件及后置增设预埋钢板须进行抗拉拔试验。
4. 安装过程中应使用葫芦、定滑轮等工具运输槽钢及超重石板材。
5. 立面为弧形时,横向角钢梁及槽钢梁须采用机械加工成型。
6. 石雕壁画安装前,须核对原结构承载,必要时应采用粘钢加固补强。
7. 石雕壁画细部运输途中和作业时可能受损,故须上墙后精加工。
8. 异形和普通板材割槽钻孔时,需用气泵枪清除干净后方可涂胶。
9. 横梁及竖框上的螺栓孔,均应使用台钻成孔。舌板上螺栓、螺帽均应涂刷石胶。

情景四:干挂石材的安装操作技术措施

某营业大厦建筑面积 20030m²,占地面积 1373m²。主楼地上 22 层(包括夹层),裙房地上 4 层。主楼檐高 88.6m,在 1~3 层(即标高 1.050~14.560m),主楼及裙房均采用干挂石材,外挂板共 28 排,其中 16 排为厦门印度红花岗石板,内含 6 排民族图案板,其余 12 排为北京大理石厂生产的 4cm 厚仿印度红合成石,墙身最下 5 排为密缝合成石板,上面每挂两排合成石板(约 2m 高),挂一排民族图案板(0.5m 高),充分体现了大厦高雅、明快的色彩,以及鲜明的民族特色。

干挂法铺贴,是在饰面板上打孔或开槽,用各种金属连接件与结构连接固定而不需粘结的方法。此法安装工艺简单。

11.4.1 干挂石材铺贴材料

10 号槽钢,∟50×5 角钢,穿墙螺栓,不锈钢配件,M14 膨胀螺栓,大力士石胶,膨胀条,密封胶。

11.4.2 干挂石材铺贴机具

台钻、冲击钻、无齿锯、开槽机、电焊机、云石锯、电锤、水平尺、线锤、刨光机、卷扬机及手推车。

11.4.3 干挂石材铺贴准备工作

1. 外脚手架要求

挂石材前,首先搭设适用于干挂石材的外脚手架。因板离墙 10cm,再留出挂板的操作距离,故外脚手架须离墙 40cm,宽度须 1.5m。挂板时,用卷扬机垂直运输,用手推车水平运输。

2. 基层的处理

挂板的基层应具有足够的稳定性和刚度,以承受饰面板传递过来的外力。由于 1~3 层外墙为 370 砖墙,为了使基体具有较高的强度,来承受饰面板传递过来的外力,须在墙上布置钢骨架,以下是布置原则。

首先布置竖向槽钢。对于砖墙基体,需用螺栓穿通砖墙,在墙两侧把 10mm 厚、150mm×150mm 铁板用螺母拧紧在穿墙螺栓上,槽钢焊在铁板上(图 11-9)。对于混凝土基体,用 M14 膨胀螺栓固定 150mm×150mm 铁板,在铁板上焊槽钢。竖向槽钢平均间距 1m,在窗间墙及每面墙上至少布置 2 根,以便焊接水平槽钢或角钢。

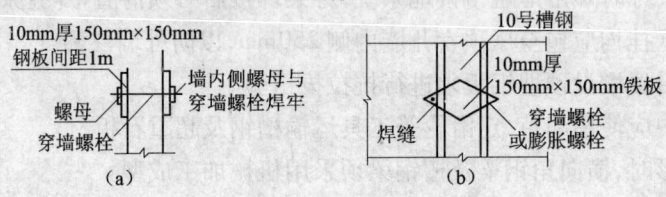

图 11-9 槽钢焊接
(a)侧立面;(b)正面

水平方向槽钢必须焊于竖向槽钢上,使挂板的重力经竖向槽钢传至墙上。布置角钢时,水平方向按每排板标高布置角钢,竖向方向在两板相接处布置角钢,以便安装不锈钢埋件、挂板。

3. 抄平、分块弹线、预排试拼

墙面和柱面铺贴饰面板,应先抄平,分块弹线,按设计图在墙上弹线分格,并在地面及两侧墙面上弹出饰面板的外边线。为了使饰面板石材铺贴后上、下、左、右颜色一致、图案完全、板缝均匀、拼缝处严密,铺贴前按开料图试拼,使其达到理想效果。

11.4.4 干挂石材

板材间不锈钢连接件如图 11-10 和图 11-11 所示。

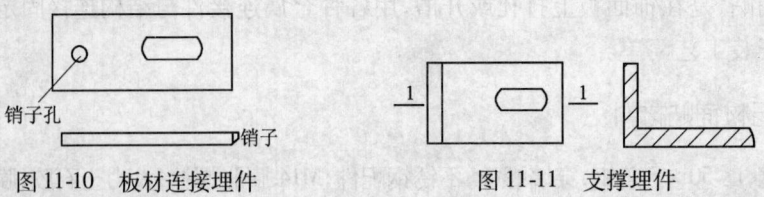

图 11-10 板材连接埋件　　图 11-11 支撑埋件

1. 对于最下一排板,距板下皮 10cm 开 2 个槽,用图 11-10 连接埋件将板托起。对于下部五排密缝花岗石板,在板内侧开槽 50~80mm 宽、15mm 深,打眼,用图 11-11 支撑埋件将板用销子上下连接(图 11-12)。

2. 对于有板缝的合成石板,两板间除同密缝石板用图 11-10 埋件及销子上下连接外,还需在板下部用图 11-11 埋件托起,来支承大块的合成石板(图 11-13)。

3. 饰面板用连接件和螺栓固定于角钢或水平槽钢上,先将下部连接件固定,并插入板材槽内,填大力士云石胶,再固定上部连接件及两侧连接件,同时填大力士云石胶,勾住板材(图 11-14)。

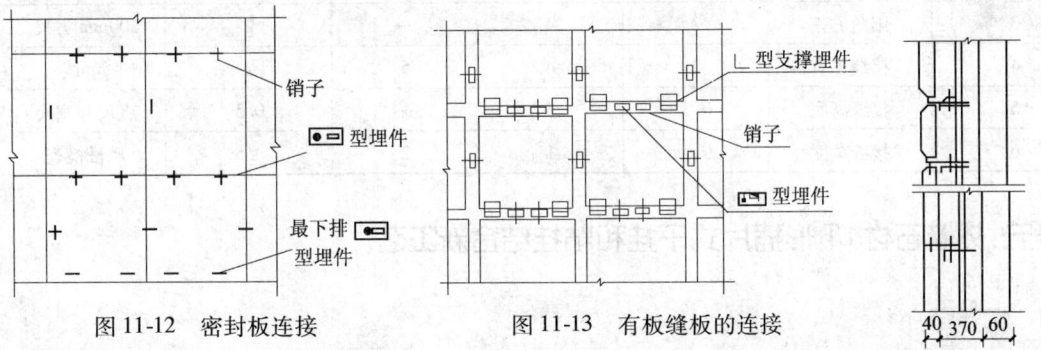

图 11-12 密封板连接　　图 11-13 有板缝板的连接　　图 11-14 饰面板连接（单位:mm）

4. 板缝处理。板缝间填膨胀条,并打密封防水胶,密封防渗。为防万一渗水,于板材的立缝最下部适当留孔,板与墙间空隙作排水,坡向留孔处。

11.4.5 安装操作技术措施

1. 对膨胀螺栓、不锈钢配件（包括连接件）和外挂板的产品质量和安装质量严格验收,不合格产品不得安装上墙。

2. 钢骨架应连接牢固,不得有颤动和变形现象,焊缝要焊牢固。角钢、槽钢应仔细涂刷防锈漆。

3. 膨胀螺栓与墙体锚固牢固,不锈钢连接件与钢骨架及板之间无松动,外挂板安装就位后无松动。

4. 挂板的基层应尽量平整,不锈钢挂件可调节平整 15mm,当墙的平整度超过此值时,用 6cm 长角钢,与墙上钢骨架焊接,在角钢上打眼与不锈钢挂件用螺栓连接,来控制板离墙距离,防止板四角不平。

11.4.6 安装操作应注意的问题

应用大面积干法挂板,取得了很好的效果。干法安装工艺从设计、分块、弹线、预排、拼花、拼色等选配工作,都要求认真细致。干挂石材不宜在加气墙上安装,最好在混凝土墙上挂板。在砖墙上安装,须做可靠稳固的钢骨架,最好在砌墙时,按板块大小,在水平板缝外浇筑混凝土板带,以便挂板用。这样,可不用穿墙螺栓来固定钢骨架,并减少钢骨架中钢材用量,降低成本。

11.4.7 质量验收要点

安装石材必须牢固、无歪斜、缺棱掉角和裂缝现象,石材表面应平整、洁净、色调协调一致,饰面板的接缝应镶嵌密实、平直、宽度一致,并符合规定(见表 11-2)。

表11-2 饰面石材质量允许偏差表

序号	项目	天然石材(mm)			人造大理石(mm)	检验工具
		光面	条纹面	天然面		
1	立画垂直	3	6	—	3	2m托线板
2	表面平整	1	3	—	1	2m直尺和塞尺
3	阳角方正	2	4	—	2	200mm方尺
4	接缝平直	2	4	5	2	5m线
5	接缝高低	0.3	3	—	0.5	直尺和塞尺
6	接缝宽度	0.5	1	2	0.5	尺量检查

情景五:外墙石材LT形插片式干挂和粘挂结合新工艺

11.5.1 构造简介

通过对挂件进行改进,把销钉式挂件改进为LT形插片式挂件(图11-15)。此种挂件由L形的直角板和T形的调节板两部分组成,材质为5mm厚的不锈钢。通过力学性能试验和安装现场吊挂试验证明,此种挂件完全满足力学要求,安装性能良好。

外墙石材LT形插片式干挂安装具有下述特点:

1. 使用角磨机切槽,每片云石机切片可切140个槽,机具利用率较高。

2. 操作简便灵活,安装时只需前后调节T形调节板,即可控制安装精度,也十分有利于挂件承载力。

3. 切槽时的石材损耗少,使得石材损耗率明显降低。

4. 工效高,3人小组采用LT形插片挂件时,每天可安装$8\sim 10m^2$,而采用销钉挂件时仅为$4.5m^2$。

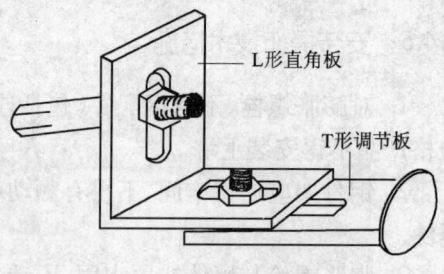

图11-15 LT形插片式挂件示意图

11.5.2 LT形插片式挂件的石材安装操作工艺

1. 石材安装顺序

基层打孔→安装膨胀螺栓→安装LT形挂件→石材切槽→石材安装→槽位填实。

2. 安装操作要点

(1)根据设计要求的膨胀螺栓型号,在混凝土基层打孔,孔深以略大于膨胀螺栓套管的长度为宜。非混凝土基层要设置钢骨架加强处理。

(2)在将膨胀螺栓安装入孔的同时,将LT形挂件就位,但不要拧死。

(3)根据挂件位置,在石材侧面切槽,槽深20mm、宽3mm、长80mm(图11-16)。切槽时,要将石材把稳。

(4)将L形直角板固定后,将石材就位,调节符合质量要求后,将L形直角板与T形调节板拧紧,固定牢固(图11-17)并用勾缝胶将沟槽填塞平整。

LT形插片挂件,操作方便,既有利于安装,又降低了成本。

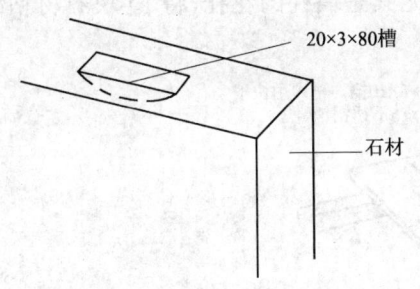
图 11-16 石材切槽示意图(单位:mm)

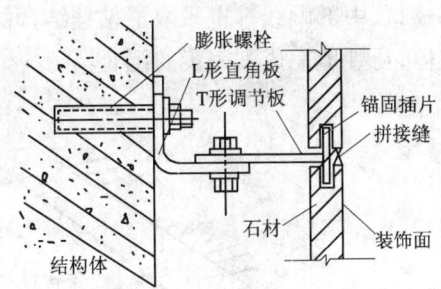
图 11-17 挂件与石材连接示意图

11.5.3 粘挂结合的安装操作工艺

对于造型复杂,且门、窗、柱等处有许多饰块,挂板墙面外还重叠有一些装饰性图案的建筑,难以简单地用上述的干挂工艺安装。经反复研究,采用粘挂结合工艺进行安装,效果很好。在粘挂工艺中采用强力型和快干型祝邦云石胶。

1. 窗下饰块粘挂

窗下饰块面积小,又属异形造型,若顶部的稳定挂件采取上挂或侧挂都会影响其他部位石材的安装。通过分析,采取了粘挂结合的做法(见图 11-18),既满足设计要求,又方便安装。其关键在于石材内预埋螺栓的拉接。

2. 门、窗、墙、柱等部位装饰块的粘贴

门、窗、墙、柱等部位有许多不同颜色和形状各异的装饰石件,这些部位是双层石材,可以先用挂件将内层石材挂好,然后在内层石材表面和外层石材背面切槽(长×宽×深 = 30mm × 3mm × 10mm),将槽清理干净,用快干胶将 20mm × 20mm × 2mm 的不锈钢片埋入槽内。再在两层石材间点注强力型胶和快干型胶使之粘结。用胶量比为快干胶:强力胶 = 1:3。

3. 外廊柱石材的先粘后挂

某大厦柱子石材多数为造型石材,由于加工和运输的原

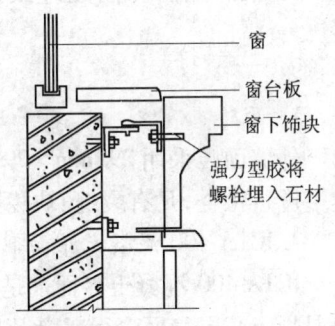
图 11-18 窗下饰块粘挂示意图

因,厂家将带有 V 形槽的一块大板,加工成了 4 块小板,按常规做法,每块小板至少要两个挂件方能将石材固定,这样做费工、费力又费料。通过分析,采取了粘挂结合的安装操作方法。具体步骤如下:

(1)用脚手架钢管和铝合金型材搭设操作平台,用水平尺调平,将石材背朝上按号码放在平台上。

(2)在石材背面,两块相邻板材的对接处,切两道骑缝槽,长×宽×深 = 110mm × 6mm × 10mm。在小板侧面的对接处点注快干型胶和强力型胶使之粘结,用胶量比为快干胶:强力胶 = 1:3。

(3)待 4 块小板侧边粘结好后,再用快干型胶将直径 5mm、长 100mm 的不锈钢销钉埋入槽内,这样 4 块小板就牢固地组合成一块大板(图 11-19)。

(4)按前述 LT 形插片式挂件干挂工艺将石材挂上柱面。采取这种安装方法,可以在加工厂统一拼粘,增强了石材的整体性。而且安装方便,有利于质量控制。该大厦其他一些部位,

如顶部檐口、中部腰线等也采取了粘挂结合的工艺。尤其是墙柱的花托,将15块石材粘结成一个整体,巧妙地完成其完美的组合。

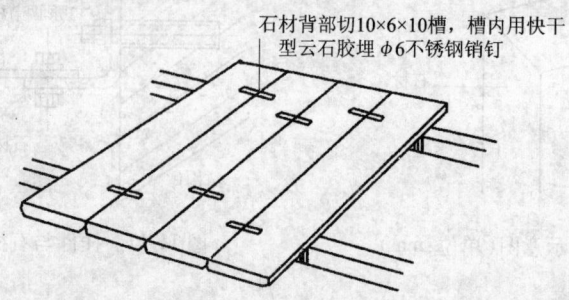

图11-19 外廊柱小块石材粘结示意图(单位:mm)

粘挂结合,即用胶粘结组合,挂件固定安装,具有较大的灵活性。既可先挂后粘,也可先拼粘后挂固,既可用于室外干挂,也可用于室内粘贴和湿挂。

情景六:纸版面砖胶粘剂镶贴安装技术

外墙为红色纸版面砖饰面。安装前采用JCTA—400混凝土界面剂处理混凝土墙面基层,随后用1:3水泥砂浆找平,弹出分格线后粘贴面砖。

外墙面砖粘贴牢固,无空鼓、歪斜、缺棱掉角和裂缝等缺陷。表面平整洁净,色泽一致,缝填。

11.6.1 主要材料

1. 面砖

外墙面砖采用295mm×295mm纸版面砖,安装前应对进入现场面砖的品种、规格和外观质量进行检查,凡有裂缝、缺棱掉角和色差等缺陷的面砖均应剔除。

2. JCTA-400混凝土界面剂

JCTA-400混凝土界面剂是一种灰色固体粉末,主要用于混凝土基层抹灰的界面处理,可使混凝土基层表面变得粗糙,以增加水泥浆对基层的粘力,避免抹灰层空鼓脱落,从而代替混凝土基层人工凿毛和喷浆工艺,省时省工。

进入安装现场的界面剂应有质量证明单和使用说明书,并对其主要技术指标进行抽检,对不符合要求的和储存期超过6个月或储存中受潮者严禁使用。

3. JCTA-300陶瓷砖胶粘剂

JCTA-300陶瓷砖胶粘剂为固体粉末,有白色和灰色两种,其主要特点是耐水、耐冻融、粘结强度高、耐老化性能好,安装方便。主要适用于瓷砖、面砖、地砖、大理石等装饰块材的粘贴。

胶粘剂的质量要求及储存与界面剂相同。

4. 水泥

找平层抹灰采用42.5级普通硅酸盐水泥,所用水泥必须具有质量证明单,且经复试合格,严禁使用过期水泥。

5. 砂

找平层所用砂为中粗砂,应颗粒坚硬、清洁,含泥量小于1%,使用前用3mm×3mm孔径的筛子过筛。

11.6.2 工艺流程

清理基层→测量贴面尺寸,计算模数→吊大角线、做护角→做灰饼→抹混凝土界面剂、刮底糙→抹找平层→找平层质量检查→弹线分格→润湿找平层→抹胶粘剂→粘贴面砖→洒水润湿面纸→揭面纸→调缝→勾缝→清擦表面→检查验收。

11.6.3 操作要点

1. 基层清理

(1)清除墙面浮浆、散落的混凝土和污垢油渍等,以免影响基层的粘结强度。
(2)脚手架和穿墙螺栓孔洞、外窗后、塞口等部位均应封堵密实,以防外墙渗漏。
(3)凿平局部胀鼓墙面,确保大面平整,以减小抹灰层厚度。
(4)用高压水将墙面灰尘冲洗干净。

2. 测量贴面尺寸、计算模数

先初步测量粘贴面尺寸,计算面砖模数,确定抹灰层厚度,避免切砖,确保面砖水平缝、竖缝横平竖直。

3. 吊大角线和做护角

(1)在建筑物四周大角、阳台、门窗洞口、空调洞口边吊线,用经纬仪检查校正后,再用索具螺旋扣固定铁丝。
(2)用1:2水泥砂浆做护角,护角必须竖直挺拔。

4. 做灰饼

在大角之间绷线做灰饼,以控制找平层的厚度。灰饼纵横向间距1200～1500mm,灰饼距墙边不得大于600mm。灰饼大小为30mm见方,呈四棱台形。

5. 抹混凝土界面剂、刮底糙

(1)将灰色JCTA-400混凝土界面剂按水灰比1:3加水调成糨糊状,剔除生粉团或硬块。
(2)安装前先用水将基层润湿,但不得有明水。
(3)用铁板将调匀后的混凝土界面剂刮在基层上,厚度约1mm。
(4)混凝土界面剂上墙约30min(视气温而定)界面剂稍收浆时,即抹底糙灰,用1:3水泥砂浆打底刮毛,厚度约5mm。
(5)砖砌体墙面不使用混凝土界面剂处理,直接抹底糙灰。应提前1d洒水湿润,刮底糙前再适当洒水湿润,但墙面不得有明水。

6. 抹找平层

底糙灰凝固后即可抹找平层,用1:3水泥砂浆分层抹,每层厚度不大于5mm,用长靠尺刮平,然后用木砂板抹成搓砂面。

7. 找平层质量检查

找平层抹完后组织质检员、安装员、操作班组长检查其平整度、垂直度及阴阳角是否方正。找平层应无开裂、空鼓,平整度偏差小于等于2mm,垂直度偏差小于等于4mm。检查人员签字认可后方可进行下一道工序。

8. 弹线分格

(1)根据设计图纸要求分格,在女儿墙及顶层试分并做样板。要特别注意考虑面砖的模数、建筑物阴阳角部位、门窗洞口、空调洞口、装饰线框尺寸等综合因素进行分格。

（2）根据试分及调整后弹出的分格控制线，再弹出面砖粘贴版面的分格线。

9. 粘贴面砖

（1）清除找平层的浮浆、灰尘、污垢、油渍等。

（2）提前1d浇水湿润找平层，粘贴面砖前先将找平层表面湿润，但不得有明水。

（3）将JCTA-300胶粘剂按水灰比1∶4搅拌调匀成糨糊状，不得有生粉团或硬块。

（4）胶粘剂调匀放置5~10min后再使用，并须在5~6h内用完。如遇夏季高温天气时，拌成的粘合剂应在4h内用完。

（5）将调匀后的胶粘剂均匀地抹压在找平层上，厚2~3mm，再在面砖背面抹厚1~2mm胶粘剂，依照弹出的粘贴版块线粘贴上墙，用力拍平，挤压出面砖粘贴面的气泡。

（6）待胶粘剂收浆后（夏季约15min，气温较低时应适当延长），用排笔将面砖纸皮湿润，稍后揭去纸皮。

（7）将个别大小不匀或竖向、横向砖缝不通直的砖缝用拨刀调整均匀，用力拍紧、压实。

（8）剔除个别有裂纹、砂眼、色差或缺棱掉角的面砖，补上完好的面砖，调缝后压实。

（9）用勾缝条上下、左右移动，把面砖缝勾成圆弧形的凹缝，面砖缝大小均匀，宽窄、深浅一致，光滑圆润。

（10）粘贴完毕1h后，用棉纱或毛巾将纸皮、胶粘剂等污迹及时擦净。

10. 检查验收

面砖粘贴后须组织质检员、安装员、操作班组长进行检查。凡空鼓、歪斜、有色差、缺棱掉角的面砖应及时更换。对垂直度、平整度、阴阳角方正、接缝平直、接缝高低超出允许偏差范围者应及时整改，达到优良后方准拆除外脚手架。

11.6.4 安装操作效果

外墙面砖粘贴牢固，无空鼓、歪斜、缺棱掉角和裂缝等缺陷，表面平整洁净，色泽一致，接缝填嵌密实平直，宽窄深浅一致，圆润光滑，整砖套割吻合，边缘整齐，雨篷、阳台、外窗鹰嘴等滴水线顺直，泛水坡向正确，整个外墙立面无一块非整砖。

情景七：釉面砖外墙翻新技术

涂刷外墙涂料前，须先在釉面砖面上抹一层厚约2~3mm的底胶层，其粘结质量直接决定外墙涂料的耐久性。按设计要求，底胶层采用阳离子氯丁胶水泥浆厚3mm。

采用涂料翻新方案比采用重新镶贴釉面砖方案安装难度小、工期短、造价低。

11.7.1 采用涂料翻新工艺

1. 安装操作工序

搭设脚手架→清洗外墙→处理空鼓的釉面砖及裂缝→再次清洗外墙→抹底胶层→刷外墙底漆→刷外墙面漆→试水→验收。

2. 空鼓釉面砖的处理

用木锤仔细敲打釉面砖外墙，在空鼓部位做出标记，对空鼓面积超过20%的墙面，须将整个墙面的釉面砖全部铲除。用手提电动机锯将空鼓部位的釉面砖锯去后,补抹1:2水泥砂浆。

3. 釉面砖裂缝的处理

(1)对宽度小于0.2mm的裂缝,可用聚合物水泥浆修补。

(2)对宽度大于0.2mm的裂缝,可沿裂缝方向用锯机锯V形槽,槽宽20mm,深15mm,槽内注聚氨酯密封胶。密封胶面应比墙面稍低。

4. 抹底胶层

用高压水枪对釉面砖外墙彻底清洁后,方可抹刮底胶层。采用阳离子氯丁胶聚合物水泥浆作为底胶层。将聚合物乳液A组分和B组分按1:1混合搅拌均匀后,按水灰比为0.4加入42.5级普通硅酸盐水泥,水泥浆搅拌均匀后抹于釉面砖墙面上,厚度为3mm。

聚合物水泥浆水化后生成紧密的结晶体,而氯丁胶为高分子化合物,凝固后具有一定的弹性,可减少和补偿水泥水化后的收缩,所以一般聚合物水泥浆层不会出现裂缝。底胶层安装完成3d后,表面未发现可见裂缝。底胶层完成后应浇水养护3d。底胶层凝固后(常温时为4~6h,或为2~3h),即可进行浇水养护。白天应每隔2h洒水一次,夜间洒水两次,高温、干燥和多风的气候条件下洒水次数还应增加。同时为确保涂料与底胶层的粘结强度,不应采用养护剂养护。

5. 涂刷底漆

采用立邦"5170油性"底漆,该底漆为合成橡胶,有很强的渗透能力,能渗入底胶层及釉面砖内,起封闭底材、保护底材不受侵蚀的作用,并为面漆打下牢固的基底。涂刷底漆前,须测定基层的含水率,其简易方法为在基层面固定一块1m×1m的玻璃,放置3~4h后基层面无水印、玻璃面无水汽时,则可认定含水率低于10%。确认底胶层干净后,方可涂刷底漆。底漆的厚度为30μm(用量约12.7m²/L)。

6. 涂刷面漆

采用立邦"屋得保"超级外墙保护漆作为面漆。在底漆安装完成2h后可涂刷面漆,面漆分3道涂刷,每道厚40μm(用量约10m²/L),每道面漆的涂刷间隔时间为30min。

7. 注意事项

(1)底胶层面及底漆层面应干净,无尘粒和其他污染。

(2)基层含水率应小于10%,空气湿度应低于85%。

(3)安装前应搭设遮阳板,防止阳光直射;安装时周围区域内停止一切清扫;五级及以上的风力和下雨时应停止安装。

(4)面漆完成2d后,对墙面进行试水8h试验,确认无渗漏后方可拆除脚手架。

11.7.2 重新镶贴釉面砖技术

1. 安装操作工艺流程

搭设脚手架→铲除原有釉面砖→修补砌体砖缝→抹20mm厚掺5% LB-23防水剂及杜拉纤维的1:2.5(质量比)水泥砂浆防水层→刮聚合物氯丁胶水泥浆结合层→用3mm厚水泥膏镶贴釉面砖→用彩色防霉填缝剂勾缝→墙面试水→清洁外墙砖面→验收。

2. 铲除原有釉面砖

铲除作业时要注意安全并保护邻近物体不被损坏,工作必须细致,以免造成新的漏点。打凿时先用手提锯机将墙面锯成小块,再用手锤轻轻敲击。打凿前做好保护窗户玻璃的措施。

3. 修补砌体砖缝

将釉面砖铲除后,发现原砌体的砖缝很不饱满,约60%的砖缝为空缝,致使雨水从空缝引进室内,故用掺有12% UEA 膨胀剂的 1∶2.5 水泥砂浆填塞砌体砖缝中的空缝。

4. 双掺水泥砂浆防水层安装

双掺技术是在水泥砂浆中既掺防水粉又掺杜拉纤维。LB-23 抗渗刚性防水粉由增密剂、减水剂和膨胀剂等粉料组成,掺入水泥砂浆中能阻塞水泥砂浆内的毛细管,从而起防水作用;杜拉纤维(Du-la fiber)是经加有抗老化剂的聚丙烯树脂经热熔、拉丝、表面涂覆、短切等工序制成的,在水泥砂浆中起骨架作用,减少水泥砂浆的收缩裂缝,从而起防渗作用。采用长度为10mm 的杜拉纤维,由于其在水泥砂浆中的作用是以物理方式而不是以化学方式表现的,因此不会与防水粉发生功能性冲突。双掺水泥砂浆的配合比(质量比)为水泥∶砂∶水∶LB-23 防水粉∶杜拉纤维 = 1∶2.5∶0.4∶0.05∶(1.17×10^{-3})(密度 0.7kg/m³)。经实验室试验,该配合比的水泥砂浆抗渗压力可达到0.9MPa,相当于抗渗混凝土的 P8 级。将水泥、砂、水、防水粉、杜拉纤维等物料一起投入砂浆搅拌机中搅拌均匀,搅拌时间为 4~5min,拌成的砂浆应在 2h 内用完。

5. 釉面砖的镶贴

镶贴外墙釉面砖前,先刮一层氯丁胶水泥浆结合层,其作用是封闭防水砂浆表面的砂眼及毛细孔,增强防水的效果并利于釉面砖与砂浆层粘结。

镶贴釉面砖时,砖背面应满刮水泥膏,严禁砖面中间刮浆而四角脱浆,指派专人专项监督,面砖镶贴完成后用木锤敲击检查,一旦发现砖角空鼓,必须铲掉重贴。

6. 填缝剂填缝

采用卓能黑棕色防霉填缝剂,用量为 13.5kg/m²。

(1)安装操作方法。

① 将 5.5L 水加入 13.5kg 的粉剂内,充分搅拌至均匀无颗粒膏糊状。

② 用橡皮填缝刀把拌好的填缝剂沿砖面对角线压入缝里,填满缝隙,再刮去表面多余部分。

③ 待填缝剂自然风干 30~40min 后再用稍湿的海绵彻底清洁釉面砖表面。

④ 超过 24h 填缝剂干固后,对尚存在釉面砖上的斑迹可用水抹除。

(2)安装操作注意事项。

① 安装前釉面砖缝应清洁、无碎屑和积水。不能用酸性清洁剂清洁已填缝的釉面砖。

② 下雨时不得安装,应在 5~40℃ 环境下使用填缝剂。釉面砖缝宽度应不小于1mm;大面积安装时,宜留伸缩缝,安装后 5~6h 需养护一次,24h 后养护第二次。

11.7.3 安装操作注意事项

1. 底胶层安装及涂料的选择是涂料翻新方案的关键工作,在安装的过程中必须加强管理。

2. 双掺防水砂浆、氯丁胶水泥浆结合层和填缝剂是釉面砖外墙防渗的三道屏障,这 3 个工序的安装质量直接影响外墙的防渗效果。

项目实训十二：现场观察饰面工程安装操作典型情景实训

一、实训目的

1. 熟悉工艺柱廊饰面干挂花岗岩安装操作。
2. 掌握外墙石材干式固定安装方法。
3. 熟悉异形花岗石干挂饰面安装操作。
4. 熟悉干挂石材的安装操作技术措施。
5. 熟悉外墙石材LT形插片式干挂和粘挂结合新工艺。
6. 掌握纸版面砖胶粘剂镶贴安装技术。
7. 熟悉釉面砖外墙翻新技术。

二、实训内容

1. 现场观察工艺柱廊饰面干挂花岗岩安装操作情景。
2. 现场观察外墙石材干式固定安装情景。
3. 现场观察异形花岗石干挂饰面安装操作情景。
4. 现场观察干挂石材的安装操作情景。
5. 实地观察外墙石材LT形插片式干挂和粘挂结合新工艺情景。
6. 实地观察纸版面砖胶粘剂镶贴安装情景。
7. 现场观察釉面砖外墙翻新情景。

三、实训时间

每人操作150min。

四、实训报告

1. 编写现场观察工艺柱廊饰面干挂花岗岩安装操作的情景报告。
2. 编写现场观察外墙石材干式固定安装的情景报告。
3. 编写现场观察异形花岗石干挂饰面安装操作的情景报告。
4. 编写现场观察干挂石材的安装操作的情景报告。
5. 编写实地观察外墙石材LT形插片式干挂和粘挂结合新工艺的情景报告。
6. 编写实地观察纸版面砖胶粘剂镶贴安装的情景报告。
7. 编写现场观察釉面砖外墙翻新的情景报告。

模块五 隔墙、隔断装饰工程

项目十二 隔墙、隔断装饰工程安装操作

12.1 木质隔断的安装操作

木质隔断是传统的隔断墙制作工艺之一。这种工艺历史悠久、技术成熟、形式多样,能够满足室内建筑装饰的特殊造型需要。但由于木制品的防火性较差,我国已明确规定了室内木质结构饰面的面积比,并限制了建筑木材的使用量。因此,木质隔断的制作工艺常与轻金属龙骨石膏板隔断结合使用,既满足了结构和饰面的造型要求,又达到了防火要求。

木质隔断主要采用木龙骨构成,以木拼板、木板条、木夹板、纤维板、中密度板等为罩面材料。

12.1.1 木隔断的基本构造

木隔断主要采用大型木方(主龙骨)与木横撑做成骨架,两面钉规格为300mm×300mm 分格的木合方网片,再安装饰面板。如图 12-1 所示。

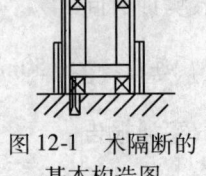

图 12-1 木隔断的基本构造图

12.1.2 隔墙木骨架的安装

木骨架的上、下槛与立柱的断面多为 50mm×70mm 或 50mm×100mm,有时也用 45mm×45mm、40mm×60mm 或 45mm×90mm 规格。斜撑与横档的断面规格可略小于立柱。立柱间横档的间距可与立柱的间距相同,也可适当放大。

隔墙木骨架所用木材的树种、材质等级、含水率以及防腐、防虫、防火处理,必须符合设计要求和《木结构工程施工质量验收规范》(GB 50206—2002)的相关规定。接触砖、石、混凝土的骨架和预埋木砖,应经防腐处理;所用钉固件必须镀锌;如果选用市售成品木龙骨,应附产品合格证;由于木龙骨隔断不防火,因此要求木龙骨和封面板背面必须涂刷防火涂料 2~3 遍。

隔墙木骨架的安装顺序为:弹线→安装靠墙立筋→安装上下槛→安装其他立筋和横档及斜撑。

先在楼地面上弹出隔墙的边线,并用线坠将边引到两端墙上,引到楼板或过梁的底部。根据所弹的位置线,检查墙上预埋木砖,检查楼板或梁底部预留钢丝的位置和数量是否正确,如有问题及时修理。然后钉靠墙立筋,将立筋靠墙立直,钉牢于墙内防腐木砖上。再将上槛托到楼板或梁的底部,用预埋钢丝绑牢,两端顶住靠墙立筋钉固。将下槛对准地面事先弹出的隔墙边线,两端撑紧于靠墙立筋底部,而后,在下槛下画出其他立筋的位置线。

安装立筋,立筋要垂直,其上下端要顶紧上下槛,分别用钉斜向钉牢。然后在立筋之间钉横撑,横撑可不与立筋垂直,将其两端头按相反方向稍锯成斜面,以便楔紧和钉钉。横撑的垂直间距一般为1.2~1.5m。在门樘边的立筋应加大断面或者是双支并用,门樘上方加设人字撑或垂直撑固定。隔墙木骨架安装形式如图12-2所示。

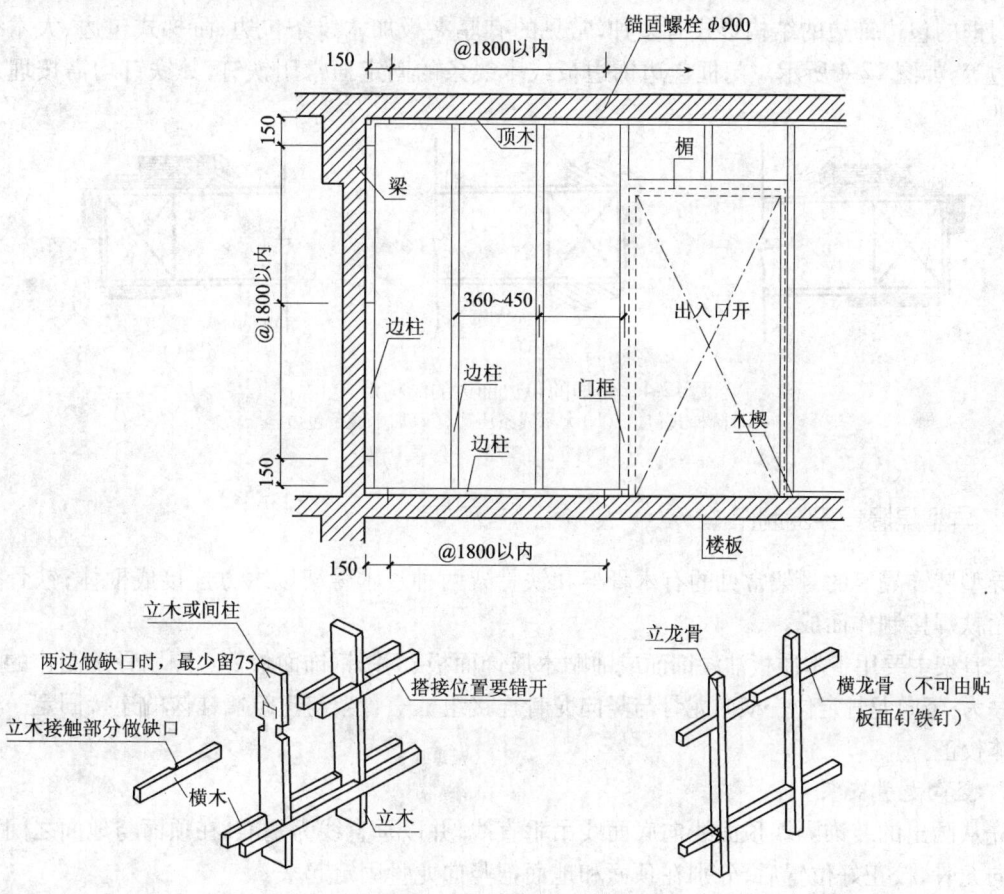

图12-2 隔墙木骨架安装形式图

对于全封闭的隔断墙来说,当其与铝合金龙骨吊顶或轻钢龙骨吊顶接触时,只要求相接缝隙小、平直即可。当其与木龙骨吊顶接触时,应将吊顶的木龙骨与隔断墙的沿顶龙骨钉接起来。如两者间有接缝,应垫实接缝后再钉钉子。对于有门的隔断墙,考虑门开闭的振动和人来人往的碰动,所以顶端也应进行固定。其固定方法为:木隔断的竖向龙骨应穿过吊顶面,至少在门框的竖向木龙骨顶端应穿过吊顶面,在吊顶面以上再与建筑层的顶面进行固定。固定方法常用斜角支撑,斜角支撑杆可以是木方或角铁,斜角支撑杆与建筑层的顶面夹角以60°为好,斜角支撑与建筑层的顶面,可用木楔铁钉或膨胀螺栓来固定。木隔断墙与建筑层顶面的固定方式如图12-3所示。

木隔断墙体门窗的结构与做法。门框结构:木隔断中的门

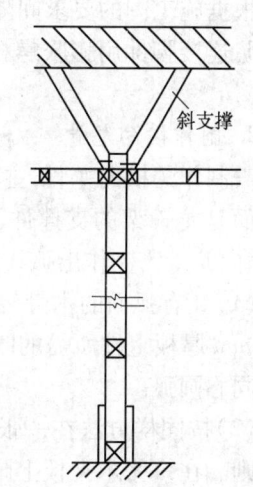

图12-3 木隔断墙与建筑层顶面的固定方式

框是以隔墙门洞竖向两侧的竖向木方为基体，配以挡位框、饰边板或饰边线条组合而成。大木方骨架的隔墙门洞竖向木方较大，其挡位框的木方可直接固定在竖向木方上。对小木方双层构架的隔断墙来说，因其木方较小，应该先在门洞内侧钉上12mm的厚夹板或实木板之后，再在厚夹板上固定挡位框。

门框的包边饰边的结构形式有多种，常见的有厚夹板加木线条包边、阶梯式包边、大木线条压边等，如图12-4所示。门框包边饰边板或木线条的固定通常用铁钉，其铁钉均需按埋入式处理。

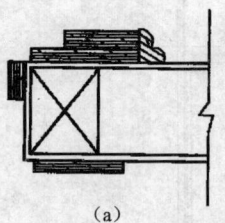 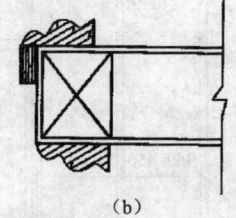 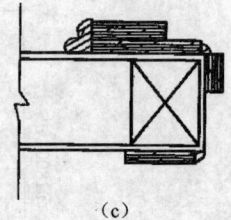

(a) (b) (c)

图12-4 门框的包边饰边的结构形式
(a)阶梯式包边；(b)大木线条压边；(c)加木线条包边

12.1.3 异型隔墙骨架的制作

异型装饰隔墙的骨架常见的有木骨架和铁骨架两种。木骨架以木方连接成框体；铁骨架是用角铁焊接制作而成。

木骨架主要用于木质板油漆饰面或铺贴木质饰面板、不锈钢饰面板等。隔墙骨架制作的基本工序为：竖向龙骨定位→横向龙骨与竖向龙骨连接组框→骨架与建筑墙柱体的连接固定→骨架形体校正。

1. 竖向龙骨安装

先从画出的装饰隔墙顶面线向底面线吊垂直线，并以垂直线为基准，在顶面与地面之间竖起竖向龙骨，校正好位置后，分别在顶面和地面把竖向龙骨固定起来。

根据施工图的要求间隔，分别固定好所有的竖向龙骨。固定方法采用连接脚件的间接方式，即：连接脚件用膨胀螺栓或射钉与顶面地面固定，竖向龙骨再与连接脚件用焊点或螺钉固定。

2. 制作横向龙骨

需制作的横向龙骨，主要具有弧形的装饰隔墙之用。在具有弧形的装饰隔墙中，横向龙骨一方面是龙骨架的支撑件，另一方面还起着造型的作用，所以，在圆形或有弧形的装饰墙、柱中，横向龙骨需制作出弧线形。弧线形横向龙骨的制作方法如下：

(1)在有弧面的木骨架中制作弧面横向龙骨，通常方法是用15mm人造板来加工。首先在15mm厚板上按所需的圆半径画出一条圆弧，在该圆半径上减去横向龙骨的宽度后，再画出一条同心圆弧。

(2)按同样方法在一张纸上画出各条横向龙骨，但在木夹板上的画线排列，应以节省材料为原则。在一张木夹板上画线排列后，可用电动直线锯按线切割出横向龙骨。

(3)在铁骨架中，横向龙骨可用扁铁来替代。扁铁的弯曲，必须用靠模来进行，否则曲面的准确性将没有保证。

3. 横向龙骨与竖向龙骨的连接

(1)连接工艺前,必须在柱顶与地面间设置形体位置控制弧线。控制线主要是吊垂线和水平线。

(2)木龙骨的连接可用槽接法和加胶钉接法,如图12-5所示。

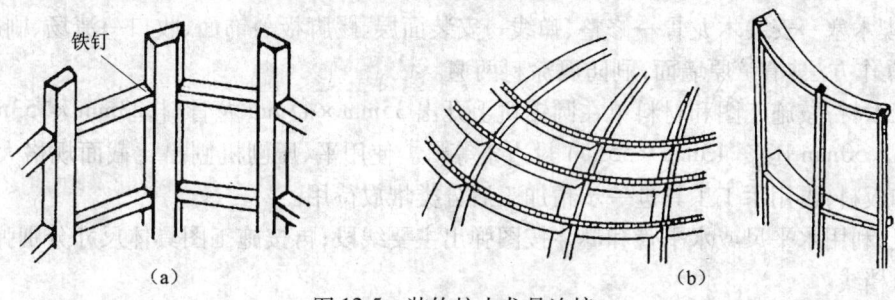

图 12-5 装饰柱木龙骨连接
(a)加胶钉接法;(b)槽接法

通常圆柱体外包饰面常采用槽接法制作基层木骨架,而方柱和多边形柱则可用钉接法拼装。其中槽接法是在横向肋板、竖向龙骨上分别开出半槽,横竖龙骨或肋板在槽口处对接。槽接法也需在槽口处加胶加钉固定。这种连接方式制作的网片,其稳固性较好,相对于平头钉接法制作的骨架,更能适应敲击振动较大的安装操作。

加胶钉接法是在横向龙骨的两端头面加胶,将其置于两竖向龙骨之间,再用铁钉斜向与竖向龙骨固定。横向龙骨之间的间隔距离,通常为300mm或400mm。

4. 钢木混合结构的木方及木夹板安装

(1)木方安装:木方安装前应刨平四面,并检查方正度。将木方就位后,用手电钻钻出 $\phi 6.5$ 的孔,钻孔时应一并将木方、角钢同时钻通,用 M6 的平头长螺栓把木方固定在角钢上,在螺栓紧固前,应用角尺校正木方安装的方正性,如有歪斜可在角钢与木方间垫木楔来校正,木楔必须沾胶后再打入。最后上紧螺栓,长螺栓的头部应埋入木方内。

(2)为了便于饰面安装,钢木混合结构的常用厚木夹板做基面。其固定方式既可以直接钉按在混合骨架的木方上,也可以安装在角钢骨架上。

12.1.4 饰面板的安装工艺

1. 木质基层板的安装

饰面板安装与结构有密切关系,木质基层板安装质量决定着饰面板的铺钉质量,特别是木圆柱和曲面墙的基层制作。

2. 安装操作要点

(1)材料选用和处理:一般选用松木或杉木,含水率不超过8%;必须按设计图纸要求,确定木龙骨断面,凡是砌入砖墙内的木龙骨或木砖均宜浸泡沥青。卡龙骨均应加工成统一的断面尺寸,所用木质材料均须涂刷防火涂料。

(2)木龙骨和饰面板安装:

① 必须按设计图纸要求,确定木龙骨的位置和固定方法。

② 留置的门、窗孔口,其门框、窗框必须连接牢固。

③ 饰面板多采用中密板、木夹板、纤维板,常用规格2440mm×1220mm。拼接时必须将块

板同时固定在一根木龙骨上,钉距 80～150mm,钉长 25～35mm,钉冲入面下 0.5～1.0mm,钉眼用油性腻子抹平。保证板面不空鼓、翘曲,钉帽不生锈。为了有利于防火,亦可采用混合结构。即采用轻钢龙骨骨架,安装中密板或木夹板等。

④ 施工程序:识图→备料→墙面处理→加工制作龙骨、面板、踢脚板、压条、封边条→弹线→打孔、楔木塞→安装木龙骨→修整、弹线→安装面层、踢脚板→饰面、收口→清场、刷底油。

⑤ 操作方法:清铲原墙面,刷防腐涂料两遍。

加工木材:按施工图和材料单在圆锯机上开出 35mm×45mm 龙骨料,23mm×153mm 踢脚板,27mm×50mm 压条、13mm×55mm 封边条等料。使用平、压刨机刨出比截面规格大 0.5mm 的木方和板料,再用手工工具进一步精加工后分类堆放待用。

弹线:利用水平尺或水平管和墨斗按图弹出主要线段;再按施工图具体尺寸分别弹画出分格线和分档线。

按龙骨设置的位置用冲击电钻打出直径 12mm、深度≥60mm 的孔(每根竖龙骨不少于 3 个孔,横龙骨不少于 2 个孔),并打入刷过防腐剂的木楔,木楔端部与横面平齐。

钉龙骨(龙骨与墙面用 70mm 圆钉,钉帽要砸扁,冲入龙骨 3mm):先钉两端竖龙骨(龙骨上端,齐高度控制线),同时用水平尺校验其垂直。再上下带线、按线钉其他竖龙骨。龙骨与墙面之间的空隙要用防腐垫木垫实、垫平,并与龙骨连接牢固(用 40～50mm 圆钉)。竖龙骨安装后要用 2m 直尺检查其平整度,合格后再钉横龙骨,横龙骨表面要与竖龙骨表面平齐,安装后再用 2m 直尺交叉检查,看横竖龙骨的交接处是否平整。安装横龙骨时,要按竖龙骨之间的实际尺寸下料,料头要套方锯,长度准确。遇有插座位置,要在插座四周加设龙骨框,所有龙骨安装、修整后,按规范要求打通气孔(竖向一排 3 个每排间距≤100mm)。

制作、安装面板层:画面板要准确,用直角尺套方,用尺量对角线,留足加工余量,并在面板背面编写好顺序和上下方向。按锯割线锯割,再用手工刨,精刨到位,再用拖线法拖画出纵向的 3mm 斜口线,刨成斜面(注意与封边条接合的两端不要刨成斜面,也不要将加工余量刨削完)。将制作好的面板按顺序编号和上下符号逐一临时固定在龙骨的相应位置(即分格线上)。不合格的面板要修整。

面板试钉合格后,应从最靠墙、柱的一块开始逐一铺钉,以免错位。钉面板用细纹圆钉。钉板前在龙骨架上刷乳胶,胶要刷均匀,不能漏刷,也不要刷得太多,以防钉面板后溢出。如有溢出,及时用湿布擦干净,以免污损面层。面层的钉距纵向≤100mm,横向≤80mm。面板钉好后,钉踢脚板。钉踢脚板要注意两端,要和两端的面层上下为一条直线。踢脚板要上下钉钉,钉距与竖龙骨间距一样,也可按≤60mm 间距。接着安装前要检查所安装位置与龙骨、面板是否平整。然后先钉封边条,最后钉压顶条。封边条不能接,压条和踢脚板如需接长,一律为 45°斜接。如面板用气钉枪射钉固定,应注意气钉枪射口紧贴面板,并使其垂直于板面。钉距一般在 50～60mm 之间。木骨架整体组装与饰面板安装形式如图 12-6 所示。

清理、上油:操作结束应及时将现场打扫干净,归还所借机具和多余材料。对于暂无油漆的面层应涂刷快干性底油一遍,以防面板污损。

⑥ 产品保护:面板制作前后要平放于干燥通风的室内。制作后要分类,并按编号、方向堆放整齐。面层制作完毕要及时清扫现场,并刷底油一遍,在阳角或易碰撞处加临时护面保护。人走断电,下班关好门窗,做好防火、防雨等工作,并及时做好与下道工序的交接手续。

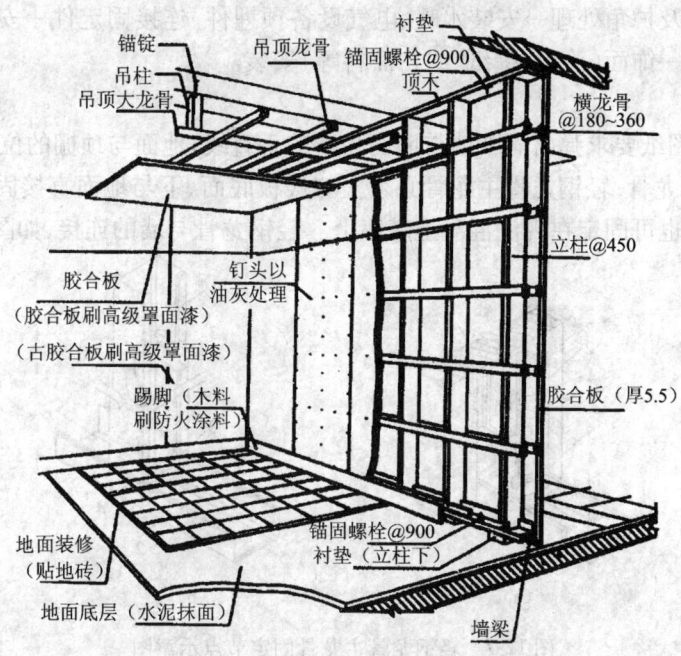

图 12-6 安装面板及整体组装示意图

3. 质量检查

木骨架基层可以适合胶合板、石膏板、纤维板等多种板材,安装质量检查见表 12-1 所示。

表 12-1 面板安装质量检验及方法

项次	项目	允许偏差(mm)				检验方法
		石膏板	胶合板	纤维板	石膏条板	
1	表面平整	3	2	3	4	用 2m 直尺和楔形塞尺检查
2	立面垂直	3	3	4	5	用 2m 托线板检查
3	接缝平直		3	3		拉 5m 线检查,不足 8m 拉通线检查
4	压条平直		3	3		
5	接缝高低	0.5	0.5	1		用直尺和楔形塞尺检查
6	压条间距		2	2		用尺检查

12.2 轻金属龙骨隔墙的安装操作

12.2.1 轻钢龙骨石膏板隔墙安装工艺

轻钢龙骨石膏板隔墙是一种基础的装饰施工项目,安装配套程度高、工艺技术成熟简便,适用多种饰面装饰。

1. 安装工艺顺序

墙位放线→墙基(导墙)安装→安装沿地、沿顶、沿墙龙骨→安装竖龙骨(主龙骨)→横撑(次龙骨)→水暖、电气孔位钻孔、下管穿线→填充隔声、保温材料(矿棉板或泡沫塑料)→安装门框、窗框→接缝及护角处理→安装水暖、电气设备预埋件、连接固定件→安装石膏板→安装踢脚板、天花角线→饰面(涂料、壁纸、织物面料等)安装。

2. 安装要点

(1)放线:按图纸要求弹出隔断墙与墙面相连的垂直线;地面与顶棚的位置线。

(2)固定轻钢龙骨:轻钢龙骨主龙骨必须上与楼板底面、下与地面直接固定。地面既可直接固定在楼板上,也可固定在现浇混凝土基座上。轻钢龙骨与墙的连接,如图12-7所示。

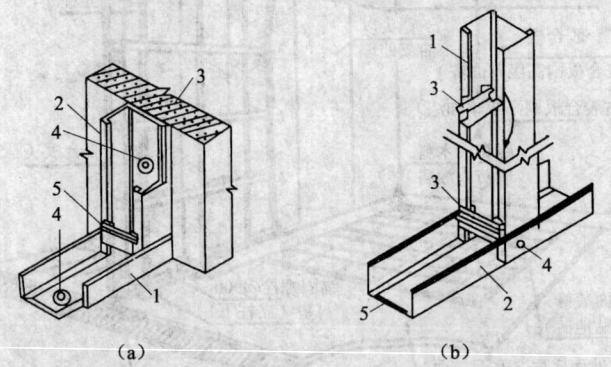

图12-7 轻钢龙骨主龙骨固定节点示意图
(a)1—沿地龙骨;2—竖向龙骨;3—墙或柱;4—射钉及垫圈;5—支撑卡
(b)1—竖向龙骨;2—沿地龙骨;3—支撑卡;4—铆孔;5—橡皮条

(3)纸面石膏板的安装:纸面石膏板的安装步骤如下。

① 纸面石膏板墙体的构造:包括单层龙骨单面单层纸面石膏板墙体和双层龙骨单面双层纸面石膏板墙体,如图12-8所示。

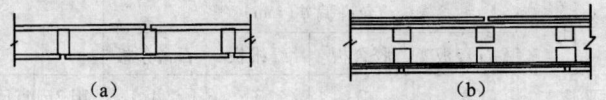

图12-8 纸面石膏板墙体构造图
(a)单层龙骨单面单层纸面石膏板隔墙构造;
(b)双层龙骨单面双层纸面石膏板隔墙构造

② 石膏板不宜用于厨房、卫生间及空气相对湿度大于70%的潮湿环境。纸面石膏板外观尺寸允许偏差见表12-2。双层石膏板隔墙适用龙骨规格及限高标准见表12-3所示。

表12-2 纸面石膏板外观规定和尺寸允许偏差

项目		指标
石膏芯裸露面积(cm^2)		不得大于3
尺寸允许偏差(mm)	长度(2400~4000)	0、-6
	宽度(900~1200)	0、-7
	厚度(mm) 9	±0.5
	12	±0.5
	15	±0.5

表 12-3 单排龙骨双层石膏板隔墙限高

项目		竖龙骨规格（mm）	石膏板厚度（mm）	隔墙最大高度(m)		备 注
				A	B	
墙体厚度（mm）	00	50×50×0.63	2×12	3.75	2.75	A：适用于住宅、旅馆、办公室、病房及这些建筑物的走廊
	25	70×50×0.63	2×12	3.75	3.75	
	50	100×50×0.63	2×12	5.00	4.50	B：适用于会议室、教室、展览厅、商店等
	00	150×50×0.63	2×12	6.00	5.50	

③安装石膏板时，用平帽自攻钉。钉要有防腐处理（镀锌钉），钉帽要埋进石膏板面1mm以下。轻钢龙骨纸面石膏板隔墙整体装配工艺形式如图12-9所示。

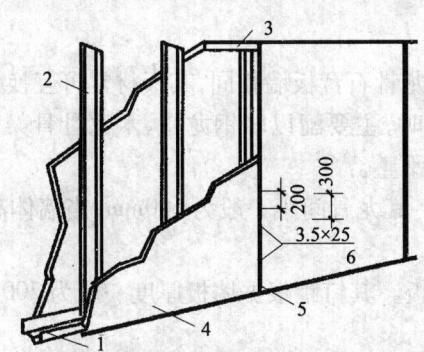

图 12-9 安装石膏板工艺示意图
1—沿地龙骨；2—竖龙骨（立筋）；3—沿顶龙骨；4—铺钉石膏板；
5—拼板留缝；6—钉的规格及间距

要求两块板间留缝隙5mm，用腻子灰抹平表面，贴尼龙网布或的确良布（宽为50mm）干燥后作饰面喷涂或贴壁纸等。

④龙骨隔墙安装允许偏差见表12-4所示。

表 12-4 龙骨隔墙安装允许偏差

项目	允许偏差(mm)	检验方法
表面平整	4	用2m靠尺和楔形塞尺检查
立面垂直	5	用2m托线板和尺量检查
阴阳角垂直	4	用2m托线板和尺量检查
踢脚线上口平直	4	拉线检查

12.2.2 轻金属龙骨FC（纤维水泥加压）板墙

FC板具有大尺寸、高强度、轻质以及具有良好的防火、防水性能及易施工等优点。该产品应达到ISO 396/1—1980国际标准规定的主要性能指标。

1. 主要性能指标

（1）横向抗折强度：$28N/mm^2$；纵向抗折强度：$20N/mm^2$。

（2）抗冲击强度：$2450g/m^2$。

(3)吸水率:≤17%。
(4)表面密度:≥1.8g/cm³。
(5)不透水性:经24h背面无滴水现象。
(6)抗冻性:经25次循环冻融无分层等现象。
(7)耐火极限:77min(以6mm板复合的墙体)。
(8)隔声指数:50dB(6mm板厚复合墙体)。
(9)墙板规格:3000(2400)mm×1200mm×(6~40)mm。

2. 主要用途

各种工业与民用建筑的内墙板、外墙板、吊顶板、通风道板、地下工程墙板和吊顶板、吸声穿孔板等。

3. 安装操作要点

FC板的施工工艺与轻钢龙骨石膏板墙相同,其板材常可互换使用。

(1)在用FC板做内墙板时,主要配以轻钢龙骨、木龙骨骨架等,由于FC板板面平整、光洁,故严格要求龙骨骨架基面平整。

(2)FC板固定在龙骨上。其龙骨间距一般为600mm,当墙体高度超过4m时,按设计要求确定尺寸。

(3)用自攻螺钉固定FC板。其钉距根据墙板厚度一般为200~300mm。钉孔中心与板边缘距离:10~15mm。

(4)螺钉的规格应根据选用的龙骨对应选用,并根据选用FC板的厚度,由设计人员确定螺钉的直径与长度。

(5)在将FC板与龙骨固定时,手电钻钻头直径应选用比螺钉直径小0.5~1mm的钻头打孔。固定后钉头处要及时涂底漆或腻子,防止钉头在喷涂或贴装饰材料前生锈而影响墙面美观。

(6)在对FC板板面进行喷、涂、贴各种装饰材料前,必须用砂纸或手提式平面磨光机清除表面的浮灰、油污等。

(7)安装前,凡需对FC板进行喷、涂预加工时,第一道底漆或涂料应进行双面喷涂,以防单面应力而产生变形;对已安装固定的FC板,可直接在墙面单面喷涂。但第一道底漆应为白色。

(8)板缝处理:首先将板缝清刷干净,然后根据使用部位,可用密封膏、普通石膏腻子或水泥砂浆加108胶拌为腻子进行嵌缝。板缝必须刮平,然后用砂纸、手提式平面磨机打磨,使其平整光洁。板缝宽度5~8mm。

(9)切割与开孔方法。

安装、切割:FC板与龙骨固定用手电钻或冲击钻,大批量同规格板材切割应委托工厂用大型锯床进行,少量安装切割可用手提式无齿圆锯进行;

开孔:分矩形孔和大圆孔两种,开矩形孔的方法通常采用电钻先在矩形的四角各钻一孔,孔径为10mm,然后用曲线锯沿四孔圆心的连线切割开孔部位,边缘用锉刀倒角。开大圆孔的方法同样是用铝电钻打孔,再用曲线锯加工,完成后边缘用锉刀倒角。所有开孔皆应防止应力集中而产生表面开裂。

12.2.3 CJ 板墙

CJ 板主要用于建筑内外墙及隔墙的安装。具有成本低、效率高、操作简便以及技术难度低等特点。

1. CJ 板的技术要求

CJ 板必须符合国家的规定,由于运输堆放造成的变形,必须予以矫正,脱焊必须补焊或用铁丝扎紧。

2. 墙体 CJ 板的装配构造

CJ 板与其他墙体、楼板、顶棚等部位的连接形式及所用配件必须符合设计要求。以下是图解墙体 CJ 板各主要安装部位的构造,如图 12-10 所示。

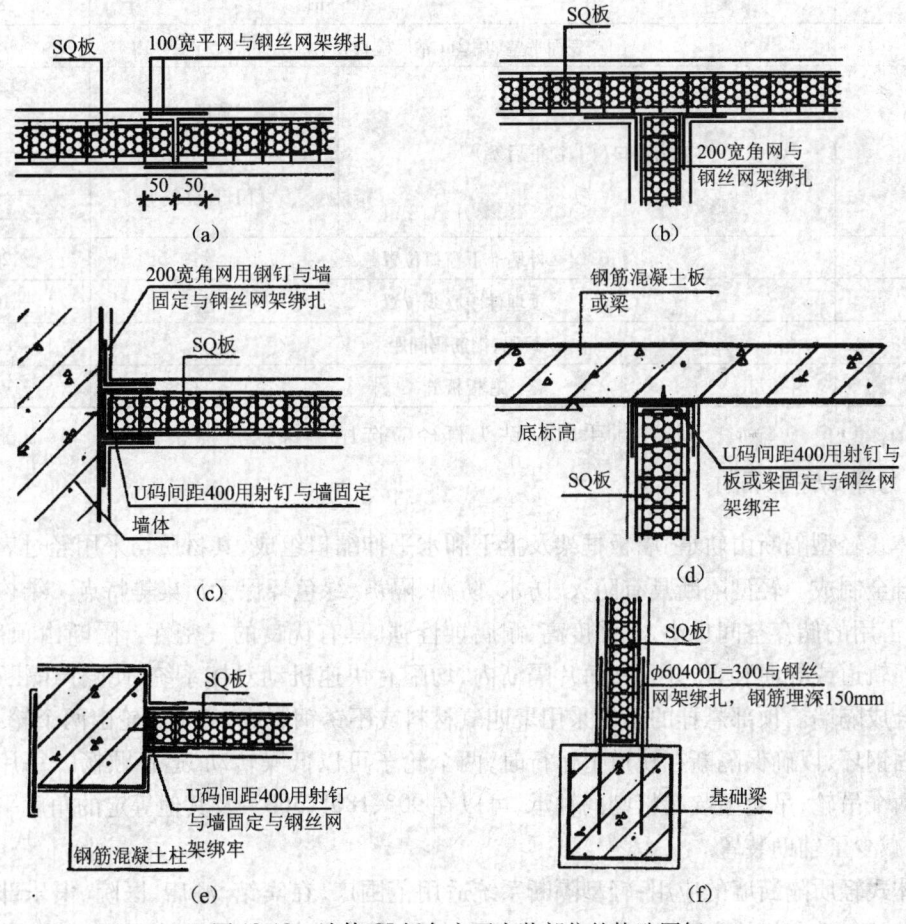

图 12-10 墙体 CJ 板各主要安装部位的构造图解
(a)板缝连接(内墙);(b)板丁字连接;(c)板与墙体连接(U 码);(d)板与楼板(梁)连接(U 码);(e)板与柱连接(U 码);(f)板与基础连接

连接用膨胀螺栓、钢筋码、U 码等配件表面严禁有氧铁皮和油污等。内外墙 CJ 板拼缝有缝隙时应用泡沫条填塞。内外墙 CJ 板拼缝、墙的阳角和阴角、门窗口等均应按提供的节点构造采用相应的网片覆盖加强,并用箍码箍紧或用铁丝手工绑扎牢固,芯板边钢丝与覆网相交点全部扎牢,其余部分相交点可相隔交错扎牢,不得有变形、脱焊。CJ 板的安装质量评定需由安装负责人会同工程专职检查人员共同进行,在工程中分项工程质量检验评定表落实后,经安装单位检验合格后方可移交下一工序安装。安装质量检验方法:位置偏移用经纬仪或拉线和尺测量,垂直度用水准仪或2m托线板检查,平整度用2m靠尺检查。CJ板就位安装质量应符合墙体CJ板安装精度标准设计要求,墙体CJ板安装精度标准见表12-5所示。

表12-5 CJ板安装精度标准

序号	项目		允许偏差(mm)
1	墙轴线位置		8
2	垂直度	层间高度 h≤4.2m	5
		3.2<h≤5m	8
		h>5m	8
3	表面平整(用2m靠尺检查)		15
4	门、窗洞口(门、窗框后塞)	宽度	+5 / −3
		门口高度	+10 / −5
5	外墙上下窗口位置		20
6	预埋件中心线位置		10
7	U码、钢筋码间距		±50
8	芯板板缝		<3

12.2.4 分体式轻型隔断

分体式轻型隔断由轨道、墙板框架及上下和水平伸缩口组成,其材质均采用经过表面阳极氧化铝合金制成。轻型隔断具有防火、防水、防潮、隔声、绿色环保无污染等特点。结构框架的厚度小,占用的储存空间也小,且强度高、耐腐蚀性强、具有优良的气密性。隔断由顶部悬挂,没有地面轨道或导向装置,并且在每片隔断内,均配有快速机动对接系统,使隔声隔断迅速有效地组合成隔墙。顶部悬挂的吊轮采用聚四氧材料或不锈钢制成,每个吊轮由两个轮子组成,内衬加固钢环,以确保隔断在轨道上运行时,两个轮子可以低噪转动、运行顺畅。每片隔墙板配均有两个吊轮,吊轮上装有精密的轴承,可以在90°、180°、360°,及其他等定的角度平稳地转弯,从而减少了辅助装置。

分体式轻质隔断墙的应用:轻型隔断系统适用范围广,在宾馆、酒店、医院、俱乐部、学校、展厅、会议厅、政府机构办事处,银行、工厂精密车间、写字楼等室内场所装配,实用及装饰效果都很出色。

分体式轻质隔断墙板系列产品常以隔板厚度作为型号标识,如100型、85型、65型、50型等,其中,85型墙板适合大型酒店、宴会厅、医院、银行等多种室内场所使用,65型墙板适合国际会议厅、展览中心、学校、办事处、政府机构等多种场所使用。其具体规格及性能见表12-6所示。

表12-6 分体式轻质隔断墙板系列规格及性能表

型号	隔板规格(mm) 限高	隔板规格(mm) 厚度	隔板规格(mm) 宽度	面板材料	隔声系数(dB)	伸缩范围(mm)	隔板质量(kg/m²)	备注
100	8000	100	500~1210	玻镁板	53	60	68	饰面材料的厚度≤2.5cm
100	8000	100	500~1230	中纤板	53	60	63	饰面材料的厚度≤2.5cm
100	8000	100	500~1200	彩钢板	58	60	70	饰面材料的厚度≤2.5cm
100	8000	100	500~1230	三聚氰胺板	53	60	65	饰面材料的厚度≤2.5cm
100	8000	100	500~1230	石膏板	53	60	65	饰面材料的厚度≤2.5cm
85	6000	85	500~1210	玻镁板	50	45	48	适用于6m以下的墙体
85	6000	85	500~1230	中纤板	50	45	43	适用于6m以下的墙体
85	6000	85	500~1200	彩钢板	56	45	50	适用于6m以下的墙体
85	6000	85	500~1230	三聚氰胺板	50	45	45	适用于6m以下的墙体
85	6000	85	500~1230	石膏板	50	45	45	适用于6m以下的墙体
65	3500	65	500~1210	玻镁板	45	45	38	适用于4m以下的墙体
65	3500	65	500~1230	中纤板	45	45	33	适用于4m以下的墙体
65	3500	65	500~1200	彩钢板	52	45	40	适用于4m以下的墙体
65	3500	65	500~1230	三聚氰胺板	45	45	35	适用于4m以下的墙体
65	3500	65	500~1230	石膏板	45	45	35	适用于4m以下的墙体

1. 轻型隔断结构特点

(1)隔断基本厚度为68mm左右,宽度为1219mm,最高3m,隔断质量为20kg/m²。

(2)隔断边框为银白色阳极氧化铝制成,目的是为了保护隔声表面材料的四周。

(3)隔断两面的隔声表面材料不应小于9mm(每面),隔声表面材料选用具有防火性能的板材。

(4)隔断保温框架可配用在全方向式隔断上。

2. 轻质隔断结构示意图(图12-11)

(1)垂直隔声密封为嵌锁式铝制结构,配合了聚氯乙烯(PVC)隔声密封材料,提高了隔声效果。

(2)隔断与顶部轨道之间的水平隔声密封为机动伸缩式封条,可以有25mm的操作空间。

(3)隔断与地面之间的水平隔声密封机动伸缩式封条,也有25mm的操作净空,可以适应一般建筑地面上出现的轻微坡度。

(4)隔断顶部与底部的水平密封系统由活动把柄操作,每次操作只需180°旋转,即可同时完成顶部及底部封条伸缩。

(5)伸张后的机动封条,在隔断顶部和底部分别提供一定的密封压力。

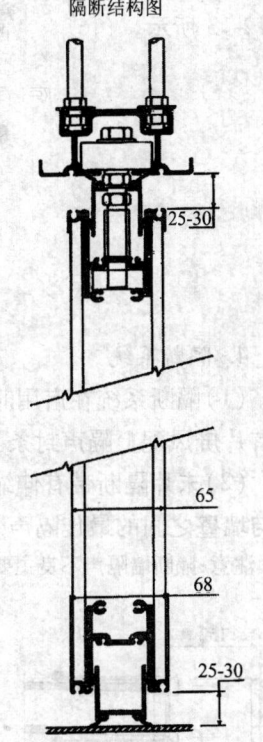

图12-11 轻质隔断装配构造示意图

3. 悬挂系统

（1）轨道：制造材料为银白色阳极氧化铝合金，轨道上装有定位针，可用于正面定位和隔声控制。

（2）轨道接口：必须满足平滑操作的要求，采用与轨道同等的制造材料和硬度标准。

（3）轨道滑轮：选用装有精磨的钢制滚珠轴承的滑轮，滑轮外密封有钢丝加固压缩聚合物轮箍，不损坏铝制轨道的表面层，保持轨道清洁耐用，并保证操作安静，如图 12-12 所示。

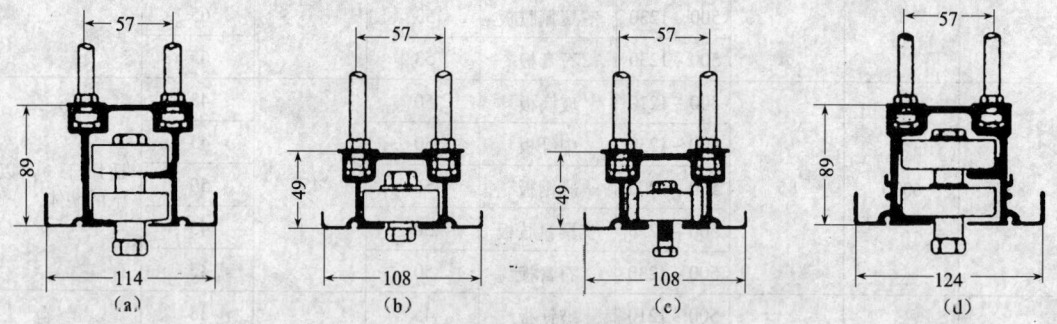

图 12-12　轨道剖面图

(a)38 号吊轨——每片不超过 227kg 的多向式隔断屏风；(b)28 号 A 型轮吊轨——每片不超过 114kg 的多向式隔断屏风；(c)28 号 B 型轮吊轨——每片不超过 114kg 的单向式隔断屏风；(d)36 号吊轨——每片不超过 455kg 的多向式隔断屏风

（4）悬挂系统隔断：须与 06 型、08 型轨道匹配，应参照隔断整体装饰面质量综合选用，如图 12-13 所示。

图 12-13　悬挂系统隔断
(a)06 系列；(b)08 系列

4. 隔断系统

（1）隔断系统在启用时，其首片隔断与连接墙壁之间的密封装置可选用隔声墙壁门梃，或在首片屏风配上隔声封条。

（2）末片隔断带有伸缩结合部分，在与末端墙壁结合时，能提供一定的压力，从而确保隔断与墙壁之间的最佳隔声效果，如图 12-14 所示。

注意：隔断墙隔声不良主要产生自墙缝和板缝。

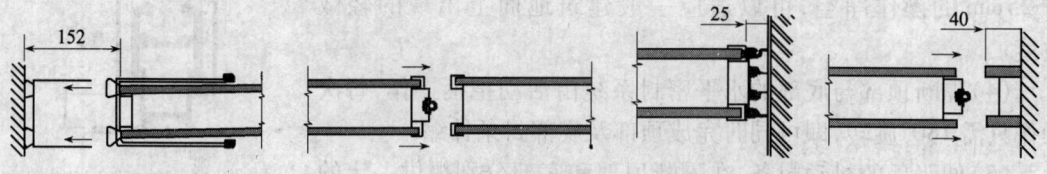

图 12-14　末片隔断隔声收口形式图

5. 隔声标准

隔断产品之隔声系统可以满足使用场所一定的隔声系数要求,使其成为独立的使用空间。超高型隔墙板安装工程实例介绍,如图12-15~图12-17所示。

6. 装配操作工序

轨道系统落位放线;轨道预组装,注意检查滑轮组件,不得有破损、变形、松节现象;轨道定位固定安装,并预紧固螺栓;隔墙板(带包装膜)就位检查,立板预排;轨道紧固,连接悬挂板组件,调平后一次定位密封,连板密封,尾板闭合。

图12-15 某国际俱乐部(5m)、会议中心(10m)隔墙板系统应用效果

图12-16 某世贸中心12m以上隔墙板安装现场

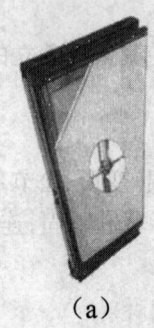  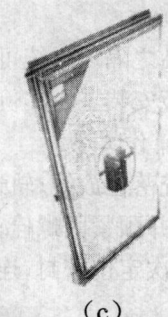

(a) (b) (c)

图 12-17　隔墙板构造

(a)12m 隔墙板构造；(b)10m 隔墙板构造；(c)5m 隔墙板构造

项目实训十三：隔墙、隔断装饰工程安装操作实训

一、实训目的

1. 掌握木质隔断的安装操作。
2. 熟悉轻金属龙骨隔墙的安装操作。

二、实训内容

1. 进行隔墙木骨架和饰面板的安装与操作实训。
2. 进行轻金属龙骨隔墙(如轻钢龙骨石膏板、轻金属龙骨 FC 板墙和 CJ 板墙)的安装与操作实训。

三、实训时间

每人操作 45min。

四、实训报告

1. 编写隔墙木骨架和饰面板的安装与操作实训报告。
2. 编写轻金属龙骨隔墙的安装与操作实训报告。

项目十三 隔墙、隔断装饰工程案例分析、防范及治理

13.1 木龙骨木板材隔墙案例

木龙骨木板材隔墙是以木方为骨架,两侧面用纤维板、刨花板、木丝板、胶合板等作墙面材料组成的轻质隔墙。广泛用于工业与民用建筑非承重分隔墙。

案例一:隔墙与结构或骨架固定不牢

1. 案例现象

门框活动脱开,隔墙松动倾斜,严重者影响使用。

2. 案例原因分析

(1)上下槛和主体结构固定不牢靠,立筋横撑没有与上下槛形成整体。

(2)龙骨料尺寸过小或材质太差。

(3)安装时,先安装了竖向龙骨,并将上下槛断开。

(4)门口处下槛被断开,两侧立筋的断面尺寸未加大,门窗框上部未加钉人字撑。

3. 案例防范措施

(1)上下槛要与主体结构连接牢固。两端为砖墙,上下槛插入砖墙内应不少于12cm,伸入部分应做防腐处理;两端若为混凝土墙柱,应预留木砖,并应加强上下槛和顶板、底板的连接,可采取预留铅丝、螺栓或后打胀管螺栓等方法,使隔墙与结构紧密连接,形成整体。

(2)选材要严格,凡有腐朽、劈裂、扭曲、多节疤等疵病的木材不得使用。用料尺寸不小于40mm×70mm。

(3)龙骨固定顺序应先下槛,后上槛,再立筋,最后钉水平横撑。立筋间距一般在40~60cm之间,要求垂直,两端顶紧上下槛,用钉斜向钉牢。靠墙立筋与预留木砖的窄隙应用木垫垫实并钉牢,以加强隔墙的整体性。

(4)遇有门口时,因下槛在门口处被断开,其两侧应用通天立筋,下脚卧入楼板内嵌实,并应加大其断面尺寸至80mm×70mm(或2根并用)。门窗框上部宜加人字撑(图13-1)。

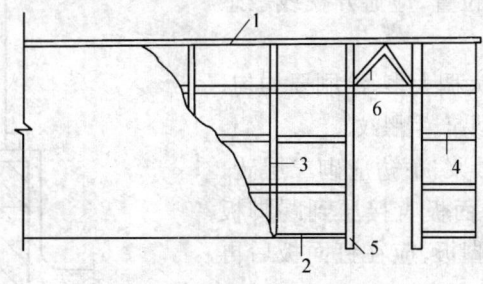

图 13-1 板材隔墙构造图
1—上槛;2—下槛;3—立筋;4—横撑;5—通天立筋;6—人字撑

案例二：细部做法不规矩

1. 案例现象

与墙、顶交接处不直不顺，门框与面板不交圈，接头不严不直，踢脚板出墙不一致，接缝翘起。

2. 案例原因分析

主要是细部做法交待不清。

3. 案例防范措施

（1）熟悉图纸，多与设计人员商量，妥善处理每一个细部构造。

（2）为防止潮气由边部浸入墙内引起边沿翘起，应在板材四周接缝处加钉盖口条，将缝盖严，如图13-2（a）所示。根据板材不同，也可采用四周留缝的做法图13-2（b），缝宽一般以10mm左右为宜。

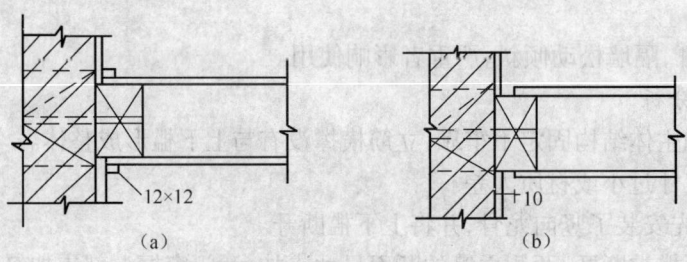

图13-2　板材四周接缝的做法（单位：mm）

（3）门口处构造应根据墙厚而定，墙厚等于门框厚度时，可加贴脸；小于门框厚度时应加压条（图13-3）。

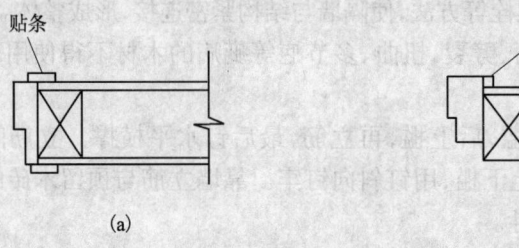

图13-3　门口处的构造

（4）分格时，注意接头位置，应避开视线敏感范围。

（5）胶接时，用胶不能太稠太多，涂刷要均匀，接缝时用力挤出余胶，否则易产生黑纹。

（6）踢脚板如为水泥砂浆，下边应砌二层砖，砖上固定下槛；上口抹平，面板直接压到踢脚板上口（图13-4）；如为木踢脚板，应在钉面板后再安装踢脚板。

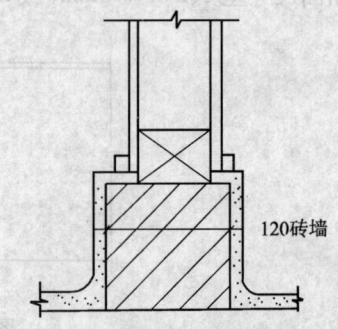

图13-4　水泥砂浆踢脚板的做法（单位：mm）

案例三：墙面粗糙，接头不平、不严

1. 案例现象

龙骨装钉板的一面未刨光找平，板材厚薄不一或受潮后松软变形，边楞翘起，造成表面凹凸不平。

2. 案例原因分析

(1)龙骨料含水率过大，干燥后易变形。室内抹灰时龙骨受潮变形或被撞击后未经修理就钉面板。

(2)工序颠倒，先钉面板后室内抹灰，使面板受潮，出现边楞翘起、脱层等毛病。

(3)选面板时没有考虑防潮防水，表面粗糙又未加工，板材薄厚不一，没有采取补救措施。

(4)钉板顺序不当，先上后下，压力小，拼接不严或组装不规格，造成表面不平。

(5)铁冲子过粗，钉眼太大，面板钉子过稀，造成表面凹凸不平。

3. 案例防范措施

(1)选料要严格。龙骨料一般应用红白松，含水率不大于15%，并应做好防腐处理。板材应根据使用部位选择相应的面板，纤维板需做湿处理，表面过粗时，应用细刨子刮净一遍。

(2)所有龙骨钉板的一面均应刨光，龙骨应严格按线组装，尺寸一致，找方找直，交接处要平整。

(3)工序要合理，先钉龙骨后进行室内抹灰，最后钉板材。钉板材前，应认真检查，如龙骨变形或被撞动，应修理后再钉面板。

(4)面板薄厚不均时，应以厚板为准，薄的背面垫起，但必须垫实、垫平、垫牢，面板正面应刮直(朝外为正面，靠龙骨面为反面)。

(5)面板应从下面角上逐块钉设，并以竖向装钉为好，板与板的接头宜作成坡楞，如为留缝做法时，面板应从中间向两边由下而上铺钉，接头缝隙以5~8mm为宜，板材分块大小按设计要求，拼缝应位于立筋或横撑上。

(6)铁冲子应磨成扁头，与钉帽一般大小，钉帽要预先砸扁(钉纤维板时钉帽不必砸扁)，顺木纹钉入面板内1mm左右，钉子长度应为面板厚度的3倍。钉子间距：纤维板为100mm，其他板材为150mm，钉木丝板时钉帽下应加镀锌垫圈。

13.2 石膏龙骨石膏板隔墙案例

石膏龙骨石膏板隔墙是以石膏龙骨为骨架，以纸面石膏板或纤维石膏板作墙面材料而组成的轻质隔墙。纸面石膏板是用半水石膏和面纸为主要原料，掺入适量纤维、胶粘剂、促凝剂等，经过料浆配制、搅拌成型、切割、烘干工序而制成的轻质板材。纸面石膏板又分为普通纸面石膏板、防火石膏板和防水石膏板三种。纤维石膏板用石膏作主要原料，加上适量有机或无机纤维，经过搅拌打浆、铺浆、脱水、烘干等工序制成的无纸面纤维石膏板。这种材料隔墙具有质量轻、防火、隔声、可锯、粘、钻，易于施工的特点，广泛用于工业与民用建筑分隔用的非承重墙。

案例一：板缝开裂

1. 案例现象

竣工5~6个月以后，纸面石膏板接缝陆续出现开裂，开始是不很明显的发丝裂缝，随着时间的延续,裂缝有的可达1~2mm。

2. 案例原因分析

板缝节点构造不合理,板胀缩变形,刚度不足,嵌缝材料选择不当,安装操作及工序安排不合理等,都会引起板缝开裂。

3. 案例防范措施

(1)首先应选择合理的节点构造。如图13-5所示节点上部做法是:清除缝内杂物,嵌缝腻子填至图中所示位置,待腻子初凝时(大约30~40min),再刮一层较稀的腻子,厚度1mm,随即贴穿孔纸带,纸带贴好后放置一段时间,待水分蒸发后,在纸带上再刮一层腻子,将纸带压住,同时把接缝板面找平。图13-5中节点下端部做法是:在对头缝中勾嵌缝腻子,用特制工具把主缝勾成明缝,安装时应将多余的胶粘剂及时刮净,保持明缝顺直清晰。

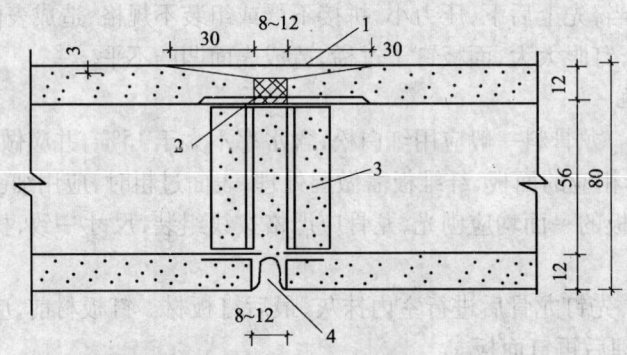

图13-5 板缝节点(单位:mm)
1—穿孔纸带;2—嵌缝腻子;3—龙骨;4—明缝做法

(2)为了防止施工水分引起石膏板交形裂缝,墙面应尽量采用贴墙纸或刷涂料的做法。

案例二:门口上角墙面裂缝

1. 案例现象

在门口两个上角出现垂直裂缝,裂缝长度、宽度和出现的早晚有所不同。

2. 案例原因分析

当采用复合石膏板时,由于预留缝隙较大,后填入的108胶水泥砂浆不严不实,且收缩较大,再加上门扇振动,在使用阶段门口上角出现垂直裂缝。在龙骨接缝处嵌入以石膏为主的脆性材料,在门扇撞击作用下,嵌缝材料与墙体不能协同工作,也会出现这种裂缝。

3. 案例防范措施

注意板的分块,把面板接缝与门口立缝错开半块板的尺寸,如图13-6所示,这样可避免门口上角墙面出现裂缝。

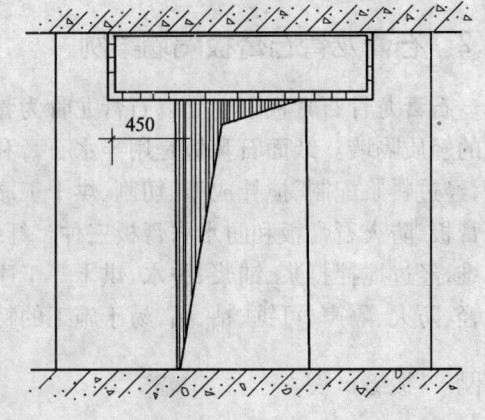

图13-6 面板拉缝与门口立缝的连接(单位:mm)

案例三:板面接缝有痕迹

1. 案例现象

板面接缝处喷浆后,出现较明显的痕迹。

2. 案例原因分析

石膏板端呈直角,当贴穿孔纸带后,由于纸带厚度,出现明显痕迹。

3. 案例防范措施

生产倒角板是处理好板面接缝的基本条件。倒角做法如图 13-7 所示。

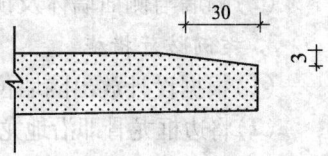

图 13-7　纸面石膏板倒角做法(单位:mm)

案例四:隔墙板与结构连接不牢

1. 案例现象

隔墙板与楼顶板、外墙板(或柱)、地面连接不牢,出现如图 13-7 所示的纸面石膏板倒角做法缝隙。

2. 案例原因分析

(1)龙骨涂抹胶粘剂时未涂满,另外有的龙骨受潮或堆放不适而产生变形。

(2)龙骨及板面粘结后未终凝前碰撞,造成墙板与结构连接不牢。

3. 案例防范措施

(1)龙骨及石膏板露天堆放时应搭设平台,平台距地面大于 30cm,其上应满铺一层油毡,堆放材料上面应加苫布覆盖。室内堆放应垫木方与地面隔离,垫木间距不大于 60cm,端头在 20~30cm 之间,使龙骨及石膏板不受潮。

(2)安装前在楼地面放出墙位线,并将线引测至侧墙(柱)和顶板上。踢脚如采用湿作业做法时,隔墙下端可做砖砌墙垫或混凝土墙垫。

(3)沿墙身四框粘贴的石膏板条辅助龙骨要均匀涂抹胶粘剂,与基层粘贴牢固,并要找直,多余胶粘剂及时刮净。龙骨安装时要先立两端龙骨,并吊垂直后拉线一道或二道,再顺序立中间龙骨,并与线找齐。

(4)石膏板的粘贴必须在安装龙骨的胶粘剂终凝后(不早于 4h)进行。石膏板面粘贴时应先将胶粘剂均匀涂抹在石膏龙骨上,然后再贴石膏板。也可在石膏板表面四周边 3cm 宽范围及中间龙骨位置均匀涂抹胶粘剂,然后与龙骨粘贴。胶粘剂涂抹厚度应为 3~5mm。石膏板粘贴时要推压挤紧,用橡皮锤锤打,使龙骨与石膏板结合紧密。石膏板两侧应错缝粘贴,以加强墙体的整体性。

13.3　轻钢龙骨石膏板隔墙案例——隔墙板与墙体、顶板、地面连接处有裂缝

轻钢龙骨石膏板隔墙是以薄壁镀锌钢带或薄壁冷轧退火卷带经冲压、冷弯而成的轻质型钢为骨架,两侧面用纸面石膏板或纤维石膏板作墙面材料,在施工现场组装而成的轻质隔墙。这种隔墙具有自重轻、厚度薄、刚度大、装配化程度高、干作业、易施工的特点。

可广泛用于工业与民用建筑的非承重分隔墙。

1. 案例现象

隔墙板与结构主体的墙(柱)、顶板、地面连接处出现裂缝。

2. 案例原因分析

（1）轻钢龙骨有的出现变形，有的通贯横撑龙骨、支撑卡装得不够，致使整片隔墙骨架没有足够的刚度和强度，受外力碰撞而出现裂缝。

（2）隔墙与侧面墙体及顶板相接处，无粘结50mm宽玻璃纤维带，只用接缝腻子找平。

3. 案例防范措施

（1）根据设计放出隔墙位置线，并引测到主体结构侧面墙体及顶板上。

（2）将边框龙骨即沿地龙骨、沿顶龙骨、沿墙（柱）龙骨与主体结构固定，固定前先铺垫一层橡胶条或沥青泡沫塑料条。边框龙骨与墙、顶、地固定做法如图12-7（a）所示。边框龙骨与主体结构连接采用射钉或电钻打眼安膨胀螺栓，间距：水平方向不大于80cm，垂直方向不大于1m。

（3）根据设置要求，在沿顶、沿地龙骨上分档画线，按分档位置安装竖龙骨，竖龙骨上端、下端插入沿顶和沿地龙骨的凹槽内，翼缘朝向拟安装罩面板的方向。调整垂直，定位后用铆钉或射钉固定。竖龙骨与沿地龙骨的固定如图12-7（b）所示。

（4）安装门窗洞口的加强龙骨后，再安装通贯横撑龙骨和支撑卡。通贯横撑龙骨必须与竖龙骨的冲孔保持在同一水平上，并卡紧牢固，不得松动，这样可将竖向龙骨撑牢，使整片隔墙骨架有足够的刚度和强度。

（5）石膏板的安装，两侧面的石膏板应错缝排列，石膏板与龙骨采用十字头自攻螺栓固定，螺栓长度一层石膏板用25mm，两层石膏板用35mm。

（6）与墙体、顶板接缝处粘结50mm宽玻璃纤维带再分层刮腻子，以避免出现裂缝，如图13-8所示。

（7）隔墙下端的石膏板不应直接与地面接触，应留有10~15mm的缝隙，用密封膏嵌严，要严格按照施工工艺进行操作，才能确保隔墙的施工质量。

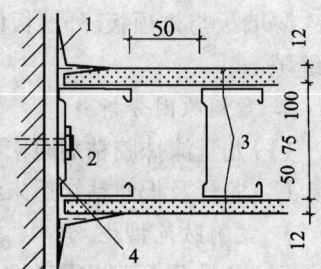

图13-8 轻钢龙骨石膏板隔墙（单位：mm）

1—粘贴50mm宽玻纤带；2—射钉固定中距90；3—25mm长自攻螺栓；4—结构面或抹灰面

项目实训十四：隔墙、隔断装饰工程案例分析、防范实训

一、实训目的

1. 学会隔墙板与墙体、顶板、地面连接处有裂缝案例分析、防范。
2. 学会石膏龙骨石膏板隔墙案例分析、防范。
3. 学会木龙骨木板材隔墙案例分析、防范。

二、实训内容

1. 结合隔墙板与墙体、顶板、地面连接处有裂缝的实际案例，对隔墙板与墙体、顶板、地面连接处有裂缝案例进行分析，并提出防范的措施。
2. 结合石膏龙骨石膏板隔墙的实际案例，对石膏龙骨石膏板隔墙案例进行分析，并提出防范的措施。
3. 结合木龙骨木板材隔墙的实际案例，对木龙骨木板材隔墙案例进行分析，并提出防范的措施。

三、实训时间

每人操作 90min。

四、实训报告

1. 编写隔墙板与墙体、顶板、地面连接处有裂缝案例分析报告,并提出防范的措施。
2. 编写石膏龙骨石膏板隔墙案例分析报告,并提出防范的措施。
3. 编写木龙骨木板材隔墙案例分析报告,并提出防范的措施。

项目十四 隔墙、隔断装饰工程安装操作典型情景

情景一：钢弦石膏板隔墙安装操作

钢弦石膏板替代木龙骨或轻钢龙骨轻质隔墙。其构造、施工工艺、操作要点及注意事项均在下文中有所叙述。

钢弦石膏板隔墙墙体刚柔结合，稳定性、整体性和抗震性较好，墙面不易产生裂缝；墙体质量轻，防火、隔声效果好，形式多样，墙体厚薄随意，同时墙体拆卸和切割灵活方便；墙面平整，易装修；操作省工、省力、省时；施工工期和质量较有保证。

14.1.1 钢弦石膏板隔墙构造

钢弦石膏板隔墙墙体由混凝土隔墙基座（踢脚）、钢弦（立筋）体系、粘结体系和增强石膏板四部分组成（图14-1、图14-2）。钢弦体系中带弯钩的特制膨胀螺栓分别固定在混凝土楼板（或梁）的顶面与底面，然后将10号镀锌低碳钢丝挂在膨胀螺栓的弯钩上，绷直并拧紧，一般每隔450mm设钢弦1根，带有弧度的隔墙或隔墙高于4m时，钢弦间距应加密到300mm，以保证墙体的整体刚度。一面墙的钢弦安设完毕，即可用特制的胶粘剂将石膏块粘贴在钢弦上，然后粘贴隔墙一侧的石膏板，填充岩棉，最后粘贴另一侧的石膏板，形成完整的隔墙。石膏板规格为(900~2500)mm×900mm×(20~30)mm，异形板可根据用户要求制作。

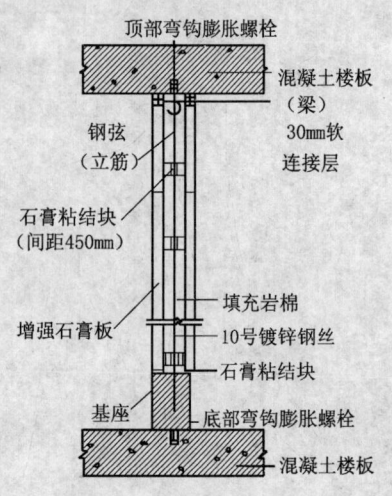

图14-1 钢弦石膏板隔墙墙体构造

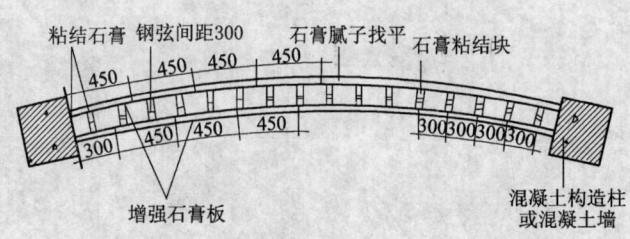

图14-2 钢弦石膏板隔墙墙体布置（单位：mm）

14.1.2 工艺流程和操作要点

1. 安装操作工艺流程

基层清理→测量放线→打上下孔,安装带钩膨胀螺栓→挂钢弦并拧紧→安装电缆管线和暖气支架→浇筑混凝土基座→安装门窗混凝土抱框→制作石膏粘顶部弯钩膨胀螺栓结块并粘结在钢弦上→粘贴一侧石膏板→填充保温岩棉→隐蔽验收→粘贴另一侧石膏板→安装门窗→嵌缝找平→刮腻子找平→装饰面层安装操作。

2. 安装操作要点

(1)基层准备。对安装隔墙的楼板、梁、柱表面进行清理,并对需浇筑混凝土基座的楼地面进行凿毛处理。

(2)测量放线。用测量仪器在地面上测设隔墙中心线并在梁、楼板底面和墙、柱上测设隔墙顶部和侧面的中心线。然后,按设计墙厚,从中心线向两侧引出墙底、墙顶和墙侧面的定位线。

(3)安装钢弦。

① 按设计的间距在楼地面的隔墙中心线上打孔,安装带钩膨胀螺栓。

② 打顶部的孔并安装带钩膨胀螺栓。

③ 依次将膨胀螺栓紧固好,然后将10号镀锌钢丝(钢弦立筋)先拴在顶部膨胀螺栓的挂钩上用钳子拧紧,再拴在下部膨胀螺栓的挂钩上,最后用铁钎棍将钢弦拧紧(拧钢弦的下部),注意应将钢弦严格控制在墙的中心线上。

④ 钢弦的安装从墙的一端向另一端推进,钢弦下端捆扎拧紧部分要高出踢脚(基座)100~150mm,上下端拧紧部分都不得少于5圈,总长度不小于300mm。钢弦的张紧力(松紧程度)以用手张拉钢弦松手后,其左右自由摆幅不超过30mm为宜。

(4)制作混凝土基座。混凝土基座可按隔墙踢脚高度和宽度,现场支模并浇筑混凝土制成。同时,将钢弦下部带钩膨胀螺栓预埋在混凝土中。当采用防水型石膏板或楼地面没有湿作业时,可以不制作混凝土基座,石膏板直接坐在楼地面或梁上。

(5)用石膏粘结块粘结钢弦。钢弦拧紧后,把石膏块满披粘结石膏后将钢弦夹粘在2块石膏块中间,形成粘结石膏块。当采用的石膏板高为900mm时,每根钢弦上粘结块不得少于2块;当采用1500mm高的石膏板时,粘结石膏块不得少于3块,各粘结石膏块间距离应一致,且应粘结牢固。

(6)石膏板安装。

① 用粘结石膏将石膏板粘结在钢弦上的石膏粘结块上。先安装隔墙一侧的石膏板,待填充好岩棉(之前必须安装好电缆管线、接线盒、插座等),再安装另一侧的石膏板,予以封闭。

② 粘结顺序为从一端到另一端,从一面到另一面,从底向上有序进行。

③ 若为直墙,可根据放好的墙体位置线,直接粘结石膏板,光面向外,粗面向里。若为圆弧墙,应根据圆弧大小,先将石膏板按板宽的1/2或1/3截成长条状,以保证隔墙形成所需要的弧度。

④ 安装时,墙体起始处和收尾处两侧的板缝应错开,即两侧用不同宽度的石膏板,墙体中段内外侧的石膏板则可以采用标准板块,隔墙高度方向、水平方向及隔墙内外侧均应错缝。

(7)填充岩棉(有防火要求)隔墙一侧的石膏板安装完毕后,可用粘结石膏满披石膏板的内侧面,然后将岩棉板粘贴在石膏板上。施工顺序为从墙的一端到另一端,自下向上顺序粘贴。岩棉板板缝应错开,填充岩棉时,应按设计要求填满全部空腔。

(8)门框安装可做混凝土抱框(或型钢抱框)处理。

(9)嵌缝找平与面层装饰石膏板的接缝可用石膏腻子找平,沿板缝粘贴玻纤接缝带后将石膏腻子刮平。待接缝处石膏腻子干燥后,即可按设计选定的面层装饰材料进行安装。

3. 安装操作注意事项

(1)施工现场码放的石膏板必须竖向立直放置在支撑物或墙体上。

(2)钢弦石膏板隔墙顶部到楼板底或梁底时的伸缩缝应为30mm,顶部缝隙可填充聚苯板条(当有防火要求时应改填岩棉)作为软连接层,然后用嵌缝石膏腻子及嵌缝带嵌缝抹平。

(3)隔墙板安装应牢固,板与板之间的连接面均应有粘结石膏粘结。

(4)每块石膏板的粘结块不得少于6组,每组由2个80mm×50mm×25mm的单块组成,且粘结块应粘贴牢固、平直。

(5)钢弦必须拉直、绑牢,不允许有弯曲、松动现象。

(6)粘结石膏应兑SG791胶使用,严禁兑水。

(7)内外侧石膏板的垂直接缝以及高度方向的石膏板横缝应错开。

(8)隔墙安装质量偏差应符合如下规定:墙面平整度±2mm;阴阳角垂直3mm;阴阳角方正3mm;接缝高低差±1mm;墙体内弧度3mm;墙体外弧度3mm。

情景二:金属面聚苯乙烯夹芯板作网架内封隔墙的安装操作技术

一般体育馆类工程,由于设计风格及造型需要,往往将网架结构挑出屋面梁一定的距离。外挑的网架下弦有的外包铝塑板封闭,有的弦杆及球节点外露,但屋面梁与屋面板间均有墙体封闭,以满足保温、隔声及美观方面的需求。目前常用的内封隔墙体做法有:①屋面梁上砌500mm高墙体→浇混凝土压顶梁,设埋件→焊接型钢骨架→GRC板封闭;②在梁上与屋面板间焊型钢骨架→安装聚苯乙烯夹芯板→内外抹灰→饰面处理。

金属面聚苯乙烯夹芯板板身质量轻,切割加工十分方便。在施工中,此板安装简便且安装操作不受季节影响。板材表面美观,大面积的平整度与垂直度易于人工控制,使得施工质量有了保证。

14.2.1 墙体构造

选用宽1150mm、长3950~6700mm、厚100mm的承插型内白外蓝色轻质复合墙板,∟63×6角钢,120mm高C形轻钢檩条,∟30×2角铝,T形铝和自攻螺栓等。

具体构造如图14-3所示。

14.2.2 安装操作

1. 搭设脚手架,自地面到顶高16m,铺脚手板,应确保架体稳定、安全。

2. 测量需安装隔墙位置的尺寸。

3. 将材料编号,供安装时对号入座;C形钢檩条及角钢分别按实际量测数据切割,墙板按位置编号,按高度数据切割每块板的长度;C形钢檩条和角钢下料后,喷涂防锈漆,待干后再次涂刷面漆。

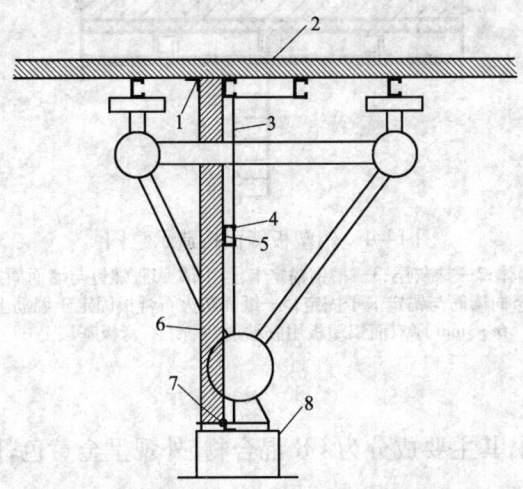

图14-3 网架内EPS彩钢保温复合板安装示意图
1—收边角钢;2—屋面板;3—10槽钢@3200;4—120mmC形檩条;
5—自攻钉;6—EPS彩钢复合板厚100mm;7—∟形63×6mm;8—屋面弧梁

4. 安设墙体顶部C形钢龙骨时将相应部位的龙骨焊接在屋面板下檩条上。要求焊接平整、焊缝饱满牢固,焊缝处补刷油漆。

5. 安装地龙骨。将∟63×6角钢钻$\phi 15$孔,间距1.5m在混凝土梁面打孔,用$\phi 12$膨胀螺栓将角钢紧固安装于梁上。

6. 按墙板板面垂直线和墙板背面垂直线,分别测量两个面与网架斜弦杆、平管、落水管、马道、电线、消防水管、马道门及空调风管等部位相交点,逐个测出每个球体、球支座及其他设施相交点的高度、宽度及洞口的实际数据,编号作图,按正反方向记录每个数据。

7. 将墙板运至安装地点,根据相应板号对应相应的图号,按水平高度线量出墙板上下两端需切割的斜坡实量画线;再用切割机裁出每道弦管穿板的正反两面切口,送至安装位置。由于屋面板已安装完毕,只能用人力搬运。

8. 开好口的板运送到位后,用120mm自攻螺钉紧固于龙骨上。

9. 用同色板封补墙板切口,根据不同管径、不同倾斜角度,剪开彩钢板贴在墙板上,再用抽心铆钉铆固在墙板上。

10. 对于因不符合模数而沿板的长边裁割的非承插板,板内外两道竖缝最后安装成品T形铝;隔墙板顶部先用通长角铝收边,再将圆泡沫棒压扁塞至屋面板底的缝隙内;T形铝、角铝用抽心铆钉铆固到彩钢板上。

情景三:铝塑板墙面安装操作技术

墙面采用3mm厚双面铝塑板贴面,用配套胶粘剂粘贴在耐潮纸面石膏板基层上,以轻钢龙骨作墙筋,横竖向轻钢龙骨墙筋间距为400mm×400mm,与墙体内的槽钢锚定卡子固定,墙面构造如图14-4所示。铝塑板墙面外观呈银灰色。

铝塑板墙面施工工艺操作简便,安全可靠。安装时注意保持现场清洁,适当控制湿度。

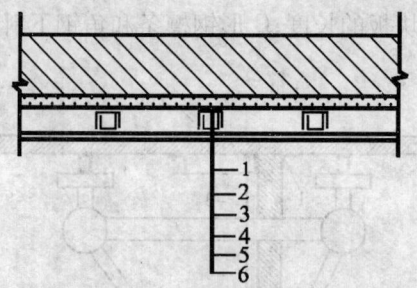

图 14-4 铝塑板墙面构造示意图

1—墙体;2—抹灰层;3—槽钢锚定卡子用 $\phi 8$ 膨胀螺钉与墙面固定;
4—竖向墙筋与锚定卡子固定;5—纸面防火石膏板固定于墙筋上;
6—3mm 厚双面铝塑板用胶粘剂粘贴于石膏板基层上

14.3.1 胶粘剂选择

德力牌 AA 型胶粘剂,其主要成分为 CR 混合物,外观呈金黄色,固含量高,耐撞击,抗老化,不含苯毒,使用方便。

14.3.2 墙面材料

1. 铝塑板

铝塑复合板规格为 2440mm×1220mm×3mm;表面光滑,具有不产尘、不积尘等特点。

2. 石膏板

纸面耐火石膏板规格 3000mm×1200mm×12mm。该产品用 100% 天然石膏制造。

3. 横竖向墙筋

选用 U50 型轻钢龙骨,规格[50mm×18mm×1.5mm。

14.3.3 安装操作程序

清理墙体表面→弹出墙筋及锚定卡子中心线→安装锚定卡子→竖向墙筋固定在锚定卡子上→横向墙筋固定在竖向墙筋之间→安装石膏板基层→基层面按铝塑板规格尺寸弹线→石膏板基层清扫干净→基层表面及铝塑板表面同时涂刷胶粘剂→胶粘剂晾置 15min→对线后粘贴铝塑板→用木锤垫木垫板轻轻敲击,对铝塑板墙面均匀加压→室温(不低于 15~20℃)下自然固化 72h→揭下铝塑板表面包装纸→安装墙面踢脚板及铝合金压条→成品保护。

14.3.4 石膏板基层安装操作

1. 安装墙筋前,先将墙体表面清扫干净,按 400mm 间距弹出竖向墙筋中心线。

2. 沿各条竖向墙筋中心线自上而下按 500mm 间距弹出锚定卡子中心线。锚定卡子选用 63 型槽钢,长度为 50mm,安装前刷防锈漆 2 道,用 $\phi 8$ 膨胀螺钉与墙体固定牢固。

3. 竖向墙筋用自攻螺钉与槽钢锚定卡子固定。安装时用靠尺检查竖向墙筋垂直度,确认符合要求后再固定。将横向墙筋按 400mm 间距用自攻螺钉固定在竖向墙筋之间,使墙面形成井字形轻钢龙骨骨架。

4. 横竖向墙筋安装完毕并经检查合格后,开始安装石膏板基层。应挑选板边整齐的整板竖向铺设,长边接缝宜落在竖向墙筋上;沿石膏板周边螺钉间距不应大于 200mm,里边间距不应大于 300mm,螺钉与板边缘距离应为 10~16mm,用自攻螺钉将石膏板与横竖墙筋钉牢,使其具有一定的刚度。

14.3.5 铝塑板墙面粘贴工艺

1. 准备工作

(1)石膏板基层应清洁干净,无油渍、水渍、污渍和锈渍。表面应干燥无水分,特别是雨天或梅雨天气更应注意,以免出现不粘现象。

(2)粘贴前在石膏板基层上按铝塑板宽度尺寸弹线;在门窗口及柱垛两侧,铝塑板接缝处应尽量左右对称、非整张铝塑板宜设置在墙面阴角附近。

(3)石膏板基层上的预留洞口和预埋配件的孔洞应按设计要求预留,切割尺寸应准确。

(4)根据机房室内净空高度尺寸,预先将铝塑板长度方向切割合适以备用。

2. 铝塑板面层粘贴方法

(1)刷胶前先将铝塑板粘贴面的包装纸揭去,同时在石膏板基层表面及铝塑板表面用硬塑料刮板及棕刷涂刷一层胶粘剂。涂胶应厚薄均匀,宜薄涂 2 遍,切忌过厚,以免降低粘结强度。涂胶晾置过后,不能再反复涂胶,否则会出现起泡现象。

(2)涂胶后的石膏板基层及铝塑板涂胶面均应有一段晾置时间。不同的胶粘剂在同等条件(温度、湿度、气压)下所需的晾置时间不同,常温条件下,经试配胶粘剂晾置时间取 15min。

(3)粘贴时,将晾置合适的铝塑板抬运至被粘贴的石膏板基层处就位,1 人站在梯子上面扶住铝塑板上部,另 1 人扶板的下部,上下及边缘接缝对线后,先用手用力推压拍击铝塑板板面,使其与石膏板基层粘结。由于胶粘剂粘结力强,粘贴时要一次对准线,以免粘贴后来回移动而影响粘贴效果。

(4)紧接以上工序,在铝塑板面上垫平整的小块木垫板用木锤自上而下沿板面各部位轻轻敲击并均匀加压,使铝塑板粘贴面与石膏板基层粘结牢固。若发现有被挤出的胶粘剂,应随时用棉纱擦净。

(5)已粘贴的铝塑板墙面,在室温不低于 15℃ 的温度下自然固化,固化时间应不少于 72h。其间应密切注意保护墙面,避免阳光曝晒、墙面受潮或其他意外振动而影响固化效果。

14.3.6 安装操作注意事项

1. 现场要保持清洁,因涂刷胶粘剂后的铝塑板表面,极易吸附空气中的灰尘,故应尽量避免尘垢玷污面层。安装时操作人员应戴防护手套,穿工作服。

2. 适当控制室内相对湿度,以免因胶粘剂吸收水分而降低粘结强度。

3. 胶粘剂中有挥发性溶剂,切勿接触明火或高温,施工区域应保持空气流通。气温过高,容器密封性不好或暴露时间过长,溶剂易挥发,导致粘度过大而无法安装操作。

4. 胶粘剂应储存在密封容器中,放于阴凉空气畅通的仓库内,切勿受阳光直射,有效储存期为 12 个月。

5. 墙面固化后,揭去铝塑板表面的包装纸安装踢脚板(黑色硬质塑料),用胶粘剂粘贴牢固。在墙面上按 600mm 间距安装特制铝合金压条,用自攻螺钉钉牢。

情景四:SRC 板安装裂缝控制技术措施

通过分析 SRC 墙板节点、接缝、门窗口上方开裂的形成机理,提出了相应的解决措施,使施工质量的提高有了可靠保障。

SRC板体轻（3.9kg/m²）、保温、隔热（热阻值0.825m²·K/W，相当于66cm厚普通砖）、隔声（声传播损失52.6dBA）、防火（耐火极限1.23h）、抗震、节能、增效，它在高层建筑框架工程中作为非承重内外墙得到了广泛应用。

SRC板（舒乐舍墙板）是由50mm厚的阻燃性聚苯乙烯泡沫板为板芯，两侧配以50mm目钢丝网片，插丝斜向交叉焊接而成（图14-5）。安装后，两侧各抹30mm厚的水泥砂浆，可形成混凝土墙板。

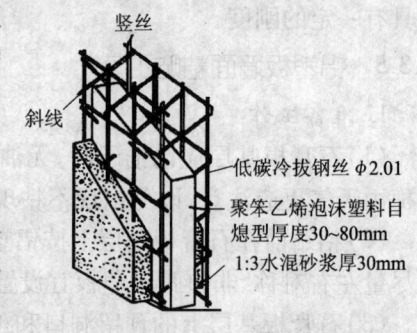

图14-5　SRC板构造示意图

14.4.1　节点、接缝和洞口上方开裂的机理分析

1. 节点裂缝形成机理。SRC板与梁、墙、柱的节点，传统做法是采用射钉固定一个2mm×25mmU形铁件，与钢丝网绑扎连接（无锚固弯钩）。试验结果表明，此种连接方法可约束横向变形，但抵御不了砂浆收缩徐变应力。因芯板界面与砂浆无粘结力，产生收缩滑动，便带动钢丝网同步收缩，在单张板上可通过弹性徐变而自身调节应力平衡，收缩应力便从节点（接缝）这一薄弱区域释放出来，必定产生拉裂现象。

2. 接缝开裂形成机理。SRC板的水平和竖向接缝，一般采用250mm宽钢丝网片附加层盖缝，绑扎连接。水平接缝在砂浆趋于向下的压、剪应力作用下，基本抵消砂浆收缩应力，所以水平接缝一般不会产生裂缝现象；而竖向接缝的开裂机理与节点相同，亦是抹灰砂浆收缩应力释放的缘故。

3. 门窗洞口上方开裂的机理。SRC板墙体在门（窗）洞口上平线处，相似一架连续梁，门窗口两侧立框为支座，门窗间墙和门上墙为连续梁，门窗间墙为梁上集中荷载，抹灰后在剪力作用下，必定产生向下滑移力，而产生跨中正弯矩，在靠门窗口两端1/3门（窗）间墙范围内，必定产生剪力和负弯矩，而致使门窗口上方两端成45°角剪切斜截面效应区域内产生斜向裂缝。

14.4.2　SRC板存放与安装

1. SRC板的设计加工、质量检验与存放

（1）SRC板规格一般为3000mm×1200mm定型模数，但为了减少损耗、降低成本，必须根据施工图进行SRC板墙体优化组合设计，将设计图交生产厂家加工订做，把统一模数以外的异形板进行特殊加工制作，解决安装现场切割费工、费时、费料的问题，达到增质增效的目的。

（2）质量检验标准（表14-1）所示。

表14-1　质量检验标准

名　称	规格(mm)	厚度(mm)	长宽度(mm)	厚度偏差(mm)	表面平整(mm)	漏焊(%)
非承重SRC板	3000×1200	76	+10	±4	±2.5	<3
承重SRC板	3000×1200	76	+10	±4	±2.5	<5
保温板	3000×1200	63	+10	±2	±2.5	<3

(3)存放保管。SRC板进场后按上述检验标准验收合格后,存放于平整干燥的专门仓库内,严禁遭雨淋和与其他物品混放,每垛存放高度不得高于10层,以防压弯钢丝网。

2. SRC板安装操作工艺流程

经纬仪扫描弹测梁、墙、柱中心线及SRC板双边线→射钉枪打牢节点卡→试排尺寸→依据设计图对号入座,进行SRC板安装→检测及单面加固→管线预埋→墙面粉刷。

3. SRC板安装控裂技术要点

(1)节点卡的安装。在SRC板安装前先穿入ϕ6.5加强筋,并连接成框,与网格绑牢(该框距板周边150mm),节点固定卡采用2mm×30mm扁铁制作(图14-6),沿SRC板位置线(宽80mm),按间距250mm,用射钉枪固定好铁件。先使此件外口张开,装入SRC板绑牢单边节点卡,校验精确后,再把另一侧节点卡与钢丝网绑牢,并将弯钩挂牢于第3目处的加强筋框上。

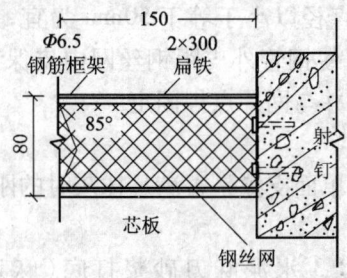

图14-6 节点卡的安装示意图

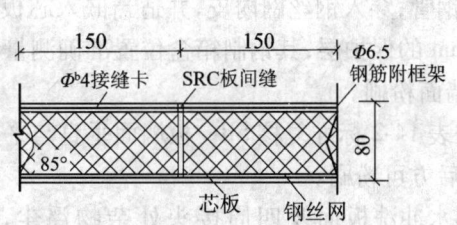

图14-7 SRC板竖向接缝(单位:mm)

(2)接缝与交接处连接卡的安装。SRC板的水平与竖向缝及纵横墙交接处的阴阳角部位均附加与网片相同的300mm宽钢丝网,经检测SRC板墙体符合表14-2安装质量检验标准后,采取单侧临时支撑(以单面抹灰时不产生变形为准),用ϕ4钢筋连接卡(图14-7~图14-9),间距250mm与ϕ6.5加强钢筋框挂绑牢固。

表14-2 SRC板安装质量检验评定标准

序号	项目	允许偏差(mm)	检验方法
1	表面平整	4	用2m靠尺与塞尺检测
2	立面垂直	5	用平直检测仪检查
3	阴阳角垂直	4	用平直检测仪检查
4	阴阳角方正	3	用内外直角尺检查
5	踢脚线上口平直	3	全长控线检查

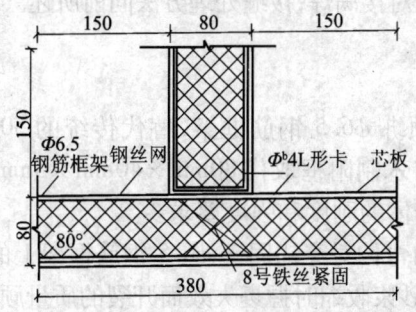

图14-8 SRC板T形接缝(单位:mm)

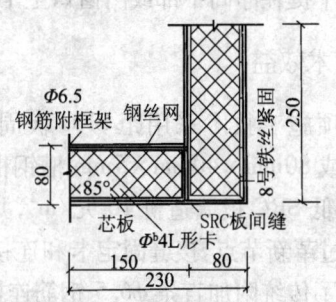

图14-9 SRC板L形接缝(单位:mm)

(3)竖向节点缝的处理。SRC板安装完毕,将节点处SRC板芯与柱(墙)间缝隙,用塑料油膏打嵌严密,以满足温度、风压荷载下的弹性应变。

(4)洞口上方抗剪筋的设置。抗剪筋的配筋,按门窗间墙抹灰完毕后的全高恒荷的1/2线荷载作用取值,进行门窗口上方剪力、负弯矩计算确定(一般小于等于3m高度的门窗口上平,每侧配2φ14弯起筋,弯起点外角为45°,弯终点直段长伸至门窗间墙1/3宽度处,并做180°弯钩,穿入钢丝网内皮与其绑扎牢固)。

(5)门窗附框的安装。门窗附框大都采用槽钢或方钢管制作,这太浪费,可以用经烘干、含水率小于8%的优质红松木材制作,满涂沥青漆做防腐、绝水处理,其断面为50mm×80mm,下锚于楼板,上插于板芯,并用U形钢丝网封扎牢固洞口断面。门窗安装时,采用沉头木螺钉与木附框可靠连接固定,周边缝隙用塑料油膏打嵌严密,形成弹性抗震缝。

(6)电气暗配管的敷设。SRC板上敷设暗配管的直径以小于等于50mm为宜,并采用螺旋可绕形钢管,穿入钢丝网内皮,并适当嵌入芯板固定,使钢管外皮距钢丝网内皮保证留出大于等于5mm的保护层,其钢制箱盒位置准确测量预埋,并与网片点焊固定。

(7)墙面粉刷。

① 按表14-2标准复核SRC板墙面垂直与平整度,单面支撑是否满足抹灰时的刚度要求,验收合格后方可粉刷。

② 用水冲洗板面及四周接头处杂物浮尘,用1:3水泥麻刀砂浆打底(麻刀用量为0.13kg/m),抹灰厚度似覆盖钢丝网5mm为佳,搓毛粗找平,12h后保持喷雾养护,待底灰干至八成后,先用石膏点粘φ6钢筋竖向冲筋,再随用108胶水泥浆粘结层,随用力刮抹1:0.3:3的水泥石灰麻刀砂浆,竖向抹灰,水平压光,以增强麻刀纤维纵横交织力。经用铝合金杆精找平后,初凝前完成3遍通长压实压光,并设专人喷雾养护,至少3d,待强度达到3MPa后,方可进行支撑拆除和另面抹灰。SRC板的抹灰按高级抹灰实施内控,双面抹完硬固后,再进行节点处的梁、柱、墙抹灰,使其侧面抹灰遮挡SRC板阴角正面抹灰,并预留3~5mm的阴角缝,用塑料油膏填嵌严密、平顺、美观,以形成节点弹性连接,可消除温度、风压等不利因素对节点产生的开裂破坏。

③ 当SRC板组合的长廊墙贯通长度大于40m时,必须设置20mm宽伸缩缝,缝内满嵌塑料油膏,并单边固定木盖板,以释放温度、风压荷载对墙体产生的拉、剪应力。

14.4.3 安装注意事项

SRC板净高大于等于6m时,必须设置50mm×5mm角钢框架,立挺间距3m,上下与梁板固定牢固,水平挺在净高中部或门窗口上平设置,与立挺对接满焊,接缝处理方法同前所述。

14.4.4 技术效益

1. 该项施工技术采用距SRC板周边150mm预绑φ6.5钢筋框架,替代传统的50mm×5mm角钢或80mm×40mm×5mm槽钢框架和门窗口木制附框取代80mm×40mm×5mm槽钢附框,可降低SRC板墙造价10元/m²,并能满足该墙体的刚度和强度要求。

2. 通过革新节点、接缝固定卡和连接卡,以85°角弯钩对穿锚固于φ6.5钢筋框架上的构造措施,克服了传统附加直条φ6.5钢筋连接件,易产生砂浆收缩时握裹失效而开裂的质量顽症。

3. 在水平与竖向节点处和大于40m贯通长廊SRC板墙上增设塑料油膏柔性缝,大大提高了对温差胀缩的应变能力,消除了温度裂缝。

4. 通过制定检验标准和一系列配套抹灰保证措施,使两面抹灰厚度均匀一致,墙面无空鼓裂缝现象,克服了钢丝网偏移和局部凸凹不平的质量通病,双面共减少抹灰厚度15mm左右,既降低了成本,又提高了抹灰质量。

情景五:GRC 轻质内墙板板缝开裂及装饰层空鼓防治技术

通过多项 GRC 板工程的施工实践,提出了防火 GRC 板板缝开裂和装饰层空鼓的技术和工艺措施。

GRC 轻质内墙板具有轻质、高强、防火的特点。与普通砖或空心砖内墙相比可提高室内使用面积5%左右,社会效益和经济效益较好。

14.5.1 改进 GRC 板安装工艺,防止板缝开裂

为了弄清 GRC 板板缝开裂的原因,施工单位会同厂家到已安装结束或正在安装过程中的施工现场观测调查,发现在板缝之间、板与梁或柱之间、洞口侧向均有裂缝出现,GRC 轻质隔墙板质量缺陷统计见表14-3。通过分析认为造成 GRC 板开裂的主要因素是:

①板缝构造处理不合理,门窗洞口节点构造薄弱;②安装过程中各专业工种配合不密切,事后开槽、开洞,减弱了墙板的刚度和整体性。针对以上造成板缝开裂的主要因素,采取以下主要技术措施,并进行安装工艺改进。

表14-3 GRC 轻质隔墙板质量缺陷统计

序 号	项 目	频数(点)	累计频数	累计百分数(%)
1	表面裂缝	71	71	60.7
2	表面平整度	15	86	73.5
3	轴线位移	8	94	80.3
4	板材接缝高低差	7	101	86.3
5	墙面垂直度	6	107	91.4
6	门洞口	6	113	96.6
7	其他	4	117	100
	合计	117		

1. 设置钢卡板

每块 GRC 墙板顶端设2块槽钢卡板,下端设两组4块角钢卡板。在竖向板缝两侧粘贴80mm 宽加强玻纤布。在门窗洞口处设通长槽钢加强(图14-10)。

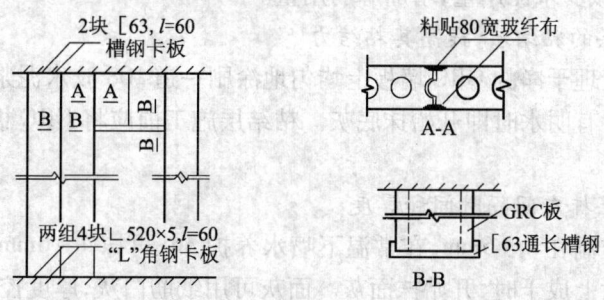

图 14-10 GRC 板组装立面(单位:mm)

2. 改进安装操作工序

严格按下列工艺流程组织安装操作:清理楼面→定位放线→配板→安装上端钢卡板→配制胶粘料→接口抹灰→立板并临时固定→板缝处理及粘贴玻纤布→下端钢卡板安装→板缝养护→装饰层施工前基层处理→设置标点(筋)→装饰粘结层→装饰基层→装饰面层→涂层。

3. 做好配板和专业预埋准备工作

配板时,不仅要考虑墙板组合的合理性,避免出现小于2/3板。同时应将水电等专业的预留洞口位置同时在配板图中标出。要求小孔洞应在板安装前完成,减少安装后由于开槽打洞而产生的振动。无法在安装进行前的线槽开洞,必须待接缝砂浆强度达到100%之后方可进行,而且必须用切割机施工。线槽设置后,立即用低碱水泥细石混凝土填实补平。

14.5.2 克服板面不平和装饰层空鼓

由于 GRC 板在制作和安装过程中存在着允许偏差,在板缝处极易产生不平整现象,如果能在板上做一层装饰基层,那么就可以克服以上不足。但是,装饰基层与 GRC 板之间的粘结是施工上的一大难题,攻克装饰层空鼓的施工技术难关,对推广应用 GRC 板具有积极的意义。需用增加粘结层、在装饰基层中加麻筋提高其抗拉强度和改进配合比的做法,使装饰层的强度和变形接近于 GRC 母材,避免产生不同收缩,克服了装饰空鼓现象,取得了明显效果。

1. 装饰层不同材料配合比现场试验

根据某污水处理厂综合楼的 GRC 安装操作实践,取 3 种不同配合比方案(表14-4),备做 $10m^2$ 样板,1 个月后观察发现,方案 I 在板缝产生较多开裂,板中部也出现局部裂缝;方案 II 在板中部未发现裂缝,但竖向板缝和阴角接缝处发现局部开裂;方案 III 不论是在板中或阴角处,均未发现开裂现象。

表 14-4 装饰基层砂浆配合比不同方案对比(质量比)

方案	水泥	石灰	中砂	麻筋
I	1	3	5	0
II	1	3	7	0.02
III	1	3	7	0.05

从以上 3 种方案中可以看出,方案 I 水泥用量偏大,且未掺筋是产生裂缝的主要原因;方案 II 由于降低了水泥用量,而且掺入2%麻筋,所以其抗裂能力得到加强,但效果不明显;方案 III 由于麻筋掺量增加,其抗裂能力大大增强。所以得出这样的结论:提高装饰基层抗裂能力的主要措施,应当减少水泥用量,增加麻筋用量。

2. 增加装饰基层的粘结层,提高其粘结力

具体做法是在清理干净的 GRC 墙板上均匀地涂刷一道 108 胶水泥浆,厚度在 2~3mm,在胶浆未完全干但已没有明水时即开始抹底灰。粘结层施工前应将 GRC 板浇水湿润,大约保持湿润至板面10mm深。

3. 严格控制各层抹灰间隔时间和厚度

首次抹灰厚度控制在 4~6mm,在常温下喷水养护3d,再抹 4~6mm 相同成分的砂浆,并刮平修边。待底灰六七成干时,开始抹面灰。面灰可用纸筋白灰,厚度控制在2mm 左右,待基层含水率小于8%时方可进行涂料面层安装操作。

防治 GRC 板板缝开裂和装饰层空鼓除了以上主要措施外,提高操作工人的责任心和技术水平以及严把 GRC 板半成品质量关也不可忽视。操作工人要经过专业岗前教育培训,安装工人必须相对稳定。GRC 板半成品要求质地均匀、密实,棱角榫头完整,板面平整、纵向无扭曲等缺陷。板间竖向接口要用低碱水泥胶(低碱水泥:108 胶:水 = 2:1:0.2)胶粘料。安装过程要将接口胶粘料挤压密实,随时捻口。GRC 板上下水平缝要用低碱水泥砂浆嵌缝并抹成八字角。当 GRC 板作为悬空隔断时,悬空端需用通长槽钢固定,且水平长度不得大于 6m。当超过 6m 时,中间应增加钢筋混凝土立柱加固。

以上安装操作方法先后在多项工程中进行实践,总施工建筑面积为 114800m^2,安装 GRC 板并进行装饰层施工 23600m^2,有的工程已竣工 3 年,至今效果良好,同时增加了室内使用面积 1230m^2。

情景六:GZ 轻质墙板安装操作技术

GZ 轻质墙板按芯板厚度分 50mm 与 76mm 两种,一般平面尺寸为 2400mm×600mm,粉刷后墙板厚达 110mm,可依实际空间任意切割。墙板安装先放样、固定锚栓,再安装 GZ 板。

GZ 板安装工艺简单,安装操作要求不高。施工方便(预埋管线不用开洞)。平整度及垂直度控制方便。板身不易开裂、保温、防火、防水、防冻、隔声。

GZ 轻质墙板采用膨胀珍珠岩为芯板,外套成型钢丝网架,初步安装后用水泥砂浆外侧抹灰成形。

14.6.1 GZ 轻质墙板的主要性能

GZ 轻质墙板的主要性能指标如表 14-5 所示。

表 14-5 GZ 板主要性能指标

项目	面密度 (kg/m^2)	强度			耐火极限 (h)	热阻(m^2·K/W)	隔声 (dB)	抗冻 (F)
		轴向允许荷载 (kN/m^2)	横向允许荷载 (kN/m^2)	抗冲击				
指标	15	≥75 (2400mm 长)	≥2.5 (2400mm 长)	无裂缝无塌陷 (沙袋自 1.5m 落下)	≥2.5	0.662	41	25

14.6.2 GZ 轻质墙板安装操作

1. 安装操作顺序

放样→安装固定锚→安装 GZ 板→连接板间平网、梁柱角网→切割暗线及暗管预埋槽→用平网覆槽→抹水泥砂浆→表面装饰。

2. 放样

根据设计图纸要求,在待安装墙板处的柱侧面、地面和顶棚面(梁底面)弹出墙体中心线及固定锚位置十字线。固定锚与墙、柱侧面连接间距应不大于 500mm,与梁、板顶和地面连接间距不大于 600mm。

3. 安装固定锚

固定锚是 GZ 墙板特有的固定件,一般用 2~3mm 厚钢板制成,呈垂直角形,一侧留 ϕ10

圆孔槽,另一侧为"日"字形状,以便同 GZ 板钢丝网架连接,使 GZ 板在抹灰前得到临时固定。

固定锚固定时内墙采用 $\phi 6.5 \times 70$ 膨胀螺栓,外墙采用 $\phi 10 \times 80$ 膨胀螺栓。

4. 安装 GZ 板

GZ 板安装工艺较简单,在已固定的固定锚中间放入 GZ 板,并用 22 号细钢丝将 GZ 板与固定锚绑扎连接即可。安装 GZ 板时应注意板块大小与空间尺寸应配套,尽可能减少裁板量。

5. 板间平网、梁柱角网连接

由于 GZ 板外侧钢丝网为刚性材料,板与板、板与梁柱等处刚性与刚性连接十分困难,为取得良好的连接效果,GZ 板配套有板间连接平网、梁柱连接角网等配件。平网、角网均由 14 号镀锌钢丝或 2mm 低碳钢丝点焊而成,其连接形式如图 14-11、图 14-12 所示。

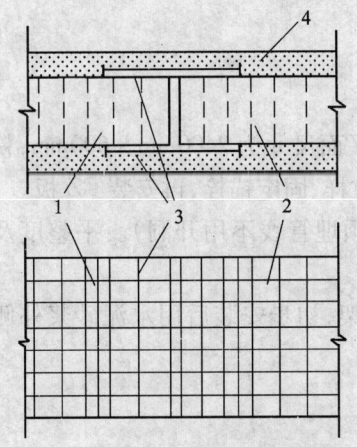

图 14-11 GZ 板墙与墙的连接
1—GZ 墙板 1;2—GZ 墙板 2;
3—连接平网;4—水泥砂浆抹灰层

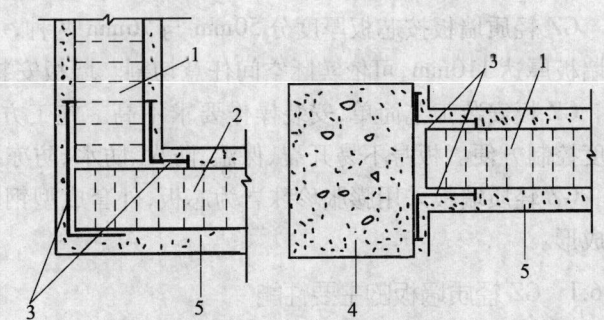

图 14-12 GZ 板转角、梁柱角连接
1—GZ 墙板 1;2—GZ 墙板 2;3—连接角网;
4—梁或柱;5—水泥砂浆抹灰层

6. 切割暗线及暗管预埋槽,平网覆盖管槽

GZ 墙板初步安装后可根据管线走向用切割锯任意切出管槽及孔洞等,用平网覆盖切割的管槽,此前须经工程交接验收(特别是水电安装的隐蔽验收)。

7. 水泥砂浆抹灰

GZ 板粉刷砂浆采用 1:3 水泥砂浆,其 28d 强度应不小于 10MPa。

GZ 板粉刷层较厚,一般至少要分 2 遍抹灰,装饰标准高时也可数遍抹灰。因第一层粉刷时 GZ 板体呈柔性,无法制作灰饼,一般以砂浆覆盖板外侧钢丝网为控制标准,第一层粉刷后湿养护 48h,此时随着砂浆强度的提高,墙体已形成刚体(与一般砖墙无异),可按一般抹灰要求进行抹灰饼、冲筋、分层压光施工。抹灰完成后 3d 内应严格避免受任何撞击。

根据实际需要,GZ 板抹灰完成后可进行任意装饰,如裱糊、油漆或加粘块材等。

14.6.3 安装质量标准

1. 性能检测

正式施工前,在进场的 GZ 板中任选数块,用 1:3 水泥砂浆抹灰制成标准试块,送相关测试部门进行防火性能(测定耐火极限)、抗冻性、轴向允许荷载、横向允许荷载、抗冲击性能和隔声性能等测试。

2. GZ 板安装及抹灰允许偏差

轴线位置偏差 5mm,标高(层高)偏差 ±10mm,垂直度(每层)偏差 5mm,平整度 8mm,门窗洞口宽度偏差 5mm,门洞口高度偏差 +15mm、-5mm。抹灰允许偏差标准等与中级抹灰标准相同。

14.6.4 安装操作应注意的事项

1. 现场 GZ 板应立排堆放,以免变形破损,防止淋雨。
2. 板材之间的所有拼接缝及纵横缝必须用平网覆盖补缝。
3. 墙转角的阴阳角须用内外角网覆盖补强。
4. 相邻 GZ 板,在板长方向接长时接缝应错开,以免造成横向通缝。
5. 卫生间施工时应先浇筑不小于 250mm 高的混凝土翻边或砌筑约 300mm 高的半砖墙,以利防水。

14.6.5 安装操作存在的问题

1. GZ 板在门窗洞口处虽有槽形角网补强,但施工过程中发现抹灰后洞口刚度仍较差,用力推时会产生振动,为此在门洞外侧增设∟30×4 角钢加强框架(图 4-13)。

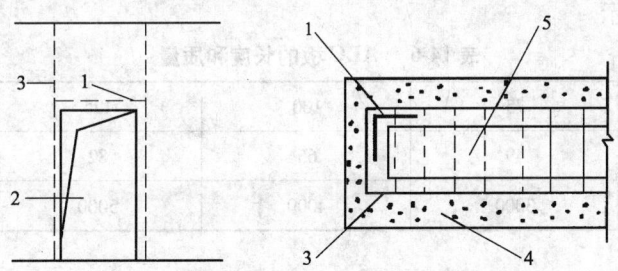

图 14-13　门洞口角钢加固
1—角钢∟30×4;2—门洞;3—钢丝网架;4—水泥砂浆抹灰层;5—GZ 板芯

2. 由于 GZ 板芯板厚仅 50mm(或 76mm),欲满足 110mm 的厚度要求,抹灰厚达 60mm(即单侧 30mm),大于一般定额。墙面抹灰一般由土建施工方承担,应在结算或合同签订时作适当扣补。

情景七:ALC 板内隔非承重墙安装技术

通过排板设计、施工准备、安装施工直至嵌缝与灌缝这几道工序 ALC 板的安装得以完成。在整个安装过程中门窗洞口部分应采用补强措施,管线、电器开关等关口进行相应处理。

ALC 板作为内隔非承重墙的优点是显而易见的。ALC 板的应用减少了砌筑用砖的用量,减轻了自重。由于主体结构施工过程中可同时安装 ALC 墙板,可以缩短施工工期,减少了人工费用、结构成本。在后期装修过程中可以直接在板表面刮腻子,刷涂料,从而减少了粉刷材料的费用及人工费用。

14.7.1　ALC 板的特点

ALC 板是蒸压轻质加气混凝土板(图 14-14)的简称,是以硅砂、水泥、石灰等为原料,配经防锈处理的钢筋焊网,经高温、高压、蒸汽养护和表面加工而成的多孔混凝土板材。

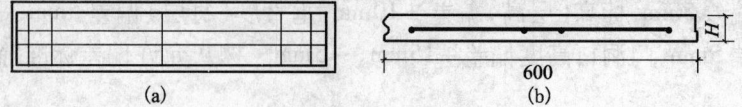

图 14-14　ALC 板示意图(单位:mm)
(a)平面配筋;(b)断面配筋

1. ALC 板气干密度 0.5~0.55g/cm³,是普通标准砖的 1/4,空心砖的 1/3,普通混凝土的 1/5,可以减轻建筑物自重。

2. 采用干式施工法安装,现场拼装工艺简单,工期短。

3. ALC 板是加气制品,板内有众多微小、互不贯通的孔隙,其保温、隔热性能是同等条件下的普通混凝土的 10 倍,可以隔绝建筑物外的噪声。

4. ALC 板本身属于无机不燃物,在高温下不会产生有毒气体,导热系数低,热传导慢,能有效抵抗火灾。

5. 板材厚度在 75~150mm 之间,与多孔砖、加气混凝土砌块等隔断墙体相比,可增加室内使用面积。

6. 不同厚度 ALC 板质量(按 650kg/m³ 计算,包括接缝砂浆、安装用金属配件)及最大长度板材,见表 14-6 所示。

表 14-6　ALC 板的长度和质量

厚度(mm)	75	100	125	150
质量(kg/m³)	49	65	82	98
最大长度(mm)	3000	4000	5000	6000

14.7.2　ALC 板墙的构成

由 ALC 板、板间的插筋砂浆芯柱、ALC 板与楼地面、ALC 板与梁(天棚)底(或柱、墙面)通过嵌缝固定连接构成整体墙。

14.7.3　ALC 板墙体安装

1. 安装工艺流程

排板设计→清理工作现场→弹就位墨线→确定膨胀螺栓固定点位→打孔、清孔→拧紧膨胀螺栓及螺杆→墙板就位→调整→墙板临时固定→嵌缝→灌砂浆芯柱→养护→拆除临时固定点→修补损坏板面→验收。

2. 安装准备

(1)排板设计:排板设计时宜使隔墙宽度符合 600mm 的模数,当宽度尺寸不成 600mm 的倍数时,宜将余量安排在靠近混凝土柱或墙一侧,不宜设置在门窗洞口附近。

(2)根据图纸在与 ALC 墙板接触的梁、柱、楼地面弹出墙体接触面范围线。

(3)对板材的种类、尺寸和外观等进行检查,确保选用外观相同、薄厚一致的条板。按每层楼垮高度尺寸,在现场对板材进行适当切割。

(4)安装过程中应采用适当的运输和施工工具,以免损坏板材。

3. 安装操作

(1) 采用纵向垂直安装法,有门洞口的隔墙应从门洞处向两端依次进行,门洞两侧宜用整板;无门洞的隔墙应从一端向另一端顺序安装。门洞两侧无法采用整板时,应采用角钢加固(图14-15、图14-16)。

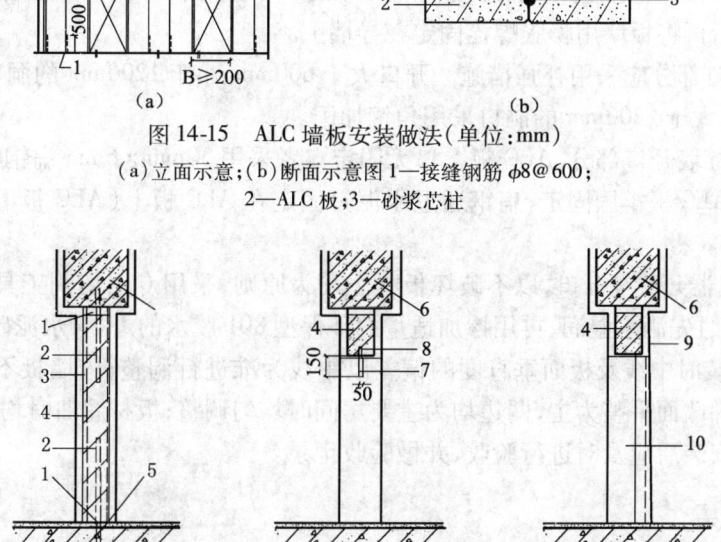

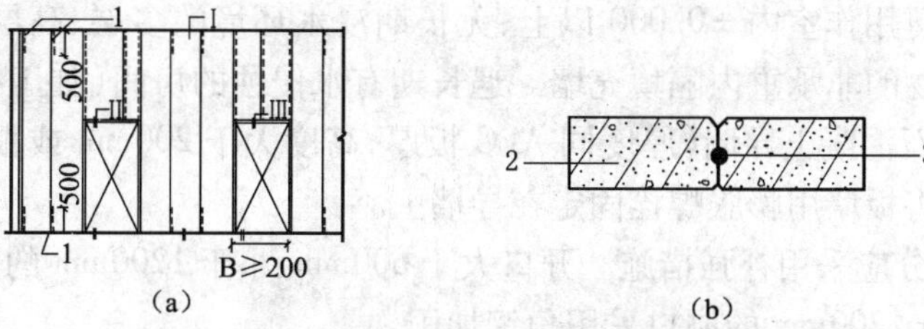

图14-15 ALC墙板安装做法(单位:mm)

(a)立面示意;(b)断面示意图 1—接缝钢筋 $\phi 8@600$;
2—ALC板;3—砂浆芯柱

图14-16 ALC板墙安装大样(单位:mm)

(a)剖面Ⅰ;(b)剖面Ⅱ;(c)剖面Ⅲ

1—膨胀螺栓M10@600;2—接缝钢筋 $\phi 8@600$;3—砂浆心灌缝;4—ALC隔墙板;5—砂浆;
6—梁;7—铝方钉;8—扁钢50×6;9—水平角钢;10—竖向角钢

(2) 安装墙板前,在标明的膨胀螺栓固定点打孔、清孔,拧紧膨胀螺栓及长500mm的 $\phi 8$ 螺杆,确保膨胀螺栓嵌入深度不小于40mm。

(3) 按定位墨线将板材就位,保持板上端与梁(板)底距离小于等于20mm,板下端与楼地面距离小于等于10mm,板间拼缝宽度小于等于5mm。调整垂直度、表面平整度和拼缝高差后,在上下两端用木楔临时固定。

4. 嵌缝与灌缝

(1) 清除板面拼缝处浮尘,洒水湿润,1:3水泥砂浆(掺水泥量5%~7%的环保型801胶水)将板面八字缝嵌实填平。

(2) LC墙板与柱和其他墙体接触的竖向接缝,采用掺用水泥量的5%~7%的环保型801胶水的1:3水泥砂浆填实嵌平,并用玻璃纤维布贴盖。墙板与梁、楼板及楼地面的接缝做法亦与上述做法相同。

(3) 在板间拼缝两端各开一小口,从顶端开口处用溜槽灌入掺水泥用量10%的UEA(稠度适当)的1:3水泥砂浆(水泥用42.5级普通硅酸盐水泥),将芯柱填满灌实,待砂浆芯柱强度达到设计要求后(一般养护28d)拆除临时固定木楔块,再将剩余的板端楔缝用水泥砂浆嵌实填平。

14.7.4 安装注意事项

1. ALC板一般可用作室内±0.000以上、无长期浸水环境的多层、高层混凝土框架、框剪结构或钢结构建筑物的非承重内隔填充墙。遇长期有水侵蚀的房间(如卫生间),可在板墙根部现场浇筑C20细石混凝土导墙(厚度同ALC板厚,高度大于200mm或根据需要)。混凝土满足安装要求后再将板墙用膨胀螺栓固定在导墙上。

2. 门窗洞口部分应采用补强措施。开口大于600mm、小于1200mm的洞口,采用50mm×6mm扁钢加固;大于1200mm的洞口采用角钢加固。

3. 通风管穿墙开口部分,ALC板上口无固定点者采用50mm×6mm扁钢将风管下口ALC板与其侧面的ALC板牢固固定,扁钢通过水泥钉固定在ALC板上(ALC板上口每边2根,侧面上下各1根)。

4. 管线、电器开关等开口,以不破坏板材主筋为原则,采用专用切割工具切槽,不宜横向开口,修补槽口时先洒水湿润,再用掺加适量的环保型801胶水的1:3水泥砂浆填平压实。

5. 墙板安装时中线及板面垂直度的偏差以中线为准进行调整;内墙板不平时,应以满足主要房间和楼梯墙面平整为主,两边均为主要房间时均匀调整;板材翘曲时均匀调整。

每层墙板安装后应及时进行验收,并做验收记录。

14.7.5 应用效果

1. 与KP1砖相比,采用ALC板作内隔墙,可净减少KP1砖用量,减轻自重。

2. 由于主体结构施工过程中可同时安装ALC墙板,因此缩短施工工期,减少人工费用,主体结构质量优良。

3. ALC板表面平整度及垂直度允许偏差均小于31mm,后期装修可直接在表面刮腻子、刷涂料,本工程减少粉刷材料及人工费用。

项目实训十五:实地观察隔墙装饰工程安装典型情景实训

一、实训目的

1. 掌握钢弦石膏板隔墙安装操作。
2. 熟悉金属面聚苯乙烯夹芯板作网架内封隔墙的安装操作技术。
3. 熟悉铝塑板墙面安装操作技术。
4. 掌握SRC板安装裂缝控制技术措施。
5. 熟练掌握GRC轻质内墙板板缝开裂及装饰层空鼓防治技术。
6. 熟悉GZ轻质墙板安装操作技术。
7. 掌握ALC板内隔非承重墙安装技术。

二、实训内容

1. 现场观察钢弦石膏板隔墙安装操作情景。

2. 现场观察金属面聚苯乙烯夹芯板作网架内封隔墙的安装操作情景。
3. 现场观察铝塑板墙面安装操作情景。
4. 实地观察SRC板安装裂缝控制情景。
5. 现场观察GRC轻质内墙板板缝开裂及装饰层空鼓防治情景。
6. 现场观察GZ轻质墙板安装操作情景。
7. 现场观察ALC板内隔非承重墙安装情景。

三、实训时间

每人操作150min。

四、实训报告

1. 编写现场观察钢弦石膏板隔墙安装操作的情景报告。
2. 编写现场观察金属面聚苯乙烯夹芯板作网架内封隔墙的安装操作的情景报告。
3. 编写现场观察铝塑板墙面安装操作的情景报告。
4. 编写实地观察SRC板安装裂缝控制的情景报告。
5. 编写现场观察GRC轻质内墙板板缝开裂及装饰层空鼓防治的情景报告。
6. 编写现场观察GZ轻质墙板安装操作的情景报告。
7. 编写现场观察ALC板内隔非承重墙安装的情景报告。

模块六 门窗装饰工程

项目十五 门窗装饰工程安装操作

15.1 木门窗的制作与安装操作

15.1.1 木门窗的制作

木门窗的制作一般在木材加工厂进行,其工序包括配料、刨料、画线、打孔、开榫、铲口、起线与拼装。根据我国《木结构工程施工质量验收规范》(GB 50206—2002)对门窗及其他细木制品所用木材的要求,按各类房屋的标准分为三级(其中Ⅰ级适用于旅游宾馆、纪念性建筑物等标准较高的建筑)。

门窗及其他细木制品应采用窑法干燥的木材,含水率不应大于12%,如受条件限制,除东北落叶松、云南松、马尾松、桦木等易变形的树种外,可采用气干木材,其制作时的含水率不应大于当地的平衡含水率,并应刷涂一遍底漆(平性油),防止受潮变形。这类门窗与砖石砌体、混凝土或抹灰层接触处及预埋木砖,都应进行防腐处理,并应设置防潮层。当采用马尾松、木麻黄、桦木、杨木等易腐朽和易虫蛀的木材制作门窗(及其他细木制品)时,整个构件应进行防腐、防虫处理。

门窗框及厚度大于50mm的门窗扇,应用双榫连接。框、扇拼装时,单榫槽应严密嵌合,用胶料粘结,并以胶榫加紧。潮湿地区,制品应采用耐水的酚醛树脂胶入。

在重要的公共建筑中,对于木门窗的选材要求严格。除符合上述标准外,应选用质地细致并纹理美观的硬木,如水曲柳、柞木、色木、核桃木等,以增强木门窗的装饰效果和使用质量。

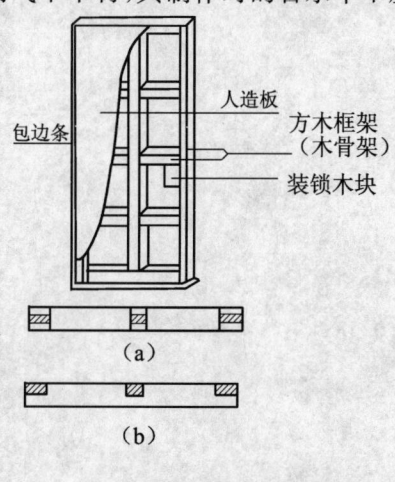

图 15-1 夹板门

木门的一般形式有:夹板门(又称满鼓门,如图15-1所示)、镶板(木板或纤维板)、镶玻璃门(如图15-2所示)、拼板门、双扇门、联窗门、推拉门、平开大木门、钢木大门及弹簧门等。

镶板门窗以榫眼连接组合成框架,组合时门窗心板或玻璃安装在边梃和冒头的凹槽内,骨架一般采用单榫或槽口拼接的连接方法,如古式各种花格门及旧式旋转保温门,目前已经很少采用。由于短木料的机械拼接工艺的应用,新型木门窗框料的组装工艺简捷有效,如图15-3所示。

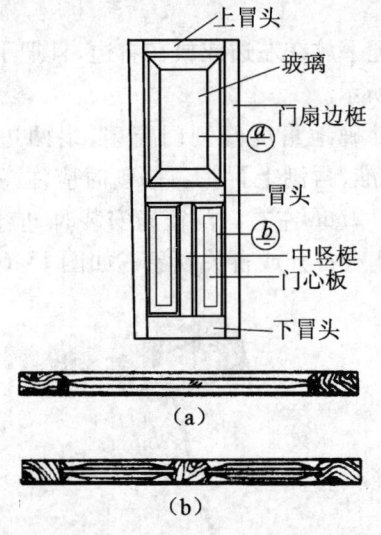

图15-2 镶板(玻璃)门(其构造和各部位名称如图所示)

图15-3 框料插接螺钉紧固法操作图

木门的开启形式主要有:平开式、推拉式、折叠式、旋转式、卷帘式等。

木窗的一般形式有:平开窗、中悬窗、立转窗、提拉窗、推拉窗及百叶窗。其中百叶窗一般是指固定百叶,旧式活动百叶木窗因使用不便,已很少采用。

安装现场一般以安装木门、窗框及内扇为主要施工内容。安装前要检查核对好型号,按图纸对号分发就位。安门框前,要用对角线相等的方式复核方正程度。当在通长走道上嵌门框时,应拉通长线,以便控制门框面位于同一平面内,保持门框锯角线高度的一致性。特别是多层建筑的外墙面尤其要注意,应使安装后的门、窗有横平竖直的整齐感。门扇与门框的安装应注意开启方向,门扇与木门框的安装及开启方向如图15-4所示。

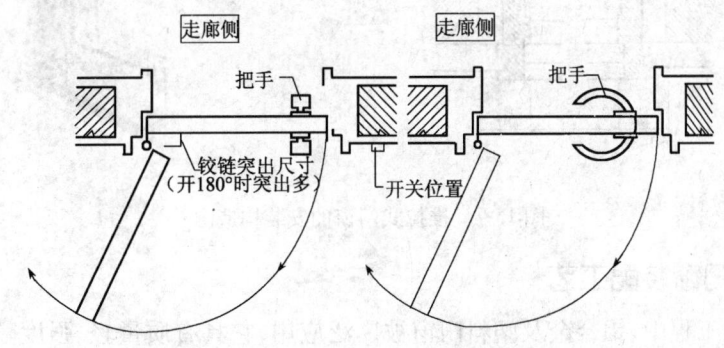

图15-4 门扇与门框的安装及开启方向示意图

木门窗的安装一般有立樘子(门窗框)与塞樘子两种方法。立樘子是先立好门窗樘,再砌筑两边的墙;塞樘子是在砌墙时留出门窗洞口,而后再将门窗樘装进去。

15.1.2 门窗扇的安装

1. 平开式

（1）通常平开门为内开门。采用外开时,要考虑把手放在左边或放在右边,且把手不可突出走廊墙面,即要考虑到把手不碰到墙面,如图 15-5 所示。

（2）首先应比量门窗樘洞口的净尺寸,根据其准确地量度修刨门窗扇,扇两边同时修刨。门窗冒头的修刨工序是,先刨平下冒头,以此为准,再刨上冒头。修刨时应注意风缝的大小,一般门窗扇的对口处及扇与樘之间的风缝需留 2mm 左右。门窗扇安装时,应使冒头、窗芯呈水平,双扇门窗的冒头要对齐,开关灵活,不能有自开或自关现象。如图 15-6 所示。

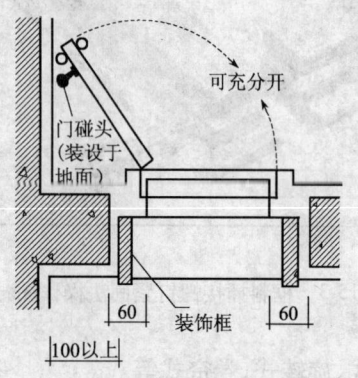
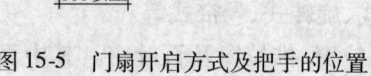
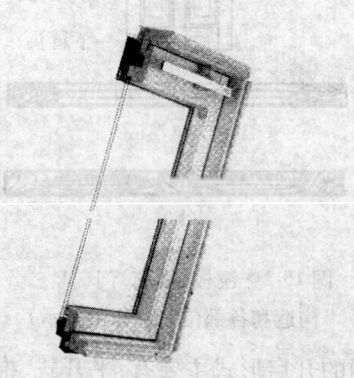

图 15-5　门扇开启方式及把手的位置　　　　图 15-6　平开式中空玻璃窗扇示例图

2. 推拉式

推拉式门窗装配形式：木质推拉门窗的安装形式,如图 15-7 所示。

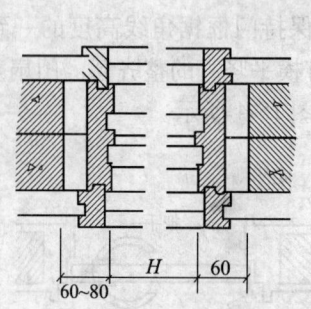
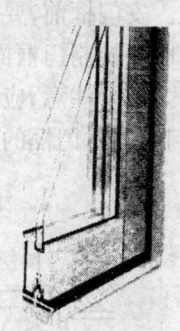

图 15-7　推拉式门窗的安装构造图

15.2　铝合金门窗装配工艺

目前在建筑工程中,铝合金及塑料门窗被广泛应用,它具有质量轻、强度较高,密封性、水密性、隔声性能好,外形美观,便于工业化生产等特点。

15.2.1　铝合金门窗

铝合金门窗是将经表面处理的型材,经过下料、打孔、铣槽、攻螺纹、制窗等加工工艺而制成的门窗框料构件,然后再与连接件、密封件、开闭五金件一起组合装配而成。

1. 主要技术(指标)性能

对铝合金门窗通常考核以下技术性能：

(1) 强度：铝合金门窗的强度是在压力箱内进行压缩空气加压实验时，用所加风压的等级来表示，单位是 Pa。一般性能的铝窗强度可达 1961~2353Pa，高性能铝窗可达 2353~2746Pa。在上述压力下测定的窗扇中央最大位移量应小于窗框内沿高度的 1/7。

(2) 气密性：铝窗在压力试验箱内，使窗前后形成 4.9~29.4Pa 的压力差，其 $1m^2$ 面积每小时的通气量(m^3)表示窗的气密性，单位是 $m^3/(h \cdot m^2)$。一般性能的铝窗，当窗前后压力差为 9.8Pa 时，气密性可达 $8m^3/(h \cdot m^2)$ 以下，高密封性能的铝窗可达 $2m^3/(h \cdot m^2)$ 以下。

(3) 水密性：铝窗在压力试验箱内，对窗的外侧加入周期为 2s 的正弦波脉冲压力，同时以 $1m^2$/min 的速度向窗喷射 4L 的人工降雨，进行连续 10min 的风雨交加试验，在窗内一侧不应有可见的漏渗水现象。水密性能试验时，施加的脉冲风压的平均压力表示：一般性能铝窗为 343Pa，抗台风的高性能窗可达 490Pa。

(4) 开闭力：当装好玻璃后，打开或关闭窗扇所需的外力应在 49N 以下。

(5) 隔声性：有隔声要求的铝窗音响透过损失可达 25dB，即响声透过铝窗时，声级可降低 25B。高隔声性能的铝窗，音响透过损失为 30~45dB。

(6) 隔热性：通常用窗的热对流阻抗值来表示隔热性能，单位是 $kJ/(m^2 \cdot h \cdot ℃)$。一般分为三级：$R_1=0.05$，$R_2=0.06$，$R_3=0.07$。采用 6mm 双层高性能的隔热窗时，热对流阻抗值可达 $0.05kJ/(m^2 \cdot h \cdot ℃)$。热对流主要通过玻璃及框料传递，阻隔热传导工艺的改进如图 15-8 所示。传导工艺是用凹槽密封橡胶条将中空玻璃与铝合金框料完全隔离，既防止了空气对流，又减缓玻璃与金属间的热传递，为更好地减少热量流失，铝合金框料内外被分为两体，并以硬质隔热条插接组装，隔热体组装工艺如图 15-8 所示。

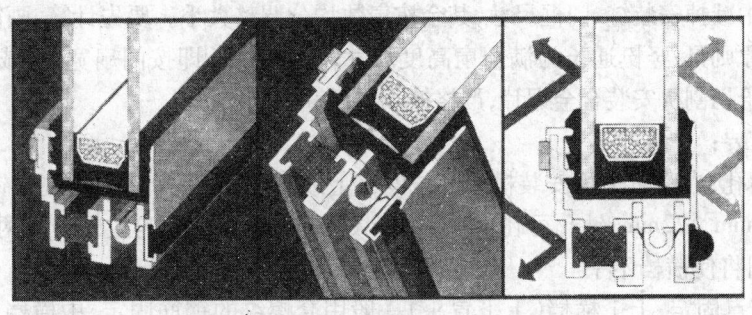

图 15-8 阻隔热传导改进工艺示意图

(7) 尼龙导向轮耐久性：对于推拉窗活动窗扇，用电动机经偏心连杆机构作连续往复行走试验，直径 12~16mm 的尼龙轮试验 1 万次，直径 20~24mm 的尼龙轮试验 5 万次，直径 30~60mm 的尼龙轮试验 10 万次，窗及导向轮等构配件无异常损失。

(8) 开闭锁耐久性：开闭锁在试验台上用电动机拖动，以 10~30 次/min 的速度进行连续开闭实验，当达到 3 万次时，应无异常损失。

2. 规格

国家标准规定了铝合金门窗的产品代号、品种规格。其中品种规格主要规定了门窗厚度尺寸、门窗洞口尺寸、门窗开启方式等。

3. 技术性能等级

(1)密封等级形式:气密性和水密性、密封型和非封密型。

(2)铝合金门窗按风压强度、空气渗透(气密)和雨水渗透(水密)三项性能指标将产品分为 A、B、C。

(3)铝合金门窗按空气隔声性能,可将产品分为四个等级。

(4)铝合金门窗按保温性能(隔热性能)可分为三级。

(5)铝合金门窗按表面膜的处理方法,有阳极氧化复合表膜法等。

15.2.2 铝合金门窗的安装操作准备

1. 材料

各种规格铝型材、门锁、滑轮、不锈钢、螺钉、铝制拉铆钉、连接铁板、地弹簧、玻璃尼龙毛刷、压条、橡皮条、玻璃胶、木楔子。

2. 工具

曲线锯、切割机、手电锯、射钉枪、扳手、半步扳手、角尺、吊线锤、打胶筒、锤子、水平尺、玻璃吸手等。

15.2.3 铝合金门窗的安装操作工艺

1. 铝合金门的工艺流程

(1)门扇制作节点

① 选料下料:由于目前各厂生产的铝合金规格不统一,所以在选料时要考虑表面色彩、料型、壁厚等因素,以保证其有足够的刚度、强度和装饰性。每一种铝合金型材都有其特点和使用部位,推拉、平开、自动门所采用的型材规格各不相同,确认了材料及其使用部位后,要按设计尺寸进行下料。在一般建筑工程中,铝合金门窗无详图设计,仅给出门、洞口尺寸。门扇下料时,要在门洞口尺寸中减掉安装缝、门框尺寸,其余按扇数均分调整大小。要先计算,画简图,然后再按图下料。下料原则是:竖梃通长为满门扇高度尺寸,横档截断,即按门扇宽度,减去两个竖梃宽度。切割时要给切割机安装合金锯片,严格按下料尺寸切割。

② 门扇组装:

A. 竖梃钻孔:在竖梃上拟安装横档部位的靠上或靠下钻孔固定角铝,视角铝规格而定,角铝规格可用 $22mm \times 22mm$,钻孔可在上下 10mm 处,钻孔直径小于自攻螺栓。两边梃的钻孔部位应一致,否则将使横档不平。

B. 门扇节点固定:上下横档(上下冒头)一般用套螺纹的钢筋固定,中横档(冒头)用角铝自攻螺栓固定。先将角铝用自攻螺栓连接在两边梃上,上下冒头中穿入套扣钢筋;套扣钢筋从钻孔中伸入边梃,中横档套在角铝上。用半步扳手将上下冒头用螺母拧紧,中横档再用手电钻上下钻孔,自攻螺栓拧紧。

C. 铰孔和拉手安装:在拟安装的门锁部位用电钻钻孔,再深入曲电锯,将其切割成锁孔形状。在门边梃上,门锁两侧要对正,为了保证安装精度,一般在门窗安装后再装门锁。玻璃安装见下文"铝合金窗扇制作";上亮及固定窗玻璃安装较为简便,为后装配活扇式,用玻璃扣条直接固定在框料上,如图 15-9 所示。

(2)铝合金门窗框制作

① 选料下料:视门的大小选用 $50mm \times 70mm$、$50mm \times 100mm$、$100mm \times 25mm$ 门框梁,按

设计尺寸下料,具体做法同门扇制作方法。

② 门框钻孔组装:在安装门的上框和中框部位的边框上,钻孔安装角铝,方法同门扇的有关工序。然后将中、上框套在角铝上,用自攻螺栓固定。

③ 设连接件:在门框上,左右设扁铁连接件,扁铁件与门框上用自攻螺栓拧紧,安装间距为150~2000mm,具体间距要视门料情况和墙体的间距而定。扁铁做成平的、Z字形的。连接方法视墙体埋件情况而定。

(3)铝合金门安装

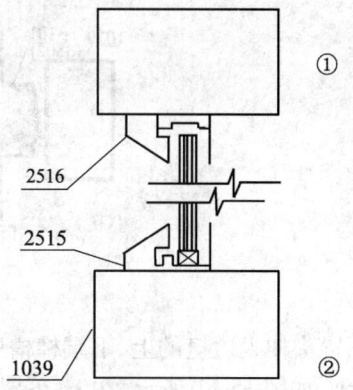

图15-9 固定窗玻璃安装节点示意图
注:①顶框;②底框

① 门框安装:先将墙面门洞用水泥修平,并在门框侧边固定角码。将包好的门框在抹灰前立于门口处,用吊线吊直,然后卡方,以两条对角线相连为佳。在门框校正好后,用水泥钉将角码固定在墙洞边上。门框应安放在门口处内适应位置(即与外墙垂直,与内墙预埋件对正,一般在墙中),或用木楔子将三边固定。在认定门框水平、垂直、无扭曲后,用射钉枪将射钉打入柱、梁上,将连接件与框固定。框的下部要埋入地面,埋入深度为30~150mm。

地弹簧座安装在地平面以下,一般是在地面上凿坑,将地弹簧座放入凹坑中用水泥浆固定即可,地弹簧座安装有两个重点操作事项:一个是地弹簧座的上平面一定要与室内地坪在一个平面上,如果地弹簧座在安装时,地面的装饰面还未做,地弹簧座就要按地面标高线来安装固定;另一个是地弹簧座的转轴轴线,要与门框上横料的定位销轴心线一致,保证一致的方法是吊垂线,吊锤的尖端正好指在地弹簧轴的中心点上。

② 塞缝:门框固定好后,复查平整垂直度,再清扫边框处的浮土,浇水湿润基层,用软填料将门口与门框间的缝隙分层填实。最后用水泥浆塞口并修平整。待塞灰达到一定强度后拔去木楔,抹平表面。

③ 装扇:扇与框是按照同一洞口尺寸制作的,一般情况下都能安装上,但要求周边密封,开闭灵活,固定门可不另做扇,而是在靠地面处,竖框之间安装踢脚板。开启扇分内、外平开门、弹簧门、推拉门、自动推拉门。内、外平开门在门上框钻孔深入门轴,门下地面埋设地脚,安装地轴。弹簧门上部做法同平开门的做法,门框中安上门轴,下部埋设地弹簧,地面需预先留洞或后开洞。地弹簧埋设后要与地面平齐,然后灌细石混凝土,抹、贴地面层,其门扇与框料装配形式如图15-10所示。

地弹簧的摇臂与门扇下冒头两侧拧紧。推拉门要在上框内做导轨和滑轮,也可在地面上做导轨,在门扇下冒头做滑轮。自动门的控制装备有脚踏式等,装于地面上。光电感应控制开关的设备装于上框上。

2. 铝合金窗的安装操作工艺流程

(1)窗扇制作

① 按照设计尺寸选料、下料:基本要求同门扇制作要求,下好竖向边梃和上、下冒头的窗料后,将两侧竖向边梃上、下端铣槽,槽长分别等于上、下框高度,然后在边梃壁上的适当高度处钻孔,用不锈钢螺钉固定角铝。

② 窗扇组装:在连接装拼窗扇前,要先在窗扇的边框和带钩边框上下两端处进行切口处理,以便将上、下横插入其切口内进行固定。上端切开51mm长,下端切开76.5mm长,将上、

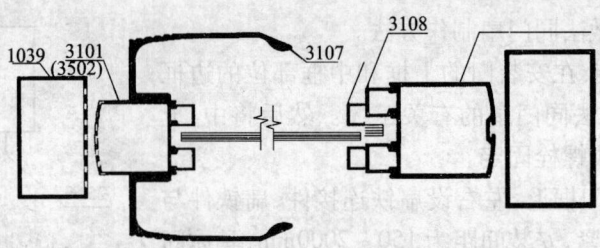

图 15-10　平开门安装节点示意图

下冒头伸入边梃的上、下端榫槽中(型材断面在设计时,应使上、下冒头宽度等于边梃内壁宽度),如图 15-11 所示,在上、下冒头与角铝搭接处钻孔。

接下来在下横的底槽中安装滑轮,每条下横的两端各装一只滑轮。

然后在窗扇边框和带钩边框与下横衔接端画线打孔。打孔有三个,上下两个是连接固定孔,中间一个是留出进行调节滑轮框上调整螺钉的工艺孔。这三个孔的位置,要根据固定在下横内的滑轮框上孔位置来画线,然后打孔,并要求固定后边框下端要与下横底边平齐。边框下端固定孔孔径为 4.5mm,并要用大的钻头划窝,以便能固定螺钉与侧面基面平齐。需要说明的是,旋动滑轮上的调节螺钉,能改变滑轮从下横槽中外伸的高低尺寸,还能改变下横内两个滑轮之间的距离。

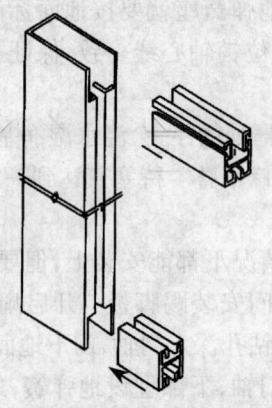

图 15-11　扇框料的拼装

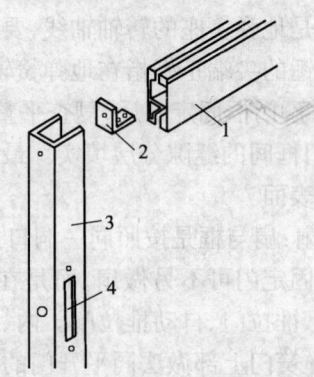

图 15-12　窗扇上横的安装
1—上横;2—角码;3—窗扇边框;4—窗锁洞

最后安装上横角码和窗扇钩锁。其方法为:截取两个铝角码,将角码放入上横的两头,使之一个面与上横端头面平齐,并钻两个孔(角码与上横一并钻通),用 M4 自攻螺钉将角码固定在上横内。再在角码的另一个面上(与上横端头平齐的那个面)的中间打一个孔。根据此孔的上下左右尺寸位置,在扇的边框和带钩边框上打孔并划窝,以便用螺钉将边框与上横固定。其安装方式如图 15-12 所示。注意所打的孔一定要与自攻螺钉相配,用不锈钢螺钉拧入,组装窗扇的四个角要垂直,应随时调整、固定,以防窗扇变形,影响安装。

(2)窗框组装

窗框组装以推拉窗为例,窗边框与上、下横框之间用自攻螺钉拧紧或用套扣钢筋拉紧,上、下框型材上有凹槽,以备连接用,边框竖向通长,上、下横框裁割长度小于窗框外围尺寸,上、下横框的凹槽导轮要与边框的凹槽位置对应。窗框与窗扇安装主要为三种方式：推拉窗、平开窗、平开立转窗。首先测量出在上滑道上面两条固紧槽孔距侧边的距离和高低位置尺寸，然后按这两个尺寸在窗框边封上部衔接处划线打孔，孔径在 5mm 左右。钻好孔后，将专用的碰口胶垫放在边封的槽口内，再将 M4×35mm 的自攻螺钉，穿过边封上打出的孔和碰口胶垫上的孔，旋进上滑道上面的固紧槽孔内，如图 15-13 所示。

在旋紧螺钉的同时，要注意上滑道与边封对齐，各槽对正，最后再上紧螺钉。然后在边封内装毛条。

使用同样方法按尺寸在窗框边封下部衔接处画线打孔，孔径也是 5mm 左右。钻好孔后，将专用的碰口胶垫放在边封的槽口内，再将 M4×35mm 的自攻螺钉，穿过边封上的孔和碰口胶垫上的孔，旋进下滑道下面的固紧槽孔内。窗框的四个角衔接起来后，用直角尺测量并校正一下窗框的直角度，最后上紧各角上的衔接自攻螺钉。

（3）推拉窗常安装于砖墙中，一般是先将窗框部分安装固定在砖墙窗洞内，再安装窗扇与上亮玻璃。

砖墙的窗洞先用水泥修平整，窗洞尺寸要比铝合金窗框尺寸大，四周各边均大约 25～85mm。在铝合金窗框上安装角码或木块，每条边上各安装两个。角码需用水泥钉钉固在窗洞墙内，如图 15-14 所示。

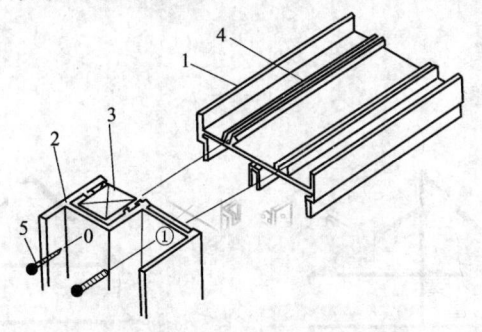

图 15-13 窗框上滑部分的连接组装
1—上滑道；2—边封；3—碰口胶垫；
4—上滑道上的紧固槽；5—自攻螺钉

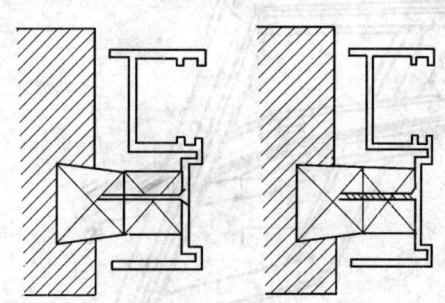

图 15-14 窗框与砖墙的连接安装

对装入窗洞中的铝合金窗框进行水平和垂直度校正。验校完毕后，用木楔块把窗框临时固紧在窗洞中，然后用保护胶带纸把窗框周边补贴，以防用水泥周边塞口时造成铝合金表面损伤。该保护胶带纸可在周边塞口水泥工序完工及水泥浆固结后撕去。

窗框周边填塞水泥时，水泥浆要有较大的稠度，以能用手握成团为准。水泥要填实，将水泥浆用灰刀压入填缝中，填好后窗框周边抹平。

（4）窗扇的安装

将窗扇顶部插入窗框的上滑槽中，使滑轮卡在下滑的滑轮轨道上，然后拧旋滑轮调节螺钉，使滑轮从下横内外伸。外伸量通常以下横内的长毛条刚好能与窗框下滑面相接触为准，以便使下横上的毛条起到较好的防尘效果，同时窗扇在滑轨上也可移动顺畅。

铝合金窗装配完成后，检查开启密闭质量，其他工艺同铝合金门。

3. 铝合金顶窗

铝合金顶窗主要有铝合金外顶窗和内天花顶窗，工艺顺序基本同上。

(1) 外顶窗开启结构形式如图 15-15 所示。

① 窗框和窗扇:涂层经严格处理后保持长久的耐久性;

② 玻璃:斜面窗装有双层中空浮法玻璃;

③ 窗帘:所有的窗户都能安装不同颜色及规格的窗帘;

④ 滑轴铰链:滑轴铰链可以使窗扇无级位停留,可装配特殊铰链,翻转 160℃,便于清洁侧玻璃;

⑤ 防护板:采用优质铝合金精细铝塑喷涂加工而成,可以防水、防腐、防晒、防锈;

⑥ 控制杆。

(2) 斜屋顶顶窗的应用:主要应用于传统的塔式屋顶设计,这样可以利用其屋顶空间,既保留了原有屋顶的建筑造型,又保证了室内良好的视觉感受,使建筑物的中间部位有良好的采光。

屋顶在未吊顶的情况下,可用高窗采光通风,以创造宽敞明亮的空间效果。在室内跃层的设计中,常使用高低错落的斜空间。高位窗设计可使室内楼梯及内墙得到充足均匀的光线,低位窗的设计又可使人们有良好的视觉感受,从而使带有跃层的空间宽敞明亮、通风宜人,如图 15-16 所示;顶窗构造节点如图 15-17 所示。

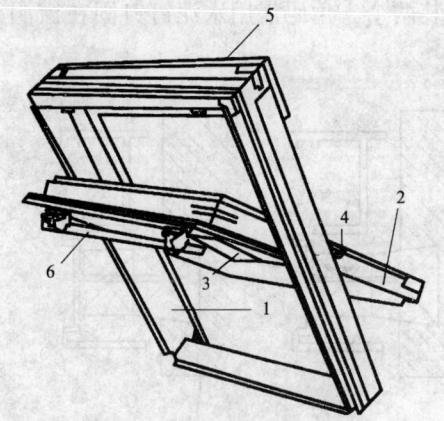

图 15-15 外顶窗结构图
1—窗框和窗扇;2—玻璃;3—窗帘;
4—滑轴铰链;5—防护板;6—控制杆

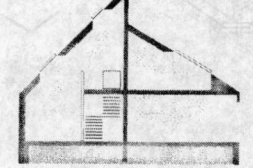

图 15-16 塔式斜屋顶布窗图

(3) 内天花铝合金顶窗如图 15-18 所示,其安装工艺详见"3.4 金属型板吊顶的安装"。

4. 铝合金门窗玻璃的安装

(1) 铝合金门窗玻璃:常见的玻璃有有机多彩玻璃、热反射玻璃、吸热玻璃、曲面玻璃、中空保温玻璃、夹丝玻璃、宝石蓝玻璃、白色玻璃、茶色玻璃、钢化玻璃等。

吸热玻璃一般用在炎热地区。如需设空调设备的房间、需要避光门窗以及公共交通的火车、汽车、轮船上的门窗等。它的特点是:可吸收太阳的紫外线、可见光以及辐射热,具有一定的透明度。

曲面玻璃一般用在弧形玻璃幕墙、圆形阳台等部位。其特点是:刚度大,强度较高,透光性强,耐高低温,安装简单,能自由加工成型。

新工艺采用经过热处理的双层中空玻璃,一次成型密封框、双层封闭条。不仅能减少能量的损失,也大大增加了隔声减噪的效果。采用一种高聚合物的冷热隔离带,经过"注塑"工艺,将型材从中隔断,形成全封闭隔离带。其作用是阻止室外冷空气经过金属的传递而进入室内;

防止室内热空气经过金属的传递而散失。

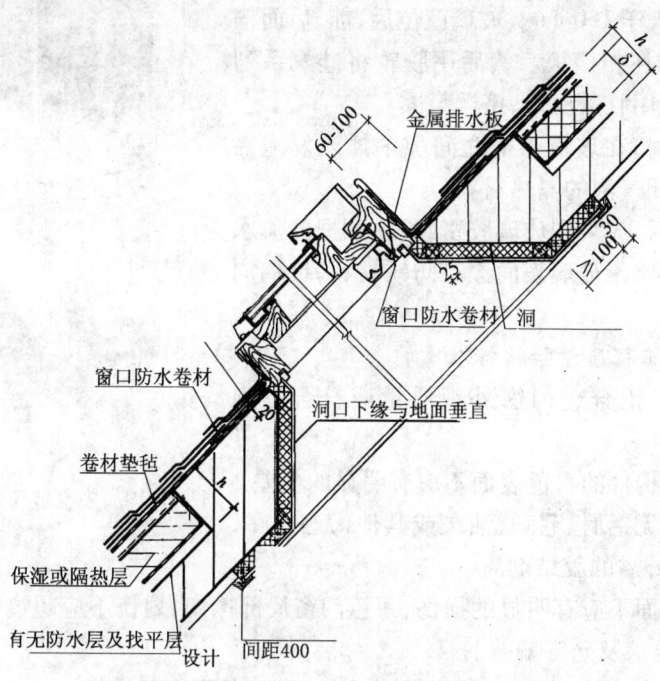

图 15-17 塔式斜屋顶顶窗构造节点示意图

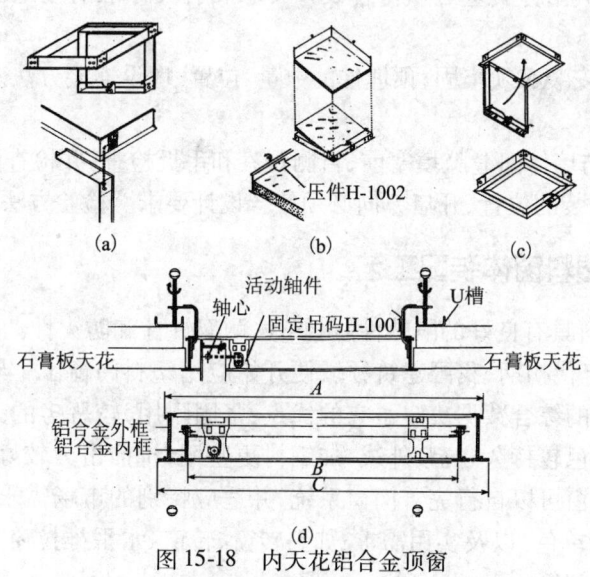

图 15-18 内天花铝合金顶窗
(a)活动窗扇拆示图；(b)窗扇石膏板装示图；
(c)活动窗装示图；(d)活动窗装配示意图

(2)玻璃的安装：一般用于铝合金门窗玻璃，厚度均在 4mm 以上。中空玻璃厚度一般为 10～22mm。一般玻璃在现场裁剪，中空玻璃按设计要求由加工厂制作运至现场。中空玻璃的推拉扇装配形式如图 15-19 所示。

安装玻璃前要首先清除框槽内的杂质异物，并使排水孔道畅通。

大幅玻璃安装前,槽底加垫胶垫。该软承点锯竖向玻璃边缘的距离要大于150mm。玻璃就位后,前、后面槽用胶块垫实,留缝均在扣槽板。然后用胶轮将硅酮系列密封胶挤进、溜实或用胶条压入、挤严封固。

吸热玻璃安装时,在玻璃与框之间隙中插入发泡氯乙烯等具有独立封闭气泡的隔热材料。

夹丝玻璃安装后,应采用玻璃胶密封,注意框内流水沟保持通畅,不得存水。玻璃表面涂有防锈材料,玻璃周边做好防腐处理。

5. 铝合金门窗工程质量验收标准

(1) 外观质量。铝合金门窗外观质量应符合下列要求:

① 门窗上相邻构件的着色表面不应有明显的色差。

② 门窗表面应无铝屑、毛刺、油斑或其他污迹存在,装配连接处不应有外溢的胶结剂。

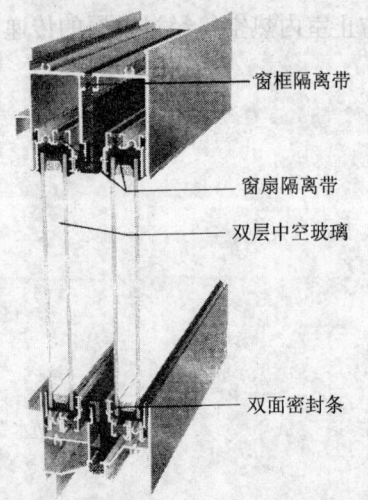

图15-19 中空玻璃的推拉扇装配形式

③ 门窗装饰表面不应有明显的损伤,每樘门窗局部擦伤、划伤不应超过行业的规定。

(2) 安装质量要求及允许偏差。

① 检查数量:按不同门窗类型的樘数,各抽查5%,且不少于3樘。

② 铝合金门窗及其附件质量必须符合设计要求和有关标准的规定。检验方法是观察检查和检查出厂合格证。

③ 铝合金门窗框安装必须牢固;预埋件的数量、位置、埋设连接方法及防腐处理必须符合设计要求。

检验方法是在框与墙体间缝隙填塞前,目测观察和手扳检查,并检查隐蔽记录。

(3) 铝合金门窗安装的位置、开启方向必须符合设计要求。检验方法是观察检查。

15.3 U-PVC改性塑料窗体装配工艺

PVC改性塑料材料具有良好的隔热性、耐候性、耐腐蚀性和防火性。

早在20世纪50年代初期,我国建筑领域便开始应用塑料门窗了。经过几十年的工艺改进后,现行的塑料门窗的综合数据决定了它的优点:坚固耐用,较恶劣的天气也能有效的抗拒水、风、噪声和冷缩;颜色较持久、抗紫外线、加钢衬更坚固,抗撞击力较好。其灵活的设计、加工、安装保证了塑钢门窗可以自行完善门窗系统,并适应特别的市场需求、多地域的天气条件和内装饰品味(现只有单色)以及实用需求:如斜转窗、转窗、水平推拉窗、平开窗扇、单悬窗和双悬窗、庭院门和住宅门等。

15.3.1 塑料窗体的主要性能

1. 防潮性能

吸水率<0.1%,门窗设计有防雨板、排水孔,能将雨水、潮气完全隔绝于室外,水密性符合规定。

2. 隔声性能

窗结构经精心设计、接缝严密,试验结果,隔声<20dB。

3. 防火性能

塑钢型材门窗为优良绝燃材料,不自燃、不助燃、能自熄。

4. 耐冲击

使用特殊耐冲击型材,型材在-10℃能承受1kg金属球,从1m高自由下落的冷冲击试验不破裂,是理想的建筑装饰材料。

5. 保温性能好

塑胶的导热系数低、隔热效果优于铝材。加上有良好的气密性,在寒冷地区室外零下十几度较适用,配备中空玻璃保温性更好。塑钢型材平开窗组装密闭截面效果图如图15-20所示。

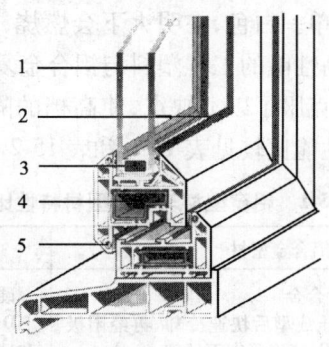

图15-20 塑钢型材平开窗组装密闭截面效果图

1—双层中空玻璃:双层玻璃之间充有干燥空气或惰性气体,具有良好的隔热性能,传热系数很小,能保证房间的热量或空调冷气不流失,有良好的保温能力;
2—玻璃压条:硬软PVC共挤而成的压条使窗体和玻璃之间充分接合,可防止室内外空气的对流,阻挡室外多种污染的进入,具有良好的防潮功能;当玻璃意外损坏需要更换时,拆下压条即可完成;
3—双层中空玻璃加强筋:增加玻璃的强度,使窗体和玻璃的结合更紧密;
4—加强型钢衬:由高强度的钢材制成的钢衬,使窗体具有更好的强度和刚度;
5—橡胶密封条:PVC窗体结构件之间更紧密的结合,结实牢固,能有效防止湿冷空气的进入

6. 耐老化

可在改性剂原料中添加防紫外线吸收剂、在-30~70℃之间(烈日、暴雨、干燥、潮湿之中)不变色。

7. 耐腐蚀

塑钢门窗能防酸碱药物的侵蚀,也不受废气及盐分影响,非常适合沿海地区、重工业区使用。

8. 防盗性高

塑钢门窗配置优良金属构件,窗内设计装玻璃压条和防偷盗金属配件。

9. 绝缘性强

塑钢门窗使用的PVC材料具有高良好绝缘性。

10. 科学设计

塑钢门窗采用节能型材,生产加工一体化,节约能源和人力,其材料可回收利用,成本较低。

15.3.2 塑钢门窗的生产加工

塑钢门窗采用工厂机械化生产加工,以塑料和钢衬型材为主料,采用机械化型材断切、四位(四角)一体焊接、专用五金装配、框料预组装等工艺生产。

15.3.3 铝合金窗和塑钢门窗性能特点综合比较

铝合金窗的突出优点是重量轻、强度高、刚性好。采光面积大,耐大气腐蚀性好,使用寿命长,装饰效果好。其明显的不足是保温隔热性能差,变形幅度大,耐化学腐蚀性不如塑料窗好。塑钢门窗比较突出的优点是保温性能和耐蚀性好,但其明显的不足是水密性偏低、遮光面积偏大、仍存在一定的光热老化问题,单一白色,在明火下会燃烧,燃烧时产生有毒气体,增强其防火性需添加改性剂。于是,采用高性能的工程塑料与铝合金复合而成的隔热铝合金型材,以及铝包木窗等,经粉末喷涂,有效地克服了以上缺点,使高档的隔热型材铝合金窗成为高档建筑用的首选产品。有关塑窗、铝窗性能比较见表15-1和表15-2所示。

表15-1 铝窗型材与塑窗型材特性比较

项 目	铝合金型材	PVC塑料型材
材质牌号	6063-T5 Al-Mg-Si 合金 高温(500℃)挤压成型后快速冷却、再经阳极氧化着色、电泳涂漆、喷涂等表面处理	硬质氯乙烯热塑性塑材 DA PVC树脂为主要原料与其他15种助剂和填料混合
密度(g/cm^3)	2.7	1.4
抗拉强度(N/mm^2)	>157	≥50
屈服强度(N/mm^2)	>108	≥37
伸长率(%)	≥8	
硬度	HV≥58	HRR>85
弹性模量(N/mm^2)	7×10^4	0.196×10^4
线膨胀系数(K^{-1})	2.35×10^{-5}	$7 \sim 8 \times 10^5$
导热系数[$W/(m \cdot K)$]	203	0.16
光、电磁波反射能力	对紫外线射性、可见光、红外线、电磁波有很好的反射性	优良
热辐射反射	最高可达90℃(与表面状态和颜色有关)	优良
耐热性	不变软,热膨胀较大	维卡软化温度>83℃
耐冷性	低温下强度提高,无低温脆性	(脆变温)-40℃
吸水性	不吸水	0.8%(100℃,24h)
吸声性	有吸收声波的性能	有吸收声波的性能
导电性	良导体	电绝缘体
无磁性	非磁性体,对电磁场无影响	绝缘体
燃烧性	不,WR A2	难,WR B1 2X
耐腐蚀性	耐大气腐蚀性一般,应避免直接与某些其他金属接触时的电化学腐蚀	耐潮湿、盐雾、酸雨 但应避免与发烟硫酸、硝酸、丙酮、二氯乙烷、四氯化碳及甲苯等直接接触

表 15-2 铝窗与塑窗产品性能特点比较

性　能		铝合金窗	塑料窗
抗风压(Pa)		2500~3500 Ⅲ~Ⅰ级	1500~2500 Ⅴ~Ⅲ级
水密性(Pa)		150~350 Ⅳ~Ⅱ级	50~150 Ⅴ~Ⅲ级
气密性[(m³/(m·h)]		3~1 Ⅲ级	2.5~0.5 Ⅲ~Ⅰ级
保温性[(W/(m²·K)] （传热系数 K） （窗框窗洞面积比%）		单层窗 6.4	单层窗 4.7
		单框双玻窗 3.9	单框双玻窗 2.7
		20~30	30~40
		隔热框双玻窗 2.8~2.99	双玻窗 1.7
隔声性(dB)		单玻窗(5mm):20 中空双玻窗:30	单玻窗(5mm):25 中空双玻窗:35
透光性(折减系数)		洞口规格、窗型相同时,塑窗比铝窗约小 8%	
防火性		非燃烧材料防火性能好	难燃烧材料防火性较差
装饰性		多种质感色彩	单色
耐久性		金属材料稳定不老化,冷热变形大	有机高分子,不同材料均有老化时间
稳定性		结构形状尺寸稳定性好	结构形状尺寸稳定性好
工艺性	型材生产	型材截面形位尺寸精度高	型材形位尺寸精度较低
	型材加工	高速切削冲切冷弯曲性好	切削性较好,热弯圆弧
	窗体装配	可焊接机械铆配组角装配	焊接组质量一次定位,整体化好
	窗体安装	搬运安块重量大,固定密封较容易	易变形,固定难度大,密封性好
材料回收性		可回炉再熔铸调控合金成分,再生利用挤压出正常铝型材	旧料粉碎软化后再加工;新旧料共混挤出
型材耗量(kg/m²)		4.5~7.5(壁厚 1.2~1.6)	7~12(壁厚 2~2.5) 4~7(钢衬 1.0 厚)
单位体积型材生产能耗比		8.8(617kJ/m³)	1.0(70kJ/m³)
单位面积窗体生产能耗比		2.55	1
采暖保温使用能耗比(传热系数比)	单玻窗	1	0.73
	双玻窗	1	0.69
		隔热铝框中空双玻窗也可达到双玻塑窗保温节能水平	

项目实训十六:门窗装饰工程安装操作实训

一、实训目的

1. 掌握木门窗的制作与安装操作。
2. 熟悉铝合金门窗装配工艺。
3. 掌握 U-PVC 改性塑料窗体装配工艺。

二、实训内容

　　1. 进行木门窗的制作与安装操作实训。
　　2. 进行铝合金门窗装配实训。
　　3. 进行 U-PVC 改性塑料窗体装配实训。

三、实训时间

　　每人操作 60min。

四、实训报告

　　1. 编写木门窗的制作与安装操作实训报告。
　　2. 编写铝合金门窗装配实训报告。
　　3. 编写 U-PVC 改性塑料窗体装配实训报告。

项目十六 门窗装饰工程案例分析、防范及治理

16.1 木门窗制作、安装案例

案例一：木门窗开启不灵

1. 案例现象

门窗扇安装后产生下坠、回弹、走扇、密封性能差等缺陷。

2. 案例原因分析

(1) 开启不灵是由于门窗扇上两块合页的转轴不同心，轴线产生位移，导致开启不灵。

(2) 扇下坠的原因是合页规格过小，安装松动引起的。

(3) 安装的合页与门窗框的立梃不垂直，往开启方向倾斜，将使门窗扇打开时，往关闭方向倾斜，而导致自动关闭；如果合页产生变形，或合页卧入框内，扇和框发生碰撞，将导致回弹。

(4) 门窗框上的裁口与门窗扇要求的开启方向相反，而酿成开启方向错误。

(5) 门窗框与门窗扇之间的缝隙过大，对扇内外裁口尺寸小、闭合不严，产生透气和透风现象。

3. 案例防范措施

(1) 验扇前应校正框的立梃垂直度，安装时应保证合页的规格，卧入立梃应深浅一致，严格控制上、下合页的转轴应同心且在同一垂直线上；螺钉的规格应符合合页的要求，并与合页匹配，安装要平直牢固，确保开启灵活。

(2) 为严防门窗扇下坠，必须选用与门窗扇配套的合页，合页安装应牢固，固定螺钉应按要求拧入，保证平整牢固，严禁合页有松动现象。

(3) 安装合页时，必须使合页与门窗的立梃垂直，严禁合页产生向内或向外的倾斜和合页变形，并应控制合页的槽底平整和槽深与合页厚度一致。合页嵌入深浅一致，保证开启自如，才能消除走扇和回弹的现象。

(4) 立框前应认真熟悉图纸，搞清门窗扇的开启方向，框上的裁口应扇与扇的开启方向一致，严禁把裁口位置颠倒错位，以防开启方向错误。

(5) 安装门窗扇时应控制扇与扇之间的间隙均匀一致，框扇要合缝，门窗扇的裁口要顺直，对开扇内、外企口的裁口不小于 8mm，且内外应一致；合页槽套割的尺寸和深浅应一致，门窗扇安装后应有很好的闭合性，满足使用功能的需要。

案例二：木门窗框扇变形扭曲

1. 案例现象

木门窗的材质差，制作、安装粗糙。木材的含水率大于 18%，未进行烘干，导致制作木门窗框扇构件扭曲、干裂等缺陷。

2. 案例原因分析

(1) 门窗框扇产生变形和翘曲的原因是制作时所用木材含水率超出规定的含水率值,制成使用后因干缩产生变形,以致开启不灵,或关上后拉不开,影响使用,甚至无法使用。

(2) 木门窗扇制作加工时不注意木材的纹理,推刨时不遵守操作要领,刨光时未用净刨,导致粗糙。

(3) 门窗扇窜角,相应的对角线不相等,造成边梃和冒头不能互相垂直。

(4) 裁口、起线不顺直,榫接不严密;胶合材料不耐水,受潮后脱胶和翘曲。

(5) 框与墙体的结合面上涂刷的防腐涂料(剂)涂膜不均匀,甚至漏刷。

3. 案例防范措施

(1) 门窗框扇选用木料的树种、材质必须符合规范中的规定;其木材含水率不应大于12%,制作时的含水率不应大于当地的平衡含水率;严格控制木材的应力变化,加强对烘干末期的处理,消除残余应力,防止受木材内部应力作用而造成木制构件的变形和翘曲。

(2) 木门窗扇的制作应注意下料的断面尺寸和长度等符合设计要求,选材时要使木材纹理适合于从端头向中间推刨。制作时严禁戗槎推刨,并应先用粗刨刨平后用细刨净光,多次成活。成品表面应光滑平顺,洁净,无戗槎、刨痕、毛刺、锤印和缺棱掉角。

(3) 木门窗框扇应严防窜角。制作时下料应严格控制几何尺寸,制作的榫槽应能嵌合严密、规方、胶楔牢固(胶料须采用耐水性能强的胶合材料),并注意成品保护,严禁撞碰。

(4) 木门窗构件应用防腐、防虫剂处理后使用;框与砖墙的接触面,应涂刷防腐涂料。

16.2 铝合金门窗制作、安装案例

案例一:铝合金门窗渗水

1. 案例原因分析
(1) 窗角拼接处未补嵌硅胶。
(2) 无排水槽或排水槽堵塞。
(3) 窗扇关闭后不严密。
(4) 玻璃橡胶条老化或局部脱落,橡胶条接头处不到位,有缝隙未补硅胶。
(5) 平开窗上下开扇中间横梃无披水条。
(6) 窗与墙体、窗与窗盘结合处内外密封材料未填嵌密实。
(7) 窗框的固定螺钉未填防水胶。

2. 案例防范措施
(1) 加强对产品的检查,发现不合格产品退给工厂。
(2) 加强对现场的施工管理,提高工人的责任心,尽量避免渗漏水问题。

案例二:门窗表面不干净,有铝屑、毛刺、油斑等,产品保护留有划痕等

1. 案例原因分析
(1) 工作场地不干净,未及时清理。
(2) 设备未保养、维修。
(3) 产品未贴保护膜或保护膜损坏。

2. 案例防范措施
(1)加强管理,各工序完毕及时清理,设备及时保养、维修。
(2)产品运输及堆放过程中应注意不要翻倒、冲撞、压边和碰挤而损伤。

16.3 塑料门窗制作、安装案例

案例一:型材的切割、门窗的装配误差,配套附件质量差

1. 案例原因分析
(1)产品的检测手段不健全。
(2)为降低成本,使用低档的附件,附件安装不到位。
(3)玻璃装配尺寸的偏差,玻璃下缘不设垫块。
2. 案例防范措施
(1)选用与塑料门窗配套的中、高档附件,加强质量检验,确保产品质量。
(2)检验内容包括三性、隔声、饱满等,门窗进现场,必须确保先检验后使用。

案例二:塑料门窗渗水

1. 案例原因分析
(1)无排水孔或排水孔堵塞。
(2)窗扇关闭后不严密。
(3)门窗框四周未填嵌密封胶。
2. 案例防范措施
加强对产品的检验,安装结束要清理,以免排水孔堵塞,框四周应注入密封胶。

案例三:门窗表面被污染,有划痕,配件遗失等

1. 案例原因分析
(1)门窗安装完毕未及时清理。
(2)产品未贴保护膜。
2. 案例防范措施
(1)门窗安装前先做内外粉刷。
(2)产品上墙后应做好成品保护,房间由专人锁门管理,以防产品损失,配件遗失。

案例四:门窗框安装不到位,松动、变形

1. 案例原因分析
(1)埋件的膨胀螺栓安装不到位,门窗体周边锚板连接不够牢固。
(2)门窗框与洞口间隙填充料填塞过多,使门窗框受挤变形。
2. 案例防范措施
(1)按设计规定位置埋置埋件或膨胀螺栓。
(2)门窗框与洞口间隙填塞软质填充料并控制用量,以防塞得过紧造成门窗框变形。

项目实训十七:门窗装饰工程案例分析、防范实训

一、实训目的

1. 学会木门窗制作、安装案例分析、防范。
2. 学会铝合金门窗制作、安装案例分析、防范。
3. 熟悉塑料门窗制作、安装案例分析、防范。

二、实训内容

1. 结合木门窗制作、安装案例的实际案例,对木门窗制作、安装案例进行分析,并提出防范的措施。
2. 结合铝合金门窗制作、安装的实际案例,对铝合金门窗制作、安装案例进行分析,并提出防范的措施。
3. 结合塑料门窗制作、安装的实际案例,对塑料门窗制作、安装案例进行分析,并提出防范的措施。

三、实训时间

每人操作60min。

四、实训报告

1. 编写木门窗制作、安装案例分析报告,并提出防范的措施。
2. 编写铝合金门窗制作、安装案例分析报告,并提出防范的措施。
3. 编写塑料门窗制作、安装案例分析报告,并提出防范的措施。

项目十七 门窗装饰工程安装操作典型情景

情景一：某超高层建筑平开铝合金窗固定窗扇反向安装操作技术

超高层建筑投入使用后，窗扇玻璃的更换和防水是一个问题，而平开铝合金窗固定扇反向安装的施工方法，可以解决此问题。

此种安装技术措施使得超高层建筑窗扇玻璃的更换和防水变得简便易行。

17.1.1 铝合金窗安装工艺

1. 下料及加工

根据设计图纸，审阅各节点构造，进行抽料并绘制下料单后按下料单拼装，加工过程中要做好成品保护工作，防止出现损伤或造成永久性缺陷。

2. 铝窗安装

根据施工员提供的测量基准点，校对窗洞口的位置垂直线及水平标高线，确定安装位置。安装前先在铝窗框与水泥砂浆接触面的坑槽处涂刷一道防腐涂料，再用防水水泥砂浆填满框槽，砂浆初凝后用木条在表面压上"凹"形槽，以防止因框槽出现空隙而造成雨水渗漏。窗框安装后核对窗框的标高、垂直度和对角线是否合格(图17-1)。

(1) 窗框的刚性防水。窗框安装经检验合格后，用1：2防水干硬性水泥砂浆沿窗框周边填满并捣压密实，隔天后在窗框周边钉钢丝网，用1：2防水水泥砂浆刮平收边。

(2) 柔性防水。在基层刚性防水层干硬后，用水溶性防水胶沿洞口周边100mm范围涂刷2遍，形成柔性防水膜，以防因刚性水泥砂浆收缩造成雨水渗漏。

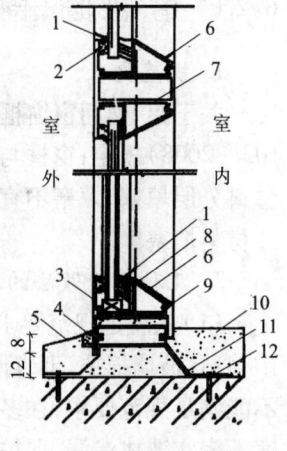

图17-1 平开铝合金固定窗扇反向安装示意图
1—玻璃密封条；2—空心胶条；
3—铝型材JM4021；4—墙边胶；
5—建筑装饰完成面；
6—铝型材JM4024；
7—铝型材JM4022A；8—毛条；
9—接口位置均涂防水胶；
10—防水水泥砂浆；11—固定铁角码@300；
12—射钉4×25

(3) 饰面砖安装。饰面砖安装过程中，应注意面砖与铝窗框应留出一道8mm宽的缝，缝中的水泥浆应清理干净。

(4) 窗扇防水处理。饰面砖完成后，将保护铝框的胶纸撕干净，安装玻璃。玻璃安装后，进行窗扇的节点细部防水处理，窗框拼条间用耐候胶填缝，玻璃与窗框间用玻璃胶填缝，铝框与墙体接触面用建筑防水墙边胶填缝。

将窗扇关闭，用高压消防水枪进行射水试验，室内墙面应无任何水渍，方可确认窗的防水性合格。

17.1.2 安装要点

1. 由于铝材拼装的榫口普遍接头不密封，故需在榫口上涂胶，以杜绝雨水渗漏。

2. 固定玻璃的空心胶条应分段填塞,然后用玻璃胶密封。开启活动窗扇的空心胶条断口改为焊接。

3. 应认真处理窗顶滴水和窗台室内外高差的构造要求。由于目前正反向组合平开窗的铝材尚无特型材料供应,故该施工工艺采用将铝材止口正点反向拼装,形成同一立面,窗的固定部位与活动部分窗框止口存在结构性高差,在确定饰面砖模数时,滴水线收口和窗台泄水坡要特别注意。

本工程采用铝合金平开窗固定窗扇反向安装操作工艺,经风洞检测及现场高压射水试验,效果良好。

情景二:聚氨酯PU发泡填缝材料在铝、塑门窗安装中的应用

PU填缝材料无论其防渗漏效果还是其保温、隔声、防腐、绝缘性能均较突出。PU填缝材料在施工中需注意渗漏防治和低温不发泡的防治。同时施工人员还需注意安全生产措施。

聚氨酯PU发泡填缝材料(以下简称PU填缝料),具有超低热传导率、低吸水性、不易收缩干裂、防腐、绝缘、隔声、自熄等性能,可用于各种建筑材料的填空补缝、密封堵漏、隔声、保温和粘结固定,近年来在铝合金及塑料门窗安装中得到了广泛使用。

17.2.1 铝、塑门窗安装中填缝方法的比较

1. 规范要求

关于铝、塑门窗窗框与洞口之间的缝隙填充方法,现行《塑料门窗安装及验收规程》(JGJ 103—2008)规定:窗框与洞口之间的伸缩缝内腔应采用闭孔泡沫塑料、发泡聚苯乙烯等弹性材料分层填塞,填塞不宜过紧。填塞后,撤掉临时固定用木楔或垫块,其空隙也应采用闭孔弹性材料填塞。

2. 几种填缝做法的对比

(1)从满足规范要求的角度比较。我国目前最常见的铝、塑门窗填缝材料有PU填缝料、矿棉毡、玻璃棉毡、沥青麻丝和水泥砂浆等,其中水泥砂浆在铝门窗的安装中使用普遍,但做法不能满足规范要求,在多年的使用中已暴露出种种缺陷,如防腐措施不当造成框料的腐蚀、填塞不密实造成渗漏、保护不当造成框料的污染和限制框料的自由胀缩等。

(2)从防治渗漏效果的角度比较。目前门窗防渗的做法是在缝表面填嵌缝膏,但由于某些嵌缝膏自身质量不过关、易老化或由于施工前清理不净造成嵌缝膏粘结不牢、安装马虎造成嵌缝膏厚度不足等原因而引起渗漏,因此仅靠这一道防水屏障是不够的,若在填缝层内再设一道防水屏障,效果将大为改观。PU填缝料由于本身发泡膨胀保证了填缝密实,且其具有较强的黏性,使框与填缝料粘结处不会产生裂缝。从防治渗漏的角度看,采用PU填缝料比用水泥砂浆有效。

(3)保温、隔声性能比较。PU填缝料热导性相对较低,热导系数仅为$0.03 \sim 0.04 \text{W}/(\text{m} \cdot \text{K})$,且密度仅$20 \text{kg}/\text{m}^3$,有很好的保温和隔声效果;矿棉毡、玻璃棉毡的保温、隔声性能也较好,但随时间的推移会逐渐降低;而水泥砂浆则根本不具备保温性能。

(4)防腐、绝缘性能比较。PU填缝料及矿棉、玻璃棉毡均具有防腐绝缘性能,水泥砂浆则不具备绝缘性能,且对铝合金有腐蚀作用,因此采用水泥砂浆填缝时,须对铝合金框与水泥砂浆接触面采取防腐措施。

17.2.2 PU 填料的安装方法

1. 安装准备工作

(1)对 PU 填缝料的验收。检查是否有出厂合格证,出厂时间是否在规定期限内(一般规定不得超过 18 个月)。

(2)刮底糙。对门窗洞口四周进行刮底糙处理时,洞口与窗框间隙视墙体饰面层材料不同而定,一般控制填缝宽度为 15~20mm(图 17-2),其原因是:一般墙体饰面均有刮糙工序,先刮糙对饰面层施工没有影响;刮糙与填缝不同,一般可保证密实,不会因此而产生渗漏;缝隙宽度控制为 15~20mm,既保证了枪罐的操作,也满足了规范所考虑的门窗材料的自由胀缩;可减少 PU 填缝料的用量,降低成本。

(3)对前道工序进行验收。根据设计要求和现行有关铝、塑门窗安装及验收规范的规定,应对门窗的原材料质量、制作安装质量进行验收,还应对门窗框与建筑物的连接方法以及连接件的规格、质量、间距、位置进行隐蔽验收。

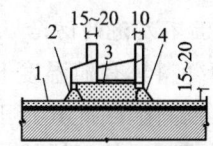

图 17-2 门窗口下部节点(单位:mm)
1—刮底糙;2—外侧嵌嵌缝膏;
3—PU 填缝料;4—内侧水泥砂浆勾缝

(4)外侧嵌填嵌缝膏。按照《塑料门窗工程技术规程》(JGJ 103—2008)的规定,外侧应采用嵌缝膏进行密封处理。

(5)清理缝隙。待外侧勾缝的水泥砂浆终凝后,先用铜筋钩清除缝内砖屑、石子等杂物,再用毛刷、鼓吹器(俗称皮老虎)清除里面的浮尘。

2. 安装操作

(1)基层湿润。填注 PU 填缝料前先在基层用喷水壶喷洒一层清水,为保证喷洒均匀,要使其形成水雾(可用小型加压喷雾器)。其原因是基层湿润有利于 PU 填缝料充分膨化,且有利于 PU 填缝料与周围充分粘结。

(2)填缝操作。将罐内料摇匀 1min 后装枪,填注时按垂直方向自下而上,水平方向自一端向另一端的顺序均匀慢速喷射。由于 PU 填缝料的膨化作用,在施工时喷射量可控制在需填充体积的 2/3,例如需填深度为 90mm,则喷射深度控制在 60mm 左右,槽表面应预留 10mm 深凹槽。喷射后立即在表面再次用喷雾器喷洒水雾,以利于充分膨化。

(3)修理及勾缝。PU 填缝料大约在施工后 10min 开始表面固化。1h 后即可进行下道工序。在充分固化后,应先对其进行修整,可用美工刀修理成 10mm 深的凹槽,然后用水泥砂浆勾缝加以保护。

3. 填缝的质量验收项目

(1)PU 填缝料本身的质量,可检查其出厂合格证。

(2)隐蔽工程验收。一是喷射 PU 填缝料前的隐蔽验收,主要检查缝内是否清理干净,水泥砂浆勾缝深度是否恰当。二是最后勾缝前的验收,主要检查填料是否饱满,留槽深度是否恰当。

(3)在安装施工单位自检合格的基础上,按规范规定的数量(按不同门窗品种、类型的樘数各抽查 5%,并均不应少于 3 樘)进行抽查,主要是检查 PU 填缝料的填嵌深度。

17.2.3 安装操作常见质量问题防治

1. 渗漏防治

采用PU填缝料作为填嵌材料,只要严格按要求施工一般不会出现渗漏。一旦发生渗漏其主要原因有:PU填缝料自身因素,现在市场上存在不闭孔发泡材料,由于其发泡后孔与孔相通,有可能渗漏;填缝时速度过快,造成PU填缝料不连续,有断口情况,留下渗漏隐患;门窗框固定方法不妥,因外力造成扭动引起PU填缝料与框料接触面开裂而形成渗水通道。

针对以上三种原因,采取的对策是:选用闭孔的聚氨酯PU发泡填缝材料;填缝操作时注意均匀慢速;将门窗框(特别是容易产生扭动的铝合金窗下框)与主体结构的固定方法由一侧固定改为两侧固定(图17-3)。

2. 低湿不发泡的防治

PU填缝料具有随温度升高发泡量增大的特性,若温度太低则不能充分膨化,因此其施工温度不宜低于5℃。如确需低温施工,可对料罐采取保温措施,如将料罐放在保温水桶内、料罐用泡沫塑料包裹等。

3. 安全生产措施

图17-3 门窗框的固定方法

PU填缝料无致敏性物质,对人体无害,且不含氟利昂,有利于环境保护,但由于使用时会产生混合气体,对人体有一定的刺激,且其固化前有较强的黏性,因此使用时按产品说明书要求并注意以下事项:

(1)安装人员应戴工作手套和护目镜;
(2)现场须通风;
(3)料罐所处环境温度应不高于50℃。

项目实训十八:实地观察门窗装饰工程安装典型情景实训

一、实训目的

1. 熟悉超高层建筑平开铝合金窗固定窗扇反向安装操作技术。
2. 掌握聚氨酯PU发泡填缝材料在铝、塑门窗安装中的应用。

二、实训内容

1. 现场观察某超高层建筑平开铝合金窗固定窗扇反向安装操作情景。
2. 现场观察聚氨酯PU发泡填缝材料在铝、塑门窗安装中的应用情景。

三、实训时间

每人操作45min。

四、实训报告

1. 编写现场观察某超高层建筑平开铝合金窗固定窗扇反向安装操作的情景报告。
2. 编写现场观察聚氨酯PU发泡填缝材料在铝、塑门窗安装中应用的情景报告。

模块七 涂饰、裱糊装饰工程

项目十八 涂饰、裱糊装饰工程安装操作

在建筑空间界面、构配件及家具表面进行涂饰或裱糊装修,既可以提高装饰效果,又可以保护饰面基层,同时具有制作方便、造价经济等优点,故油漆类、涂料类和裱糊类装饰安装操作工艺得到了广泛运用。

1. 涂料、裱糊类装饰制作环境条件

涂料、裱糊类装饰制作均需要在一定的温度和湿度范围内进行。不同类型的涂料都有其最佳成膜条件,其产品性能一般是在室温 23℃±2℃、相对湿度 60%~70% 的条件下测试的指标。当涂饰制作的环境温度和湿度不在这些范围之内时,将有可能使材料的性能发生较大程度的变化,从而影响饰面工程质量。通常要求制作环境温度在 10~35℃ 之间,冬季制作时,最低温度不应低于 5℃,且不得采取制作现场烘烤加温方式促使漆膜表干和固化。同时,应保证安装操作环境湿度不宜过高或过低,湿度过高(雨天制作)易使漆膜干固过慢,容易产生泛白现象(可适当添加白化水消除泛白现象);湿度过低,则空气干燥,易使漆膜干固过快,涂层结膜不够完全,固化不良。

其他环境条件下,如太阳光直接照射、较大的风力、空气中污染性物质等都对油漆、涂料类室内外装饰制作带来不良影响。

2. 涂料、裱糊类工程制作的基层处理

(1)涂料、裱糊类装饰制作对基层的要求

① 对于有缺陷的基层应进行修补,经修补后的基层表面不平整度及连接部位的错位状况,应限制在涂料品种、涂装厚度及表面状态等的允许范围之内。

② 基层含水率应根据所用涂料产品的种类,限制在允许的范围之内。除非采用允许施涂于潮湿基层的涂料品种,混凝土或抹灰基层施涂溶剂型涂料时的含水率不得大于 8%,施涂水溶性和乳液型涂料时的含水率不得大于 10%,木材基层的含水率不得大于 12%。

③ 基层 pH 值应根据所用涂料产品的种类,限制在允许的范围之内(一般要求不大于 10)。

④ 基层表面修补砂浆的碱性、含水率及粗糙性能等,应与其他部位相同,如有不一致应进行处理并加涂封底涂料。

A. 基层表面的强度与刚性应高于涂料的涂层。如果基层材料为加气混凝土等疏松表面,应预先涂刷固化交联溶剂型封底涂料或合成树脂乳液封闭底漆等配套底涂层,以加固基层

表面。

B. 根据国家标准《建筑装饰装修工程质量验收规范》(GB 50210—2001)的规定,新建筑物的混凝土基层在涂饰涂料前应涂刷抗碱封闭底漆;旧墙面在涂饰涂料前应清除疏松的旧装修层,并涂刷界面剂。

C. 涂饰工程基层所用的腻子,应按基层、底涂料和面涂料的性能配套使用,其塑性和易涂性应满足制作要求,干燥后应坚实牢固,不易粉化、起皮和裂纹。应打磨平整光滑,并清理干净。内墙腻子的粘结强度应符合《建筑室内用腻子》(JG/T 3049—1998)的规定;建筑外墙及厨房、卫生间等墙面基层,必须使用具有耐水性能的腻子。

D. 在涂饰基层上安装的金属件和钉件等,除不锈产品外均应进行防锈处理。

E. 在涂饰基层上的各种构件、预埋件以及水暖、电气、空调等设备管线或控制接口等,凡是有可能影响涂层装饰质量的工种、工序和操作项目,均应按设计要求事先完成。

(2)对基层的检查

基层的质量状况同涂料涂饰制作以及施涂后涂膜的性能、装饰质量关系重大,因此在涂饰前必须对基层进行全面检查。检查的内容包括基体材质和质量、基层表面的平整度及裂缝、麻面、气孔、脱壳、分离等现象,粉化、泛沫、硬化不良、脆弱等缺陷,以及是否玷污、有无脱膜剂和油类物质等,同时检测基层的含水率和 pH 值等。

(3)对基层的清理

被涂饰基层的表面不应有灰尘、油脂、脱膜剂、锈斑、砂浆流痕、溅沫及混凝土渗出物等。清理基层的目的即是去除基层表面的粘附物,使基层洁净,以利于涂料饰面与基层的牢固粘结,常用的清理方法见表 18-1 所示。

表 18-1 涂饰基层常用的清理方法

基层表面及其粘附物状态	清 理 方 法
硬化不良或分离脱壳	全部铲除脱壳分离部分,并用钢丝刷除去浮渣,清扫洁净
粉末状粘附物	用毛刷、扫帚和吸尘器清理去除
电焊溅射或砂浆类残留	用打磨机、铲刀及钢丝刷等清除
油脂、脱膜剂、胶粘剂等粘附物	用溶剂、去油剂及化学洗涤剂清除
锈斑	用钢丝刷、钢针除锈枪及化学洗涤剂清除
霉斑	用化学去霉剂清除
表面泛白	轻微者可用钢丝刷、吸尘器清除;严重者应先用 3% 草酸溶液清洗,然后用清水冲刷干净,或在基层上满刷一遍耐碱底漆,待其干燥后批刮腻子
金属基层锈蚀、氧化及木质基层旧漆膜	手工铲磨、机械磨除,或液化气、热吹风及火焰清除器清除

(4)基层修补

有缺陷的基体或基层应进行修补,可采用必要的补强措施及采用 1:3 水泥砂浆(水泥石屑浆、聚酯砂浆或聚合物水泥砂浆)等材料进行处理。表面的麻面及缝隙,用腻子批嵌修平。基层修补的常用方法见表 18-2 所示。

表 18-2　涂饰制作修补基层表面缺陷的常用方法

基层(基体)缺陷	修 补 方 法
混凝土基体表面不平衡	清除混凝土表面,先涂刷基层处理剂或水泥浆(或聚合物水泥浆),再用聚合物水泥砂浆(水泥和砂加适量108胶)分层抹平,每遍厚度≤7mm,平均总厚度为18~20mm,表面用木抹子抹平,终凝后进行养护
混凝土结构基体尺寸不准确或设计变更,需采用纠正措施或将水泥砂浆找平层厚度增大	在需修整部位固定钢板找平砂浆(略掺麻刀或玻璃丝等纤维材料),必要时采用型钢骨架固定后再焊敷钢板网进行抹灰
水泥基层有空鼓分离,但难以铲除	用电钻钻孔($\varphi 5~10mm$),将低黏度环氧树脂注入分离孔内固结,表面裂缝用聚合物水泥砂浆腻子嵌实并打磨平整
基层有较大的裂缝应用腻子嵌批,不能修补	将裂缝剔成"V"形,填充防水密封材料;表面裂缝用合成树脂或聚合物水泥砂浆腻子嵌实并打磨平整
水泥类基体表面分布细小裂缝	采用基底封闭材料或防水腻子将裂缝部位批覆或嵌实磨平;预制混凝土板小裂缝可用低黏度环氧树脂或聚合物水泥砂浆采用压力灌注缝隙,表面砂磨平整
基层的气孔砂眼与麻面现象	孔眼$\varphi 3mm$以上者用树脂砂浆或聚合物水泥砂浆批嵌,细小者可用同类涂料腻子或用与涂料配套的涂底材料封闭,目前多数新型涂料均具封闭基层性能,但对于麻点过大者应用腻子分层处理
基体表面凹凸不平	剔凿或采用磨光机处理凸出部位,凹入部分分层批抹树脂砂浆或聚合物水泥砂浆,硬化后打磨平整
结构基体露筋	将露出的钢筋清除铁锈后做防锈处理;或将结构部位做少量剔凿,对钢筋做除锈或防锈处理后,用1:3水泥砂浆分层填实补平

18.1　涂料类饰面制作

18.1.1　内墙涂料饰面制作工艺

1. 内墙涂料饰面制作工艺流程

墙面基层清理→局部刮腻子→磨平→第1遍满刮腻子→磨平→第2遍满刮腻子→磨平→第1遍底漆涂滚→复补腻子→磨平→第2遍喷刷滚→清理成活。

2. 内墙涂料饰面制作工艺

内墙涂料饰面制作工序见表18-3所示。

表 18-3　内墙涂料饰面制作工序

项次	工序名称	乳胶漆		内墙涂料		装饰涂料	
		普通	高级	普通	高级	真石漆	刮毛
1	基层清理	+	+	+	+	+	+
2	填补缝隙、局部刮腻子	+	+	+	+	+	+
3	磨平	+	+	+	+	+	+
4	第1遍满刮腻子	+	+	+	+	+	+

续表

项次	工序名称	乳胶漆		内墙涂料		装饰涂料	
		普通	高级	普通	高级	真石漆	刮毛
5	磨平	+	+	+	+	+	+
6	第2遍满刮腻子	+	+	+	+	+	+
7	磨平	+	+	+	+	+	+
8	第1遍底漆涂滚	+	+	+	+	+	+
9	复补腻子	+	+	+	+	+	+
10	磨平	+	+	+	+	+	+
11	第2遍喷刷滚（模板刮毛）	+	+	+	+	+	+
12	磨平（光）		+		+		
13	第3遍喷刷滚		+		+		

（1）墙面基层处理：原有装修层必须全部铲除。

（2）局部刮腻子：调配腻子，镶补缝隙，局部刮腻子，磨平。

（3）满刮腻子：满刮腻子两遍，磨平。

（4）第1遍底漆涂滚：第1遍底漆涂滚，复补腻子，磨平。

（5）第2遍喷刷滚（模板刮毛）：

① 普通乳胶漆用辊子滚涂一遍，用刷子局部刷涂补漏，清理成活。

② 高级装饰涂料用模具或喷枪进行刮毛等造型处理。

（6）面涂：第3遍喷刷滚涂，清理成活。

18.1.2　外墙涂料饰面制作工艺

1. 外墙涂料饰面制作工艺流程

墙面基层清理→1∶3水泥砂浆找平→刮水泥腻子（或弹性腻子）→磨平→第1遍满刮水泥腻子→磨平→第2遍满刮水泥腻子→磨平→喷刷封底涂料→喷刷主层涂料→喷刷第1遍罩面涂料→喷刷第2遍罩面涂料→清理成活。

2. 外墙涂料饰面制作工序

外墙涂料饰面制作工序见表18-4所示。

表18-4　外墙涂料饰面制作工序

项次	工序名称	乳胶漆		外墙涂料		外墙真石漆	
		普通	高级	普通	高级	普通	高级
1	基层清理	+	+	+	+	+	+
2	填补缝隙、局部刮水泥腻子（或弹性腻子）	+	+	+	+	+	+
3	磨平	+	+	+	+	+	+
4	第1遍满刮水泥腻子（或弹性腻子）	+	+	+	+	+	+
5	磨平	+	+	+	+	+	+

续表

项次	工序名称	乳胶漆 普通	乳胶漆 高级	外墙涂料 普通	外墙涂料 高级	外墙真石漆 普通	外墙真石漆 高级
6	第2遍满刮水泥腻子（或弹性腻子）	+	+	+	+	+	+
7	磨平	+	+	+	+	+	+
8	喷刷封底涂料	+	+	+	+	+	+
9	喷刷主层涂料		+		+		+
10	滚压		+		+		+
11	喷刷第1遍罩面涂料	+	+	+	+	+	+
12	喷刷第2遍罩面涂料		+		+		+

（1）墙面基层处理：采用1:3水泥砂浆找平外墙、柱面基层。

（2）局部刮水泥腻子：局部刮水泥腻子，或用弹性腻子，填补缝隙，砂纸磨平。

（3）第1遍满刮水泥腻子：第1遍满刮白水泥腻子或弹性腻子，砂纸磨平。

（4）第2遍满刮水泥腻子：第2遍满刮白水泥腻子或弹性腻子，砂纸磨平。

（5）喷滚封底涂料：喷滚封底涂料，封底涂料兼有防水功能。

（6）喷刷主层涂料：喷刷主层涂料，辊子滚压。

（7）喷刷第1遍罩面涂料：用辊子滚压第1遍罩面涂料。

（8）喷刷第2遍罩面涂料：用辊子滚压第2遍罩面涂料，清理成活。

18.2 油漆饰面制作

油漆类装饰制作主要有喷、刷两种制作工艺。

18.2.1 木材面涂刷清漆磨退制作工艺

1. 木材面涂刷清漆磨退制作工艺流程

基层清理→润粉着色→刮腻子→砂纸打磨→刷清漆（各类清漆、水性木器清漆）多遍（5~6遍）→水砂纸打磨→上光蜡→清理成活。

2. 木材面涂刷清漆磨退制作工序

饰面板涂刷清漆磨退制作工序见表18-5所示。

表18-5 涂刷清漆（硝基清漆、聚酯清漆、水性清漆）磨退制作工序

项次	工序名称	中级清漆	高级清漆	项次	工序名称	中级清漆	高级清漆
1	基层清理，去除油污	+	+	15	刷第4遍清漆	+	+
2	砂纸打磨	+	+	16	水砂纸磨光	+	+
3	润粉着色、刷水色	+	+	17	刷第5遍清漆	+	+
4	封闭底色	+	+	18	水砂纸磨光	+	+
5	砂纸打磨	+	+	19	刷第6遍清漆		+
6	拼色、砂纸打磨	+	+	20	水砂纸磨光		+
7	刷底漆	+	+	21	刷第7遍清漆		+

续表

项次	工序名称	中级清漆	高级清漆	项次	工序名称	中级清漆	高级清漆
8	水砂纸磨光	+	+	22	水砂纸磨光		+
9	刷第1遍清漆	+	+	23	刷第8遍清漆		+
10	水砂纸磨光	+	+	24	水砂纸磨光		+
11	刷第2遍清漆	+	+	25	刷第9遍清漆		+
12	水砂纸磨光	+	+	26	水砂纸磨光		+
13	刷第3遍清漆	+	+	27	刷第10遍清漆		+
14	水砂纸磨光	+	+	28	刷防火漆、抛光上蜡清理成活		

注:1. 表中"+"号表示应该进行的工序;
　　2. 高级清漆工序可根据工程需要适当增加涂刷清漆遍数。

(1)基层处理:

① 胶合板基层。当涂刷硝基清漆时,各种材质的胶合板饰面板材进入制作现场后,首先应该刮刷透明腻子,以保护胶合板的饰面层不受污染。

② 实木基层。首先将实木基层表面上的污尘、斑点、油污及胶迹等清除干净,可用汽油擦洗油污,刮刀刮除胶迹斑点,然后用砂纸(1号以上)顺木纹方向打磨光滑。

(2)润粉着色、封闭底色:

① 首先调配腻子,用以填补饰面基层板上钉眼(涂刷硝基清漆时,应调配硝基腻子点补钉眼)、缝隙、凹坑不平的缺陷等,使基层平整,然后用砂纸打磨平整。腻子可自配,也可买成品腻子,应和基层、底漆、面漆配套使用;常用腻子有水性腻子、油性腻子和挥发性腻子三类,具体见表18-6所示。

表18-6　常用腻子配比及性能

种类	组成及配比(质量比)	性能与应用
室内乳液腻子	聚醋酸乙烯乳液:滑石粉或大白粉:2%羧甲基纤维素溶液=1:1.5:3.5	易刮涂填嵌,干燥快,易打磨;适用于水泥抹灰基层
聚合物水泥腻子	聚醋酸乙烯乳胶:水泥:水=1:5:1	易制作,强度高;适用于建筑外墙及易受潮内墙基层
室内油性石膏腻子	石膏粉:熟桐油:水=20:7:50 石膏粉:熟桐油:松香水:水:液体催干剂=(0.8~0.9):1:适量:(0.25~0.3);熟桐油和松香水质量的1%~2%	使用方便,干燥快,硬度好,易批刮涂抹;适用于木质基层
室内虫胶腻子	大白粉:虫胶清漆:颜料=75:24.2:0.6	干燥快,不渗陷,附着力强;适用于木料基层嵌补,现制现用
室内硝基腻子	硝基漆:香蕉水:大白粉=1:3:适量(可掺加适量体质颜料)	与硝基漆配套使用;属快干腻子,用于金属面时宜用定型产品
室内过氯乙烯腻子	过氯乙烯底漆与石英粉(320目)混合拌成糊状使用;其粘结力和塑性不足,可用过氯乙烯清漆代替过氯乙烯底漆	适用于过氯乙烯底漆饰面的打底层

续表

种　类	组成及配比(质量比)	性　能　与　应　用
T07-2 油性腻子	用酯胶清漆、颜料、催干剂和200号溶剂汽油(松节油)混合研磨加工制成	刮涂性好;可用以填平木料及金属表面的凹坑、空眼和裂纹
Q07-5 硝基腻子	由硝化棉、纯酸树脂、增韧剂及颜料等组成,其挥发部分由脂、酮、醇、苯类溶剂组成	用于过氯乙烯油漆饰面的基层填平、打底
G07-4 过氯乙烯腻子	用过氯乙烯树脂、纯酸树脂、颜料及有机溶剂混合研磨加工制成	易批刮填嵌,易打磨,干燥快;适用于木质及水泥抹灰基层
室内水性血料腻子	大白粉:血料(猪血原料):鸡脚苯＝56:16:1(制作现场自配)血料腻子的高品名称为"猪料灰"	易批刮填嵌,易打磨,干燥快;适用于木质及水泥抹灰基层
AB-07 原子灰	由抗氧阻聚(气干型)不饱和聚酯、颜料、填料及助剂经研磨加工制成,使用时另配引发剂	该腻子产品对金属基面的嵌补处理具有显著功效,现被广泛应用于装饰装修工程的各种金属、玻璃钢、木材等表面基层填平 该产品为黏稠物,与少量引发剂混合后反应速度快,固化快,制作后约0.5h即可打磨;膜层平滑,硬度高,附着力强,填平封闭性及耐候性能优异,特别适用于高寒或湿热地区

② 在木质基层上刷涂着色剂,使木作装修体现以某种色调为主的装饰效果。着色剂可分为水色、酒色和油色三种,其组成、特点见表18-7所示。

表18-7　木质基层上刷涂着色剂的材料组成及特点

着色	材　料　组　成	着　色　特　点
水色	常用黄纳粉、黑纳粉等酸性颜料溶解于热水中(颜料占10%~20%)	透明,无遮盖力,保持木纹清晰;耐晒性能较差,易褪色
酒色	在虫胶清漆中掺入适量品色颜料,即成着色虫胶漆	透明,能清晰显露木纹,耐晒性能较好
油色	用氧化铁系材料、哈巴粉、锌钡白、大白粉调入松香水中,再加清油或清漆等,调成稀浆	由于采用无机颜料作着色剂,耐晒性能良好,不易褪色。缺点是透明度较低,木纹显露不清晰

注:1."虫胶"也称紫胶、漆片,产于马来西亚、印度等地,是一种虫胶虫在幼虫时期因新陈代谢所分泌的胶质积累在树枝上而成的。将其洗涤、磨碎,去除树枝和树皮上的红色素及可溶性物质,然后加热熔化、过滤摊成薄层,即成市场销售的橙黄色虫胶片(也称漆片)。橙黄色虫胶片溶液用漂白粉脱色,再用硫酸中和使之沉淀,并经洗涤、烘干,可得白色精漂的虫胶。虫胶不适宜用烃、油、酯类作溶剂,因而对各种木材面分泌物、着色层具有良好的隔绝封闭作用,能够有效避免树脂、松脂等各种分泌物的渗透析出,也可在天然树脂与合成树脂配套涂饰中起到隔绝作用,而不使两者之间产生化学反应。《住宅装饰装修制作规范》(GB 50327—2001)规定:木质基层涂刷清漆时,基层上的节疤、松脂部位应用虫胶漆封闭。此外,在不透明涂饰中,使用虫胶漆作底漆,可以弥补木材基层上的缺陷和不足。虫胶老粉腻子是透明涂饰工艺中最佳的嵌补材料,干燥性能良好,易打磨,吸水性强,无填疤,色泽均匀一致。
2."酒色"的称谓是由于虫胶漆为虫胶片溶解于酒精(乙醇)而得名,虫胶漆也称"泡力水"。市场上销售的产品主要有黄、白、红三色,其中黄色泡力水呈淡咖啡色透明液体,在木质材料表面打底色涂饰后,木纹显露且色泽鲜艳,表面光滑,可连续多遍涂刷。酒色的作用主要是涂层着色或着色调整,也可以采用稀释的硝基清漆或聚氨酯清漆加入染料(或颜料)配制。

③ 在木质基层上刷涂一遍封闭底漆(虫胶漆),使木纹图案鲜艳光滑。

259

(3)涂刷多遍清漆(涂刷每遍清漆间隔时间 3~12h),水砂纸磨光:涂刷清漆的黏度应调制到最佳状态,不能与其他油漆混用,且应与腻子、底漆配套使用;油漆应搅拌均匀,静置 5min 后,待表面泡沫消失后方可使用。

① 涂刷第 1 遍清漆,点补钉眼,用 180 号以上水砂纸磨平。

② 涂刷(喷)第 2 遍清漆,用 400 号以上水砂纸磨平。

③ 刮涂两遍复合底漆(可起普通腻子作用),用 400 号以上水砂纸磨平。

④ 涂刷(喷)清漆 2~3 遍,采用 1000 号以上水砂纸磨平。

(4)涂刷饰面清漆:涂刷(喷)防水清漆一遍。

(5)涂刷防火漆 3 遍:涂刷(喷)防火漆 3 遍,增加饰面涂饰的防火阻燃能力。

(6)抛光上蜡、清理成活:在饰面漆膜上进行抛光上蜡处理,以提高漆膜的光亮度;常用的抛光上蜡材料有砂蜡和上光蜡,见表 18-8 所示。

表 18-8 抛光上蜡材料的组成及用途

名称	材料组成				用途
	成分	配合比(质量比)			
		Ⅰ	Ⅱ	Ⅲ	
砂蜡	硬蜡(棕榈蜡)液体石蜡		10.0		主要用于擦平硝基漆、丙烯酸漆、聚氨酯漆等漆膜表面的凹凸不平处,并可消除涂层表面的发白污染、橘皮现象及粗粒造成的饰面不良影响
	白蜡			20.0	
	皂片	10.3		2.0	
	硬脂酸锌		10.0		
	铅红	9.5		60.0	
	硅藻土		16.0		
	蓖麻油			10.0	
	煤油		40.0		
	松节油	40.0			
	松香水	24.0	24.0		
	水			8.0	
上光蜡	硬蜡(棕榈蜡)	3.0	20.0		主要有乳白色的汽车蜡和黄褐色的地板蜡,可用于油漆涂料饰面的最后抛光,增加漆膜亮度,并可使之具有一定的防水和防污物粘附作用,延长涂层寿命
	白蜡		5.0		
	合成蜡		5.0		
	松节油	10.0	40.0		
	有机硅油	0.005	少量		
	松香水		25.0		
	水	83.9			

注:1. 可使用酒精和香蕉水的混合液对硝基漆的漆膜表面进行擦涂抛光,也可使用酒精和稀释剂的混合液对聚氨酯漆的漆膜表面进行擦涂抛光;

2. 当环境温度在 25℃以上时,酒精和稀释剂的配合比为 6∶4~7∶3;当环境温度在 15~25℃时,酒精和稀释剂的配合比为 1∶1。

擦砂蜡时,将砂蜡捻细浸入煤油内呈糊状,再用棉纱蘸取后顺木纹方向涂擦,涂擦面积由小至大,当表面呈现光泽后,用干净棉纱擦除多余的砂蜡,用棉纱蘸取少量煤油反复擦涂至漆膜透亮为止,再擦净残余的煤油,清理成活。

18.2.2 木材面涂刷色漆(混油漆)制作工艺

1. 木材面涂刷色漆(混油漆)制作工艺流程

基层清理→润粉着色→刮腻子→砂纸打磨→刷清漆(各类清漆、水性木器漆)多遍(5～6遍)→水砂纸打磨→上光蜡→清理成活。

2. 木材面涂刷色漆(混油漆)制作工艺

木材面涂刷色漆磨退制作工序见表18-9所示。

表18-9 木材面涂刷色漆(混油漆)磨退制作工序

项次	工序名称	中级清漆	高级清漆	项次	工序名称	中级清漆	高级清漆
1	基层清理,去除油污	+	+	14	喷刷第1遍清漆	+	+
2	砂纸打磨	+	+	15	复补腻子	+	+
3	木节疤处点漆片	+	+	16	砂纸磨光、湿布擦净	+	+
4	干性油或带色干性油打底	+	+	17	喷刷第2遍清漆	+	+
5	局部刮油漆腻子补孔洞	+	+	18	水砂纸磨光	+	+
6	砂纸打磨	+	+	19	喷刷第3遍清漆	+	+
7	腻子处涂干性油	+	+	20	水砂纸磨光	+	+
8	第1遍满刮腻子	+	+	21	喷刷第4遍清漆	+	+
9	砂纸磨光	+	+	22	水砂纸磨光	+	+
10	第2遍满刮腻子	+	+	23	喷刷第5遍清漆		+
11	砂纸磨光	+	+	24	水砂纸磨光		+
12	喷刷底漆	+	+	25	喷刷第6～10遍清漆		+
13	砂纸磨光	+	+	26	抛光上蜡、清理成活	+	+

注:1. 表中"+"号表示应该进行的工序;
  2. 高级色漆工序可根据工程需要适当增加喷刷色漆遍数;
  3. 聚氨酯清漆根据工程需要,可涂刷1～2遍底漆和2～3遍清漆。

(1)基层处理:

① 胶合板基层。各种材质的胶合板饰面板材进入制作现场后,首先应该刮刷透明腻子,以保护胶合板的饰面层不受污染。

② 实木基层。首先将实木基层表面上的污尘、斑点、油污及胶迹等清除干净,可用汽油擦洗油污,刮刀刮除胶迹斑点,然后用砂纸(1号以上)顺木纹方向打磨光滑。

(2)润粉着色、封闭底色:

① 首先调配腻子,用以填补饰面基层板上钉眼、缝隙、凹凸不平的缺陷等,使基层平整,然后砂纸打磨平整,腻子处涂干性油。

② 在木质基层上刷涂着色剂,使木作装修体现以某种色调为主的装饰效果。着色剂可分为水色、酒色和油色三种不同做法。

(3)满刮腻子:满刮腻子两遍,砂纸磨光。
(4)喷刷底漆:喷刷一遍底漆,砂纸磨光。
(5)喷刷色漆:

① 喷刷第1遍面漆,复补腻子;砂纸磨光,湿布擦净。
② 喷刷第2遍面漆,水砂纸磨光。
③ 喷刷第3遍面漆,水砂纸磨光。
④ 喷刷第4遍面漆,水砂纸磨光。
⑤ 喷刷第5遍面漆。

(6)抛光上蜡、清理成活:在饰面漆膜上进行抛光上蜡处理。常用的抛光上蜡材料有砂蜡和上光蜡。擦砂蜡时,将砂蜡捻细浸入煤油内呈糊状,再用棉纱蘸取后顺木纹方向涂擦,涂擦面积由小至大。当表面呈现光浮后,用干净棉纱擦除多余的砂蜡,用棉纱蘸取少量煤油反复擦涂至漆膜透亮为止,再擦净残余的煤油,清理成活。

18.2.3 墙面涂刷调和漆制作工艺

1. 墙面涂刷调和漆制作工艺流程

基层清理→局部腻子补孔→第1遍满刮腻子→砂纸打磨→第2遍满刮腻子→磨平→干性油打底→第1遍喷刷调和漆→复补腻子→砂纸打磨→第2遍喷刷调和漆→磨平→第3遍喷刷调和漆→清理成活。

2. 墙面涂刷调和漆制作工艺

墙面涂刷调和漆制作工序见表18-10所示。

表18-10 墙面涂刷调和漆制作工序

项次	工序名称	中级清漆	高级清漆	项次	工序名称	中级清漆	高级清漆
1	基层清理	+	+	9	第1遍喷刷调和漆	+	+
2	局部腻子补孔洞	+	+	10	复补腻子	+	+
3	磨平	+	+	11	磨平	+	+
4	第1遍满刮腻子	+	+	12	第2遍喷刷调和漆	+	+
5	磨平	+	+	13	磨平(光)	+	+
6	第2遍满刮腻子		+	14	第3遍喷刷调和漆	+	+
7	磨平		+	15	磨平(光)		+
8	干性油打底	+	+	16	第4遍喷刷调和漆		+

(1)基层处理:按表18-1和表18-2所述进行基层处理。
(2)局部腻子补孔洞、缝隙,磨平。
(3)满刮腻子:满刮腻子两遍,磨平;然后干性油打底。
(4)喷刷调和漆:

① 第1遍喷刷调和漆,复补腻子,磨平。
② 第2遍喷刷调和漆,磨平(光)。

(5)涂刷饰面调和漆:第3遍喷刷调和漆,清理成活。

18.2.4 金属面涂刷油漆制作工艺

1. 金属面涂刷油漆制作工艺流程

金属基层清理→喷刷防锈漆→刮油漆腻子→砂纸打磨→喷刷防锈漆→满刮油漆腻子→砂纸打磨→喷刷铅油→涂刷银粉涂料→清理成活。

2. 金属面涂刷油漆制作工艺

金属面涂刷油漆制作工序见表18-11所示。

表18-11 金属面涂刷油漆制作工序

项次	工序名称	普通清漆	中级清漆	高级清漆	项次	工序名称	普通清漆	中级清漆	高级清漆
1	金属表面除锈、清扫、铁砂纸打磨	+	+	+	12	喷刷银粉涂料		+	
2	喷刷防锈漆1遍	+	+	+	13	喷刷第1遍油漆			+
3	局部刮油漆腻子	+	+	+	14	复补油漆腻子			+
4	磨光	+	+	+	15	磨光、湿布擦净			+
5	喷刷防锈漆1遍	+	+	+	16	喷刷第2遍油漆			+
6	第1遍满刮油漆腻子		+	+	17	磨光、湿布擦净			+
7	磨光		+	+	18	喷刷第3遍油漆			+
8	第2遍满刮油漆腻子			+	19	磨光、湿布擦净			+
9	磨光			+	20	喷刷第1遍防火涂料			+
10	喷刷铅油		+	+	21	磨光、湿布擦净			+
11	磨光		+		22	喷刷第2遍防火涂料，清理成活			+

（1）基层处理：金属表面除锈、清扫、铁砂纸打磨。
（2）喷刷防锈漆：喷刷防锈漆一遍，局部刮油漆腻子，磨光。
（3）喷刷防锈漆一遍。
（4）满刮油漆腻子：满刮油漆腻子两遍，磨光。
（5）喷刷铅油：喷刷铅油一遍，磨光。
（6）涂刷银粉涂料，清理成活。

18.3 裱糊、软包类装饰制作

18.3.1 裱糊类制作工艺

1. 裱糊类制作工艺流程

墙面基层清理→局部刮腻子→磨平→第1遍满刮腻子→第2遍满刮腻子→刷防潮底漆→放线定位、分格→刷封底胶水→选材、拼花、试贴→刷胶→拼贴壁纸→修缝→清理成活。

2. 裱糊类制作工艺

墙、柱面裱糊类制作工序见表18-12所示。

表 18-12 墙、柱面裱糊类制作工序

项次	工序名称	无纺墙布	塑料壁纸	纤维墙布	金属壁纸
1	基层清理	+	+	+	+
2	填补缝隙、局部刮腻子	+	+	+	+
3	磨平	+	+	+	+
4	第1遍满刮腻子	+	+	+	+
5	磨平	+	+	+	+
6	第2遍满刮腻子	+	+	+	+
7	磨平、刷防潮底漆	+	+	+	+
8	放线定位、分格	+	+	+	+
9	刷封底胶水	+	+	+	+
10	选材、拼花、试贴	+	+	+	+
11	壁纸及墙面刷胶	+	+	+	+
12	拼贴壁纸、对花	+		+	+
13	壁纸刀切割修缝	+	+	+	+
14	清理成活	+	+	+	+

注：目前装饰材料市场提供的裱糊类材料，已经过特殊处理，裱糊制作时不必进行闷水（吸水）处理。

（1）墙面基层处理：墙面基层清理附灰、油污，光滑的水泥面需用钢钎凿毛，并提前1d洒水湿润。

（2）水泥砂浆找平层：

① 首先用1∶3水泥砂浆做灰饼，厚同找平层20mm，再间隔1500mm左右做标筋，宽100mm左右；在标筋之间采用1∶3水泥砂浆做找平层。

② 如为二次装修，则需将原有装修层铲除。

（3）局部刮腻子：局部刮腻子，填补缝隙，砂纸磨平。

（4）满刮腻子：

① 第1遍满刮腻子，砂纸磨平。

② 第2遍满刮腻子，砂纸磨平，刷防潮底漆。

（5）放线定位：按照壁纸尺寸、图案拼花，放线定位、分格。墙、桩面刷封底胶水（将配套胶粉加水稀释）。

（6）选材、拼花、试贴、刷胶：对壁纸进行选材、拼花、试贴，进行编号，剔除不合格材料。将配套胶粉按比例加水，调制粘结胶水，在壁纸背面和墙、柱面上刷胶。

（7）拼贴壁纸：拼贴壁纸、对花图案，用滚板压平。

（8）修缝：对缝拼贴，接缝不宜设在阳角等视觉观看明显处；壁纸相互搭接10mm左右，用壁纸刀顺缝切割，揭掉表层多余壁纸，随时擦掉缝隙溢出的胶液；如局部有气泡凸出，可采用一次性医用空针吸出空气，也可用壁纸刀顺壁纸纹理方向切割小口，挤出空气。

（9）清理：清理壁纸表面成活。

18.3.2 软包类制作工艺

某会议室软包墙面装修如图18-1所示。

项目十八 涂饰、裱糊装饰工程安装操作

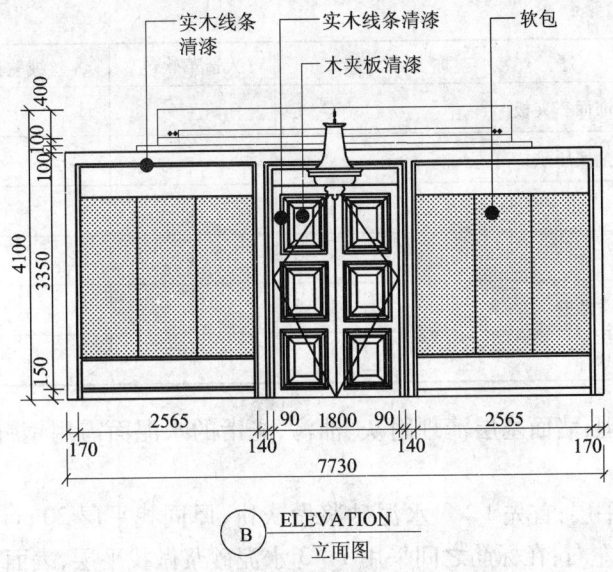

图 18-1 某会议室软包墙面装修

1. 软包类制作工艺流程

墙面基层清理→1:3 水泥砂浆做找平层→做防潮层→放线定位、电锤打孔→钉木龙骨→涂刷防火涂料两遍→钉基层板→放线定位→软包材料下料→按造型图案钉木分格条→固定软包材料→钉饰面三夹板→钉压缝条→木材面上刮腻子→木材面上刷饰面漆→木材面上刷防火漆→揭掉软包材料保护膜,清理成活。

2. 软包类制作工艺

软包类制作工序见表 18-13 所示。

表 18-13 软包类制作工序

项次	工 序 名 称	人造革软包	丝绒软包	装饰布软包
1	基层清理,提前洒水湿润	+	+	+
2	1:3 水泥砂浆做灰饼、标筋,间距1.5m 左右	+	+	+
3	1:3 水泥砂浆做找平层,厚20mm,分层操作	+	+	+
4	电锤打孔,打入防腐木楔	+	+	+
5	钉木龙骨 30×40@400(或采用细木工板切割板条)	+	+	+
6	做防潮层	+	+	+
7	放线定位	+	+	+
8	刷防火涂料两遍(木龙骨和基层板背面)	+	+	+
9	钉基层板(细木工板、九夹板、中密度板、五夹板)	+	+	+
10	放线定位、拼花图案	+	+	+
11	软包材料下料、裁剪,表面覆加保护膜	+	+	+
12	按造型图案钉木分格条(实木条、细木工板条、九夹板条)	+	+	+
13	五夹板软包单体(五夹板衬板外包丝绒等)		+	
14	软包材料粘贴或钉在基层板上	+		+

续表

项次	工 序 名 称	人造革软包	丝绒软包	装饰布软包
15	在木分格条上钉饰面三夹板	+	+	+
16	钉实木压缝条或金属压条	+		+
17	木材面上刮腻子	+	+	+
18	木材面上刷饰面漆	+	+	+
19	木材面上刷防火漆两遍	+		+
20	揭掉保护膜,清理成活	+	+	+

（1）墙面基层处理：墙面基层清理附灰、油污，光滑的水泥面需用钢钎凿毛，并提前 1d 洒水湿润。

（2）水泥砂浆找平层：首先 1∶3 水泥砂浆做灰饼，厚同找平层 20mm，再间隔 1500mm 左右做标筋，宽 100mm 左右；在标筋之间采用 1∶3 水泥砂浆做找平层，表面用木板刮毛。

（3）做墙面防潮层：墙面涂刷高性能防水涂料、封闭底漆，或在安装木龙骨之前，在墙面上满铺防水卷材（APP 或 SBS）。

（4）放线定位、电锤打孔：在做了防潮层的墙面上放墨线，确定出墙面铺设木龙骨的位置；用电锤打孔，间距 500mm 左右；加工木楔，将木楔涂刷防腐涂料打入墙孔内。

（5）钉木龙骨：采用木龙骨 30×40@400（或采用细木工板切割板条，板条宽 40mm 左右），钉到木楔上固定龙骨。

（6）涂刷防火涂料：在木龙骨上和基层板材的背后涂刷防火涂料两遍，以提高木作材料的防火阻燃能力。

（7）钉基层板：在做好防火处理的木龙骨上，先涂刷白乳胶，把基层板（细木工板、九夹板、中密度板）用直钉钉在木龙骨上；根据装修设计图纸，如果有造型，需在基层板上放墨线定位，然后用直钉钉造型板（细木工板或中密度板）。

（8）铺贴软包面层：软包类面层铺贴通常采用两种方法，即分块固定法和卷材铺装法。首先应该在软包材料表面覆盖一层塑料薄膜保护层。

① 分块固定法：首先将丝绒或人造革同五夹板一起，按饰面造型图案的要求进行分格、裁剪切割，丝绒或人造革铺贴在五夹板单体上，丝绒或人造革在五夹板背后压边 50mm 左右，采用码钉固定，然后将做好的软包单体嵌入已加工好的造型板嵌框内，构成活动式软包单体，也可打入直钉固定软包单体，构成固定式软包饰面。

② 卷材铺装法：将丝绒或人造革卷材下料裁剪切割，展开铺贴在基层板上；采用造型板条压住丝绒或人造革，直钉固定。

（9）钉饰面板、木压条或金属压条：在造型板和嵌框板上钉饰面板，另外钉木压线条或金属（镜面不锈钢、铜条）压条。

（10）涂刷饰面漆、防火漆：在木材面上用腻子堵钉眼，涂刷饰面漆及防火漆 3 遍。

（11）清理成活：揭掉软包材料上的塑料保护膜，清理表面成活。

18.4 涂料、裱糊类工程质量验收

18.4.1 涂料、裱糊类工程质量一般规定

1. 文件和记录检查

根据《建筑装饰装修工程质量验收规范》(GB 50210—2001)的规定,涂饰和裱糊类工程质量验收时,应检查下列文件和记录:

(1)涂饰和裱糊类工程的制作图、设计说明及其他设计文件。

(2)材料的产品合格证书,性能检测报告和进场验收记录。

(3)制作记录。

2. 检验批的划分

各分项工程的检验批,应按下列规定划分:

(1)室外涂饰工程,每一栋楼的同类涂料涂饰的墙面每 500~1000m^2 应划分为一个检验批,不足 500m^2 也应划分为一个检验批。

(2)室内涂饰工程,同类涂料涂饰的墙面每 50 间(大面积房间和走廊按涂饰面积 30m^2 为一间)应划分为一个检验批,不足 50 间也应划分为一个检验批。

3. 检查数量

检查数量应符合下列规定:

(1)室外涂饰工程,每 100m^2 应至少检查一处,每处不得小于 10m^2。

(2)室外涂饰工程,每个检验批应至少抽查 10% ,并不得少于 3 间,不足 3 间时应全数检查。

18.4.2 水性涂料涂饰工程质量验收

对于乳液型涂料、无机涂料、水溶性涂料等水性涂料涂饰工程的质量验收,应符合表 18-14 的规定。

表 18-14 水性涂料涂饰工程质量验收标准

项目	项次	质 量 要 求	检 验 方 法
主要项目	1	所用涂料的品种、型号和性能应符合设计要求	检查产品合格证书、性能检测报告和进场验收记录
	2	水性涂料涂饰工程的颜色、图案应符合设计要求	观察
	3	应涂饰均匀、粘结牢固,不得漏涂、透底、起皮和掉粉	观察、手摸检查
	4	水性涂料涂饰工程的基层处理应符合规范要求:新建筑物的混凝土或抹灰基层在涂饰涂料前应涂刷抗碱封闭底漆;旧墙面在涂饰涂料前应清除疏松的旧装修层,并涂刷界面剂;混凝土或抹灰基层涂刷乳液型涂料时,含水率不得大于 10% ;木材基层的含水率不得大于 12% ;基层腻子应平整、坚实、牢固,表层的含水率不得大于 12% ;基层腻子应平整、坚实、牢固;厨房、卫生间墙面必须使用耐水腻子	观察、手摸检查;检查制作记录

续表

项目	项次	质量要求			检验方法
一般项目		项目	普通涂饰	高级涂饰	
	1	颜色	均匀一致	均匀一致	观察
	2	泛碱、咬色	允许少量轻微	不允许	
	3	流坠、疙瘩	允许少量轻微	不允许	
	4	砂眼、刷纹	允许少量轻微砂眼,刷纹通顺	无砂眼,无刷纹	
	5	装饰线、分色直线度允许偏差(mm)	2	1	拉5m线,不足5m拉通线,用钢直尺检查
	项次	涂料的涂饰质量要求			检验方法
		项目	普通涂饰	高级涂饰	
	1	颜色	均匀一致	均匀一致	观察
	2	泛碱、咬色	允许少量轻微	不允许	
	3	点状分布		疏密均匀	
	项次	复层涂料的涂饰质量要求			检验方法
		项目		质量要求	
	1	颜色		均匀一致	观察
	2	泛碱、咬色		不允许	
	3	喷点疏密程度		均匀,不允许连片	
		涂层与其他装修材料和设备衔接处应吻合,界面应清晰			观察

18.4.3 溶剂型涂料涂饰工程质量验收

对于丙烯酸酯涂料、聚氨酯丙烯酸涂料、有机丙烯酸涂料等溶剂型涂料涂饰工程质量验收应符合表18-15的规定。

表18-15 溶剂型涂料涂饰工程质量验收标准

项目	项次	质量要求	检验方法
主要项目	1	所用涂料的品种、型号和性能应符合设计要求	检查产品合格证书、性能检测报告和进场验收记录
	2	溶剂性涂料涂饰工程的颜色、光泽、图案应符合设计要求	观察
	3	应涂饰均匀、粘结牢固,不得漏涂、透底、起皮和反锈	观察、手摸检查
	4	溶剂性涂料涂饰工程的基层处理应符合规范要求:新建筑物的混凝土或抹灰基层在涂饰涂料前应涂刷抗碱封闭底漆;旧墙面在涂饰涂料前应清除疏松的旧装修层,并涂刷界面剂;混凝土或抹灰基层涂刷乳液型涂料时,含水率不得大于8%;基层腻子应平整、坚实、牢固,无粉化、起皮和裂缝;内墙腻子的粘结强度应符合《建筑室内用腻子》(JG/T 3049—1998)的规定;厨房、卫生间墙面必须使用耐水腻子	观察、手摸检查;检查制作记录

续表

项目	项次	质量要求			检验方法
一般项目		清漆的涂料质量要求			检验方法
	项次	项目	普通涂饰	高级涂饰	
	1	颜色	基本一致	均匀一致	观察
	2	木纹	棕眼刮平、木纹清楚	棕眼刮平、木纹清楚	观察
	3	光泽、光滑	光泽基本均匀光滑,无挡手感	光泽均匀、一致,光滑	观察、手摸检查
	4	刷纹	无刷纹	无刷纹	观察
	5	裹棱、流坠、皱皮	明显处不均匀	不均匀	观察
		色漆的涂料质量要求			检验方法
	项次	项目	普通涂饰	高级涂饰	
	1	颜色	基本一致	均匀一致	观察
	2	光泽、光滑	光泽基本均匀光滑,无挡手感	光泽均匀、一致,光滑	观察、手摸检查
	3	刷纹	刷纹通顺	无刷纹	观察
	4	裹棱、流坠、皱皮	明显处不均匀	不均匀	观察
	5	装饰线、分色直线度允许偏差(mm)	2	1	拉5m线,不足5m时拉通线,用钢直尺检查

18.4.4 裱糊与软包工程质量验收

1. 一般规定

(1)文件和记录检查:根据《建筑装饰装修工程质量验收规范》(GB 50210—2001)的规定,裱糊与软包工程验收时应检查下列文件和记录:

① 裱糊与软包工程的制作图、设计说明及其他设计文件。

② 饰面材料的样板及确认文件。

③ 材料的产品合格证书、性能检测报告、进场验收记录和复验报告。

④ 制作记录。

(2)检验批的划分:各分项工程的检验批应按以下规定划分:统一品种的裱糊或软包工程,每50间(大面积房间和走廊按制作面积30m² 为一间)应划分为一个检查批,不足50间也应划分为一个检查批。

(3)检查数量:检查数量应符合下列规定。

① 裱糊工程每个检验批应至少抽查10%,并不得少于3间。

② 软包工程每个检验批应至少抽查20%,并不得少于6间,不足6间的应全数检查。

2. 工程质量验收

(1)裱糊工程质量验收:聚氯乙烯塑料壁纸、复合纸质壁纸、墙布等裱糊工程的质量验收,应符合表18-16的规定。

(2)软包工程质量验收:对于墙面、门等软包工程的质量验收,其工程质量要求及检验方法应符合表 18-17 和表 18-18 的规定。

表 18-16 裱糊工程质量验收标准

项目	项次	质量要求	检验方法
主控项目	1	壁纸、墙布的种类、规格、颜色和燃烧性能等级必须符合设计要求及国家现行标准的有关规定	观察、检查产品合格证书、进场验收记录和性能检测报告
	2	裱糊工程基层处理质量应符合规范规定：新建筑物的混凝土或抹灰基层在涂饰涂料前应涂刷抗碱封闭底漆；旧墙面在涂饰涂料前应清除疏松的旧装修层，并涂刷界面剂；混凝土或抹灰基层涂刷乳液型涂料时，含水率不得大于 8%；基层腻子应平整、坚实、牢固，无粉化、起皮和裂缝；内墙腻子的粘结强度应符合《建筑室内用腻子》(JG/T 3049—1998) 的规定；基层表面平整度、立面垂直度及阴阳角方正应达到高级抹灰的要求；基层表面颜色应一致；裱糊前应用封闭底胶涂刷基层	观察、手摸检查；检查制作记录
	3	裱糊后各幅拼接应横平竖直，拼接处花纹、图案应吻合，不离缝，不搭接，不显拼缝	观察、拼缝检查距离墙面 1.5m 处正确
	4	壁纸、墙布应粘贴牢固，不得有漏贴、补贴、脱层、空鼓和翘边	观察、手摸检查
一般项目	5	裱糊后的壁纸、墙布表面应平整，色泽一致，不得有波纹起伏、气泡、裂缝、皱折及斑污，斜视时应无胶痕	观察、手摸检查
	6	复合压花壁纸的压痕及发泡壁纸的发泡层应不损坏	观 察
	7	壁纸、墙布与各种装饰线、设备线盒应交接严密	观 察
	8	壁纸、墙布边缘应平直整齐，不得有纸毛、飞刺	观 察
	9	墙布阴角处搭接应顺光，阳角处应无接缝	观 察

表 18-17 软包工程质量验收标准

项目	项次	质量要求	检验方法
主控项目	1	软包面料、内衬材料及边框的材质、颜色、图案、燃烧性能等级和木材的含水率应符合设计要求及国家现行标准的有关规定	观察、检查产品合格证书、进场验收记录和性能检测报告
	2	软包工程的安装位置及构造做法应符合设计要求	观察、尺量检查；检查制作记录
	3	软包工程的龙骨、衬板、边框应安装牢固，无翘曲，拼缝应平直	观察、手扳检查
	4	单块软包面料不应有接缝，四周应绷压严密	观察、手摸检查
一般项目	5	软包工程表面应平整洁净，无凹凸不平及皱折；图案应清晰、无色差，整体应协调美观	观 察
	6	软包边框应平整、顺直、接缝吻合；其表面涂饰质量应符合涂饰工程的规范规定	观察、手摸检查
	7	清漆涂饰木制边框的颜色、木纹应协调一致	观 察
	8	软包工程安装的允许偏差和检验方法应符合表 18-18 的规定	

表 18-18 软包工程安装的允许偏差和检验方法

项次	项目	允许偏差(mm)	检验方法
1	垂直度	3	用 IM 垂直检测尺检
2	边框宽度、高度	0, -2	用钢尺检查
3	对角线长度差	3	用钢尺检查
4	裁口、线条接缝高低差	1	用钢直尺和塞尺检查

项目实训十八:涂饰、裱糊装饰工程安装操作实训

一、实训目的

1. 熟悉涂料类饰面制作。
2. 掌握油漆饰面制作。
3. 掌握裱糊、软包类装饰制作。

二、实训内容

1. 进行涂料类饰面制作实训。
2. 进行油漆饰面制作实训。
3. 进行裱糊、软包类装饰制作实训。

三、实训时间

每人操作60min。

四、实训报告

1. 编写涂料类饰面制作实训报告。
2. 编写油漆饰面制作实训报告。
3. 编写裱糊、软包类装饰制作实训报告。

项目十九 涂饰、裱糊装饰工程案例分析、防范及治理

19.1 溶剂型涂料涂饰案例

溶剂型涂料(旧称建筑装饰油漆)是由主要成膜物质、次要成膜物质和辅助成膜物质等组成的。主要成膜物质为油料和树脂,呈胶体液状,是油漆的不挥发部分,又称固着剂、胶粘剂,是油漆的基础;它能牢固地附着在物面上成膜,并能单独成膜。次要成膜物质为颜料(体质颜料、着色颜料),呈固体粉状;它有助于增强其性能及色彩,如油漆的色泽、坚固程度以及防锈作用等。因而,在一般情况下,色漆的坚固性能较清漆好,但它不能单独成膜,而必须依靠主要成膜物质中的胶体液质粘结成膜。辅助成膜物质为稀释剂、催干剂等辅助材料,它虽不是油漆成膜中的主要成分,但有助于油漆的涂布和改善漆膜的一些性能,如树脂、油脂、颜料与辅助材料均属不挥发性固体,因而必须使用溶剂来稀释。稀释剂,也称溶剂,虽在油漆的组成中占有很大的比率,但它却仅存在于油漆中,一旦与空气发生氧化作用,均会挥发至空气中,故称其为挥发部分。它的作用是溶解固体的或胶状的固着剂,以改变油漆的黏稠度。

油漆的干燥过程即漆膜的形成过程,可分为表干(漆膜不粘手,但还不坚韧)和实干(漆膜充分干燥,且坚韧润滑)两个阶段。它是整个制作操作中极为重要的一环。漆膜的干燥方式有自然干燥、对流干燥、预热干燥、辐射干燥以及紫外线干燥等,其中以自然干燥方式最为普遍。在制作操作时,由于受油漆品种、操作工艺及制作场地等因素影响,其成膜方式、条件各有不同。具体操作时,必须按照不同的制作方式和环境条件,选取相应合适的漆膜干燥方式。

大多数油漆中的颜料、溶剂均含少量有毒物品,如铅、汽油、苯类、甲醛、甲醇、天然油等,而其中的大多数又属挥发性溶剂,对人体有严重的刺激甚至中毒。因此,必须确保制作防护和室内环境污染控制。油漆是易燃化工材料,无论是贮存或是操作,都必须注意防火灾,防爆炸。鉴于溶剂型涂料(油漆)的缺点,今后的发展方向是逐步淘汰油性漆,全面使用水性漆。国家质检总局、国家认监委规定,从2005年8月1日起,凡未获得强制性产品认证书(3C证书)和未加施中国强制性认证标志的溶剂型木器涂料产品不得出厂、销售、进口或在其他经营活动中使用。

溶剂型涂料涂饰工程质量通病,主要来自使用不合格的材料,腻子、底漆、面漆等用料不配套(甚至错用),设计无明确要求(如使用材料、使用寿命),制作不当等。油漆材料、工艺专业性要求较高,宜由土建图纸先提出意向性设计要求,再由专业公司进行具体设计和制作。

案例一:底色花斑

1. 案例现象

在光亮透明的漆膜下显露出颜色深浅不一的斑疤。底色花斑,在透明涂饰工艺中是较为常见的一种病态(在其他漆料的制作操作中,也会有类似病态出现),一般产生于底层处理过

程中,是清漆常见的病态之一。

2. 案例原因分析

(1)基体物面上有油污、松脂疤、胶水印等未处理干净,腻子与木物面粘结不牢,或受热后松脂从木节里渗出。

(2)经腻子批刮后的物面,打磨不够仔细,而造成物面有粗糙的颗粒,经上水色后,有颗粒凸起部位渗不进水色,涂刷后就会显出斑疤(腻子疤);砂磨不佳,不顾木材纹理,横斜无规则地打磨。

(3)由于大部分虫胶漆呈紫色或棕黄色,在白坯面上嵌填的虫胶漆腻子中,虫胶漆过浓,腻子中的颜色深于底色而留有明显填疤。或涂刷时,反复多刷。

(4)在白坯面上润水粉色,木纹隙孔受到水分影响而膨胀、伸缩,引起底色花斑。在白坯面上涂刷水色,不均匀或揩擦不到均会留有痕迹,砂纸擦痕过深等经上色后也会留痕迹。

3. 案例防范措施

(1)除胶去污迹、白坯脱脂(松节油脂)必须认真做好,并保持物面洁净。木制品涂饰前,必须先满批腻子或抹油粉子,决不能局部补嵌。

(2)砂磨时,必须按各种物面的需求进行打磨,适当使用粗细砂纸以及旧砂纸等,顺木纹有规则地进行打磨,将残余的腻子打磨干净,并露出木纹。

(3)虫胶漆的配方须按各种工序的需求而配制,尤其是调制腻子的虫胶漆,不宜过浓,颜色须浅于底色。涂刷时,排笔须少蘸虫胶漆,不能过多,涂刷要快而匀,不能重复,尤其是在仿制木纹的水色面上涂刷,更应注意。

(4)调制油性腻子时,加水不能过量,若水分太大,油分析出,腻子干燥后泛白,形成腻子斑。在较高级的涂饰工艺中,多数采用油性腻子,然后再上色。白坯打磨须仔细,从粗到细。也可在白坯面涂刷10%的酒色以润湿白坯物面后再上色。在白坯面上涂刷水色须均匀,揩擦须细致,砂纸打磨须按规律。树脂色浆着色均匀,木材无胀、缩变形(可免水色的缺点)。

4. 案例治理方法

查清缺陷原因,视缺陷严重程度,进行局部修补或大面积返工重做。

案例二:色泽不匀

1. 案例现象

色泽不匀是在透明涂饰工艺和不透明涂饰工艺以及半透明涂饰工艺中均为常见的一种病态,一般产生于上底色、涂色漆以及批刮着色腻子过程中。

2. 案例原因分析

(1)木质不均匀,软硬木材混用;或松节油脂未清洗、封闭,对着色的吸收不一。或着色时,揩擦不匀,尤其深色重复涂刷。酒色染色后色彩鲜艳,但容易发生色调浓淡不匀现象。涂过水色后,木面遭湿手触摸或水洒,留下痕迹。

(2)在上色后的物面上,进行批刮着色腻子,由于腻子中所含的水分多、油性少而引起白坯面上的填嵌腻子的颜色深于批刮腻子。最忌在着色腻子中任意加入颜料及体质颜料,均会引起色漆的底漆与面漆不一。

(3)油漆中的颜料等与外界物质起反应,褪色。使用铁容器,色料与铁起化学反应,变色。着色时容器内的色料长期静置,无搅拌。

(4)操作不当,如配料不均匀,油漆颜料、填料等未充分溶解,有沉淀;涂刷不均匀,或出现明显接槎。

3. 案例防范措施

(1)采用水色,一般每1kg水加入15g颜料即可;在水色中加入血料或海藻酸钠,可增强附着力。采用酒色,可按醇溶性染料:酒精:虫胶清漆=3:35:12的比例均匀混合后涂刷。

(2)刷水色前,可在白木坯上涂刷一遍虫胶清漆,或揩擦过水老粉(水性填孔剂)后再涂刷一次虫胶清漆,以减少木材对水色的吸收量,以防止木材吸收水色过多,出现颜色过深及分布不匀的现象。

(3)涂刷水色时,用力要均匀,消除刷纹和流挂。如果局部吸收水色过多,可用干净棉纱揩淡一些。如果水色在物面不能均匀分布,有些部位甚至刷不上,可用沾有水色的排笔或棉纱擦一擦后,再行涂刷。避免在同一部位重复涂刷。涂刷完毕,不能用湿手触摸物面或遭雨水。

(4)批刮腻子中的水分须少,油性须重,底色、嵌填腻子、批刮腻子中配制的颜色由浅到深,着色腻子须一次配成,不能任意加色或加入体质颜料。在不透明涂饰工艺中的涂刷色漆,须底浅而深,逐渐加深,涂刷时用力须匀称、轻重一致。接槎口可用白布包棉花团,在漆里泡湿拧干后揩拭。

(5)软硬木材不宜混用。颜色、纹理、质地等差异较大的木材,可采用漂白的方法进行处理,消减木材的颜色差异和色斑;还可进行染色处理,变成名贵树种的纹理和颜色。

(6)为防止化学反应变色,应用塑料容器。使用时,容器里的色料、涂料须边涂刷、边搅拌。制作过程中及油漆未干前,避免遇水;防止油漆与碱性物质接触而发生化学反应,褪色。

(7)长期以来,木家具涂饰一般都采用虫胶漆液打底。其缺点是:大部分虫胶漆呈紫色或棕黄色,不宜做成浅色或本色漆;虫胶底漆与聚氨酯面漆的附着力较差,可能发生漆膜脱落现象;耐热度一般为80℃左右。宜采用树脂色浆新工艺,详见本节"案例十三:木纹浑浊"的防治措施的有关部分。也可采用XJ-1酸固化氨基底漆代替虫胶底漆,它呈乳白色,适于涂饰淡色或本色木材,刷2道可代3道虫胶漆,并且封闭性好;缺点是低温、高湿时,干燥速度较慢。为此,使用时应加入浓度为2%的硫酸作硬化剂,用量为每100g漆里加3~5mL;配套使用的腻子中,应避免使用能与硫酸起化学反应的材料如大白粉、钛白粉,应使用水性染色腻子。聚氨酯漆制作,宜用专用板材封闭剂,或稀释的聚氨酯作底漆,或用ABC底漆、YJ-1酸固化氨基底漆。

4. 案例治理方法

透明或半透明涂饰工艺中,色泽不匀的原因属着色腻子或底色者,应将漆层清洗干净,按防治措施返工重做。

案例三:漆膜粗糙、表面起粒

1. 案例现象

油漆涂饰在物体上,漆膜中颗粒较多,表面粗糙,不但影响美观,还会造成粗粒凸出,部分漆膜提前损坏。各类漆膜都可能出现此类毛病,但油脂漆的漆膜较软、较粗糙,酚醛树脂漆的漆膜较脆,都比较容易产生小颗粒。有光漆由于外表面光滑,毛病最明显;亚光漆次之,无光漆不易发现。在光滑的基层上涂刷高级有光漆,要比在粗糙面上涂刷一般油漆容易发现。

2. 案例原因分析

(1)漆料在调制过程中,研磨不够、用油不足等,都会产生漆膜粗糙;有的漆料调配时细度很好,但涂刷后即现出斑点,如酚醛与醇酸清漆,混色漆中蓝色、绿色及含铁蓝等漆料容易产生粗糙。

(2)漆料调制搅拌不均匀,或贮存时产生凝胶,油漆变质,过箩(或筛)不细致,将杂质污物混入漆料中;调配漆料时,产生的气泡混在漆内未经散开即制作,尤其在天气寒冷时,气泡更不易散开,漆膜在干燥过程中即产生粗糙。

(3)误将两种以上不同性质的漆混合,干燥快的漆即刻发生粗糙,有的在涂完后才发现漆膜表面粗糙。用喷过油性漆料的喷枪喷硝基漆料时,溶剂将残留漆膜咬起成渣带入硝基漆料里。

(4)制作环境不清洁,空气中有灰尘;刮风时将砂粒等飘落于漆料中,或沾在未干的漆膜上。

(5)涂刷油漆前,物体表面打磨不光滑,木毛、灰尘、砂粒未清除干净。油漆磨退不彻底。

(6)漆桶、刷子等工具不洁净,油漆表面沾有漆皮或其他杂物;油漆底部有灰砂,又未经过箩(或筛)就使用,都会使漆膜粗糙。

(7)使用喷涂方法时,枪口小、气压大,喷枪与物面距离太远,温度较高,漆粒未到达物面已开始干结,或将灰尘带入油漆中,使漆膜产生粗粒。

3. 案例防范措施

(1)选用优良的漆料;贮存时间长的、材料性能不明的漆料,应做样板试验后再使用。

(2)漆料必须调制搅拌均匀,并过箩(或筛)将混入的杂物除净,等待气泡散开后再使用。

(3)注意漆料的混溶性,对于两种以上型号、性能不同的漆,即使颜色相同,也严禁混合使用,只有相同性质的漆料才可混合在一起,喷硝基漆宜用专用喷枪。

(4)刮风或有灰尘的场所不得进行制作,刚涂刷完的油漆应防止尘土污染。

(5)基层在涂饰前,凸凹不平部位应刮抹腻子,并打磨光滑,擦去粉尘后再涂刷油漆。对有磨退要求的工艺,应用水砂纸认真打磨,达到要求的遍数。

(6)漆桶边缘不应有旧漆皮,并经常保持洁净。未使用完的油漆,其表面应加些溶剂,或用纸、塑料布遮盖,防止结皮或灰砂等落入。

(7)选用适宜的气压、喷枪口径及喷枪与物面的距离,熟练掌握喷涂制作方法,防止喷漆未到达基层表面就已干结成小颗粒。

(8)当发现底漆膜有粗粒时,应行进行处理后,再涂刷面漆。

4. 案例治理方法

(1)漆膜出现颗粒,一般应待漆膜彻底干燥后,用细水砂纸蘸温肥皂水,仔细将颗粒打平、打滑、抹干水分、擦净灰尘(为避免划伤表面、遗留粉尘,不可使用普通砂纸干磨),在保证漆料质量的前提下,重新涂饰一遍。硝基漆面,可用棉纱团蘸稀释的硝基漆擦涂几次,再抛光处理。

(2)对于高级装修,可使用水砂纸或砂蜡打磨平整,最后上光蜡(汽车光蜡)或使用抛光膏出亮,消除粗糙弊病,提高漆膜的光滑及柔和感。

案例四:漆膜皱纹

1. 案例现象

漆膜干燥后,表面收缩形成许多高低不平的弯曲棱脊痕迹,它可以深及部分漆膜或贯穿整个漆膜,影响表面光滑和光亮。但专门生产的美术漆,如锤纹漆、皱纹漆等则不属于漆膜的病态。

2. 案例原因分析

（1）在漆料中使用挥发快的溶剂,要比挥发慢的溶剂易于产生皱纹。漆料中含桐油太多、炼制聚合不佳、挥发性快的溶剂含量过多的清漆、调和漆,或含有沥青成分的黑磁漆,往往漆膜尚未流平而黏度已经增稠,出现皱纹。夏季高温,醇酸磁漆涂刷稍有不均匀,就起皱。

（2）低沸点溶剂有滞留于漆膜中的问题,时间过短的层间间隔极易造成漆膜气泡、皱皮、发白等病态。

（3）两层漆膜干燥速度不同;或不同种类油漆混用,造成油漆干燥不均匀。刷油时或刷完后遇高温或太阳曝晒,以及催干剂加得过多,或调和漆中加入过量的锰、钴催干剂,使漆膜内外干燥不均匀,油漆表面提早干燥结膜而内部尚未干燥,就会形成表面皱纹。干性快的油漆和干性慢的油漆掺合使用,干性快的油漆先干,结成漆膜;而干性慢的油漆则慢慢结膜。对于长油度的漆料,如防锈漆、油性调和漆尤为显著。

（4）在长油度漆膜上,加涂短油度漆膜,也会产生皱纹。

（5）底漆过厚,未干透或黏度太大,漆膜表层先干结成膜,隔绝了下层和空气的接触,致外干、里不干而形成皱纹。

（6）油漆涂刷不均匀,造成漆膜厚薄不匀,尤其物面基层不平滑的凹陷部位、边棱、合页部位油漆积聚过多,厚处起皱皮。

3. 案例防范措施

（1）尽量多用亚麻仁油和其他油代替桐油,并应控制挥发剂的用量。在漆料熬炼时,应掌握其聚合度的均匀性。为避免夏季制作起皱,醇酸磁漆里可加入10%~20%相同颜色的氨基磁漆或清漆,使干燥减缓。要重视漆料的选择,并且不得任意混杂。

（2）低沸点溶剂施涂,必须注意层间间隔时间的控制,层间间隔时间不应过短。

（3）多选用铅或锌的催干剂,少用钴或锰的催干剂。漆料中加入催干剂必须适量。

（4）高温、日光曝晒及寒冷、风大的天气不宜涂刷油漆。

（5）避免在长油度漆膜上,加涂短油度油漆,或在底漆未完全干透的情况下涂饰面漆。

（6）对于黏度大的漆料,可以适当加入稀释剂,使漆料易刷。物面基层必须打磨光滑平整。涂刷时,要使漆膜厚度均匀,必须纵横展开涂层,特别在边棱、线角、转角部位要涂刷均匀一致。涂刷黏度较大的漆料又不能稀释时,要选用刷毛短而硬的油刷进行涂饰。

4. 案例治理方法

对于已产生皱纹的漆膜,应待漆膜完全干燥后,用水砂纸轻轻将皱纹打磨平整。皱纹较严重不能磨平的,需用腻子找平凹陷部位,再做一遍面漆。

案例五：油漆流坠

1. 案例现象

在垂直物体的表面,或线角的凹槽部位或合页连接部位,一部分油漆在重力作用下发生流淌。较轻的形成串珠泪痕;严重的如帐幕下垂,形成突出的山峰状倒影,用手触摸明显地感到流坠部位的漆膜比其他部位凸出,是影响漆膜外观的一种病态。

2. 案例原因分析

（1）油漆中加稀释剂过多,降低了油漆正常的制作黏度,漆料不能很好地附着在物体表面而流淌下坠。

(2)涂刷的漆膜太厚,聚合与氧化作用未完成前,由于漆料的自重造成流坠。

(3)制作环境温度过低,湿度过大;或漆质干性较慢,也易产生流坠。

(4)使用的稀释剂挥发太快,在漆膜未形成前已挥发,造成油漆流平性能差,而形成漆膜厚薄不均;或使用的稀释剂挥发太慢,或周围空气中溶剂蒸发浓度高,油漆流动性太大,也容易发生流坠。

(5)在凹凸不平的物体表面上涂刷油漆,容易造成涂刷不均匀,厚薄不一致,较厚部位的油漆容易流坠;物体表面处理得不彻底,有油、水等污物,油漆涂刷后不能很好地附着在物面上,而自然下坠。

(6)物体的棱角、转角或线角的凹槽部位、合页连接部位,没有及时将这些不明显部位上多余的漆收刷,常因油漆过厚而造成流坠。

(7)选用的漆刷太大,刷毛太长、太软;或涂刷油漆时蘸油太多,均易造成油漆涂刷厚薄不均,较厚部位自然下坠。

(8)喷涂油漆时,选用喷嘴孔径太大,喷枪距离物面太近或距离不能保持一致;喷漆的气压太小或太大,都容易造成漆膜不均匀而自然下坠。

(9)漆料中含重质颜料过多(如红丹粉、重晶石粉等);搅拌不均匀,颜料研磨不均匀;颜料湿润性能不良,也会使油漆流坠。

(10)涂刷油漆后的平面,油层较厚,未经表干即竖起,自然下坠。

3. 案例防范措施

(1)选用优良的油漆材料和配套的稀释剂。

(2)涂漆前,物体表面油、水等污物必须清除干净。

(3)物体表面凹凸不平部位,应先行处理,凸鼓部位要铲磨平整;凹陷部位应用腻子抹平,较大的孔洞要分多次找抹平整。

(4)制作环境温度和湿度要选择适当。一般(生漆、广漆除外)以温度15~25℃、相对湿度50%~70%为最适宜的制作环境。

(5)选用适宜的油漆黏度。油漆的黏度与温度有关,温度高时,黏度应小些。一般采用喷涂方法黏度要小,采用刷涂方法黏度要略大些,如喷硝基清漆为25~30s,涂刷调和漆或油性磁漆为40~45s。

(6)每次涂刷油漆的漆膜不宜太厚,一般油漆应在50~70μm之间,喷涂油漆应比刷涂的要薄一些。

(7)使用喷涂方法时,选用喷嘴孔径不宜太大,空气压力应在0.2~0.4MPa之间,喷枪距物体表面一般在使用小型枪时为15~20cm,大型枪时为20~25cm较合适,并应保持一致性,喷涂时移动速度要均匀,如图19-1和图19-2所示。

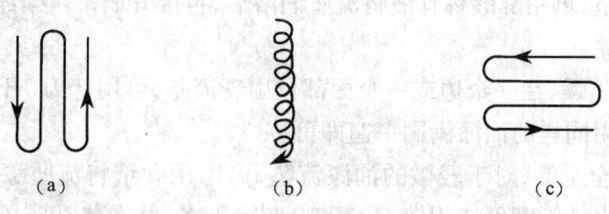

图19-1 喷枪移动轨迹示意图
(a)直喷;(b)绕喷;(c)横喷

(8) 选择适宜的刷子。毛要有弹性、耐用,根粗而梢细,鬃厚口齐。刷门窗可使用 50mm 刷子;大面积刷涂,使用 60~75mm 刷子。刷面漆或黏度大的漆时,可用半口刷子(七八成新的旧刷子);刷底漆或黏度小的漆时,可使用新刷子;涂刷板门或墙面时,可使用 75~100mm 刷子或油辊,滚涂后再理顺均匀。

(9) 涂刷操作,应先开油(墁油),再横油、斜油,最后理油(顺油),如图 19-3 所示。理油前应在桶边将油刷内的油漆刮干净后,再将物面上的油漆上下(或顺木纹)理平整,做到油漆厚薄均匀一致,不要横涂乱抹。在转角和棱角部位要用油刷轻按一下,将多余的油漆蘸起顺开,避免漆膜过厚而流坠。

(10) 在垂直表面涂刷罩光面漆须薄而匀,刷具不宜过新(八成新最为适宜)。涂刷油漆后的平面须平放,待表干、结膜后再竖起。

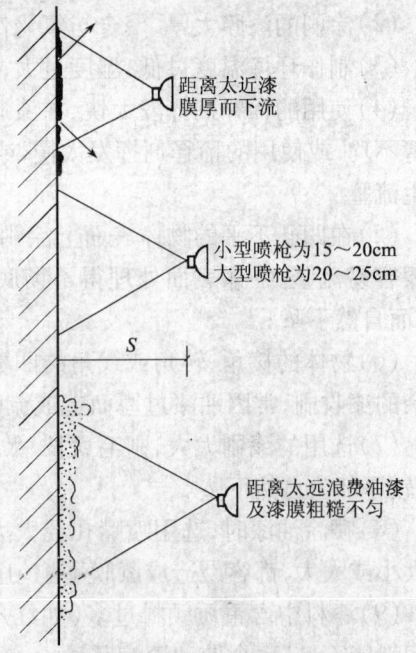

图 19-2 喷枪操作技术示意图

4. 案例治理方法
(1) 涂刷时应勤检查,及时发现流坠,及时清除和调整涂刷工艺。

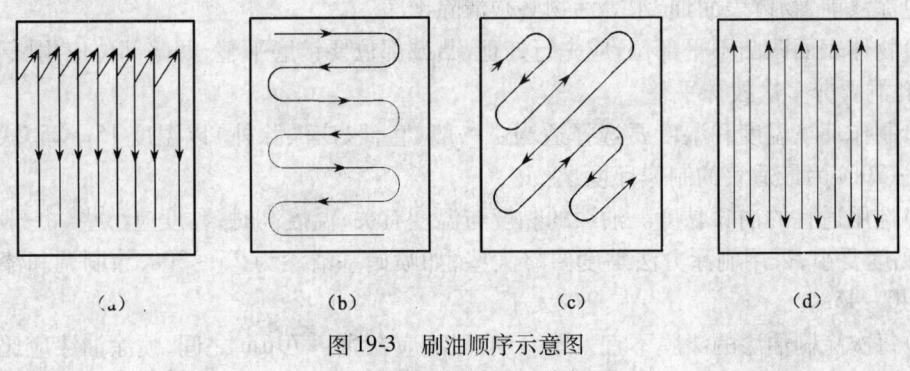

图 19-3 刷油顺序示意图
(a) 开油;(b) 横油;(c) 斜油;(d) 理油

(2) 流痕未干时,即用漆刷轻轻地将流痕刷平。油漆黏度过大,酚醛、脂胶、钙脂漆类,出现流坠,可立即用净刷蘸松节油在流坠部位刷一次,使流坠重新溶解,然后用漆刷将流坠推开刷平;醇酸漆出现流坠,可用醇酸稀释液将流坠润溶后,再推开刷平。喷漆流坠,可用同类溶剂将之擦除,再重新喷涂。

(3) 漆膜未完全干燥,在一个边或一个面部位出现流坠,可用铲刀(开刀)将多余的油漆铲除后,对该边或面再用同样的油漆满刷一遍即可。

(4) 如漆膜已完全干燥,对于轻微的油漆流坠,可以用砂纸将流坠漆膜打磨平整;对于大面积油漆流坠,可用水砂纸磨平或用铲刀(开刀)铲除干净,并在修补腻子后,再满刷油漆一遍即可。

案例六：腻子不干硬、卷皮、开裂、塌陷

1. 案例现象

(1)油灰腻子刮涂在物面上，几天后仍柔软，不干硬，不粘结。
(2)腻子刮到物面上后，会卷起来。
(3)腻子发生开裂、起泡和脱落。
(4)漆膜干燥后，出现腻子塌陷。

腻子是涂饰工程的第一关，腻子不干硬，如不返工会导致其上油漆涂层报废；卷皮、开裂、塌陷等毛病都会降低其装饰功能或防护功能。

2. 案例原因分析

(1)不干结。调配油灰腻子用的熟石膏粉已烧过火（当加热温度升高至200~250℃时，石膏里残留很少的水分，凝结硬化非常缓慢；当加热高于400℃时，成为不溶性硬石膏，失去凝结硬化能力，俗称死烧石膏）。

(2)卷皮。

① 拌和腻子时，水分加得过多，腻子胶性减少会产生卷皮现象。

② 基层表面有灰尘、油污或被涂物面比较潮湿，刮上去的腻子粘附不牢；基层过于干燥，或温度过低或过高。

③ 在底漆太光滑的平面上刮腻子。

(3)开裂、起泡、脱落。

① 木材尚未充分干燥，或物面有灰尘、油污。

② 板缝粘结不严密或榫眼安装不牢，或坑洼、孔眼未处理。

③ 制作时有大风或物面受烈日曝晒。

④ 腻子填刮得太厚；腻子中填充料过多，相对地胶粘剂太少，腻子干燥缓慢。此外，腻子附着力差，也易造成开裂、起泡和脱落。腻子中石膏和水的用量过多，易发脆，继而开裂。配制硝基腻子时，硝化棉的含量不宜太高，增韧剂也应适量，否则，腻子干燥后将收缩、开裂。

(4)塌陷。

① 头遍腻子未干就刮两遍腻子。腻子填坑时，未分层进行，一次用量太多，腻子干燥后收缩而引起凹陷。

② 调制油性腻子时，加水过少，显得干硬。补洞嵌缝时，腻子制作性不好，也会使腻子干燥后出现塌陷。

3. 案例防范措施

(1)不干结预防。不得使用烧过火的石膏粉。为防止使用烧过火的石膏粉而造成油灰腻子报废，可采取下列方法事先鉴别：

① 已烧过火的熟石膏粉在调配腻子过程中一般会散发出葱臭味；

② 使用了烧过火的熟石膏粉调配的腻子有时只有一次吸水膨胀，有时一次发胀也没有，且有不转色现象。

(2)卷皮预防。

① 在腻子配料中加入适量的熟桐油或清漆，即可防止卷皮，但油分不能加得太多，太多会

使腻子软瘫,没有刚性。

② 基层无灰尘、油污并将物面的潮气或水珠用抹布擦净、烘干。

③ 应在上腻子之前打磨物面,并涂刷一遍干性油或带色干性油底漆(如红灰打底漆)。

(3) 开裂、起泡、脱落预防。

① 因木材未干而引发的裂缝,应将木制品放在阳光下晒几天,然后用胶量大的水胶腻子将裂缝填实。

② 用凿子将缝边削宽,再用腻子将缝隙填实补平。当板眼和榫眼松动时,先用小钉固定,再补腻子。

③ 制作期间,避免大风和烈日曝晒。

④ 必须按照规定的配比调配腻子,保证其胶黏性、附着力。腻子必须填刮在涂有底漆的物体表面上,底漆一定要充分干燥,每道腻子的厚度不得大于0.5mm,同时往返刮的次数不能太多。

(4) 塌陷预防。

① 腻子应分多次薄刮,充分干燥,逐步找平。

② 对于大洞,先用小刀将该部位的腻子全部挖出,然后用碎木料(屑)做成相应的形状,蘸胶液将洞补实、补平、擦净余胶,然后再补稀腻子,上颜色,涂漆。对于小洞,用小刀将该部位的漆膜刮除,然后将虫胶漆拌老粉,并加适量的颜料调成腻子,用小刀将小洞填高,待干后砂纸磨平,补色、涂漆。

③ 油性石膏腻子的优点是附着力好,稠厚的油性腻子能充分填塞孔缝不下陷。制作时,调制好的腻子若有些干硬,切勿再往里加水(只能加清油或稀油基漆),否则腻子会变得像豆渣一样,无法使用。

4. 案例治理方法

(1) 腻子不干结应报废,返工重做。

(2) 卷皮、开裂、塌陷等毛病的治理方法可参照其防治措施,严重的应返工重做。

案例七:慢干和回黏

1. 案例现象

油漆涂刷后,漆膜超过规定的干燥时间仍未干燥,称为慢干。干燥不发黏的漆膜表面随后又出现粘指现象,称为回黏。慢干和回黏都容易使漆膜表面碰坏或沾污,使制作期延长,严重的还需要返工。

2. 案例原因分析

(1) 油漆过稠,涂刷时漆膜太厚,致使漆膜氧化作用仅限于表面,漆膜内部聚合进行缓慢,内层漆膜长时间不能干燥。如厚的亚麻仁油制的漆,涂在阴暗处发黏可长达数年。

(2) 氧化型的腻子、底漆或前遍漆未完全干透,又涂刷第二遍漆,造成面漆干燥结膜,而底漆不能固结,使漆膜长时间柔软不干固。

(3) 催干剂使用不适当,品种不符,数量过多或不足。催干剂虽能加速油基漆类的干燥,但是涂层的干燥速度并不与催干剂的用量成正比。当超过一定数量之后,干燥速度反而要下降(表面结膜封闭,里层干得慢),同时还会造成漆膜发黏或起皱等毛病。漆料贮存过久,催干剂被颜料吸收而失效,造成漆膜不干结。

(4)底漆中含有较多蜡质会使硝基漆出现慢干和发黏,虫胶漆中加有超过10%的松香溶液或乙醇度数不高,也会使硝基漆面出现慢干与发黏。

(5)在雨雾、潮湿、严寒、阴暗、烈日曝晒等恶劣气候条件下制作,都能影响漆膜的干燥。涂刷天然漆时,周围潮气过小(天气过分干燥),易造成漆膜慢干或回黏。

(6)物体表面不干净,有蜡、油或盐等附着在基层上;或底材处理不当,底材中的松香、增塑剂等物从漆膜表面渗出,涂漆后易产生慢干或回黏。旧漆膜上附着大气污物(硫化物、氮化物),致能正常干燥的漆料涂在旧漆膜上干燥很慢,甚至不干。

(7)聚合不足的油、沥青或其氧化产物的脱液收缩作用(即液体从胶体排出)。漆料中含有半干性或不干性油质,漆料采用了挥发性很差的稀释剂,如煤油等,或溶剂中含杂质过多;清漆熬煮时,熬炼时间不够或硬树脂局部受热分解,都会影响漆膜的干燥。

(8)漆料贮存过久或未密封,漆料中溶剂已挥发,漆料接触空气逐渐氧化聚合而胶化,如果使用这种涂料,虽加入稀释剂后能够进行涂饰,但漆膜不易干燥、容易回黏。

(9)涂饰油漆时,周围环境含有酸、碱、盐或其他化学气体,也会影响漆膜干燥。

(10)水泥砂浆等基层未完全干燥,就进行油漆,造成漆膜长期不干或脱落。木材潮湿,气温又低,涂漆时表面似乎正常,气温升高时有回黏现象,因为木材本身有木质素,还含有油脂、树脂油精、单宁、色素、含氮化物等,会与油漆作用。

3. 案例防范措施

(1)选用优良的漆料,不使用贮存时间过长的漆料,对于性能不够了解的漆料,要进行试验或作样板,合格后再使用。

(2)选用适当的催干剂。常用的催干剂有铅催干剂、钴催干剂与锰催干剂。铅催干剂可促使漆膜的表面和内层同时干燥;钴催干剂催干能力较强,可使漆膜表面迅速干燥;锰催干剂的催干作用介于铅、钴催干剂之间。这几种催干剂一般需配合使用,效果较好。催干剂的加入量要严格控制,不能主要靠催干剂来加快干燥速度,若想加快涂层漆膜的干燥速度,应改变漆料的类型和采用人工干燥的方法。催干剂加入后要充分搅拌,并放置1~2h,才能充分发挥催干效能。

(3)硝基漆木器用无苯稀释剂或用低毒的苯类(二甲苯或其代用品),并用不变质的漆料作罩光面漆用。虫胶漆的配制须用95%以上的工业酒精(气候不过分潮湿时,尽量不放松香)。在发黏不干的腊克(硝基清漆)面上可用棉球蘸稀腊克进行涂揩数遍,或用虫胶清漆薄薄涂刷2~3次。

(4)水泥砂浆等潮湿基层不能涂油漆,至少要经过2~3个月的风干时间的基层才允许涂刷油漆,如图19-4所示;由于全国各地的气温、湿度,因地区、季节、日照差别很大,基层(或基体)的停歇、养护所需时间差别也很大,宜用专门仪器检测。潮湿会影响漆膜正常干燥,尤其物面凝结水气时,必须擦干,待湿气蒸发后,方可涂漆(具体要求是混凝土和抹灰层的含水率不得大于8%,碱度pH值不得大于10;木材含水率不得大于12%)。

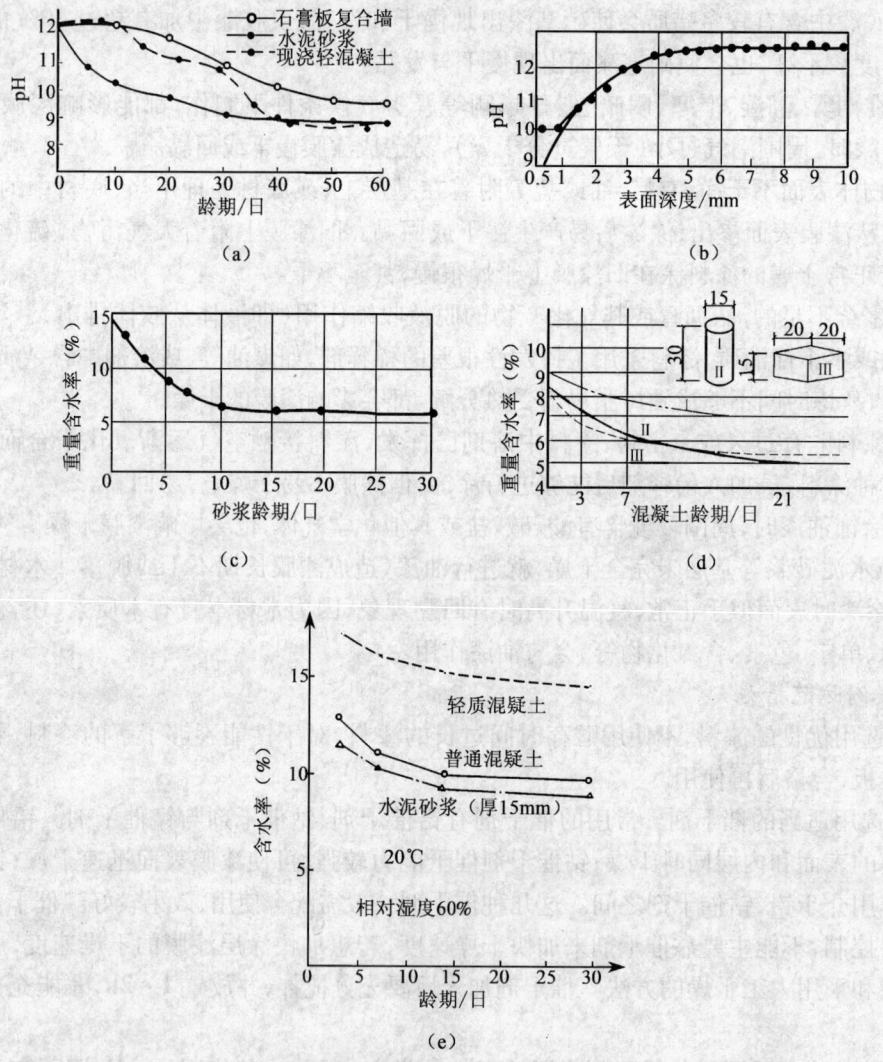

图 19-4 混凝土、水泥砂浆干燥速度参考图
(a)碱性消失速度;(b)混凝土表面 pH 值与深度关系;(c)水泥砂浆干燥速度;
(d)混凝土干燥速度;(e)砂浆、混凝土干燥速度比较(高频水分计测试结果)

(5)选择良好的制作环境,不得有酸、碱、盐分或其他化学气体;不在雨雾、潮湿、严寒、阴暗、烈日曝晒等恶劣气候条件下进行制作。一般最适宜的条件是空气相对湿度不超过 70%。湿度低或冬季可酌加一些催干剂。在室内、地下室制作,要使空气流通,促使漆膜干燥。

农历 3~9 月是天然漆涂刷的大好时机,其中又以伏天涂刷为最佳。由于受气候变化的影响,广漆配比如下:梅雨季节,生漆:熟桐油 = 8:12;伏天季节,生漆:熟桐油 = 1:1;秋季,生漆:熟桐油 = 1.2:1。

(6)不同类型的油漆不能乱混;为防止混杂,应使用干净漆刷。基层上的蜡、油、盐分等杂物必须清洗干净。对于钢铁制品可用溶剂擦洗。含油脂较多的松柏类木质品应涂刷一层漆片(或称虫胶漆、洋干漆、泡立水)或树脂色浆隔离封闭(松脂节疤须点 2~3 次漆片封闭);与硝基清漆配套的底漆还有 XJ-1 酸固化氨基底漆,与聚氨酯清漆配套的底漆有 ABC 底漆(塑料底漆)和 YJ-1 酸固化氨基底漆。旧漆膜应进行打磨及清洁处理,对大气污染的漆膜可用石灰水清洗(50kg 水加消石灰 3~4kg),有污垢的部位应刷洗干净,预涂底漆前用稀释剂重新清洗。

(7)涂饰的油漆稠度(黏度)应调配适当,宁可多涂刷几遍,也不要急于求成一次将漆膜涂刷太厚,每遍漆必须涂刷均匀一致。

(8)一般建筑用漆干燥时间不得少于 24h。考查漆膜干燥程度的简易方法是:涂漆前,用指甲划底漆,划痕呈白色时,即表示漆膜已干燥,可以进行涂漆。醇酸树脂漆可在底漆尚未完全干透前涂刷面漆,不会影响漆膜的干性,但会减少面漆的光泽。

4. 案例治理方法

(1)漆膜有较轻微的慢干或回黏弊病,可加强通风,适当增加温度,加强保护,再观察数日,如确实不能干燥结膜,再作处理。

(2)慢干或回黏严重的漆膜,要用脱漆剂洗掉刮净,再重新涂漆。

案例八:橘皮

1. 案例现象

漆膜表面呈现出许多半圆状突起,形如橘子皮。

2. 案例原因分析

(1)在喷涂时,漆的黏度过大,压力太高,喷嘴太小,喷枪与物面距离远近不合适,以及制作温度太高或太低,都会使漆膜来不及流平就干燥而形成橘皮。

(2)低沸点的溶剂用量太多,漆料处于静止液态的膜层中,由于高挥发分溶剂急剧挥发,产生强烈对流,引发"贝纳德涡流",使膜层破裂成四周凸起、中部凹陷的小穴,未及二度流平已经表面干结,造成粗糙橘皮弊病。

3. 案例防范措施

(1)漆料与稀释液要配套,注意稀释剂中高低沸点溶剂的搭配。选用由脱水硝化纤维素和蒸发慢的溶剂配合起来的漆料,或采用沸点较高的溶剂(如环己酮)。黏稠的硝基漆应采用无苯稀释剂(或低毒苯类,如二甲苯或其代用品)适当对稀。过氯乙烯漆的制作黏度,如采用小口径喷枪,应比硝基漆的制作黏度低得多,一般可按原漆量的 30%~60% 过氯乙烯漆稀释剂来兑稀使用。

(2)使用流平剂可以降低漆料的表面张力,防止"贝纳德涡流"的出现,使表面光滑平整,色彩均匀。

(3)制作现场温度应在 20℃ 左右。喷漆使用压力不宜太高,黏度适中,喷嘴略大一些,喷枪与物面保持适当的距离。刷漆时,黏度也不宜过大,防止产生橘皮。

4. 案例治理方法

有橘皮弊病的漆膜,用水砂纸将凸起部位磨平,凹陷部位抹补腻子,再满涂饰一遍面漆。

案例九:针孔

1. 案例现象

漆膜上出现圆形小圈,形成周围向中心凹陷的病态,状如针刺的小孔(较大的像麻点),称为针孔。一般是以清漆或颜料含量比较低的磁漆,用喷涂或滚涂法涂装时容易出现;硝基漆、聚氨酯漆制作时,漆膜经常会出现针孔,即在涂刷的物面上留下的一滴滴小气泡,经打磨后易破,留下犹似针孔般的小洞,针孔降低了漆膜的密闭性和抗渗透性,影响了漆膜的寿命和美观。

2. 案例原因分析

(1)一般原因。

① 溶剂搭配不当,低沸点挥发性溶剂用量过多。涂漆后在溶剂挥发到初期结膜阶段,由于溶剂的急剧挥发,使漆液来不及补充空档,而形成一系列小穴及针孔。溶剂使用不当或温度过高,如沥青漆用汽油稀释就会产生(部分树脂析出)针孔,经烘烤时则更严重。

② 烘干型漆进入烘箱太早或烘烤不均匀,特别受高温烘烤时,漆液本身来不及补足空档。

③ 制作不够细致,腻子层不光滑,未干透;或底层污染,或未涂底漆或二道底漆,急于喷面漆。硝基漆比油基漆更容易出现针孔。

④ 制作环境湿度过高,喷涂设备油水分离器失灵,带有水分,喷涂时水分随压缩空气经由喷嘴喷出,也会造成漆膜表面针孔,甚至起水泡。或者喷嘴距物面距离太远,压缩空气的压力过大,都容易出现针孔。

(2)硝基漆面出现针孔。

① 配制漆料的稀释剂不佳,含有水分、挥发不匀衡。

② 涂刷或喷涂操作不佳,湿漆膜中混入空气。或漆层厚薄不一致,在漆膜干燥前不能流平,较厚的部位出现针孔。

(3)聚氨酯漆面出现针孔。

① 被涂物或漆料、溶剂中含有水分,木材的含水率过高,腻子或底漆未完全干透,均易产生针孔。水分能与聚氨酯漆中的异氰酸酯反应,生成不稳定的氨基甲酸,它随即分解成胺而放出二氧化碳。二氧化碳从漆膜逸出时,使漆膜形成针孔。

② 填孔不良,如没有将木材表面的管孔填实,封闭底漆时未刷匀、没干透,空气从木材中逸出。

③ 漆料中加入低沸点溶剂或干燥剂过多。

④ 漆膜太厚,而表面结膜太快,致使外干内不干,溶剂挥发时易使漆膜出现针孔。

3. 案例防范措施

(1)一般性防治措施。

① 注意溶剂的搭配,控制低沸点溶剂的用量。制作黏度不宜过大。漆料搅拌后,应停置一段时间,待气泡消除后再使用。对于不同品种要采用不同办法,如沥青漆出现针孔时可用喷灯微温膜面,纤维漆中可加入一些甲基环己醇硬酯酸或氯化石蜡;在酯胶清漆中加入10%的乙基纤维,既能防止针孔又改进了干性和硬度;对于过氯乙烯漆,可调整溶剂的挥发速度,来防止针孔的产生。

② 烘干型漆液黏度要适中,涂漆后在室温下静置15min,烘烤时先以低温预热,后按规定控制温度和时间,让溶剂能正常挥发。沥青烘漆用松节油稀释,涂漆后静置15min,烘烤时先以低温30min,然后按规定控制温度和时间。

③ 腻子涂层要刮光滑,喷漆前涂好底漆,再喷面漆。如要求不高,底漆刷涂比喷涂好,刷涂可以填补针孔。

④ 喷涂面漆时,制作环境相对湿度以70%为宜,检查油水分离器的可靠性,压缩空气需经过滤,杜绝油和水及其他杂质。

(2)硝基漆制作。

① 木器用稀释剂,应采用无苯溶剂或低毒性苯类(二甲苯或其代用品)或优质稀释剂等溶

剂,使其挥发匀称。

② 涂刷须均匀,漆层厚薄一致,在涂刷后的漆膜面上用排笔轻轻飘掸一下,以减少小气泡。遇有较为深凹的小针孔,即用棉球蘸腊克(硝基清漆、外用硝基清漆)在腊克面上揩平整即可。

(3) 聚氨酯漆制作。

① 被涂物必须充分干燥,木制品的含水率不得大于 12%。

② 腻子、底漆必须完全干燥后才能上漆。

③ 加入漆中的溶剂,不能含有过多的水分,使用前必须先进行水分含量的测试。最简单的方法是将 1 份溶剂倒入 20 份 200 号溶剂汽油里,如果出现浑浊,则该溶剂水分含量过多。

④ 增加溶解力强、挥发速度慢的高沸点溶剂。

⑤ 不平整的漆膜不用水砂磨,因为砂磨后的漆面,水分不一定能从板面逸出,残留在物面上的水分会使下一道漆面产生针孔。

⑥ 制作时,每次涂漆不可太厚。

4. 案例治理方法

轻度的针孔须及时整治,如在漆面上用排笔轻轻飘掸一下。硝基漆针孔可用棉球蘸腊克在腊克面上揩平,沥青漆针孔可用喷灯微温膜面。严重的针孔应返工重做。

案例十:漆膜起泡

1. 案例现象

漆膜干透后,表面出现大小不同突起的气泡,用手压感到有一点弹性。气泡是在漆膜与物面基层,或面漆与底漆之间发生的。富有弹性非渗透性的漆膜被其下面的气体、固体或液体形成的压力鼓起形成各种气泡。气泡内的物质与涂刷面的材料有关,有水、气体、树脂、晶化盐及铁锈等。新气泡软而有弹性,旧气泡硬、脆易于清除。漆膜下的水、树脂和潮气上升到涂刷面形成气泡,与阳光或其他热源产生的热量有关。热量越大,越持久,产生气泡的可能性就越大。深色漆料由于反射弱,对热量的吸收多,要比浅色漆料容易产生气泡。气泡部位的附着力为0,气泡外膜很容易成片地脱落。油性漆容易出现气泡。乳胶漆透气性好,较少有气泡,它只是局部失去粘附力,然后出现脱落。

2. 案例原因分析

(1) 木质面上的油漆涂层出现气泡

① 未风干的木材。木材的含水率不得大于 12%;超过 15% 就容易起泡,室外朝阳部位和室内热源附近尤为明显。当气温达到露点后木材中的水分会冷凝,也会使漆膜形成小泡。

② 已风干的木材。风干的木材含水率虽低,但潮湿仍会从木面的某些部位渗入形成气泡。与砖石、水泥制品接触的木材端、接缝、钉孔及刮抹不好的油灰都容易吸潮,为此在这些部位,涂刷前应用封闭底漆封闭。室外的木面即使有防雨措施,由于吸入大量的潮湿,已风干的木面也会引起气泡。木材开裂,内有少量空气,经太阳曝晒,空气膨胀,鼓起漆膜。

③ 含树脂木面。漆料涂刷在树脂含量较高的木面上(特别是未风干的新木面上),受到高温影响后,树脂会变成液态,体积增大形成压力将漆膜鼓起形成气泡或将漆膜顶破流出树脂。

④ 硬木面。有些硬木面,如橡木表面有许多开放的管孔,涂刷漆料时易将空气封闭在管孔内,受热后形成气泡。

⑤ 腻子层填孔不佳、留有隙孔,漆膜附着力不好,木材隙孔中的空气受热逸出,致使漆膜

起泡。

⑥ 水的带入。使用带水的油刷涂刷,漆桶内有水或涂刷面上有露水,油漆未干燥前遇水等,都可使漆层间形成潮气产生气泡。

⑦ 过厚的湿漆膜,干燥时间长,易吸收空气中水分使漆膜发白、起泡。低沸点溶剂有滞留于漆膜中的问题,时间过短的层间间隔极易造成漆膜气泡、皱皮、发白等病态。漆膜未经充分干燥,受到日光的曝晒,使溶剂激烈氧化而引起漆膜起泡。

⑧ 面漆干燥过快,成膜后底层挥发物质挥发后无法排出。面漆中的稀释剂过量,将底层的油性腻子或油漆溶解起泡。

(2) 新砖石、混凝土、抹灰面上漆膜出现气泡

① 在含水率较高的新墙面上涂刷非渗透型(非透气性)漆料易产生气泡,特别是墙的两面都涂刷这类漆料,潮气会被封闭在墙体内。新砖石、混凝土、抹灰面一般都含有较高的水分,含水时间的长短受环境条件影响。由于基体深处的水分缓慢地上升表面,然后迅速蒸发,因而常常给人一种基层已完全干燥的假象。当非渗透性的涂层覆盖在表面上时便会产生气泡。产生气泡的时间主要与基体(基层)含水量的多少,漆膜的弹性程度,基层所受的热量及水分或潮气是否可从其他方面逃逸等因素有关。

② 水泥制品表面为多孔性并含有盐分、碱性物质的非金属材料。直接涂装油漆往往发生起泡、脱落、泛白,与漆料起皂化作用而损坏漆层。

(3) 旧砖石、混凝土、抹灰面上漆层气泡

① 产生气泡是由于基体(基层)内的潮湿因某种原因不断上升而引起的,如墙基防潮层损坏、室外地面高于防潮层、墙面有破损雨水渗入、上下水或空调系统有渗漏等。

② 物面上有脏污。

(4) 钢铁面上的漆膜出现气泡

钢铁面漆膜上产生的气泡形状不规则,小而密。气泡的大小与漆膜的弹性和下面的锈蚀量有关。漆膜出现气泡后会引起漆膜开裂,使水分渗入加快锈蚀,最后导致漆膜完全毁坏。钢铁构配件由于基体表面处理不当或底漆涂刷不佳而产生锈蚀,含有潮湿的铁锈被漆膜封闭后就会产生气泡。

(5) 金属面由于受热使漆膜起泡

当环境温度升高或金属基体受热后,溶剂含量较高的漆层易起泡。漆膜受热后变软,弹性变大,并可能使漆膜内的溶剂产生气体,从而产生气泡。

(6) 聚氨酯漆膜出现气泡

① 虫胶漆作底漆。虫胶里含有游离的羧基和羟基,极易与聚氨酯漆中的异氰酸基反应,产生 CO_2 气体,不仅能使漆膜形成气泡,而且游离于底漆和面漆之间,削弱甚至破坏界面之间的附着力,致漆膜脱落。

② 第一道涂层中的溶剂未完全挥发即涂第二道,即涂装间隔时间不够。

③ 快速加热,溶剂挥发的速度超过漆料允许的指标。

④ 制作时有水分侵入。

⑤ 漆料熟化时间过长,即将固化。

(7) 一般性的气泡

① 耐水性低的漆料用于浸水物体的涂饰,采用的油性腻子未完全干燥或底漆不干就涂面

漆,石膏凝胶中的水或底漆膜中残存的溶剂受热蒸发等,腻子和底漆中的水分和溶剂气化时为外罩的漆膜所遮挡,逸散不出,从而形成气泡。对于面漆结膜较快的漆料,由于膜下封底的溶剂要逸出而产生气泡。

② 喷涂时,压缩空气中含有水蒸气,与漆料混在一起;涂刷的漆黏度太大,当漆刷沿着漆料涂刷时,夹带的空气进入涂层,不能跟随溶剂挥发而产生气泡。

③ 制作环境温度太高,或日光强烈照射使底漆未干透,遇到雨水又涂上面漆;底漆干结时,产生气体将外层漆膜顶起。在强烈的日光下涂刷油漆,涂层涂得太厚,表面的油漆经曝晒干燥;热量传入内层油漆后,油漆中的溶剂迅速挥发,造成漆膜起泡。

④ 底漆涂饰不好,留有小的空气洞,当烘烤时空气膨胀,也会将外层漆膜顶起。油漆品种使用不当,如醇酸磁漆涂于浸水材料表面;漆膜过厚,与表面附着不牢,或层间缺乏附着力;在多孔材料的表面涂漆时,没有将孔眼填实,因而在油漆干燥过程中,孔眼中的空气受热膨胀后鼓成气泡。

3. 案例防范措施

(1)木质面上的油漆涂层。

① 未风干、已风干木材。涂刷时必须严格控制木材的含水率不大于12%(为减免变形、开裂,宜为8%)。当现场环境湿度较大,无法降低含水量时,可将其暂时移至其他场所,待含水率达到规定标准,涂刷防潮漆料后再安装。风干的木材在处理或安装后应尽快涂刷优质封闭底漆,底漆应能渗进木材管孔内。避免在制作中或油漆未干燥前遇水。木材的边缘及与砖石、水泥制品接触的表面应涂刷2~3遍底漆,以防潮气渗入。

② 含树脂的木面。将含有树脂或树节的部位加温,使树脂稠度降低或流出,然后用刮刀刮除,大的树脂节可将其挖除后用好木材修补,也可将其挖低,用红丹、铅白和金胶的混合物修补平整。含树脂的木面也可经打磨、除尘后,涂刷一层虫胶漆或树脂色浆。

③ 硬木。用麻布将填孔剂插进木材的管孔内,除去里边的空气后涂刷底漆。

④ 腻子层的填孔须严实,充分干燥,不留有隙孔,使漆膜附着力好,尽量使用虫胶老粉腻子填补。

⑤ 严格控制漆膜厚度,制作时注意层间间隔时间的控制。漆膜在成膜过程中,须自然充分干燥,严格避免日光曝晒。

⑥ 最后几遍漆应少加或不加干燥剂、稀释剂等辅助材料。

(2)新砖石、混凝土、抹灰面上的油漆涂层。

① 新的砖石、混凝土、抹灰面至少要经2~3个月的风干时间,待内部水分基本干燥后再进行涂刷(含水率不得大于8%,pH值不得大于10);由于全国各地的气温、湿度,因地区、季节、日照差别很大,基层(或基体)的停歇、养护所需时间差别也很大,宜用专门仪器检测。如急需制作可采用15%~20%硫酸锌或氯化锌溶液涂刷混凝土表面数次,待干后扫除析出的粉质和浮粒;或用5%~10%稀盐酸洗刷,再用清水洗净、干燥后再涂装。水泥制品选用漆料要特别注意使用环境,一般使用油基漆、酯胶漆较为便宜。

② 改用水性涂料。

(3)旧砖石、混凝土、抹灰面上的油漆涂层。

① 将建筑物有问题、引起潮湿的部位查清并修复好,待基体(基层)彻底干燥后再涂刷新涂层。如问题无法根除,或墙基未做防潮层,应改涂透气性好的水溶性涂料。

② 旧混凝土表面应用稀释的氢氧化钠溶液去除油污,然后用清水冲洗,干燥后再涂装。

③ 改用水性涂料。

(4) 钢铁面上的油漆涂层。采用喷砂方法清除铁锈,然后涂刷高抗张强度的防锈底漆(如红丹油性防锈底漆),以涂刷两道为宜,然后涂刷面漆。涂刷工作宜在干燥天气中进行。

(5) 金属面上的油漆涂层。涂刷前应将它可能受到的最高温度了解清楚,然后在较低的温度下涂刷耐热漆料。

(6) 聚氨酯漆制作。

① 若用虫胶漆打底,酒精浓度应在95%以上,虫胶底漆必须彻底干透,方可涂饰聚氨酯面漆。宜用"专用板材封闭剂"或稀释的聚氨酯作底漆,或用ABC底漆(塑料底漆)、YJ-1酸固化氨基底漆。

② 须待第一道涂层中的溶剂大部分挥发,再刷第二道。采用湿碰湿工艺时,特别要注意这一点。

③ 切忌对漆膜突然高温加热。

④ 制作时,物面及工具、容器要干燥、严防沾上水分,不要在潮湿的环境制作。

⑤ 漆料黏度增高时,可用稀释剂稀释,但配比的改变很容易使漆膜出现气泡。因此,凡另外掺过稀释剂的聚氨酯漆,不宜涂装在主要装饰面上。

⑥ 为了防止起泡,可在配制漆料时适当加入硅油,硅油的用量为树脂漆的0.01%～0.05%。硅油要先与溶剂混合,然后再按比例加入漆中。硅油用量不宜过多,否则会出现缩孔、凹陷现象。

(7) 一般性的预防。

① 使用油性腻子,须待腻子干透后,再刷油漆。当基层有潮气或底漆上有水时,必须将水擦净,潮气散干后,再做油漆。

② 在潮湿及经常接触水的部位涂饰油漆时,应选用耐水漆料。

③ 漆料黏度不宜太大,一次涂饰不宜过厚;喷漆使用的压缩空气要过滤,防止潮气侵入漆膜中。

④ 多孔材料,干燥之后,其表面应及时涂刷封闭底漆;制作时,避免用带汗的手接触工件;工件漆好后,不要放在日光或高温下,并根据漆料的使用环境,合理地选择油漆品种;喷涂或刷涂的油漆不能太厚,如需得到较厚的漆膜,应分多次涂刷。

4. 案例治理方法

(1) 木质面上的油漆。查清产生气泡的原因并予以根除,将有问题的漆膜全部清除后,涂刷优质漆料。对旧有漆层处理时,为防止潮气渗入,宜使用溶剂型除漆剂或采用烧除法清除漆膜。清除后打磨表面,特别是旧漆层的边缘部位,应将接缝、钉孔等部位填塞严密,然后再涂刷耐水漆料。

(2) 新砖石、混凝土、抹灰面上的油漆。将开裂、凸起的漆膜刮至完好漆膜的边缘,然后放置一段时间,让其干燥。当两面都涂有漆料,裸露部位较小,不利潮气散发时,可采用加热措施缩短其干燥时间。重新涂刷前应全面积涂刷耐碱封闭底漆。

(3) 旧砖石、混凝土、抹灰面上的油漆。查清产生潮湿的原因并将其根除,然后修复建筑有问题的部位;将开裂起泡的漆膜清除掉,待基体(基层)充分干燥后再涂刷耐碱封闭底漆

(4) 钢铁面上的油漆。将漆膜刮除后,清除表面的锈蚀,特别是锈斑的凹坑部位。宜用火焰清除法清除锈蚀,以利潮气的驱散。清除后应在表面冷却前涂刷防锈底漆,然后再涂刷配套面漆。

(5) 金属面上的油漆。将有毛病的漆膜铲除后,将底面清理干净,然后在较低的温度条件下涂刷底漆和面漆。在易受高温影响的金属面上,涂刷专用的耐热底漆、中间漆层、面漆或金属涂料。

(6) 聚氨酯漆的治理类同下面"(7)一般治理"。

(7) 一般治理。

① 轻微的漆膜起泡,可待漆膜干透后,用水砂纸打磨平整,再补面漆。

② 较严重的漆膜起泡,必须将漆膜铲除干净,待基体(基层)干透,针对起泡原因,经过处理后,再涂油漆。

案例十一:发笑(笑纹、收缩)

1. 案例现象

漆膜收缩发笑,又称"缩漆"。即是面漆涂刷后干燥时,漆膜表面有部分收缩成锯齿、圆珠状坑疤(好像人笑脸上的酒窝面纹,又像水洒在蜡纸或玻璃上一样收缩),斑斑点点,使面漆破坏而露出底层。在清漆、红丹漆等操作中发生较多,面漆中可见底漆,底漆中可见基层物面。

2. 案例原因分析

(1) 基层表面太光滑或底漆光泽太高,或漆液太稀;有油污、蜡质、潮气时,湿漆膜在底漆表面的湿润性(附着力)差,由于表面张力使漆膜(如玻璃上抹水)收缩,产生破绽而露底。

(2) 溶剂选用不当,挥发太快(如喷漆中误用了挥发性极快的丙酮),湿漆膜来不及二度流平,出现收缩现象。

(3) 漆料黏度小,涂刷的漆膜太薄;在夏季、阴天、大雾等潮湿环境制作,被涂刷的物面有水分混入;喷涂制作时没有使用油水分离器,使空气中的水分和空压机内部的油分混入油漆,喷于物面;底漆上有水气时,刷上聚氨酯漆(水能和聚氨酯漆甲组分中的异氰酸酯基团反应而放出二氧化碳气体)等,都易产生漆膜收缩。

(4) 制漆时,为了避免浮色或发花,往往加一些有机硅油,若用量过多,反而会使漆膜收缩。有的油漆颜料润湿性差,不能成为一层均匀的膜层,极易发生收缩。

(5) 有些油漆品种,如环氧树脂漆流平性较差,在形成漆膜时容易产生溶膜(即空膜),形成发笑。双组分漆料调配后即行涂刷,常常发生收缩而发笑。底层漆料里有不干性稀释剂,如用煤油调制的漆料涂刷后,煤油会浮在漆膜的表面上,未及时挥发就刷漆,使下道工序的涂层不易粘附而发笑。虫胶清漆中的蜡质不溶于酒精,在虫胶漆上涂刷水色,有些部位会发笑。

(6) 木质制品涂漆前被煤油透湿,或蜡质附于表面,蜡质上涂漆不但收缩,而且不干燥。

(7) 钢铁构配件沾的机油未清干净,渗入腻子层,涂上底漆后,机油又与底漆融合。

(8) 烘干漆在第一度漆干后,涂第二度漆时,溶剂挥发速度与烘烤温度不相适应,烘干漆所用的溶剂挥发太慢或溶解性差。

3. 案例防范措施

(1) 选用润湿性强的漆料,避免使用纯酚醛树脂漆。

(2) 选择挥发较慢的溶剂,稀释的漆料黏度要适中,漆膜厚薄要均匀一致;要使用无油、水混杂的压缩空气进行喷涂制作。

(3)避免在寒冷的或潮湿的环境中进行油漆制作。

(4)环氧树脂漆加入适量的溶解力很强的极性溶剂,可以预防发笑。双组分漆料调配后,须经过一段时间放置熟化后再行涂刷。用煤油调制的漆料发笑,在涂下一道工序前,用溶剂将未完全干燥的底层漆膜擦拭一遍,也可用带有老粉的棉纱头把表面的油迹擦除。虫胶清漆,可在发笑部位上、擦一点肥皂,或在刷水色的排笔上蘸一些肥皂水。涂刷聚氨酯漆,应先擦干物面漆膜,刷漆时需往复多刷几次。

(5)煤油透湿木制品的部位,撒上熟石膏粉分多次吸除。表面蜡质铲除,用丁醇清洗干净。

(6)钢铁构配件表面油污清除干净。腻子层有油迹用无苯溶剂或二甲苯及其代用品清洗,再用熟石膏粉吸去涂层油液。或铲除油迹部位,重新补好腻子。

(7)合理选择溶剂,溶解力要相适应,烘烤时先低温,不使溶剂过早挥发,又能使漆液有流平的机会。然后升温,按漆的品种技术条件控制温度和时间。

(8)认真清除基层表面的油污、蜡质、潮气等;如基层表面太光滑,可以用肥皂水、酒精或溶剂在表面上擦抹一遍,也可以用水砂纸打磨至无光,再涂面漆。

4. 案例治理方法

(1)"同3. 防治措施中的(8)"。

(2)如果收缩现象在涂刷时发生,应立即停刷,用松香水擦净物面,用布包石灰粉末或滑石物拍擦物面,再清扫干净或刷1~2遍漆片封闭,即可避免。

(3)发笑严重的涂层,干燥后无法补救,可用脱漆剂、烧除法清除或砂磨去除,重新刷漆。

案例十二:漏刷、透底

1. 案例现象

(1)制作时,不显眼的边角部位(尤其门窗扇的顶、底边)无油漆覆盖。

(2)漆膜缺乏覆盖底层的能力,大部分面或边角部位有透露底色(透底、露底)的现象或失去光泽。

2. 案例原因分析

(1)漏刷或轻刷,属制作马虎或偷工减料。

(2)透底。

① 一般原因。土坯上的松节油脂未清洗,致漆膜不牢,遮盖力差。调配漆料时,加入过多的稀释剂,破坏了漆料的黏度;调配漆料时搅拌不匀,比重大的下沉;没有严格按操作工艺标准进行涂刷,任意减少涂刷遍数而使涂层太薄。硝基漆固体含量低,遮盖力差。

② 清漆透底。一般是在木器上出现,主要指边缘棱角、嵌刮钉眼等部位露出白木。其原因多是在白木打磨时,忽视了边缘棱角部位的打磨,未将边缘棱角打秃;或钉眼等部位折断的木刺没有用凿子刮净等造成。所以这些部位的漆膜,容易被砂布或水砂纸打磨掉,造成露白。

③ 色漆透底。在刷底、面不同颜色的色漆时,面漆太稀,涂刷过薄;或底漆与面漆的颜色有明显差别时,只刷一遍面漆。

④ 喷漆透底。喷漆过薄或喷枪移动速度不匀,来回喷路的间隔较大而使漆液不能均匀地分布,将造成透底。

3. 案例防范措施

(1)不允许漏刷。

(2)透底预防。

① 一般性预防。木坯上的松节油脂应认真清除,再点2~3遍漆片封闭。根据实际情况,选择适当的漆料;不得任意在漆料中加入过量的稀释剂;严格按工艺标准制作,不得任意减少涂刷遍数;棱角边缘部位,必须认真涂刷。

② 清漆透底预防。用少许较浓的虫胶漆(加入与原漆膜同色的颜料)或树脂色浆用小画笔将露白部位颜色补匀,用清漆罩光。

③ 色漆透底预防。轻微的透底者,可用毛笔或画笔蘸该色漆补匀;若普遍出现星星点点的透底时,应用细砂纸将该漆膜打磨,重新刷漆。

④ 喷漆透底预防。注意均匀喷涂。

4. 案例治理方法

如漆膜太薄,遮盖不足,可经过表面处理后,再加刷一遍面漆。

案例十三:刷纹

1. 案例现象

漆膜上留有刷毛痕迹,干后依然存在一丝丝高低不平的刷纹(高的称"漆梁"、低的称"漆谷")称刷纹或刷痕。刷纹明显部位漆膜厚薄不均,不仅影响漆层的外观,而且漆谷的底部还是漆膜的最薄弱环节,是引起漆膜开裂的根源。有光漆料流平性好,涂刷在平整的底面上时不显刷纹;但当底面有刷纹时,不但涂刷后会显出相同的痕迹,而且刷纹会更明显。无光漆料湿时虽显刷纹,但干时不显。刷纹在平整光滑的表面比较明显,当表面比较粗糙时不显刷纹;此外凸面也可起到降低刷纹的作用。并且刷纹在一些颜料含量高的油漆中较为多见。

2. 案例原因分析

(1)油漆中的填料吸油量大,颜料中有水分存在,油漆中的油质不足或漆料中未使用熟炼油都会造成油漆的流平性差,涂刷后,漆膜显露刷纹。有的漆料流平性差也易产生刷纹,如由铅白、红丹和亚麻油制作的漆料。

(2)漆料贮存时间较长,遇水形成乳化悬垂体,使漆料黏度增大呈假厚状态;漆料中挥发性溶剂过多,挥发太快,或漆料的黏度较大等,涂刷后漆层将来不及流平而表面迅速成膜;底层未刷封闭底漆,物面吸收性过强,油漆涂刷后即被吸干,也会造成涂刷困难,漆膜都易留下刷纹。

(3)与猪鬃混合使用的油刷及尼龙或其他纤维的刷毛不仅易产生刷纹,还不易将涂层刷匀。涂刷技术差是产生刷纹的重要原因,即使使用优质油刷,如果涂刷时不仔细,涂刷方法不正确也会产生刷纹,如漏刷、没有顺木纹方向平行操作、油刷倾斜角度不对、收刷方向杂乱、间隔时间过长、基层过于粗糙或面积过大,漆刷太小,毛太硬,刷不开。

(4)油漆品种不同。

① 磁性漆比油性漆易显露刷纹。

② 硝基漆和过氯乙烯漆等漆料干燥过快,使漆膜来不及刷匀就已拉不动刷子,造成刷纹明显。

③ 刷涂环境温度过高,醇酸漆来不及流平表面就已结膜。

3. 案例防范措施

(1)选择优良的漆料,不使用挥发性快的溶剂,漆料黏度应调配适中。为防止出现刷纹,可适当在油漆中加入稀释剂。调整油漆的稠度;开油的面积不要太大;选用毛刷要合适,不得过软;基层一定要涂刷封闭底漆,减少基层的吸收作用;制作温度一般应在10℃以上;选用挥发慢的溶剂或稀释剂。

(2)猪鬃油刷对漆料的吸收性适宜,弹性也好,适宜涂刷各种漆料。制作方法对刷纹的有无和粗细有重要影响,有经验的漆工在制作时细心地涂刷可减轻刷纹,若最后几道漆能精巧地顺木纹方向涂刷,将大大减轻、减少刷纹。

(3)针对不同品种油漆采取相应措施。

① 使用磁性漆时,要用较软的漆刷,理油漆动作要轻巧,顺木纹的方向平行操作。

② 涂刷硝基漆和过氯乙烯漆等快干漆时,刷涂动作一定要快,来回涂刷次要少,并将该漆调得稀些。

③ 醇酸漆应选择适宜的环境,刷涂动作尽量快。

④ 清漆木器若用漆刷,属普通一般工艺,难免留下刷纹。中高级工艺应以喷漆或擦漆为主。喷漆工艺,详见本小节"案例四:油漆流坠"有关部分。擦漆(俗称"打油球")是用脱脂棉包上纱布,蘸上稀释好的清漆,慢慢地在木器表面涂擦10遍以上。

4. 案例治理方法

漆膜有较严重的刷纹,需用水砂纸轻轻打磨平整光滑后,再涂刷一遍面漆即可。

案例十四:木纹浑浊

1. 案例现象

清色油漆涂饰后,显露木纹不清晰,漆膜不透彻、不光亮。

2. 案例原因分析

(1)木材质地不同,着色不均匀,一般木质软者易着色,硬者不易着色。着色工艺中,水色的色泽鲜艳,透明无遮盖力,故能显露天然木纹,但耐晒性稍差,易褪色。酒色能显露木纹,耐晒性较好,着色强。树脂色浆着色均匀,木纹清晰,木材无胀、缩变形。油色因用无机颜料作着色剂,耐晒性好,不易褪色,但不易显露木纹。

(2)油色存放时间较长、颜料下沉,造成上部色浅下部色深;操作时,未搅拌均匀,涂刷颜色较深的油漆的部位,覆盖木纹而呈浑浊。

(3)清漆在生产过程中,若各种物料的纯净度不够,机械杂质的混入,物料的局部过热,树脂的互溶性差,溶剂对树脂的溶解性低,催干剂的析出,水分的渗入等都会影响产品的透明度,使颜色变深、外观浑浊。

(4)操作技术不熟练,重复涂刷部位颜色深;刷毛太硬或太软也容易造成色泽不一致。

3. 案例防范措施

(1)木材着色宜选用酒色、水色、树脂色浆,尽量不用油色。如果木材本身色泽明显不一致时,深色部位可采用漂白脱色方法,破坏木质素使之变浅后,再进行木材染色;浅色部位可进行染色,使色调统一。对于木纹清晰,材色较浅的木面,着色颜料要用少一些。木纹杂乱、颜色较深或木节较多的木面,着色颜料要用多一些。

(2)对于不同材质的表面,应选用不同的制作方法着色,操作要迅速、熟练,防止重叠反复涂刷,个别部位可进行修色,取得色调一致。使用油刷应软硬适宜。

(3)用密度较大的颜料配制的着色材料,使用时要经常搅拌,保持颜色均匀。

(4)使用颜色浅、透明程度好的清漆,使用新材料、新工艺。传统的虫胶漆已逐渐淘汰,硝基清漆已逐渐被聚氨酯清漆或不饱和聚酯清漆取代。树脂色浆工艺与传统工艺相比,有如下优点:

① 聚氨酯填孔着色工艺使填孔、着色、封闭一步化,省去传统的批嵌腻子、润粉、刷虫胶漆封闭、上水色等工序。工艺操作简化。

② 由于不用虫胶漆,大大提高了涂层表面的耐热性。

③ 木纹清晰,色泽一致,外观质量好。

④ 从底到面都采用同一种树脂清漆,漆层间附着力强。

4. 案例治理方法

木纹浑浊、色泽深浅不一严重的,需要将漆层全部清洗干净后,再重新刷色。

案例十五:胶状物析出

1. 案例现象

漆膜自生胶状物或硬块,影响漆膜的美观和使用寿命。

2. 案例原因分析

(1)使用稀释剂过多,或稀释剂溶解力差,致使漆料里面的胶状物不能全部溶解而部分析出。稀释时,先出现浑浊,最后胶状物析出,虽尽力搅拌也难于溶解,此种现象在清漆中较多见(如硝基漆类使用过量苯类溶剂稀释,或硝基漆中误加了松节油)。并且环氧树脂漆类用汽油稀释,也会析出。

(2)色漆析出的胶体能与颜料结成硬块;稀释硝基漆中的硝化棉有一定限度,超过限度即析出;虫胶清漆吸入水分,酒精不断挥发,也会析出。乳化漆中加入水量也有一定限度,加水量超出限度,对乳化系统产生破坏,一旦析出就难于补救。

(3)两种不同色漆相配时,由于所用的两种色漆的基料不同,如醇酸漆和硝基漆相配调色,也会析出、沉底、浮色。

3. 案例防范措施

(1)人造树脂漆料,使用直羟(汽油、松节油)稀释时易析出。如果使用环羟(低毒性苯类,如二甲苯或其代用品)时,析出就会减少。

(2)当硝基漆发现有析出现象时,可以加一些强溶剂,如丙酮、醋酸乙酯或醋酸丁酯,漆液中析出物在搅拌下可消失,还能继续使用。环氧树脂漆用低毒性苯类或丁醇稀释。虫胶清漆析出,除去水,加酒精拌匀,用后应密封。

(3)调配色漆时,必须用同类油漆不同颜色(或同颜色)的来调配所需颜色。

(4)检验析出的简单方法,是将漆料薄薄涂在玻璃片上观察,析出严重的漆料禁止使用。

4. 案例治理方法

有较严重析出弊病的漆膜,需用水砂纸轻轻打磨至平整光滑后,再涂一遍较好的面漆即可。

案例十六：发汗

1. 案例现象

基层有矿物油、蜡质，或底漆有未挥发掉的溶剂，把面漆膜局部溶解并渗透到表面。

2. 案例原因分析

(1) 树脂含量较少的亚麻仁油或熟桐油膜，很容易发汗。

(2) 制作环境潮湿、黑暗或湿热，使漆膜表面凝聚水分，通风不良更易发生。

(3) 表面干燥的清漆膜，打磨后成为无光漆膜，但过几小时后光泽还会恢复，这是由于氧化未完全，油料发汗；或长油度漆未能从底部完全干燥所致。

(4) 金属表面的油污未除尽；或旧漆面的残余石蜡、矿物油等处理不彻底，涂饰硝基漆后渗入旧漆膜，使旧漆膜重新软化。

3. 案例防范措施

(1) 采用树脂色浆封底，选用优质的漆料。

(2) 涂饰的基体（基层）要干燥。不在潮湿、黑暗、通风不良的环境中操作。基层表面油污等须处理干净后，才能进行漆料制作。待底层漆液完全干燥后再涂上层漆料。

4. 案例治理方法

对有发汗弊病的漆膜，要加强通风，促使漆膜氧化和聚合，达到完全干燥，不再产生发汗。如果仍有发汗现象，应分析原因，属于基层潮湿不干或有油污的，要清除漆膜，进行处理后再涂饰。

案例十七：漆膜浮色发花

1. 案例现象

浮色是指涂装后，湿漆膜中的颜料呈水平方向层状分离；漆膜中多种颜料的一种或几种以较高的浓度集中于表层，呈均一的分布，但却与原配方的颜色有明显的差别。发花是指涂装后漆膜中存在多种颜料的不均匀分布，通常呈条状斑纹或蜂窝状，可以理解为颜料在垂直方向发生分离。

2. 案例原因分析

(1) 漆料中颜料密度及粉粒大小不同，重的下沉，轻的上浮；颜料的湿润性不好，与液料不易混合，颜料中仍含有空气，因而上升；颜料的吸潮性大，如炭黑与铁蓝很容易在空气中吸收水气，并在漆膜面上出现不同颜色的斑纹、丝纹；颜料的溶解性大，如有机颜料大红粉易泛金光；由于颜料粉粒接近胶体微粒细度而凝聚；颜料的吸油量大的，以及使用桐油、梓油等都易产生浮色发花现象。

(2) 溶剂过多或选择不当，溶解性过强会使漆料黏度急剧下降。漆料黏度低会引起颜料粒子沉降速度加快，出现粒径不同的颜料粒子的沉降差，引起漆膜颜色发花。

(3) 施涂时，漆料未调和搅拌均匀就进行涂饰。刷子毛太粗、太硬，涂刷时易出现浮色和走线现象。

3. 案例防范措施

(1) 选择优良的漆料。对于新材料要试验后使用。遇有浮色发花的漆料，应针对浮色发花原因加入适量的浮色发花防止剂（分表面活性剂类、流平剂类、增稠流变剂类、复合类），如铝脂磺酸盐、干酪素、乙基纤维素、聚乙烯醇等,或加入适量的润湿剂,如甲基硅油,或加入适量的低沸点溶剂,或将色漆贮存一定时间再用。

(2)使用含有密度大的颜料,宜选用软毛漆刷。涂刷时,要经常反复搅拌均匀,以防止沉淀。

4. 案例治理方法

对于有浮色发花弊病的涂层,可以选择优良的漆料,用软毛漆刷再涂刷一遍面漆。

案例十八:咬底

1. 案例现象

漆膜咬底,就是在涂完后遍漆的短时间内,面漆中的溶剂把底漆膜软化,前遍漆的漆膜会因此膨胀、移位、收缩、发皱、隆起,甚至使前遍漆失去附着力,脱离底材,出现脱皮的现象。

2. 案例原因分析

(1)底漆、面漆不配套。油脂漆膜、醇酸漆膜以及由于性油改性的一些合成树脂漆膜,未经高度氧化和聚合成膜之前,一旦与强溶剂相遇,底漆膜就会被侵蚀而乳肿;尤其面漆很厚时,底层漆膜很容易被上层油漆中的溶剂所溶胀、鼓起。如底漆用的是稀释酚醛漆、醇酸漆,面漆使用硝基漆,则硝基漆中的溶剂就会把油性酚醛漆咬起,并与原附着基层分开。虫胶漆能与多种面漆配合,但与聚氨酯面漆的附着力较差,不宜作聚氨酯的底漆。聚氨酯漆面层采用硝基清漆作封闭剂,容易产生咬底。

(2)底漆未完全干燥就涂面漆,面漆中的溶剂极易将底漆溶解软化,引起咬底。钢构件常用红丹防锈底漆与醇酸面漆配套,醇酸漆含有较强溶剂,如果第一遍漆(底漆)未充分干燥,即进行第二遍涂饰,则第一遍漆膜往往也会发生咬底。

(3)涂刷面漆时,操作不迅速,反复涂刷次数过多,也能使原来的底漆膜被溶解咬起。

(4)使用漆片液(虫胶漆)或硝基漆等涂刷,易产生咬底现象。

3. 案例防范措施

(1)为了避免咬底,提高漆膜的附着力,选择面漆首先要考虑与所用底漆的配套性能。同一漆种的底漆、面漆间附着力好,同一漆膜干燥机理的底漆与面漆的层间附着力好;不可选用化学干燥的面漆涂在物理干燥的底漆上面,不可选用强溶剂的面漆涂在弱溶剂型的底漆上面。

① 过氯乙烯漆料与硝基漆料、环氧树脂漆料类结合力差,应采用同类漆料配套或与醇酸漆料类、聚氨酯漆料类相配套。聚氨酯漆面层应采用专用板材封闭剂(取代硝基清漆)作底漆。

② 沥青漆料组分复杂,与其他漆料组分性质的差异很大,涂层之间的附着力差,不宜相互配套使用。

③ 油性漆料,特别是长油度漆料,不宜作为挥发性漆料的底层漆料,因为挥发性漆料可将底层漆料咬起,但挥发性漆料可作为油性漆料的底层漆料。

④ 采用耐溶剂性不良的颜料或有机颜料的漆料(如大红粉),不宜作底层漆料,它与上层漆料融合后会产生渗色现象。

⑤ 涂层之间的收缩性、坚硬性和光滑性等应协调一致,切忌相差太大,否则会产生龟裂或早期脱落。

⑥ 注意两层漆之间的间隔时间及合适的溶剂。如果用不同的漆料,在油性漆表面刷溶剂性较强的面漆之前,可在底漆完全干透后,涂刷 2~3 遍漆片液(虫胶漆)或树脂色浆作隔离封闭层,然后再涂刷面漆。

(2)底漆完全干燥后,方可涂刷面漆。
(3)涂刷强溶剂性的漆料,要求技术熟练,操作准确、迅速,防止反复涂刷。
(4)虫胶清漆已逐渐被淘汰,聚氨酯清漆或不饱和聚酯清漆已逐渐取代硝基清漆。

4. 案例治理方法

轻微咬底,不影响质量的可不作处理。较严重的,需将漆层全部铲除洁净,待基层干燥后,再选用同一品种的漆料进行涂饰。

案例十九:渗色

1. 案例现象

漆膜渗色是指在深色底漆上再涂浅色漆时,底漆被面漆所溶解,底漆的颜色渗透、扩散到面漆上来,使面漆变色,外观受到影响。

2. 案例原因分析

(1)底层使用了干燥极慢的材料。如大漆腻子刮批物面后,在这种物面上无论涂刷水色、油色或酒色,即使刚刷后的颜色很均匀,但经 0.5h 左右,大漆的黑斑腻子部位的颜色就会全部显露于漆面。又如涂过沥青的物面再刷油漆,漆面上会出现沥青的痕迹。

(2)底漆未彻底干燥就涂面漆,如在未干的红丹酚醛防锈漆上,涂刷蓝、绿醇酸磁漆或调和漆时,就很容易使底漆的颜色渗到面漆表面。喷涂硝基漆时,溶剂的溶解力强,下层的底漆有时透过面漆,使面漆颜色染污。

(3)刷底漆前,未清除物面上的油污、松脂、红汞、染料等,又未用虫胶漆封闭,即刷油漆,致使漆膜渗色。

(4)底漆里有抗渗色性不好的有机颜料(如酞菁蓝、酞菁绿)、沥青、杂酚油等。底漆是深色,或木材染色,而面漆是浅色;如白色面漆涂刷在红色或棕色的底漆上,面漆会渗出红色或棕色,特别是硝基漆渗色现象更严重。

3. 案例防范措施

(1)底层不用干燥极慢的大漆腻子打底。着色腻子须浅于底漆、面漆,批刮须均匀一致,并认真做好封闭隔绝底色工作。

(2)腻子、底漆和面漆应配套使用。底漆宜选用无机颜料或抗渗色性好的有机颜料,避免沥青、杂酚油等混入。鉴于虫胶漆打底的缺点,可用树脂色浆或 XJ-1 酸固化氨基底漆、YJ-1 酸固化氨基底漆、ABC 底漆等,详见本小节"案例三:色泽不匀"的防治措施有关部分。

(3)涂刷底漆前,一定要彻底清除油污、松脂、沥青、红汞、染料等。

(4)涂装不同颜色的硝基漆时,在面漆中应适当减少稀释剂用量,同时涂层宜薄,使漆膜能迅速干燥。

(5)金属面渗色,可将渗色部分铲刮掉,或用树脂色浆、铝粉漆封闭。

(6)采用挥发速度快的、对底层漆膜溶解能力小的溶剂。间隔层次需充分干燥,底漆干实后才能涂刷面漆。

4. 案例治理方法

(1)刷或喷漆时有渗色现象应立即停止制作,已刷或喷上的漆经干燥后,打磨好,涂虫胶漆、树脂色浆或上述封闭底漆隔离,重刷(喷)面漆。

(2)在红底漆上涂浅色的面漆时,有时红色浮渗,白色漆变粉红,黄色漆变成橘红;改用相近的浅色漆,如面漆能更改为红色漆为最好。否则,须用虫胶漆、树脂色浆或上述封闭底漆隔离。再重刷(喷)面漆。

案例二十：漆膜粉化

1. 案例现象

漆膜粉化是随着失光以后发生的一种弊病,是指暴露在大气的漆膜表面上出现疏松的细粉层,并脱落的现象,倘用手摸之,粉粒便粘于手上。这是因为含有颜料漆膜中的成膜物质—胶粘剂被破坏,其中的颜料就不能牢固地继续留在漆膜内,而从漆膜中脱离,产生一个粉末层,这种现象称为"粉化"。粉化起始于表面,每次脱粉很少,下面漆膜仍可保持完整。随着粉化过程的不断深入,全部漆膜将被破坏。

2. 案例原因分析

(1)漆膜受紫外线、氧气、水气、腐蚀性气体、化学药品的作用,使颜料颗粒失去漆料的粘附力,或颜料本身分解。经长期曝晒后,铁红制漆的漆层容易产生粉化现象,特别是颗粒度较小的铁红粉化速度更快,所以要提高耐候性应选择颗粒度较大的铁红,但又容易使漆层光泽下降。如果时间不长,漆膜粉化提早出现,这说明该漆料质量不佳,油分或树脂过少,稀释剂过多,涂层过薄或漆膜所处的环境较恶劣。

(2)在封闭不充分,有吸收能力的物面上涂漆料。

(3)在室外暴露的部位使用高色料醇性漆料、酚醛、环氧、沥青、聚氨酯漆等,或在室外使用室内漆料。其耐候性差,会出现提早粉化。

(4)不同种类的油漆混用,相互影响。

3. 案例防范措施

(1)涂饰时选用质量较高的漆料,不可随意稀释漆料,漆膜应达到足够的厚度,漆膜未干透不允许遭受雨淋日晒;还可加入一些碳酸钡等作防粉剂。

(2)修补填孔后可用树脂色浆等材料封闭有吸收能力的物面,并修补填孔。

(3)正确选择漆料,注意将室内和室外漆料分开。室外家具要尽可能避免日光曝晒。

(4)油漆应配套使用,不同种类的油漆不能混用。

4. 案例治理方法

漆膜粉化之后,已失去装饰和保护功能。应查找原因,铲除病膜,返工重做。

19.2 水性涂料涂饰案例

用于建筑物内墙、外墙、顶棚、地面、卫生间等部位的乳液型涂料、无机涂料、水溶性涂料等统称为水性涂料(旧称建筑装饰涂料)。常用的水性涂料有外墙无机建筑涂料、合成树脂乳液内墙和外墙涂料(乳胶漆)、复层建筑涂料(喷塑涂料)、弹性建筑涂料(弹性乳胶漆)、多彩花纹涂料、合成树脂乳液砂壁状建筑涂料(彩砂涂料)、地面涂料等。聚乙烯醇类水溶性内墙涂料由于装饰效果不佳、不耐久、部分产品含甲醛,属淘汰或禁用产品。

水性涂料有许多优点：色彩鲜艳,造型丰富,装饰效果好；性能优异,功能多样,保护效果好；制作方便,在线型较为复杂的墙面上仍可照常制作,不受任何限制,不存在粘贴等技术问题；不使用有机溶剂,有利于环境保护；易于维修,单方造价低。在欧美发达国家,建筑外墙采用高级涂料装饰的已占90%,日本高层建筑采用外墙涂料的约占80%~90%。但是,用涂料进行建筑物外墙装饰,20世纪末在中国还不足10%。国内专家呼吁,建筑物外墙装饰应制定推广应用涂料的有关法规,以使建筑物外观永葆新鲜艳丽;建筑内墙涂料的发展方向是中高档乳胶漆,不仅要求具有良好的耐擦洗性、开罐性、流变性等,还对涂料本身的视觉效果提出了更新的要求,即光泽要齐全、色彩要淡雅柔和、质感要细腻等;内墙涂料必须向环保型方向发展,外墙建筑涂料的发展方向是高抗沾污性、自乳化、高固体分乳胶漆。我国还将重点开发高耐候性氟碳树脂涂料,以有机硅等憎水基因改性的丙烯酸制成的可防水、抗渗,能让空气通过的"呼吸型"外墙涂料,可防止因墙面收缩而开裂的弹性腻子及弹性乳胶涂料,水性聚氨酯涂料。上海建筑业有关部门已经宣布,从1997年起,建筑中尤其是高层建筑将逐步限制外墙面砖的设计和使用。从2000年8月1日起实施的《北京市城市建筑物外立面保持整洁管理规定》,要求城市建筑物、构筑物外立面应定期清洗,保持整洁,无明显污迹、无残损、脱落、严重变色等。外立面为玻璃幕墙的,至少每年清洗一次;外立面为水刷石、干粘石和喷、涂材料的,至少每五年刷新一次。

水性涂料及其涂膜产生的病态,可能在涂料制作前产生,也可能在制作期间或使用期间出现。产生病态的因素主要有以下几方面:

1. 设计无明确要求(如使用环境、基层要求、使用材料、使用寿命),或设计落后。宜由专业公司作具体设计。

2. 涂料本身的质量及使用功能,如乳胶漆的流平性、调色性、PVC、P/B好坏直接影响装饰效果。涂料所用基料及其性质,基料与颜、填料的比例(PVC或P/B的确定),颜、填料的细度及在基料中的分散状况,助剂的选择及用量是否合适,是否满足设计使用功能等。应使用中高档涂料。

3. 制作基层状态。基层材质、表面粗糙程度、墙体湿度、pH值、养护期及基材处理是否得当、有无抗碱封闭底涂、所用腻子质量等都是直接影响涂饰质量的重要因素。传统的内、外墙腻子主要用作找平,往往不耐水、韧性、黏性较差,没有明确的技术指标,仅以满足制作性为主。因此,应强调使用配套商品并经检验合格的符合国家标准的内、外墙腻子。

4. 涂装工艺。确定合理的涂层厚度、制作程序、底涂及中涂与面涂是否相配套、每道涂层之间的制作间隔时间等。同时,应提倡、推广树脂、涂料、腻子的"套餐技术"。

5. 制作操作。有无专业队伍,有无制作方案,有无样板墙、样板间。制作前涂料是否搅拌均匀,是否任意兑水稀释,制作机具质量或运转情况,技术人员、操作工人的技术水平等。

6. 制作环境。施涂及成膜时的气候条件,如温度、湿度是否符合该产品使用说明书的要求,是否刮风下雨等。

了解涂料及涂膜产生病态的原因,有助于有的放矢地采取防治措施。

案例一:涂料流坠

1. 案例现象

因施涂不当,在自重作用下,其形态如泪痕或垂幕。涂料不能很好挂住,形成向下流淌的现象。

2. 案例原因分析

(1)基层(或基体)过湿,或表面太光滑,表面吸水少。物体表面不平整,不干净。

(2)涂料本身黏度过低,或兑水过多,涂膜附着力差。

(3)一次施涂过厚,流坠的发生与涂膜厚度的3次方成正比例关系。

(4)涂料里含有较多的密度大的颜、填料。

(5)制作环境的湿度过大或温度过低。稀释剂挥发过快、过慢,影响涂膜干燥速度。

(6)墙面、顶棚等转角部位未采取遮盖措施,致先后刷(喷)涂的涂料在转角部位叠加过厚而流坠。

(7)喷涂距离过近或涂料制作前未搅拌均匀(上层的涂料较稀)。

3. 案例防范措施

(1)混凝土或抹灰墙面施涂水性和乳液涂料时,其含水率不得大于10%;弹涂时含水率不得大于8%。物面应适当粗糙。

(2)控制好涂料的制作黏度,不同类别的涂料应按其产品说明书要求的黏度制作,一般较为合适的制作黏度为75~100KU(20s以上)。

(3)控制施涂厚度,一般控制在膜厚20~25μm为宜(指一道干膜)。

(4)在设计乳胶涂料配方时,不要过多地使用密度较大的颜、填料。

(5)普通涂料的制作环境温度应保持10℃以上,湿度应小于85%。

(6)转角部位应使用遮盖物,避免两个面的涂料互相叠加。

(7)制作前应将涂料搅拌均匀。

(8)提高技术人员、操作工人的技术水平,保证施涂质量。

① 刷涂。涂刷时,其涂刷方向和行程长短均应一致。如涂料干燥快,应勤蘸短刷,接槎应在分格缝部位。涂刷层次,一般不少于两度,在前一度涂层表干后才能进行后一度涂刷(其中,底涂或第一道涂层必须完全干燥);前后两次涂刷的间隔时间与制作现场的温度、湿度有密切关系,通常不少于2~4h。

② 滚涂。

A. 在滚涂黏度水、较稀的涂料时应选用刷毛稍长、细而软的毛辊,因为这类毛辊吸浆量大,滚涂时比较均匀又不易流淌。在滚涂黏度较大又稍稠一些的涂料时,应选用刷毛稍短、稍粗、稍硬一些的毛辊,因为这类毛辊在吸饱涂料、滚涂过程中,刷毛倒下去容易重新立起来,还可保持较好的吸浆量,防止流淌和不均匀。

B. 毛辊上的吸浆量不能太多或太少。先将桶里搅拌均匀的涂料倒在一特制的蘸料槽中,蘸料槽底部是斜坡并有凸凹的条纹(图19-5),蘸料槽宽度稍大于毛辊的长度,长度比宽略大于1/2;毛辊在蘸料槽一端蘸满料后,在蘸料槽的斜坡条纹上轻轻往复几个来回,直到毛辊中吸浆量均匀合适为止。当毛辊中的涂料用去1/3~1/2时,就应蘸料后再进行辊涂。

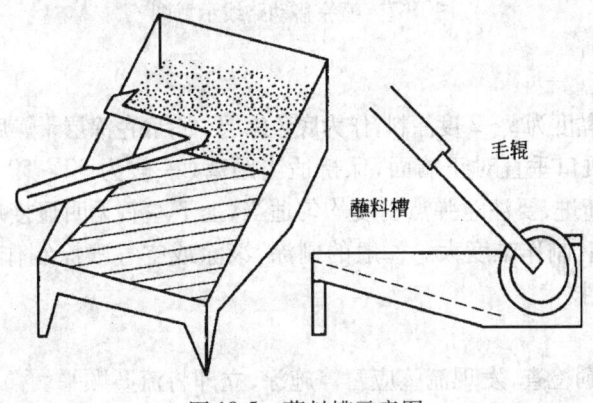

图19-5 蘸料槽示意图

③ 喷涂。涂料稠度必须适中,太稠,不便制作;太稀,影响涂层厚度,且容易流淌。对含粗填料或含云母片的喷涂,空气压力在 0.4～0.8MPa 之间选择确定;喷射距离一般为 40～60cm,喷嘴离被涂墙面过近,涂层厚薄难控制,易出现过厚或挂流等现象。喷涂时要注意三个基本要素,如图 19-6 所示,移动路线如图 19-7 所示。

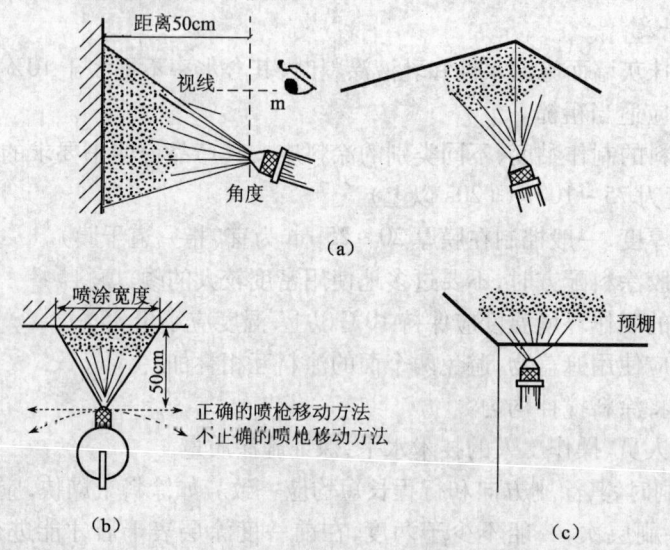

图 19-6　喷涂基本要素示意图
(a)喷涂阴角与表面时一面一面分开进行;(b)喷枪移动方法;
(c)喷涂顶棚时尽量使喷枪与顶棚成一直角

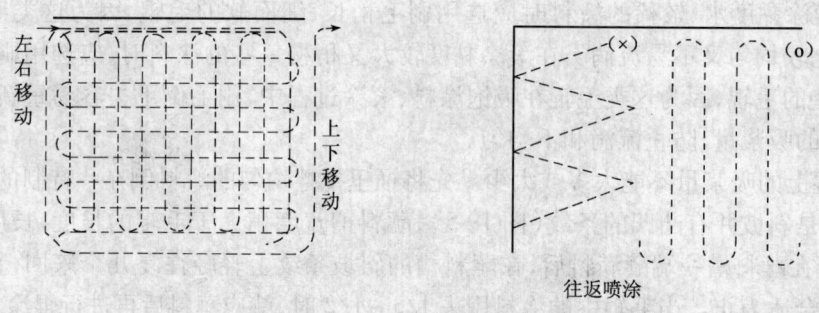

(×)为使返回点成为一个锐角;(o)防止重喷

图 19-7　喷涂移动路线示意图

④ 弹涂。

A. 基层表面先刷黏度为 1～2 度涂料,作为底色涂层。待底色涂层干燥后,才能进行弹涂。

B. 弹涂时,彩弹机口垂直对正墙面,保持适当距离(一般为 30～50cm),自上而下,自右(左)至左(右),循序渐进,要注意弹点密度均匀适当,上下左右无明显接痕。

(9)乳胶漆黏度高,制作难度大。一般的刷涂、滚涂或空气喷涂制作,面涂效果难令人满意,最宜采用无气喷涂技术。

4. 案例治理方法

(1)施涂过程中,勤检查,发现流坠应暂停施涂,立即将流坠顺平。

(2)涂膜干燥后的流坠应用砂纸打磨平整,再重新施涂一遍。

(3)面积较大,数量较多的弹涂流坠点,可用不同颜色的色点覆盖分解。
(4)面积较小、数量不多的弹涂流坠点,可用小铲尖将其剔掉后,用不同颜色的色点局部覆盖。

案例二:刷纹

1. 案例现象

涂层出现毛刷或辊筒的痕迹,或在施涂搭接部位接痕明显。涂膜干后,一丝丝高低不平的纹痕依然存在。

2. 案例原因分析

(1)未刷封闭底涂,基层或腻子材料吸水或吸溶剂过快。
(2)刷子、辊筒过硬,或刷子陈旧、毛绒短少,涂刷厚薄不匀。
(3)涂料本身的流平性差。
(4)涂料的颜料/基料比例不合适,颜料、填料含量过高。
(5)基层过于干燥,制作环境温度过高。
(6)施涂操作不当,搭接部位接痕明显。

3. 案例防范措施

(1)无论是内外墙,基层处理后均应涂刷配套的封闭底涂。采用经检验合格的商品腻子,薄而均匀地满批腻子。腻子干燥后要用砂纸磨平,清除浮粉,方可进行涂料制作。墙面局部修补宜用专门的"修补腻子"(或不收缩修补砂浆)。
(2)根据所用涂料选用合适的刷子及辊筒,及时清洗更换刷具。
(3)使用流平性好的有机增稠剂来改善涂料的流平性。
(4)调整涂料的颜料/基料比例,增加基料用量。
(5)避免在温度过高或烈日直射的环境下制作。
(6)正确操作。

① 涂料制作应连续不断。由于乳胶涂料干燥较快,每个刷涂面应尽量一次完成,间断时间不得超过3min,否则易产生接痕。对于干燥较快的涂饰材料,大面积涂饰时,应由多人配合操作,流水作业,顺同一方向涂饰,并注意处理好接槎部位。

② 采用传统的制作辊筒和毛刷进行涂饰时,每次蘸料后宜在匀料板上来回滚匀或在桶边舔料。涂饰时涂膜不应过厚或过薄。在辊涂过程中,向上时要用力,向下时轻轻回带。辊涂时,为避免辊子痕迹,搭接宽度为毛辊长度的1/4。一般辊涂两遍,其间隔应在2h以上。

(7)喷涂法制作,可免刷纹。最宜采用无气喷涂技术。

4. 案例治理方法

(1)加强制作自检,应在刷纹未干之前,尽早顺平。
(2)涂膜干燥之后,应用砂纸打磨平整,重新施涂。

案例三:涂层颜色不均匀

1. 案例现象

同一墙面,涂层颜色深浅不一致,或有接槎出现。

2. 案例原因分析

(1)不是同厂同批涂料,颜料掺量有差异。配色的颜料密度相差过大,颜料与基料比例不合适,颜、填料过多,树脂成分过少,展色不均匀。

(2)使用涂料时未搅拌均匀或任意加水,使涂料本身颜色深浅不同,造成墙面颜色不均匀。

(3)基层(或基体)不同材质的差异,混凝土或砂浆龄期相差悬殊,湿度、碱度有明显差异(最忌涂饰新近修补的墙面)。

(4)基层处理差异,光滑程度不一,有明显接槎、有光面、有麻面,致吸附涂料不均匀;涂刷后,由于光影作用,显得墙面颜色深浅不匀。

(5)脚手架离墙太近或靠近脚手板的上下部位操作不便,致施涂不均匀。

(6)操作不当,反复施涂或未在分格缝部位接槎,随意甩槎或虽然在分格缝部位接槎,但未遮挡,导致未成活一面溅上部分涂料等,都会造成明显接槎。

(7)成品保护不好,如涂料制作完毕之后,又安装凿孔或后继制作损坏,形成补疤。

3. 案例防范措施

(1)同一工程,应选购同厂同批涂料;每批涂料的颜料和各种材料配合比例须保持一致。采用中高档涂料。

(2)适当提高涂料的黏度。由于涂料易沉淀分层,使用时必须将涂料搅匀,并不得任意加水。一桶乳胶漆宜先倒出 2/3,搅拌剩余的 1/3,后倒回原先的 2/3,再整桶搅拌。双组分涂饰材料的制作,应严格按产品说明书规定的比例配制,根据实际使用量分批混合,并按说明书要求静置一段时间,并在规定的时间内用完。

(3)混凝土基体龄凝期应在 21~28d 以上,砂浆基层应在 14~21d 以上(潮湿、低温季节或南方地区还须更长时间),并且含水率应小于 10%(专用仪器检测,或塑料薄膜覆盖法粗略判断),pH 值在 10 以下(试验纸或 pH 计检测)。我国幅员辽阔,东西南北气候不同,春夏秋冬气温不同,均宜用仪器检测。

(4)基层表面的麻面、小孔,事先应用经检验合格的商品"修补腻子"(或"填补剂")修补平整;采用不锈钢或橡皮刮板,避免铁锈的产生。同一大面的基层有不同材质时,尤其需要使基层吸附涂料均匀;若有油污、铁锈、脱模剂等污物时,须先用洗涤剂清洗干净。无论内外墙,均应施涂配套的封底涂料。

(5)外墙涂饰,同一墙面同一颜色应用相同批号的涂饰材料。当同一颜色批号不同时,应预先混匀,以保证同一墙面不产生色差。

(6)脚手架离墙不小于 0.3m,靠近脚手板的上下部位应注意施涂均匀。

(7)施涂应自上而下,连续不断,衔接时间不得超过 3min;接槎应在分格缝或阴阳角部位,不得任意停工甩槎。因未遮挡,受飞溅沾污部位应及时清除。

(8)涂饰工程应在安装工程完毕之后进行。施涂完毕,应加强成品保护。

4. 案例治理方法

白色涂层可局部补涂。其他颜色的涂层(尤其深色涂层)局部补涂可能出现色差,甚至全面补涂还可能出现色差(或越补,色差越严重),严重者应返工重做。

案例四:饰面不均匀

1. 案例现象

薄涂料表面局部出现接槎、抹痕、斑疤、疙瘩,在阳光照耀下反差更为明显,即使饰面颜色均匀,仍是只能远看,不能近看(近距离观感差)。喷涂表面出现饰面颗粒不均匀。多彩花纹涂料表面出现花纹紊乱、无规则。

2. 案例原因分析

(1)抹灰面用木抹子搓毛面,致基层表面粗糙、细致不均匀;有的边角部位用铁制阴、阳角工具光面,大面部位用木抹子搓面,粗细反差更明显。

(2)基层不够平整,局部缺陷较多;或局部修理返工,造成基层补疤明显高低不平、表面粗糙。

因上述(1)、(2)原因造成的基层表面缺陷,对薄涂料最为不利,难以掩饰。墙面常用涂料乳胶漆,其优点之一是流平性好,由于其表面层厚仅约0.1m,基层稍有不平或其他毛病,缺陷就会暴露无遗。基层缺陷是饰面粗糙,只能远看,不能近看的主要原因。

(3)基层各部位干湿不一,基层渗吸不均匀(尤其新修补部位)。

(4)材料厂家、批号、质量不一,计量不准,涂料稠度不当。乳胶漆搅拌不均匀,桶底涂料越刷越稠,甚至有凝胶。多彩花纹涂料,细骨料颗粒不一致。

(5)抹灰基层不分缝格,分段制作困难,抹灰接槎部位明显突出。施涂任意甩搓,接槎部位涂层叠加过厚。

(6)因脚手架遮挡制作不方便,产生施涂不匀。

(7)喷涂机具发生故障,胶管不畅。喷涂时,空气压缩机压力不稳定,喷涂距离、喷涂角度操作前后不一致。喷涂过薄,遮盖率达不到标准。

3. 案例防范措施

(1)抹灰面层用铁抹子压光嫌其光滑,用木抹子则太粗糙,用排笔蘸水扫毛会降低面层强度;宜用塑料抹子或木抹子上钉海绵块收光(细拉毛工艺),使之大面平整,粗细均匀。

(2)土建、安装工序合理,重视基层成品保护,避免成活后再凿洞或损坏。墙面局部修补宜用专门的"修补腻子"。

上述(1)、(2)防治措施应使基层表面的平整度达到薄抹腻子的要求。预防腻子批刮过厚或因打磨过于光滑而降低涂料的粘结力。无论内外墙面,均应施涂配套的封底涂料。

(3)基层干燥一致,混凝土或砂浆抹灰层的含水率不得大于10%。

(4)采用中高档次,且各层材料均配套供应的涂料,使用前搅拌均匀。多彩花纹涂料的细骨料应分别过粗、细筛子。

(5)抹灰基层应分缝格。施涂时,接槎应在分格缝部位。

(6)脚手架距离墙面不得小于0.3m,脚手架妨碍操作的部位应注意均匀施涂。大风天、雨天应停止制作。

(7)事先检查喷涂设备、保证喷涂压力稳定。正确操作,喷嘴到喷涂面距离为40~60cm;喷涂速度前后一致。试喷达到要求后,再大面积操作,保证达到"样板"墙的遮盖率。

4. 案例治理方法

白色或浅色的表面缺陷,可作局部修补。深色面层,若局部修补容易造成明显的色差,应在铲平疤痕、疙瘩后,全面满刮腻子,重做面层。

案例五:色点异常

1. 案例现象

弹涂后涂层表面出现异形色点、尖形点或色点大小不一致,色点分布不均匀、色点颜色不均匀等不良现象,降低装饰效果。

2. 案例原因分析

(1) 异形色点。

① 出现长条形色点,是因弹力器距墙面较近,部分弹棒弹力小,弹出的色点呈弧线形挂在墙上(见图 19-8)。

② 出现尖形点,是因为涂料稠度过小,涂料过干,加水后胶量不足(见图 19-9)。

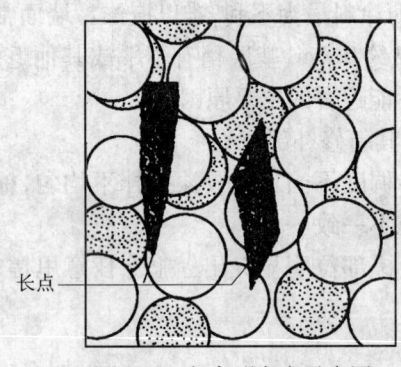

图 19-8　长条形色点示意图

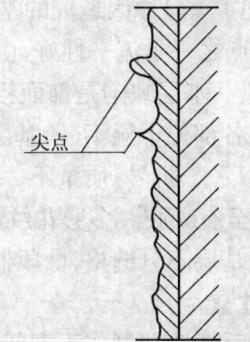

图 19-9　尖形点示意图

(2) 色点大小不一致。

① 操作技术不熟练,料筒内涂料过少,不及时加料,致使弹出的色点碎小。

② 料筒内一次接料过多,弹力器距墙面太近,个别弹棒胶管端部过长,因而产生过大的色点。

(3) 色点分布不均匀。由于操作时弹力器移动速度不均匀或弹棒间隔距离不相等。

(4) 色点颜色不均匀。

① 大面积制作时零散配料,颜料加入量不准确。

② 涂料的稠度变化较大,稀稠不均匀。

③ 脚手架靠近脚手板的部位,操作不便,弹涂不均匀。

(5) 罩面后局部返白。由于饰面色点未干透,急于罩面,湿气封闭在内部。

3. 案例防范措施

(1) 异形色点。

① 为避免长条形色点,要求操作人员技术熟练,操作时控制好弹力器与装饰面的距离;经常检查更换弯曲、过长、弹力不够的弹棒。

② 为避免尖形点,应控制好涂料的配合比及稠度。

(2) 色点大小不一致。

① 提高操作者的技术水平,料筒内涂料过少时应及时加料,控制好弹力器与墙面的距离,使色点均匀一致。

② 经常检查弹棒,发现弹棒过长、弯曲和弹力不够时及时更换。

(3) 色点分布不均匀。操作时弹力器移动不能太快,头道色点应达到点与点之间紧密;调整弹棒间距,使之相等。

(4) 色点颜色不均。

① 制作前计算好建筑物全部用料量,一次配成。

② 按配比掺入颜料,调整稠度。
③ 在脚手板附近操作不便的部位弹涂,也要保持与墙面的垂直距离。
(5)罩面后局部返白。罩面前应根据色点颜色深浅观察其干湿程度,必要时剖开局部色点,检查内部湿度,待色点全部干透后再罩面。

4. 案例治理方法

(1)数量不多的条形色点,可用毛笔蘸取不同色浆,局部点涂分解;若面积过大且集中时,可用不同色点全部覆盖消除。
(2)弹涂中发现尖形点时,应立即停止制作,调整涂料稠度。
(3)露底面过大时需重复补弹,待色点分布情况与周围一致后,弹涂二道色点;底面露出不大时局部补弹。
(4)涂层表面缺陷严重时,返工重做。

案例六:变色、褪色

1. 案例现象

外墙乳胶涂料由于其涂膜长年暴露在自然环境中,经受风吹、雨淋、日晒,时间久了外观会发生变化,最常见的便是涂膜的变色和褪色问题。变色、褪色,内、外墙均有可能发生。变色有时是局部发生(如墙体局部渗漏或意外水侵,反碱),呈地图斑状;褪色往往是大面积发生。

2. 案例原因分析

(1)涂膜的变色和褪色通常与基料和颜料有关。某些有机颜料耐光性能差,不耐碱,在日光、化学药品、大气污染等作用下,颜料会质变。有些颜料的粉化现象也造成涂膜的褪色,如锐钛型二氧化钛粉化现象较明显。基料的黄变倾向及耐候性差也会引起变色或褪色。
(2)基层太湿,碱性太大(尤其新修补的部位),未刷抗碱封闭底涂,涂料中某些耐碱性差的金属颜料或有机颜料发生化学反应而变色。
(3)乳胶漆与聚氨酯类油漆相邻同时制作。因为,有的聚氨酯类油漆中含有游离的甲苯二异氰酸酯(IDI)。在涂刷挥发过程中,不但会造成室内空气污染,还会严重导致未干透的乳胶漆泛黄。
(4)面涂与底涂不配套,面涂溶解底涂,发生"渗色"现象。
(5)内墙涂料用于外墙。氯乙烯类乳胶漆虽属内外墙兼用型,但耐候性相对较差,用于外墙容易变色、褪色。
(6)制作现场附近有能与颜料起化学作用的氨、SO_2等发生源。

3. 案例防范措施

(1)采用中高档涂料。在设计外墙乳胶涂料的配方时,一定要选择耐候、耐碱的基料和颜料,如纯丙乳液、苯丙乳液及金红石型钛白、氧化铁系、酞菁系颜料。这对避免或减少涂膜的变色和褪色是十分重要的。这也是内、外墙乳胶涂料所用基料及颜料不同的原因所在。
(2)涂饰基层必须干燥(尤其新修补部位),砂浆基层pH值不得大于10,含水率不得大于10%。无论是内外墙,均应施涂配套的封底涂料。内墙有耐水要求的部位应采用建筑耐水腻子,外墙应采用苯丙乳胶外墙腻子或可再分散聚合物粉状腻子。墙面局部修补宜采用商品专用"修补腻子"。
(3)室内木器宜用高品质的聚氨酯或醇酸树脂油漆,待彻底干燥后,相邻的墙面才能涂刷乳胶漆。

(4)制作前,应检查底涂与面涂是否配套,避免产生面涂溶解底涂的"渗色"现象。

因此,面涂与底涂应是属于同一成膜干燥机理的涂料,如乳胶漆是靠物理作用、干燥挥发涂层中的水分和溶剂成膜的,而环氧树脂、聚氨酯树脂等漆,则是靠化学作用、固化干燥成膜的。不可选化学干燥的面涂涂在物理干燥的底涂上,亦不可选强溶剂的面涂涂于弱溶剂的底涂上。

(5)内墙涂料不能用于外墙。内外墙兼用型的氯乙烯类乳胶漆不宜用于外墙。

(6)隔离氨、SO_2等发生源。

4. 案例治理方法

在基层质量保证的前提下,全面积满刮腻子,重做面层。

案例七:涂膜发花

1. 案例现象

涂料干燥成膜时,由于颜料颗粒分布不均匀,或一小部分密度小的颜料颗粒飘浮于上面(浮色),致使涂料颜色分离,涂膜表面发花。

2. 案例原因分析

(1)涂料本身有浮色。涂料最终显现的颜色是由多种颜料调和出来的。各种颜料的密度不同,有时差异较大,造成密度小的颜料颗粒飘浮于上面,密度大的颜料颗粒往下部沉积,致使颜色分离。虽然经过搅拌,涂膜干燥后,涂层仍易产生色泽上的差异。

(2)自配色浆,分散剂用量不够,分散剂与增稠剂品种搭配不合理,涂料中颜料分散不好,或两种以上的颜料相互混合不均匀。如酞青蓝是沉性颜料,色浆较难分散水解,易沉淀;酞菁绿为悬浮性颜料,较易水溶分散。这些颜料配成天蓝、果绿等复色时,因颜料分散不好、密度相差过大,在刷涂或辊涂制作时,沿刷、辊方向易产生条纹状色差,即有浮色产生。在涂膜干燥时,由于颜料颗粒飘浮而使其分布不均匀产生浮斑。

(3)涂料搅拌不均匀或过度稀释;涂刷不均匀,厚薄不均匀。

(4)基层表面粗糙度不同,或基层碱性过大、含水率过高,涂料中使用不耐碱的颜料。

(5)使用生锈的铁刮板批刮腻子。

(6)脚手架遮挡部位施涂困难,或补涂时采用的涂料不同批,其涂布量及涂料色调可能与大面积墙面有差异。

3. 案例防范措施

(1)选用适宜的颜料分散剂、润湿剂,宜将有机、无机分散剂匹配使用,采用商品色浆,使颜料处于良好的稳定分散状态。宜使用中高档涂料。

(2)适当提高乳胶涂料的黏度。如果黏度过低,浮色现象严重;黏度偏高时,即使密度相差较大的颜料也会减少分层的倾向。

(3)制作前应充分搅拌涂料,使之均匀、没有浮色或沉淀。制作时,不得任意对水稀释。

(4)涂膜应力求均匀。涂膜不宜过厚,涂膜越厚,越易出现浮色发花现象。滚涂法制作,涂膜比较均匀。

(5)基层含水率小于10%,pH值小于10。为使基层吸收涂料均匀及抗碱,内外墙均需施涂配套的封闭底涂。墙面局部修补宜用专门的"修补腻子"(或不收缩修补砂浆)。

(6)应用不锈钢或橡皮刮板批刮腻子,避免铁锈的产生。

(7)被脚手架遮挡的部位在重新喷涂或刷涂时,要认真操作,涂布量不要少于规定的数量且应使用同一批涂料,以确保整体饰面颜色的一致。

4. 案例治理方法

浅色涂料可局部修补。深色涂料修补后,涂层叠加,容易出现色差;应全面满刮腻子后,重新施涂面层。

案例八:粉化

1. 案例现象

涂膜中的成膜物质——合成树脂老化,失去胶结作用,颜料从涂膜中脱离出来,产生一层粉末。用手触摸,粉末会沾于手上。

2. 案例原因分析

(1)基层干燥不充分,尤其盲目抢工期,致基层含水率高,pH 值大;碱性表面上直接涂刷不耐碱的含金属颜料的涂料。

(2)使用了强度低和不耐水的腻子。涂料组分中颜、填料的含量过高,树脂乳液含量过低,涂料耐水性能差,经过一段时间或雨水冲刷。

(3)成膜不良。

① 干燥过快,如夏季日光直射,大风吹袭。

② 涂料混合不均匀,桶底涂料树脂乳液含量低、填料沉淀。涂料过度稀释,会导致其中的成膜物质"破乳",涂料不能形成连续的膜层;稀释度越大,涂膜质量越差,耐久性越差。

③ 施涂及成膜时的气温低于涂料最低成膜温度,或涂料还未成膜即遭雨淋。

④ 加固化剂计量有误。

⑤ 在涂料仅表面干燥,尚未完全成膜时,重复滚压涂层。

3. 案例防范措施

(1)混凝土和抹灰面应有合理的制作间歇、养护时间(混凝土基层不少于 21~28d,抹灰基层不少于 14~21d;潮湿、低温季节或南方地区还须延长时间),其含水率不得大于 10%,pH 值不得大于 10。内墙宜使用耐水腻子,外墙使用苯丙乳胶外墙腻子或可再分散聚合物粉状腻子。墙面局部修补宜用专门的"修补腻子"(或不收缩修补砂浆)。

(2)选用具有耐水、耐碱、耐候等性能的中高档涂料,一般建筑宜使用寿命期 5 年以上的涂料,高层建筑宜使用寿命期 10 年以上的涂料。涂料应按出厂说明书稀释,严格控制加水量,内墙涂料不得外墙用。内外墙兼用型的涂料不宜用于外墙。外墙水性涂料的耐洗刷性复验合格。

(3)成膜质量保证。

① 在夏季制作时,避免日光直接照射。大风或雨天不制作。

② 混合涂料时,应搅拌均匀。

③ 气温在最低成膜温度下时,停止制作,否则应采取措施保证成膜温度、湿度。

④ 按规定加入固化剂,并充分混合。

⑤ 保证各层施涂的间隔时间和涂层的养护时间、温度、环境条件。

4. 案例治理方法

涂膜出现粉化,已失去装饰和保护作用。搞清原因之后,返工重做。

案例九:涂膜鼓泡、剥落

1. **案例现象**

涂膜的鼓泡、剥落现象在内、外墙面均有发生。鼓泡、剥落是涂膜失去粘附力,先鼓泡后剥落。剥落有时是所有的涂层,有时仅是面层。各类涂料都会出现剥落,但出现最多的还是乳胶漆涂膜的大片脱落,如图19-10所示。

2. **案例原因分析**

(1)基层酥松,有浮尘(尤其原墙面刷石灰浆的旧墙翻新),或有油渍脏污(如模板涂刷废机油,混凝土墙体表层可能渗出油脂),或外墙砖、马赛克等旧墙面的基层过于光滑,或基层无封闭底涂等,都易造成涂膜附着力不好。

(2)新抹水泥砂浆基层湿度大(湿墙涂料除外),碱性也大,析出结晶粉末而造成鼓泡。基层表面用石灰膏罩面、找平,其pH值可达14。

图19-10 乳胶漆涂膜大片脱落

(3)据统计,涂层鼓泡,剥落占第一位的原因就是腻子受潮后与基层脱离。我国传统的内墙基层处理,沿用纤维素大白腻子或石膏腻子;腻子的作用主要是找平墙面,没有什么具体技术要求。但上述腻子耐水性很差,在使用期间若墙体渗漏,或是潮湿环境(尤其墙根),因纤维素遇水膨胀而逐渐溶于水中,由于体积增大和粘结强度下降,严重时发生粉化,造成涂层鼓泡、开裂进而脱落。

(4)涂料组分中颜、填料的含量过高,或涂料对水过多,树脂含量过低,造成涂膜附着力差。卫生间、厨房等用水房间未使用耐水涂料。

(5)涂料本身成膜不好,如乳胶涂料制作时温度过低,乳液本身不能形成连续膜造成龟裂,遇水或湿气即会脱落。再如多彩涂料在高温、高湿条件下制作,成膜不好,容易脱落。

(6)一次涂刷太厚,表面干燥的稀释剂还未完全挥发。各层涂料制作间隔时间太短,或施涂及成膜时温度过低,湿度过大,或涂层未完全干燥时遇雨淋,致乳胶涂料本身成膜不好,即乳液未成连续涂膜而造成龟裂,遇水即会脱落。环境温度太高或日光强烈照射。

3. **案例防范措施**

(1)基层应处理好,将酥松层铲掉,将浮尘、油渍清除干净。无论内外墙,均应施涂配套的封底涂料。轻质墙体或原石灰浆的基层还应再用"高渗透型"的底面剂处理,以增强涂料的附着力,减少脱落。外墙砖、马赛克旧墙面应用专门的聚合物水泥基干混料("光洁表面界面处理剂")作表面处理。砂浆基层不得用石灰膏罩面、找平。

(2)检查基层是否干燥(尤其新修补部位),含水率应小于10%,pH值应在10以下。外墙过干,施涂前可稍加湿润,然后涂刷上述底面处理剂。

(3)内墙腻子及108胶水泥腻子不得用于外墙。根据内、外墙的不同要求,选择黏性、韧性好的耐水腻子(内墙用建筑耐水腻子,优先使用膏状乳胶内墙腻子;外墙用苯丙乳胶外墙腻子,可再分散聚合物粉状腻子),其质量标准为《建筑室内用腻子》(JG/T 3049—1998)、《建筑外墙用腻子》(JG/T 157—2009)。腻子层不可过厚(以找平墙面为准),一定要等腻子干燥后再施涂涂料。墙面局部修补宜用专门的"修补腻子"（或不收缩修补砂浆）。

（4）淘汰聚乙烯醇水溶性涂料，宜使用中高档涂料。外墙不应使用耐水性、耐候性较差的聚醋酸乙烯均聚物乳液类（含 EVA 乳液）涂料、氯乙烯-偏氯乙烯共聚液涂料，更不得内墙涂料外墙用。醋乙、醋丙等共聚乳液（内外墙兼用型）涂料，不宜用于耐久性要求高的外墙。外墙涂料宜使用水性丙烯酸（含苯丙、纯丙、硅丙）共聚乳液薄质（或厚质）外墙涂料、低毒溶剂型丙烯酸外墙涂料、溶剂型丙烯酸聚氨酯外墙涂料。内墙乳胶漆宜使用聚醋乙烯乳液涂料、乙-丙乳液涂料、苯-丙或纯丙乳液涂料。外墙水性涂料的耐洗刷性复验合格。

（5）严格控制涂刷厚度，底涂层或第一道涂料必须完全干燥后，方可施涂面层。制作温度应遵守不同涂料的产品说明具体要求。如乳胶涂料应在 5℃ 以上（最好 10℃ 以上）制作，成膜助剂选用要得当，加量适宜，以保证乳液形成连续涂膜，不发生龟裂。多彩涂料应在 5℃ 以上、湿度不超过 85% 的环境下制作。如在雨天等湿度高的环境下制作，涂膜易泛白，不易产生连续涂膜，附着力也降低。亦不宜在高温、阳光直射的环境下施涂。

4. 案例治理方法

（1）轻度的鼓泡在排除外因（渗漏、潮湿）条件下，可注入改性环氧树脂粘合修补，如图 19-11 所示。

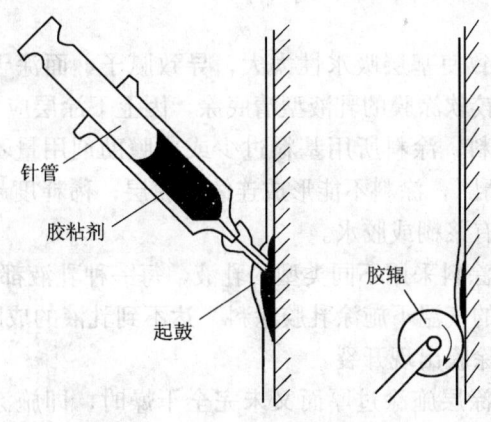

图 19-11 涂膜空鼓修补示意图

（2）严重的涂膜鼓泡、剥落已失去装饰和保护作用。应在查明原因之后，对症下药返工重做。

案例十：开裂

1. 案例现象

指由于面层涂料的扩张与底层不一致，或基层砂浆开裂，而使涂膜开裂。涂膜开裂发生在使用期间者居多，随着时间的推移，裂缝条数可能会逐渐增加和变宽。内、外墙面的涂膜都有可能发生开裂，由墙体或抹灰层引发的开裂，与腻子层或涂膜自身的开裂，几乎参半。乳胶漆外墙面比较平滑，颜色又往往较浅；一旦开裂，裂缝部位很容易被灰尘、雨水污染、发霉、发黑，相当显眼，影响外观最为严重。

2. 案例原因分析

（1）墙体或抹灰层开裂。开裂本指涂料开裂，不包括因结构开裂而引起的涂料开裂。

但是，墙体或抹灰层开裂又与涂膜开裂密切相关，尤其盲目抢工期，致墙体、抹灰层无合理的养护、干燥、干缩间歇时间，更容易开裂。

① 墙体自身变形开裂，尤其轻质墙体（轻质砌块、轻质板材及接缝）和外墙外保温体系的干缩开裂。

② 抹灰层开裂。

A. 混凝土墙体抹灰层砂浆强度没有"过渡"，底层或前层砂浆强度不足。

B. 面层抹灰用铁抹子压光，若来回压抹的遍数过多，会把水泥浆和石灰浆"提"至砂浆层的表面，来回压抹的遍数越多，表面越是光滑，表面稀浆积聚越多；或在刷（喷）涂料前用水泥净浆批嵌抹灰面层，必然容易产生裂缝。

C. 外墙面抹灰层不分缝格，或缝格间距过大。

（2）基层未处理好，抹灰层强度太低，掉粉或有粉尘、油污等。或基层不平整，靠腻子找平，致局部批刮太厚。

（3）忽视腻子的功能、质量档次，仅以满足制作找平为主，粘附力差、耐水性差、柔韧性差，不能适应墙体（及其砂浆找平层）、腻子层、涂膜等三个层面的温度、干缩变形；柔韧性不足，承受不了三个层面的不同变形（产生的应力）的腻子层，容易开裂，是造成涂膜开裂的主要原因。

（4）未刷封闭底涂，致使基层吸水性太大，导致腻子、面涂干燥过快，成膜不良而开裂；硬度较高的面涂采用较软涂膜的乳液型清底涂，因上下涂层应力不同引起面涂开裂。

（5）使用不合格的涂料，涂料所用基料过少或成膜助剂用量不够。涂料稀释过度，会导致其中的成膜物质"破乳"，涂料不能形成连续的膜层；稀释度越大，涂膜质量越差。干燥剂掺得过多或涂膜上沾有浆糊或胶水。

（6）不同类型的乳胶涂料采用不同类型的乳液，每一种乳液都有相应的最低成膜温度。如果为了抢工期，在较低的气温下施涂乳胶涂料，达不到乳液的成膜温度，乳液不能形成连续的涂膜，导致外墙乳胶涂膜出现开裂。

（7）当底涂或第一道涂层施涂过厚而又未完全干燥时，即施涂面层或第二道涂料，由于内外干燥速度不同，造成涂膜开裂。

（8）大风吹袭，涂膜干燥过快。

3. 案例防范措施

（1）墙体或抹灰层开裂。

① 参考室外面砖墙面"空鼓脱落"（找平层剥离破坏）。

② 为减少干缩，找平层宜用混合砂浆；待抹灰层干透后，再进行涂料制作。1：1：6 抹灰砂浆适用于强度低的加气混凝土墙面抹灰。对于黏土砖或混凝土基体，根据上海地区经验，外墙抹灰，底层应用 1：3 水泥砂浆，厚度 5~7mm，稠度 90~100mm；中层找平应用 1：1：4 水泥混合砂浆，厚度 7~9mm，稠度 70~80mm；面层用 1：1：6 水泥混合砂浆，厚度 7~9mm，稠度 90mm，防裂效果较好。

③ 抹灰层开裂仍是目前一大质量通病。因此，找平层、罩面层砂浆宜掺抗裂纤维；抹灰基层的间歇、养护不应少于 14~21d（潮湿、低温季节或南方地区还须延长时间）。

④ 为预防表层稀浆富集积聚，抹灰面层压光，来回压抹的遍数不应太多。并且若用木抹子，比较粗糙；若用铁抹子，又太光滑且容易开裂；也不宜用排笔蘸水扫毛，水会降低面

层强度;比较适宜的办法是在塑料抹子或木抹子上钉海绵块压抹成活(细拉毛工艺),保证基层平整无缺陷,薄刮腻子即能满足墙面平整度的要求。砂浆面层成活后,不得再加水泥净浆或石灰膏罩面。墙面局部修补,宜用商品专用修补腻子(或不收缩修补砂浆)。

⑤ 在罩面层上加贴玻璃纤维网格布,可保证抹灰面层25年不开裂。具体做法是:罩面层清理干净之后,直接粘贴专用商品"不干胶网布"(接槎部位加一层网布不干胶带),刮腻子,打磨,上涂料。也可用专门的商品耐碱胶粘贴网格布。

⑥ 外墙面抹灰层应设置缝格,水平缝格可设置在楼层分界部位;垂直缝格可设置在门窗两侧或轴线部位,间距宜为2~3m。宜采用商品塑料分格条分缝。

(2) 过去内外墙涂饰往往无封闭底涂或不配套,因而经常出现泛碱、褪色、发花、粉化、开裂等现象。因此,新建建筑物的内外墙混凝土或砂浆基层表面均应施涂配套的抗碱封闭底涂,其性能应符合《混凝土界面处理剂》(JC/T 907—2002)的要求。如溶剂型面涂宜配套反应型双组分的底涂,以避免底涂被面涂溶涨发生咬底现象;硬度较高的面涂避免采用较软涂膜的乳液型透明底涂(清底漆),以避免因上下涂层应力不同引起面涂开裂。底涂的涂刷厚度对其性能有很大的影响,白色底涂不应小于$100\mu m$,透明底涂干膜厚度不应小于$30\mu m$,也可根据产品的制作指示,控制涂刷厚度。旧墙面在清除酥松的旧装修层后,涂刷界面处理剂。封闭底涂的作用:

① 增强风化、起粉、酥松等脆弱基层。

② 均匀和降低基层的毛细吸水能力,阻止其上层涂料过多地渗透到基层里;增强面层涂料和基面的粘结力,增加面涂的遮盖力。

③ 能渗入基层一定深度,阻碍外部水分的侵入和内部可溶性盐、碱析出,减少对面涂的侵蚀。

④ 具有较高的透气性,基层及基体内部的水分能以水汽形式向外扩散。

⑤ 延长涂层的使用寿命。

(3) 选用粘结强度、柔韧性好,能够适应墙体(及砂浆抹灰层)和涂膜层的温度、干缩变形,抗碱、耐水、抗冻融,并经检验合格的商品腻子(内墙宜采用耐水腻子,优先使用膏状乳胶内墙腻子;外墙采用苯丙乳液外墙腻子、可再分散聚合物粉状腻子),其技术标准是《建筑室内用腻子》(JG/T 3049—1998)、《建筑外墙用腻子》(JG/T 157—2009)。弹性乳胶漆面涂虽能解决宽约2mm以内的裂缝问题,但价格很高;价格较适中的有中涂用(亚光)弹性乳胶漆。腻子层必须具有足够的柔韧性,才能承受基层、腻子层、涂膜层三个层面不同变形产生的应力,水泥砂浆基层 + 高弹性抗裂腻子 + 普通乳胶漆,属优化组合;高弹性抗裂腻子涂层厚达1.2~1.5mm,解决裂缝的可靠性更高,成本更低。轻质墙板的拼缝部位形成V字形坡口后,可采用拼缝胶(弹性伸长率达400%的高弹性抗裂腻子)进行嵌补;当轻质墙板或墙体可能产生较大裂缝时,可采取扩宽拼缝的制作方案,加大弹性抗裂腻子的批刮宽度和厚度。北京市核桃园小区1号楼墙体采用混凝土小型空心砌块,其外墙抹灰没有采用传统的水泥砂浆,而采用2层腻子、1层外墙涂料的做法,经两年多的实践检验,未发现涂层起皮、开裂、剥落、渗漏等现象。其混凝土小型空心砌块外墙装饰具体做法如下:

① 清净墙体表面后,用VAE乳液的水泥界面剂均匀涂刷一遍;

② 批刮掺有VAE乳液的聚合物(防水)水泥砂浆,第一遍腻子先刮平砖缝,第二遍腻子大面找平,总厚2mm;

③ 批刮由自交联型丙烯酸乳胶聚合物和无机骨料粉双组分配制而成的"建筑饰面弹性腻子",两次成活,总厚2mm;

④ 喷涂丙烯酸外墙涂料。

(4) 淘汰聚乙烯醇类水溶性内墙涂料,使用经检验合格的中高档涂料。常用内墙乳胶漆有乙丙、苯丙、纯丙乳液涂料,常用外墙乳胶漆有苯丙、纯丙、丙—硅乳液涂料等。外墙水性涂料的耐洗刷性复验合格。涂料稀释应按生产厂家使用说明规定,严格控制加水量。

(5) 对抹灰层开裂的抵抗能力,薄质涂料相对较差,厚质涂料相对较好。在外观许可的情况下,宜采用复层涂料或砂壁状涂料。

(6) 避免在低于10℃的气候条件下制作。如果施涂或成膜时温度偏低,应提高乳液成膜助剂的用量,而不能沿用一般的助剂加量,确保所用涂料在偏低温度(但不能低于0℃)下能成膜。

(7) 底涂层或第一道涂料必须完全干燥后方可施涂面层。每遍涂层不能太厚。大风时,不制作。

(8) 保证涂层的养护时间、养护环境(涂层完全干燥前,不得烈日曝晒、雨淋、低温)。

4. 案例治理方法

(1) 浅色及轻度开裂的缺陷,可局部加涂面涂一遍,掩盖裂纹。

(2) 深色或较严重的开裂,应在查明原因之后,铲除病膜,满刮腻子,重涂面层。

19.3 裱糊案例

案例一:花饰、接缝、包角不垂直

1. 案例现象

相邻两张壁纸的接缝不垂直;阴阳角处壁纸搭接或包角不垂直;或者壁纸的接缝不垂直,但由于花纹与纸边不平行,导致花饰不垂直等(图19-12)。

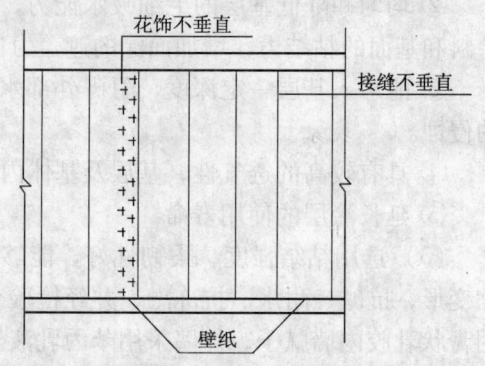

图19-12 花饰或接缝不垂直

2. 案例原因分析

(1) 裱糊壁纸前未吊垂线,第一张贴得不垂直,依次继续裱糊多张壁纸后,偏离更多,有花饰的壁纸问题更严重。

(2) 壁纸本身的花饰与纸边不平行,未经处理就进行裱贴。

(3) 基层表面阴阳角抹灰垂直偏差较大,影响壁纸裱贴的接缝和花饰的垂直。

(4) 搭缝裱贴的花饰壁纸,对花不准确,重叠对裁后,花饰与纸边不平行。

3. 案例防范措施

(1) 裱糊壁纸前先对基层做检查:阴阳角须垂直、平整、无凹凸,若不符合要求,须修整后才能裱贴。

(2) 采用接缝法贴花饰壁纸时,先检查壁纸的花饰与纸边是否平行,如不平行应将斜移的多余纸裁割平整后方可裱贴。

(3) 裱贴前,对每一墙面应先弹一垂线,弹线要细。裱贴第一张壁纸须紧贴垂线边缘,检查垂直无偏差后方可裱贴第二张,每裱贴2~3张后就用吊锤在接缝处检查垂直度,及时纠偏。

(4) 两张壁纸拼接时，如采用接缝法，要根据尺寸大小、规格要求和花饰对称等原则在工作台统一裁纸，随即编号，裱糊时对号入座。如采用搭缝法时，无花纹壁纸之间的拼缝重叠 20～30mm；对于有花饰的壁纸，可使两张壁纸花纹重叠，对花准确后，在准备接缝的位置用钢直尺将重叠处压实，由上而下一刀裁割，再将余纸撕掉。

案例二：壁纸脱落

1. 案例现象

裱糊后的一段时间内，壁纸大面积剥落或成幅脱落基层。

2. 案例原因分析

(1) 墙面（尤其是东南外墙，厨房、卫生间墙面）未做防水处理。

(2) 胶液变质失去应有胶性。

(3) 基层大面积积灰，形成隔离层。

(4) 基层大面积返碱或其他化学物质，使胶粘剂变质。

3. 案例防范措施

(1) 对可能渗漏的墙面做好防渗处理。底层要做好防潮处理后，方可裱糊。

(2) 做好厨房、卫生间墙面防水处理，特别注意浴缸下口及穿墙管等部位。

(3) 基层面积灰要清理干净。对返碱或化学物质要采用相应试剂处理干净。

(4) 不用变质胶粘剂，配好的胶粘剂在规定时间内用完。

案例三：连接不严密，显露基底

1. 案例现象

相邻壁纸之间的连接缝隙明显可见（离缝），壁纸上口与挂镜线或水平线，下口与踢脚板连接不严密，显露基层颜色（亏纸）（图 19-13）。

2. 案例原因分析

(1) 裁割壁纸未按照量好的尺寸，裁割尺寸偏小；或丈量尺寸时发生负偏差，裱贴后不是上亏纸，便是下亏纸。

(2) 墙纸长度方向未留有余量。

(3) 搭缝裱糊壁纸裁割时，接缝处不是一刀裁割到底，而是变换多次刀刃的方向或钢直尺偏移，使壁纸忽胀忽亏，裱糊后亏损部分就造成离缝。

(4) 裱贴的第 2 张壁纸与第 1 张壁纸拼缝时，未连接准确就压实，或因赶压底层胶液推力过大而使纸边位置移动。胶液厚薄不匀，墙纸在干燥过程中回缩不一，造成离缝或亏纸。

(5) 浸水时间过长，墙纸涨伸过大，干燥后形成收缩缝。

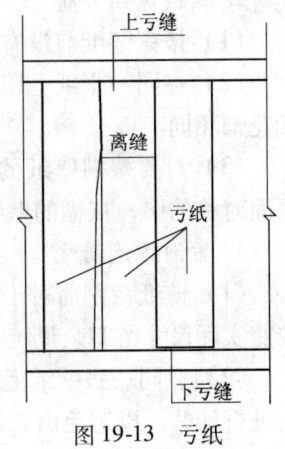

图 19-13 亏纸

3. 案例防范措施

(1) 壁纸裁前应复核墙面实际尺寸，裁切时直尺不得移动，刀刃紧贴尺边，手劲均匀，一气呵成，不得中间停顿或变换持刀角度。

(2) 裁割壁纸时，壁纸尺寸可比实际尺寸略长 10～30mm，裱贴后上下口压尺分别裁割多余的壁纸。墙纸长度方向应留有一定余量。

(3) 赶压胶液时，由拼缝处横向往外并稍向下赶压，不得斜向或由两侧向中间挤压。

(4) 除复合壁纸、玻璃纤维墙布、无纺贴墙布外，其他壁纸、墙布裱糊前均需要先"闷水"，使壁纸受潮后横向膨胀，干后绷紧。应掌握此特性，使墙纸裱糊后不离缝，但应根据不同壁纸、墙布种类控制浸水时间。

案例四：花饰不对称

1. 案例现象

有花饰的壁纸裱糊后，两张壁纸的正反面、阴阳面或者在门窗口的两边、室内对称的柱子、两面对称的墙壁等部位出现壁纸花饰不对称的弊病（图 19-14）。

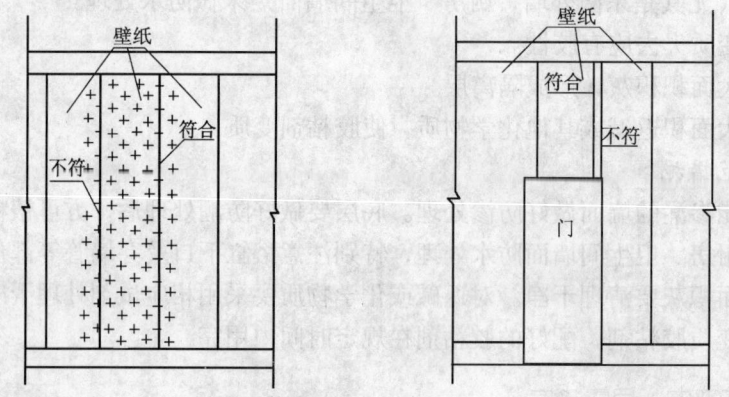

图 19-14　花饰或接缝不对称

2. 案例原因分析

(1) 裱糊壁纸前没有区分无花饰和花饰壁纸的特点，盲目裁割壁纸。

(2) 在同一张纸上印有正花与反花、阴花与阳花饰，裱糊时未仔细区别，造成相邻壁纸花饰相同。

(3) 对要裱糊壁纸的房间未进行周密的观察研究，门窗口的两边、室内对称的柱子、两面对称的墙，裱糊的壁纸花饰不对称。

3. 案例防范措施

(1) 壁纸裁割前对于有花饰的壁纸经认真区别后，将上口的花饰全部统一成一种形状，按照实际尺寸留有余量统一裁纸。

(2) 在同一张壁纸上印有正花与反花、阴花与阳花饰时，要仔细分辨，最好采用搭缝法进行裱贴，以避免由于花饰略有差别而误贴。如采用接缝法制作，已裱贴的壁纸边花饰如为正花，必须将第 2 张壁纸边正花饰裁割掉。

(3) 对准备裱糊壁纸的房间应观察有无对称部位，若存在对称部位，应认真设计排列壁纸花饰，并在基层上弹线分隔编号。应先裱贴对称部位，同时将搭缝设计在阴角处。如房间只有中间一个窗户，在窗户的中心线弹好粉线，向两边分贴壁纸，这样壁纸花饰就能对称。如窗户不在中间，为使窗间墙阳角花饰对称，也可以先弹中心线向两侧裱糊。

案例五：搭缝

1. 案例现象
接缝处相邻壁纸纸边重叠搭在一起，裱糊后墙面有凸起（图19-15）。

2. 案例原因分析
（1）未将两张壁纸连接缝推压分开，造成重叠。
（2）裁纸时未一刀切断留有纸基或裁纸时纸边不直，有凹凸不齐和毛边。
（3）对墙纸性能掌握不准，或前张纸裱糊不垂直。

3. 案例防范措施
（1）裁割壁纸时，特别是对于较厚的壁纸，应保证纸边直而光洁，不出现凸出和毛边，更不要出现只将面层割离而留有纸基的弊病。
（2）裱贴无收缩性的壁纸不许搭接，如复合壁纸、玻璃纤维墙布、无纺贴墙布等，裱贴收缩性较大的壁纸时可适当多搭接一些，以便收缩后正好合缝，故裱贴前应先试贴，掌握壁纸的性能，方可取得良好的效果。
（3）墙纸裱糊推压时，注意将搭缝推开。
（4）裱糊墙纸时，必须保证竖缝垂直。

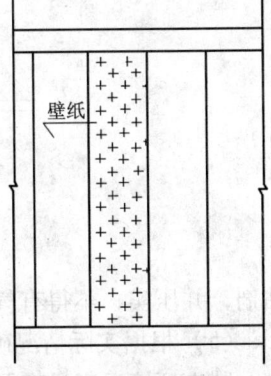

图19-15 壁纸搭缝

案例六：翘边

1. 案例现象
壁纸边缘脱胶被拉起而卷翘。

2. 案例原因分析
（1）基层有灰尘、油污等，基层表面粗糙、干燥或潮湿，使胶液与基层粘贴不牢，壁纸干燥收缩后，纸边被拉起卷翘起来。
（2）胶粘剂胶性小，造成纸边翘起，特别是阴角处，第2张壁纸粘贴在第1张壁纸的塑料面上，更易出现翘起。
（3）阳角处裹过阳角的壁纸少于20mm，未能克服壁纸的表面张力，也易起翘。
（4）涂胶不均匀，或胶液过早干燥。

3. 案例防范措施
（1）基层灰尘、油污等必须清除干净，控制含水率。若表面凹凸不平时，须用腻子刮抹。基层表面松散、干燥、粗糙时，必须刷底胶，涂刷要均匀，且不宜太厚。
（2）根据不同的壁纸、制作环境和基层选择相适宜的胶粘剂，应提前试拼贴，且涂刷均匀。
（3）阴角搭缝时，先裱贴压在里面的壁纸，再用粘性较大的胶粘剂粘贴面层，搭接宽度一般不小于3mm，且不应大于5mm。纸边搭在阴角处，保持垂直无毛边，两层纸涂胶后均应仔细压实（图19-16）。
（4）严禁在阳角处甩缝，壁纸应裹过阳角大于20mm（图19-16），包角须用黏性强的胶

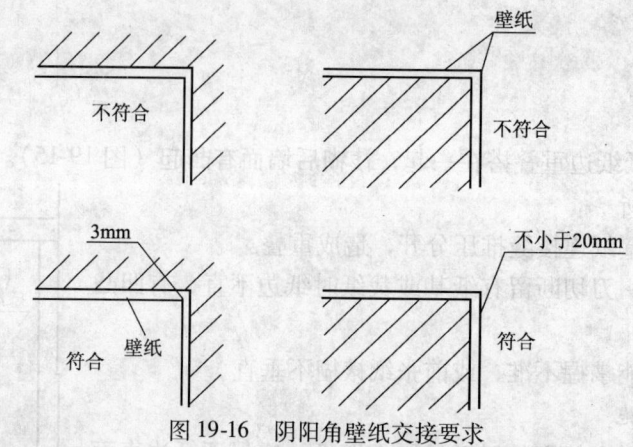

图 19-16 阴阳角壁纸交接要求

粘剂,并压实,不得有气泡,必要时,可用电熨斗加热压角,以减少面层墙纸的转角张力。

(5) 根据实际情况确定是否需要在壁纸背面、基层上刷胶或同时刷胶。若基层过分干燥、制作环境温度过高及天气较干燥情况,可同时刷胶。涂刷胶液要薄而均匀。已涂刷胶液的壁纸要待表面略干时再上墙,效果更好。

(6) 壁纸上墙接缝(或搭缝)后,应用工具上下刮抹,拼缝处要刮干压实,多余胶液挤出后擦干。刮抹时不能用力过大,否则胶液会因过于而失去粘结性。擦干余胶的布不可过湿,防止水沿缝隙渗入基层,降低胶液粘结性。

案例七：皱褶、波纹

1. 案例现象

在壁纸表面上出现皱纹、棱脊、凸起。

2. 案例原因分析

(1) 壁纸材质不良或壁纸厚薄及胀缩不一。

(2) 墙纸保管不善,平放时墙纸被转折受压过久,形成死褶。

(3) 基层干湿不一,胶液涂刷厚薄不均,制作环境差异过大或壁纸润湿程度不一致。

(4) 操作技术欠佳。

3. 案例防范措施

(1) 选用材质优良的壁纸,厚薄一致,干缩湿胀均匀,不使用残次品。对优质壁纸也需进行检查,厚薄不匀要剪掉。

(2) 墙纸应卷成筒平放(除发泡壁纸和复合壁纸外),不能打折受压存放。

(3) 基层应控制干湿一致,胶液厚薄均匀,使墙纸胀缩和干结时间相同。

(4) 裱糊壁纸时,壁纸润湿程度一致。应用手将壁纸舒平后,才能用刮板赶压,用力要匀。若壁纸未舒展平整,不得使用钢皮刮板推压,特别是壁纸已出现皱褶,必须将壁纸轻轻揭起,用手慢慢推平,待无皱褶时再赶压平整。

案例八：空鼓(气泡)

1. 案例现象

壁纸表面出现小块凸起,用手指按压时,可以感觉到与基层已经脱开或附着不实,敲击时有鼓音。

2. 案例原因分析

（1）裱糊壁纸时，赶压不得当，导致周围墙纸过早被压实，空气不易被排出。往返挤压胶液次数过多，胶液过薄，使胶干结失去粘结作用；或赶压力量太小，多余的胶液未能挤出，存留在壁纸内部长时间不能干结，形成胶囊状；或未将壁纸内部的空气赶出而形成气泡。

（2）基层或壁纸底面，涂刷胶液厚薄不匀或漏刷。

（3）基层潮湿，含水率超过相应规定，或表面的灰尘、油污未清除干净。

（4）石膏板表面的纸基起泡或脱落。木板面有较大节疤及油脂未经处理。或基层接头处嵌缝不密实，糊条粘贴不牢。

（5）白灰或其他基层强度低，疏松，本身有裂纹、空鼓，或孔洞、凹陷处未用腻子刮平、填补坚实。

（6）裱糊作业时，有局部阳光直射或通风不均，使胶液干结时间不一。

3. 案例防范措施

（1）严格控制基层含水率。基层过分干燥时，应刷底胶或基层涂料，不得喷水。基层过分湿润时，应采取措施（加强通风，安装除湿机、空调或吹热风）使其含水率符合要求。

（2）基层须严格按要求处理好孔洞、凹陷处，清理油污、灰尘。石膏板基层的起泡、脱落须铲除干净，重新修补好。对于木材面的油脂，可用棉纱蘸酒精清洗。

（3）裱贴时严格按工艺操作，须用刮板由里向外刮抹，将气泡和多余胶液赶出。

（4）胶粘剂涂刷须厚薄均匀，避免漏刷，为了防止不均，涂刷后可用刮板刮一遍，回收多余胶液。

（5）应避免在阳光直射或穿堂风劲吹以及室内温度、湿度差异过大时裱糊。

案例九：墙纸表面起光，质感不一致

1. 案例现象

表面出现星点或部分光亮，与壁纸整体光泽不一致。

2. 案例原因分析

（1）壁纸表面有胶迹未擦干净，形成胶膜反光。

（2）带花纹或较厚的壁纸，裱糊时用刮板赶压力量过大，将花饰或厚塑料层压偏，致使壁纸表面光滑反光。

3. 案例防范措施

（1）用手巾或棉丝细心擦壁纸表面多余的胶液和污物，再用干手巾或清水擦洁净。

（2）裱糊壁纸时，挤压壁纸内部的胶液和空气，压力不应超过壁纸弹性极限。

案例十：墙纸颜色不一致

1. 案例现象

壁纸表面有花斑，色相不统一；与原壁纸颜色不一致。

2. 案例原因分析

（1）壁纸质量不佳，本身颜色不均匀（生产质量、型号、批号不同而造成），或吸水受潮褪色。

(2) 基层干湿不一致,或日光曝晒,使壁纸表面颜色变浅发白。

(3) 壁纸太薄,混凝土或水泥砂浆基层的颜色映透到壁纸表面;或基层返碱污染壁纸。

(4) 不对花壁纸粘贴顺序发生错误。

(5) 墙纸表面受外来因素(如烟熏、飘雨打湿等)被污染变色。

3. 案例防范措施

(1) 选用不易褪色、较厚的优质壁纸,不使用残次品。

(2) 壁纸、墙布进场后应注意检查是否属于同型号、同批号、同一生产日期的产品。

(3) 基层的颜色较深时,应用浅色基层涂料覆盖或选用较厚、颜色较深及花饰较大的壁纸。基层返碱时,应采用9%稀醋酸中和清洗。

(4) 应待基层含水率符合要求并干湿一致时,才准许裱糊壁纸。

(5) 不对花壁纸,裱糊时必须按同一方向粘贴。

(6) 尽量避免壁纸处在日光下直接照射,或在有害气体的环境中储存和制作。

项目实训二十:涂饰、裱糊装饰工程案例分析、防范实训

一、实训目的

1. 学会溶剂型涂料涂饰案例分析、防范及治理方法。
2. 学会水性涂料涂饰案例分析、防范及治理方法。
3. 熟悉裱糊案例分析、防范及治理方法。

二、实训内容

1. 结合溶剂型涂料涂饰的实际案例,对溶剂型涂料涂饰案例进行分析,并提出防范的措施。
2. 结合水性涂料涂饰的实际案例,对水性涂料涂饰案例进行分析,并提出防范的措施。
3. 结合裱糊的实际案例,对裱糊工程案例进行分析,并提出防范的措施。

三、实训时间

每人操作90min。

四、实训报告

1. 编写溶剂型涂料涂饰案例分析报告,并提出防范的措施。
2. 编写水性涂料涂饰案例分析报告,并提出防范的措施。
3. 编写裱糊案例分析报告,并提出防范的措施。

项目二十 涂饰、裱糊装饰工程安装操作典型情景

情景一：旧基层喷涂真石漆制作技术

大多的真石漆，是以天然花岗岩石材为原料，制成的环保型高级水溶性涂料，以防潮底漆、真石漆主材和防水保护膜为配套产品。防潮底漆涂刷于基层，其主要作用是隔绝基面，防止水分从基面渗出，同时增强真石漆与基面的附着力，避免剥落或松脱现象。真石漆主材分底涂和主材两部分，它具有仿石颜色和肌理效果。最外层防水保护膜（面漆）能加强真石漆表面防水、防紫外线及防止青苔及菌类滋长，增强涂层的坚硬度，并使真石漆表面略显光滑，便于清洗。真石漆各层构造（自内到外）为水刷石基层→腻子层→封底漆→底涂层→主材层→耐候面漆（图20-1）。

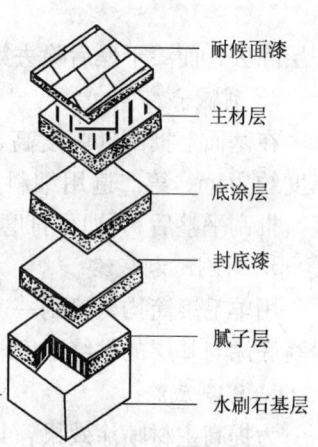

图20-1 真石漆各层构造示意图

真石漆不但适用于新建建筑，且可用于老墙面，对水刷石、马赛克墙面尤其适用，能较好地解决饰面的负荷问题，可大规模、迅捷地形成装饰效果，且再度翻新改造时，不必凿去原涂层，只需在表面再喷涂即可。制作便捷，节省工期。

20.1.1 基层处理

1. **查看墙面空鼓情况**

利用制作机械（如吊篮）将墙面从上到下检查一遍，并做标记。

2. **剔除空鼓墙面**

根据检查结果，用云石切割机将空鼓墙面切除。

3. **基层清理**

用钢丝刷将墙面灰尘、油脂类粘附物除去，成为干燥的清洁基层。

4. **墙面修补**

对空鼓面积较大部位，剔除空鼓层后用水泥砂浆修补，具体措施为先打M6膨胀螺栓（间距不大于300mm）挂钢板网，然后刷水泥浆一道，再用1:2水泥砂浆（掺LD-816建筑胶和膨胀外加剂）分层抹平，每层厚度不超过15mm，层与层间钉钢板网（图20-2）。

5. 基层验收标准。清洁无尘，线条平直，平整度和垂直度满足规范规定。

20.1.2 真石漆喷涂

1. **防护**

为防止制作时涂料污染窗户，需用双层胶带防护窗框，待底涂、主材涂装后，立即将第

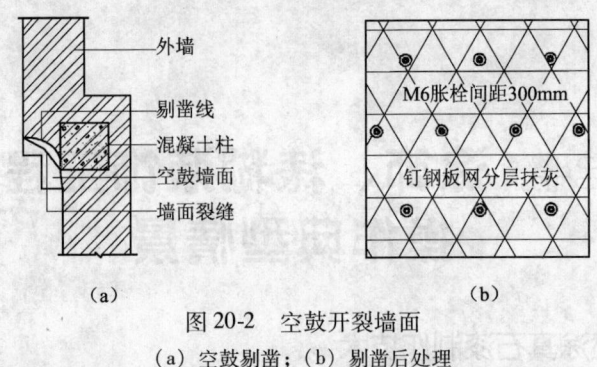

图 20-2 空鼓开裂墙面
(a) 空鼓剔凿；(b) 剔凿后处理

一层除去，面漆干燥后除去第二层胶带。

2. 刮腻子

在基面上批刮（强度高、固化快）的专用防水腻子，第一遍用粗料腻子（20～40目），厚度约 2mm，第二遍用细料腻子（40～80目），厚约 1mm，修补 2～3 遍后可完全固化成型，批刮平整后 4h 即可打磨。刮腻子时应力求实、平、光。

3. 封刷防潮底漆

用羊毛滚筒均匀滚刷一遍油性封底漆，使其渗入基面，增加墙面防水效果和抗酸碱性，提高底涂与基层的粘结强度。涂刷后"指触"干燥后方可进行下道工序。

4. 滚刷底涂

为提高主材喷涂效果，封底后应滚刷两遍乳白色专用底涂，对墙面全面着色封底。底涂层为高固体组分，厚度为底漆的 5～7 倍。底涂涂布 3h 后方可喷涂主材。

5. 勾缝

根据设计图，在墙面上弹出分格缝墨线，用纸胶带遮盖分格线内区域。同一面墙上拉通线弹直，并用经纬仪监控。

6. 勾缝拆除处理

主材喷涂完成后，沿缝小心将胶带撕下，注意不要破坏缝的完整。撕胶带时每隔 1.5～2.0m 撕一段，以免因胶带过长涂料过重失控而破坏缝或涂膜面。胶带撕除顺序如图 20-3 所示。

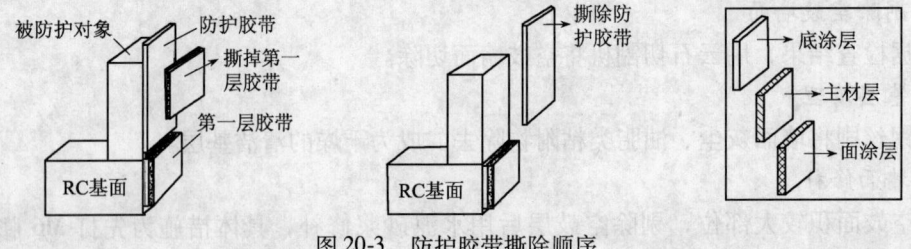

图 20-3 防护胶带撕除顺序

7. 主材喷涂

使用 1 号、3 号喷枪，口径分别为 4mm、6.5mm，喷涂压力 0.8～0.9MPa。喷枪运行应保持一定速度和距离，喷嘴与喷涂面垂直，距离 30～40cm，平行喷涂（图 20-4）。主材喷涂次数依花样选定涂装而定，一般为 3～4 次，上一层未干燥时喷涂下一层。主材喷涂完成后应及时清扫表面及分格缝浮砂，找正分格缝；喷涂后 48h，主材完全干燥后方可喷涂面漆。

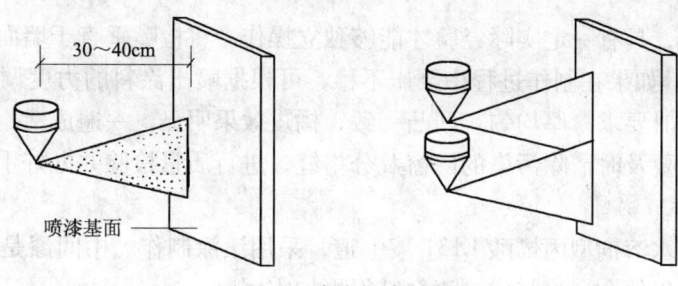

图 20-4　喷枪与墙面距离

8. 喷面漆

用专用溶剂，按标准方法将面漆两组分配比均匀喷涂两遍。第一遍将溶剂比例提高至50%，以薄涂方式制作，避免气泡产生；待第一遍涂膜完全干燥硬化后喷涂第二遍。面漆涂布量为 $0.2\sim0.3kg/m^2$。

9. 清洁整理

对喷涂不匀、有毛刺及阳角不正不直处进行修理。

20.1.3　质量验收要点

1. 原材料应为同一批次产品，采用电脑统一配比。
2. 应从上到下同步制作，相邻吊篮制作高差不超过 1.5m。
3. 油漆工要经专门培训，严格按规范制作。

情景二：外墙金属漆制作技术

外墙金属制作采用五遍做法：第一道为封底漆；第二道为成型漆；第三道为中间漆；第四道为溶剂型金属漆；第五道为耐候罩光漆。所用的原料均为进口材料。

应用外墙金属漆使外墙饰面在总体上看起来很有层次和立体感。

20.2.1　制作工艺

1. 基层处理

外墙饰面基底均为水泥砂浆抹灰，纵横分格缝和墙面分块已经完成。在墙面封底漆前必须将墙面油垢、油渍用无碱清洁剂清除干净，局部干裂的缝隙，沿缝在长度方向用环氧树脂腻子封闭，纵横的分格缝要顺直，缝的底面和斜面以及大面积墙面均用砂布磨平，再用干净棉丝将墙面上的灰屑擦干净。经检查合格后，办理好隐检手续。

2. 封底漆制作

E100 型封底漆制作前先用器具将墙面的浮尘吹去，然后用滚子滚涂底漆。底漆为高渗透性溶剂型丙烯酸，对基层进行全面封闭，以加强漆膜与墙体的层间附着力。

3. 成型漆制作

根据设计意图，为增加墙面的感观效果和墙面立体性，成型漆为橘皮状，表层漆的着光点和面无规则，从而增强墙面整体的立体感。

成型漆采用喷涂方式制作，其厚度为 $2\sim4mm$。将泵压控制在 $0.5\sim0.7MPa$ 左右。喷涂时应将门窗扇用板材遮挡好，避免将门窗污染；分格缝用塑料胶条粘好、粘密实。持枪操作人员必须经过培训，具有一定实际经验才能够独立操作。将枪嘴垂直于墙面，且应与墙面保持70~80cm距离。如果在制作过程中泵压不稳，可根据喷出涂料的力度调整枪嘴与墙面的距离。喷涂成型漆时要求薄厚均匀，凹凸一致，橘皮效果明显，一遍成活，浆体饱满而无流坠。成型漆完成后要及时清除污染的门窗及分格缝，进行质量检验并办好手续。

4. 中间漆制作

中间漆采用疏水溶剂型丙烯酸E131漆一道，采用滚涂制作。中间漆是成型漆与金属漆之间的连接涂膜，以便金属漆与成型漆粘结得更加牢固。

5. 金属漆制作

金属漆制作是外墙饰面的关键。必须符合规范规定。金属漆原准备采用喷涂法制作。经多次试验表明，滚涂制作效果更好。最后决定采用滚涂制作。

6. 罩光漆制作

罩光漆是喷涂在金属漆涂层上的一道憎水涂膜。主要起保护金属漆涂层的作用。

20.2.2 质量验收要点

（1）涂层表面颜色应保持一致，橘皮凹凸和花纹、颜色要均匀，涂层接缝要合理，无明显痕迹、无漏涂、无透底和流坠。

（2）分格缝布置要合理，缝的宽度和深度要均匀一致，缝要光滑、平整、棱角要整齐和通顺。

20.2.3 应注意的问题

1. 金属漆涂料对环境和制作的要求

（1）基层表面必须充分干燥，含水率不大于10%。基底要求平整、坚实、无裂缝、无凹凸爆皮和附着物。

（2）如遇5℃以下及湿度85%以上或遇风、雨、雪、霜及雾，墙体表面结露等情况时不得制作。

（3）上道工序必须充分干燥后方可继续制作。

2. 金属漆涂料的优缺点和使用效果

（1）F550闪光金属漆为溶剂型外墙饰面用漆，由热塑料丙烯酸树脂、闪光型金属粉和特殊助剂组成。具有遮盖力高、干燥快、装饰性强、成膜温度低、耐候性强以及在建筑物上施涂后使原基层呈金属饰面效果，并可根据需要调整色差，尤其是在不同角度，不同光线下变化的视觉感受，使建筑物平添了一种豪华气派。

（2）由于金属漆在耐水性能上远远高于其他面层涂料。因此，该涂料一旦在背面进水后产生花渍而不易除去。另外该涂料的价格比较高，是推广使用的主要障碍。该工程金属漆饰面工料合计为120元/m^2。

（3）F550闪光金属漆外墙饰面经过最近几个月的检验，未发现明显问题，符合设计要求，达到预期效果。

情景三：裱糊壁纸制作技术

裱贴壁纸是一项细致入微的工作。制作前准备好所需工具，购买壁纸时考虑裁割及裱贴中的边角料损耗。胶粘剂可现场调配。贴纸时应细心,裱贴完成后擦净胶粘剂。壁纸裱糊色彩丰富、质感性强、耐用、易清洗。以下是某工程壁纸裱糊技术。

20.3.1 裱贴壁纸对基层的要求

裱贴壁纸要求基层具有一定的强度和较好的表面平整度,该工程墙壁基层为轻质隔板,所用材料为石膏板。轻质板材组成的隔墙,特别要注意拼缝处的平整。石膏板一般采用纸面石膏板,有两层隔墙及四层隔墙差别,主要根据防火及隔声要求而定。该工程采用的是两层隔墙。在拼装时,拼缝处要用专用的石膏腻子进行修补。该石膏腻子同石膏板配套供应。镶缝时,一般要用四道做法才能完成。首先清理接缝,对于接缝处缺纸的石膏板暴露部分,用50%的108胶水涂刷1~2遍,然后刮一道腻子,用小刮刀把腻子均匀而饱满地嵌入板缝内。

20.3.2 制作准备

1. 壁纸要根据设计单位或使用单位所确定的品种进行购买,进料时最好一次购齐。考虑到裁割及裱贴中的边角料损耗,购买的数量应比实际裱贴面积多3%~4%。壁纸的规格,主要视裱贴的部位及产品情况、操作者的制作技术水平综合考虑,常用的壁纸规格有大卷、中卷、小卷三种,该工程采用的是小卷,其幅宽为530~600mm,长10~12m,每卷5~8m^2,卷重2~3kg。很适合一个人操作和小型房间使用。但由于幅窄,裱贴拼缝势必多一些,如果处理不好,容易显露拼缝,影响美观。壁纸在运输、保管过程中,不得受潮、浸泡,壁纸边要保护好,不使其破损皱折。

2. 胶粘剂有工厂加工的成品及现场调配两种。采用的胶粘剂是美德兰(metylan)通用墙纸胶粉现场调配而成。现场调配裱贴的胶粘剂,一般情况下,宜在主要粘结材料中加入部分纤维素溶液,因为纤维素与许多水溶性胶有明显的亲和性,加入纤维素溶液主要是增加胶粘剂的可制作性能及保水性能,加得过多会降低粘结能力。如果用108胶作主要粘结材料,常用的配比是108胶1kg,羧甲基纤维素溶液(2.5%)0.3kg,水0.6~0.8kg。如果是裱贴顶棚,还应在胶粘剂中加入少量的白胶。

20.3.3 主要工具

1. 工作台

裱贴现场要为裁纸与刷胶粘剂准备1张长2m、高约70cm的工作台,台面一般使用1块五合板或七合板。

2. 壁纸裁割刀

3. 刮板

主要用于刮、抹、压等工序。刮板可用富有弹性的钢片制成,厚度约为1~1.5mm,也可用有机玻璃或硬质塑料板,切成梯形,尺寸视操作方便而定。一般下边宽度为10cm左右。

4. 直尺

采用不锈钢直尺。

5. 其他工具

主要有钢卷尺、剪刀、带刻度的直尺、水平尺、湿毛巾、排刷、胶桶、线带等。

20.3.4 操作工艺

壁纸的裱贴是一项细活,如果能将整个墙面的壁纸拼成一张整纸,并做到图案的完整性和连续性,就比较理想。离拼缝处1.5m正视不显拼缝,斜视无胶痕,首先要做到基层平整。其次,应根据不同种类的壁纸和裱贴的不同部位,采用不同的裱贴工艺。裱贴制作工艺分为无图案和有图案两种,在本项目上采用的是无图案的壁纸裱贴墙面。

无图案的壁纸裱贴墙面,可采用搭接法。就是在相邻两幅拼缝处,后贴的一幅压前一幅3cm左右,然后用直尺与壁纸裁割刀在搭接范围内的中间,将双层壁纸切透,再将切掉的两小条壁纸撕掉,用刮刀从上到下,均匀地赶胶,将多余的胶粘剂从缝中刮出。刮板用力要均匀,不要漏刮,尤其要赶出壁纸与基层之间的气泡。刮出的胶粘剂用湿毛巾擦拭干净,一般要擦拭两遍,第一遍擦拭后,用水将毛巾洗干净,再从上到下满擦一遍,否则,干后易在表面产生胶痕。

项目实训二十一:实地观察涂饰、裱糊装饰工程安装典型情景实训

一、实训目的

1. 熟悉旧基层喷涂真石漆制作技术。
2. 掌握外墙金属漆制作技术。
3. 掌握裱糊壁纸制作技术。

二、实训内容

1. 现场观察旧基层喷涂真石漆的制作情景。
2. 实地观察外墙金属漆的制作情景。
3. 实地观察裱糊壁纸制作情景。

三、实训时间

每人操作90min。

四、实训报告

1. 编写现场观察旧基层喷涂真石漆的制作情景报告。
2. 编写实地观察外墙金属漆的制作情景报告。
3. 编写实地观察裱糊壁纸制作情景报告。

参考文献

[1] 葛新亚. 建筑装饰材料 [M]. 武汉：武汉理工大学出版社，2004.
[2] 高俊刚等. 高分子材料 [M]. 北京：化学工业出版社，2002.
[3] 向才旺. 建筑装饰材料 [M]. 北京：中国建筑工业出版社，2004.
[4] 陈宝璠. 建筑装饰材料 [M]. 北京：中国建材工业出版社，2009.
[5] 赵方冉. 装饰装修材料 [M]. 北京：中国建材工业出版社，2002.
[6] 何平. 装饰材料 [M]. 南京：东南大学出版社，2002.
[7] 陈宝璠. 土木工程材料 [M]. 北京：中国建材工业出版社，2008.
[8] 陈宝璠. 建筑水电工程材料 [M]. 北京：中国建材工业出版社，2010.
[9] 编写组. 建筑装饰工程手册 [M]. 北京：机械工业出版社，2001.
[10] 马有占. 建筑装饰施工技术 [M]. 北京：机械工业出版社，2004.
[11] 杨天佑. 建筑装饰工程施工（3版）[M]. 北京：中国建筑工业出版社，2003.
[12] 董少峰等. 室内装饰工程手册（3版）[M]. 北京：中国建筑工业出版社，1998.
[13] 张玉明，马品磊. 建筑装饰材料与施工工艺 [M]. 济南：山东科学技术出版社，2004.
[14] 陈宝璠. 土木工程材料检测实训 [M]. 北京：中国建材工业出版社，2009.
[15] 彭圣浩. 建筑工程质量通病防治手册 [M]. 第3版. 北京：中国建筑工业出版社，2002.
[16] 中国建筑工业出版社. 新版建筑施工质量验收规范汇编（修订版）[M]. 北京：中国建筑工业出版社，中国计划出版社，2003.
[17] 北京土木建筑学会. 建筑装饰装修工程施工技术措施 [M]. 北京：经济科学出版社，2005.
[18] 北京土木建筑学会. 钢筋混凝土工程施工技术措施 [M]. 北京：经济科学出版社，2005.
[19] 杨嗣信. 建筑业重点推广新技术应用手册 [M]. 北京：中国建筑工业出版社，2003.
[20] 陈宝璠. 建筑水电工程材料安装操作实训 [M]. 北京：中国建材工业出版社，2010.
[21] 李书田等. 建筑装饰装修工程施工技术与质量控制 [M]. 北京：机械工业出版社，2008.
[22] 陈世霖. 当代建筑装修构造施工手册 [M]. 北京：中国建筑工业出版社，1999.